高校城乡规划专业规划推荐教材

U0202909

城市规划公共政策原理

郐艳丽　编著

中国建筑工业出版社

图书在版编目（CIP）数据

城市规划公共政策原理／邹艳丽编著 .—北京：中国建筑
工业出版社，2017.6
高校城乡规划专业规划推荐教材
ISBN 978-7-112-20768-8

Ⅰ. ①城⋯ Ⅱ. ①邹⋯ Ⅲ. ①城市规划－公共政策－
研究－高等学校－教材 Ⅳ. ① TU984.2

中国版本图书馆 CIP 数据核字（2017）第 088803 号

本教材从城市管理的时代背景出发，从公共政策的概念、本质、基本特征入手，
通过对中国城市规划诞生和发展历程的政策分析以及国外城市规划的诞生、政策性
传统和发展趋势分析，关注中国城市化进程中城市空间扩张过程中的土地征用制度
与失地农民的利益保障、流动人口公平性前提下城市社会规划的思路以及保障性住
房与低收入群体的利益保障问题，掌握公共政策框架下城乡规划关注的社会焦点问
题的分析。本教材可作为城乡规划、城乡管理专业研究生教材，亦可为相关领域的
管理与技术人员提供参考。

责任编辑：杨 虹 刘晓翠
责任校对：焦 乐 刘梦然

高校城乡规划专业规划推荐教材
城市规划公共政策原理
邹艳丽 编著
*
中国建筑工业出版社出版、发行（北京海淀三里河路9号）
各地新华书店、建筑书店经销
北京嘉泰利德公司制版
大厂回族自治县正兴印务有限公司印刷
*
开本：787×1092毫米 1/16 印张：23 字数：461千字
2017 年 9 月第一版 2017 年 9 月第一次印刷
定价：**49.00**元（赠课件）
ISBN 978-7-112-20768-8
（30423）

前言

《城市规划编制办法》（2005）明确强调"城市规划是政府调控城市空间资源、指导城乡发展与建设，维护社会公平，保障公共安全和公众利益的重要公共政策之一"，确认了城市规划的公共政策属性。西方城市规划本具有公共政策传统，20世纪80年代已基本完成从物质性规划向公共政策的转型，当前我国以目标和问题为导向的城市规划公共政策研究是整个规划体系中的薄弱环节，城市规划的公共政策转型需求极为迫切，难以适应社会公平、经济发展、环境保护等多层次、多角度的需求。城市规划管理是跨学科、应用型的研究领域，也是正在发展的新兴研究方向，融合了社会学、管理学、经济学和规划学等多个学科领域的理论和概念。以城市规划的公共政策转化为核心的城乡规划管理的专业教育也处在探索和发展阶段。"城市规划公共政策原理"是中国人民大学公共管理学院规划与管理系从2009年开设的研究生课程，到目前为止已进行了八届研究生的教学与实践，从最初开课时与全系教师进行的整体探讨以及每年和应届硕士研究生的交流中不断深化，逐渐形成相对完整的思路和体系。本教材从城市管理的时代背景出发，从公共政策的概念、本质、基本特征入手，通过对中国城市规划诞生和发展历程的政策分析以及国外城市规划的诞生、政策性传统和发展趋势分析，关注中国城市化进程中城市空间扩张过程中的土地征用制度与失地农民的利益保障、流动人口公平性前提下城市社会规划的思路以及保障性住房与低收入群体的利益保障问题，初步构建城市规划公共政策视角下的分析框架。

在教材的编写过程中，使用了学生作业中的部分资料，其中有姜怡名、王飞、潘辰、吴晓东、陈蛟、李静、戚斌、张思宁、赵立元、范梦雪、廖雪峰、吴凌燕、谷政誼、王秀琳、王雪娇、王建峰、范轶芳、许士翔、段斯铁萌、王婷琳、许琪、田卉、高畅、潘琳琳、吴梦宸、李文倩、邵然、王爽、姜香、李如友、苏雁扬、王双帅、张萌、苗芬芬、郝凯、缪媛、魏登宇、李壮、李贤、程星星、吴梦宸、马惠佳、张艳、黄晶晶、黎唯、韩柯子、但俊、刘东颖、刘晓兵、霍施環、薛杰、张悦等。朱春武、胡徐晟、王璇、龚敏、李伟参加了校对，在此一并致谢。

邰艳丽

2016 年 12 月于北京

目录

1

城市规划的公共
政策解析

转型期中国城市规划管理面临极为复杂的形势，在大国城镇化、候鸟式城镇化、政府主导的城镇化、三农问题高度敏感的城镇化以及多方矛盾复杂交织的城镇化背景下，经济繁荣的背后是经济秩序的混乱无序和社会矛盾的层出不穷，城市发展出现的问题体现在空间、环境和社会的方方面面，城市规划的公共政策转型基于问题产生，也基于解决问题而发展。

1.1 城市规划管理的时代背景

改革开放前30年，经济强国战略背景下，"发展是硬道理"、"让少数人先富起来"的发展路径使得环境保护、社会公平被搁置。当前，经济发展水平提高，但也付出惨重的代价，人们似乎从未像现在这样对城市发展出现的资源环境、交通拥堵、城市安全、社会空间分异等环境问题、社会问题感到不满，城市规划面临高期望值、低实现率的尴尬期。

1.1.1 经济背景

中国城市发展的经济发展特征可以整体概括为全球化格局下的经济秩序和粗放快速失衡的发展格局两个方面。

1. 全球化格局下的经济秩序

（1）国际经济危机引发冲击

2008年由美国次贷危机引发的金融危机席卷全球，并进一步显露出大规模经济危机的表征。无论对于世界市场、国际关系和各国政治，还是对于经济制度、社会结构乃至人们的生活方式和价值观念而言，这场危机都孕育着足以掀起世界动荡和变革的力量。全球金融体制下的美元本位制是支撑中国经济成功的重要的外部条件之一，促进中国大量吸引外资，同时美元本位制支撑了全球化生产方式，直接导致国际上大量金融资本的存在和流动。在中国已经成为世界工厂，贸易依存度高达70%的背景下，如果大宗商品价格暴涨，将承受沉重的压力。中国在外界的政治压力下开始走人民币升值的道路，面临三个层面的挑战❶：一是短期挑战，表现为出口锐减、经济下滑、失业增加、税收减少，即由于外部需求减弱导致的对中国实体经济的冲击；二是中期挑战，即经济发展模式由出口驱动型向内需驱动型转变；三是长期挑战。即国内经济社会的全面转型，救市和转型是一个内在的矛盾，从最开始的4万亿到跟进的18万亿（2008~2009年）乃至70万亿（2015年）引发的后果是未来可能引起更大规模的通货膨胀。中国保有1.2万亿美元的美国债券，任何削弱美元的做法最后都是两败俱伤，因此金融全球化过程不仅仅是一个结构性过程，更是一个制度性过程。

（2）国内宏观调控展开应对

推动中国快速城市化的重要动因是改革开放以来的工业化加速和经济高速增长，出口导向已难以驱动经济的发展，资源的空间再分配收益不断下降，隐含在背后的危机是现有粗放型经济增长模式和扩张型城市发展模式的不可持续性。市场经济带来的不仅是资源配置的多元化，以及由此带来的调控机制的间接化和复杂化，还有可能导致社会结构的多元化和利益群体的分化。国家层面近些年通过立法、金融、行政等手段加强宏观调控，有效刺激内需，规范建设行为。与国家的初衷相悖，地方仍沿袭传统的城市发展模式，经济繁荣的背后是经济秩序的混乱和社会矛盾的层出不穷。

2. 粗放快速失衡的发展格局

（1）经济强劲快速发展

改革开放以来中国的经济发展取得了举世瞩目的成就，1978年至2008年中国经济保持着强劲的增长速度，年均增长率达到9.8%，快于同期世界增长平均水平6.8个百分点，创造了"中国经济奇迹"❷。2008年，中国GDP总量超过德国，跃居世界第三位，很快在2010年8月又超越日本成为世界经济第二大国，2015年全年国内生产总值达到67.67万亿元。新中国成立60多年来，经济总量与发达国家之间的差距不断缩小，外汇储量连续几年位居世界第一，确立了"制造大国"、"出口大国"、"外

❶ 高柏. 金融秩序与国内经济社会 [J]. 社会学研究，2009（2）：2-16.

❷ 翁媛媛. 中国经济增长的可持续性研究 [D]. 上海交通大学，2011.

汇储备大国"和"投资大国"的地位。

（2）传统模式难以为继

中国的经济增长方式存在严重不足和极度矛盾的一面，表现为违背一般经济规律的"高增长—高投资—低消费"的经济增长模式。首先，中国的经济发展长期以来主要依靠投资和出口拉动，其中投资是以要素投入为主，要素投入又以资本和土地消耗为主要途径。由于地方政府的财政收入长期依靠土地财政，过于追求产业结构的"大而全"和"小而全"造成产业同构。也造成了资源的极大浪费和过度开采，尤其是土地资源的大量消耗。使资源面临紧张和短缺，造成环境的持续退化，使环境面临巨大压力，降低了经济增长的质量，给经济增长本身带来了不和谐的因素。同时中国的产业结构比重有待调整升级，目前第三产业比重相对较低，已经不能适应经济持续稳定增长的要求，更不能满足中国特色城镇化道路的发展需要。其次，中国已经是世界上大国中外贸依存度最高的国家，大量的产品需要通过出口才能找到市场，但是中国的出口产品大多属于低端产品，科技含量低。伴随着人口红利的逐渐消失，中国的产品竞争力在国际市场上显得更加弱势。面对着不断上涨的贸易顺差，中国经济的内外结构日益失衡，结构性风险的累积越来越大，尤其 2008 年国际金融危机以来这种风险和矛盾显得更加突出。

（3）消费刺激明显不足

由于长期以来的分配体制不合理所致的居民整体消费倾向不高使得中国消费需求不足。据世界银行统计，2007 年中国居民消费支出总额为 1.2 万亿美元，位居世界第七，占世界总人口 1/4 的人口大国消费总量却只占世界的 4%。中国居民的消费率不仅远远低于高收入国家，也低于中等收入国家和低收入国家。同时，中国的投资率和消费率呈现出投资率不断上升、消费率不断下降的发展趋势。1978~1984 年间，中国最终消费率和投资率的比例平均为 65.4 ：34.4，而到了 2005~2008 年期间这一比例大幅度下滑，消费率此时已经降至 50% 以下，而投资比例上升为 42.8%。特别是 2008 年底开始，中央为应对全球金融危机出台了一揽子经济刺激计划，这些刺激计划进一步加剧了投资和消费比率的波动，这表明目前中国经济增长仍然主要依靠投资拉动、以资源要素投入的模式增长，消费刺激未见成效。

（4）地方发展路径依赖

长期以资源投入为主的粗放型增长方式导致了环境恶化、能源紧张、收入分配不公等，同时大量依靠投资导致流动性过剩成为中国通货膨胀的首要推动因素。据国家统计局数据显示，2015 年 CPI 同比上升 1.4%，与欧美发达国家 1% 左右的通胀水平相近，但中国的人均收入水平和消费能力远低于欧美发达国家，同时全年 PPI 同比下降 5.2%，钢铁、煤炭等产业压力巨大。税改后，地方政府脱离中央政府的管制并被鼓励去开发自己的经济，随后便到处发展房地产事业：以低价征收郊外的土地，而后将它们卖给房地产开发商和投机商人。当中央政府于 2008~2009 年推行 4 万亿的经济刺激计划时，地方政府和国有企业拿走了大笔的银行贷款，并将它们投入到收益性较高的地方建设和房地产投资。这些经济社会环境现状严重影响了中国居民生活水平的提高，尤其影响低收入弱势群体的生活质量。经济行为与发展方式是由相应的制度安排决定的，因而通过地方政府推动地方经济发展的制度创新就成为当前迫切需要解决的问题。但是中国粗放型经济增长模式的制度背景由来已久，如政府对微观经营活动的深度介入和干预，以 GDP 为核心的官员政绩考核制度等，导致地方政府推动经济发展制度创新缺乏适宜的土壤。出于经济与政治因素的考虑，地方政府多依赖传统的增长模式大规模开发利用土地进行投资建设，库存量巨大，中国经济社会健康稳定发展受到严峻挑战。

现下世界和中国的经济发展皆趋缓，国际需求也急速下降，中国经济也已因过度经营和准备不足而无法在不制造浪费且不引起通膨的情况下，接受一轮再一轮刺激计划。中国真正的挑战是适当消除负债来策划经济软着陆，以及以遏止地方政府与国有企业的过度开销为对策，应对许多发展经济学家所在意的"收入转型陷阱"。

1.1.2 社会背景

1999 年林毅夫在一个小型讨论团体"中国经济五十人论坛"的一次发言中明确指出我国处于"双重过剩条件下的恶性循环"状况，即劳动力过剩和资本过剩。这导致实体经济部门在运转上出现问题：一方面中国已经完成从高生育率、高死亡率到低生育率、低死亡率的人口转型，劳动力无限供给转向有限供给，人口红利面临终结；另一方面由于各种因素的影响，社会阶层分化过程中人们收入发生不均衡增长，从改革开放初期的过度平均转变为收入差距过大，中国成为世界上收入最不平衡的国家之一。

1. 整体居民收入贫富分化

衡量居民收入差距的指标包括基尼系数和财产集中度。

（1）基尼系数

基尼系数是国际上用来综合考察居民内部收入分配差异状况的重要分析指标，数值介于 0~1 之间，数值越大，说明收入分配越不公平。改革开放之初，中国的基尼系数在 0.3 以下，不仅总体上差距不大，而且在城市内部及农村内部甚至相当均等。但是，随着当代中国社会阶层分化的展开，居民收入差距急剧扩大。世界银行报告认为，1981 年中国基尼系数为 0.288，从 2000 年开始，中国基尼系数开始超出国际公认的 0.4 警戒线标准，并逐年上升。国家统计局公布 1997~2002 中国基尼系数，但自 2003 年以后 10 年未公开官方基尼系数，直至 2013 年 1 月国家统计局一次性公布了自 2003 年以来的全国基尼系数。（见表 1-1-1）2008 年因金融危机基尼系数达到最高 0.491，随着中国各级政府采取了惠民生的若干强有力的措施，基尼系数逐步地有所回落，2015 年的 0.462 为 2003 年以来的最低水平。基尼系数数据说明了中国加快收入分配改革、缩小收入差距的紧迫性。

1997~2014 年中国基尼系数   表 1-1-1

年份	1997	1998	1999	2000	2001	2002	2003	2004	2005
基尼系数	0.3706	0.3784	0.3892	0.4089	0.4031	0.4326	0.479	0.473	0.485
年份	2006	2007	2008	2009	2010	2011	2012	2013	2014
基尼系数	0.487	0.484	0.491	0.490	0.481	0.477	0.474	0.473	0.469

资料来源：国家统计局 1997~2014 中国统计年鉴.

（2）财产集中度

当前中国社会，财产高度集中、收入差距过大已经是不容争议的客观事实。如财政部调查统计显示，现在城市中 10% 的富裕家庭的财产总额占全部城市居民全部财产的 45%，城市中最低收入 10% 的家庭其财产总额占城市居民财产的 1.4%，另外 80% 的城市家庭占有城市家庭财产总额的 53.6%。国家发改委调查显示：从 1988 年至 2007 年，收入最高的 10% 人群和收入最低的 10% 人群间的收入差距，从 7.3 倍上升到 23 倍[1]。亚洲开发银行数据显示在中国最高收入的 20% 人口的平均收入和最低收入 20% 人口的平均收入之比是 10.7 倍，而美国是 8.4 倍，俄罗斯是 4.5 倍，印度是 4.9 倍，最低的日本只有 3.4 倍[2]。

2. 城乡居民收入差距过大

城乡收入差距过大是引起中国基尼系数过大的主要原因，也是中国收入分配差距过大的主要表现。全国城镇居民人均年可支配收入从 1978 年的 343 元提高到 2013 年的 26955 元，提高了 77.6 倍；同期农村居民人均年纯收入由 134 元增加到 8896 元，增加了 66.4 倍。与此同时，由于农村居民收入增长速度明显缓于城镇居民，导致城乡居民收入差距呈现出波浪式扩大的态势，期间经历了"两降、两升"的过程。其中，1984 年为近 36 年我国城乡收入差距最低点，收入比为 1.84：1；2009 年收入差距达到最大，收入比为 3.33：1。从 2010 年起，城乡收入比出现连续 5 年缩小的趋势，2015 年达到 2.73：1。2005 年国际劳工组织的数据显示，绝大多数国家的城乡人均收入比小于 1.6，只有三个国家超过了 2，中国名列其中，而美、英等西方发达国家的城乡收入差距一般是在 1.5 左右。中国城乡收入差距居高不下，

---

[1] 杨继绳. 中国当代社会阶层分析 [M]. 南昌：江西高校出版社，2011：63.

[2] 谢飞燕. 论当代中国社会阶层分化及其影响 [D]. 大连海事大学，2012.

成为世界城乡收入差距最大的国家之一。如果将城镇居民在医疗、教育、失业等方面享有的福利因素也包含进去，城乡居民之间的收入比将会更大。

从消费层面来看城乡收入差异，可以通过恩格尔系数显示，以此为标准，联合国将贫困到富裕分为五档：恩格尔系数在 59% 以上为绝对贫困；50%~59% 为勉强度日；40%~50% 为小康水平；30%~40% 为富裕；30% 为最富裕。中国商业联合会、中华全国商业信息中心 2009 年披露的新中国成立 60 年商贸流通业发展情况显示，城镇居民恩格尔系数由 1978 年的 57.5% 下降到 2008 年的 37.9%；农村居民恩格尔系数则由 1978 年的 67.7% 下降到 2008 年的 43.7%。单纯从数字看，差距似乎不是很大，但是按照恩格尔系数标准，城镇居民的生活水平已达到富裕水平，而农村居民的生活还停留在小康水平，差别显而易见。

3. 行业收入差距过于悬殊

近几年来，不同行业之间，不论是收入水平还是收入的增长速度都相去甚远，其中垄断行业的收入倍受关注。即使是在同一行业之中，不同类型的企业也表现出较为显著的收入差异，这是造成居民贫富差距逐渐扩大的又一个重要因素。1992 年以来，改革开放的步伐开始加大，我国市场经济获得突飞猛进的发展，但在个别行业，市场竞争并不充分，一些以行政权力为背景、带有垄断性质的行业或大企业继续得到高收益，从而实现了自身利益的最大化，形成了实际上因占有特殊资源而获得额外收入的特殊群体。例如金融、电信、石油化工、金融保险、电力燃气、铁路运输、房地产、自来水、烟草等行业，在改革"权力路径依赖"和财力积聚的大趋势下，依靠国家特殊政策进行垄断经营，凭借其垄断地位制造和获得经济租金，获取超额垄断利益，从而大大拉开了与非垄断性行业的收入差距。在这些行业中，企业获得的垄断利润在一定程度上会转化为员工的高额收入和福利。另外，部分大型国有企业的利润上缴机制并不完善，造成许多原本应该属于国家的收入被企业领导和内部员工分享。这些因素必然造成行业之间以及同行业之间不同性质企业之间收入的明显差距。

1.1.3　城镇化背景

1. 主要特点 ❶

我国城镇化与全球城镇化发展特征存在巨大的差异，具有以下独特性：

（1）大国城镇化

中国是人口大国、国土大国和经济大国。中国的总人口居世界第一，国土规模

---

❶ 周干峙 . 中国特色新型城镇化发展战略研究（第一卷）[M]. 北京：中国建筑工业出版社，2013：36–48.

和经济规模均居世界第二，全球与中国具有相对可比性的国家仅有 24 个 **❶**。中国地理环境与人居条件十分特殊，区域差异十分显著，东、中、西部人居环境、资源承载力、民族文化、经济社会基础等方面差异显著，"胡焕庸线"是鲜明写照，同时大国本身决定了城镇化率不可能达到很高的水平。

（2）候鸟式城镇化

改革开放 30 年来，在快速城镇化过程中较多注重土地和物质空间的城镇化，而忽略"人的城镇化"，带来流动人口的半城镇化问题 **❷**。中国的农民工作为"一只脚踩进城市"的特殊两栖群体数量巨大，达到 2.6 亿，大规模的钟摆式迁移在世界上极为罕见。一方面，伴随着中国城镇化进程加速，流动人口已成为新增城镇人口的主体，低收入流动人口成为城镇新贫困阶层的主要人群，在城镇劳动力市场和住房市场中都处于劣势和被边缘化状态。另一方面，现有的制度安排与公共服务体系并未对大规模流动人口流动做好准备。市场化改革使得政府承担的福利性制度安排弱化，个人承担的成本增加，政府在社会保障与公共服务方面投入不足 **❸**，基于户籍的身份限制使得农民工等群体被排除在城镇公共福利体系之外。进城务工人员多数居住在城乡结合部，其生活方式、行为等并未实质性地融入城镇而处于实际的"半城镇化"状态中 **❹**。在城乡二元结构下，公共服务配置存在严重的区域差异和城乡配置不均现象，导致城镇化进程中的城乡差距不断加大。庞大的农民工群体的跨区域摆动是中国许多社会问题的根源所在，决定"候鸟式"城镇化最重要的原因之一是中国特殊的土地制度，它既起到稳定农业、农村、农民和城乡关系的"蓄水池"和"稳定器"的作用，也导致农民土地财产权益的不充分，成为规模庞大的沉淀资产，造成社会财富的浪费。

（3）政府主导的城镇化

国家方针和区域政策深刻影响城镇化的发展。改革开放后形式多样的区域政策和渐进式的开放战略直接影响各地区的社会经济发展和城镇化进程。各级政府掌握资源的分配权，对城镇化的方向、重点和速度具有重要调控作用。尤其分税制改革后，地方政府既要承担保障当地民生、履行公共服务的职能，又要承担地方公共服务融资的经济功能，因此全力发展地方经济、汲取各种资源获得财政收入，成为地方政府的现实选择。这一体制有利于资源整合并获得较高的发展效率，却也是地方政府过度关注经济利益，具有"公司化"倾向的内在逻辑的起点。不同行政层级的

❶ 俄罗斯、加拿大、美国、巴西、澳大利亚、印度、墨西哥、印度尼西亚、意大利、土耳其、西班牙、荷兰、韩国、英国、法国、德国、日本、刚果、苏丹、阿尔及利亚、哈萨克斯坦、阿根廷、沙特阿拉伯 .

❷ 徐匡迪 . 中国特色新型城镇化发展战略研究（综合卷）[M]. 北京：中国建筑工业出版社，2013：405.

❸ 吕伟，王伟同 . 发展失衡、公共服务与政府责任 [J]. 中国社会科学，2008（4）：52-64.

❹ 王春光 . 农村进城务工人员"半城镇化"问题研究 [J]. 社会学研究，2006（4）：47-52.

资源配置能力制约合理的城镇体系形成，以地生财的地方政府融资模式浪费大量土地资源，使失地农民不能充分享受城镇化带来的土地增值收益，为城镇化健康发展留下巨大的隐患。

（4）三农问题高度敏感的城镇化

中国快速城镇化过程中，大量的农村青壮年劳动力流入城市，农村社区空心化、老龄化问题十分突出，城乡人口、资金循环流动机制尚未建立。城市化大量占用耕地影响了农业的发展，使人们面临粮食安全的威胁与挑战。从人地关系的现实看，未来的农业现代化只能走服务型农业模式而不是土地规模型模式，在农村高素质劳动力不断流失的背景下，改变农业从业人员的老龄化、兼业化和边缘化，改变农业的弱势产业地位难度空前。

（5）多方矛盾复杂交织的城镇化

根据预测，在 GDP 年均增长 7.5% 的情形下，我国的城镇化水平平均每年将增加 0.7 个百分点。2020~2030 年间我国 GDP 年均增长 6%~7%，城镇化率将年均增长 0.5 个百分点。这种源于经济增长拉动的城镇化发展速度有其必然性，同时中国的城镇化与工业化、信息化及农业现代化相伴相生，受到全球化、机动化、生态化、信息化等多重因素的制约，具有十分突出的复杂性和矛盾性[1]。

2. 总体特征

改革开放以来我国城镇化发展具有的"两高、两低"的重要模式特征，即高的发展速度、高的经济成效、低的初级成本和低的发展质量，既是过去中国城镇化发展取得巨大成就的基本秘诀所在，也是中国未来城镇化发展模式亟待调整和转换的根本要求所在[2]。

（1）高发展速度

1978~2011 年中国城镇化率年均提高 1 个百分点，城镇人口年平均增加 1570 万人，尤其 1995~2015 年连续近 20 年为城镇化高速发展期，城镇化率年平均提高 1.5 个百分点，2015 年城镇化率达到 56.1%，比世界平均水平高约 1.2 个百分点。中国作为世界第一人口大国，城镇化率在 30 多年里保持如此快的增长速度，如此大规模的人口转移，在世界各国城镇化发展史中极为罕见。

（2）高经济成效

中国城镇化的快速发展，吸引大量的农村剩余劳动力进入城市和工厂，为工业化和城市发展提供了充足的劳动力，为中国赢得了制造业发展的全球竞争优势，有力支撑了中国经济的持续高速发展，成为全球第二大经济体。同时也带动广大城乡

❶ 中国特色城镇化发展战略研究课题组 . 关于新型城镇化发展战略的建议 [N]. 光明日报，2013–11–04.
❷ 周干峙 . 中国特色新型城镇化发展战略研究（第一卷）[M]. 北京：中国建筑工业出版社，2013：64.

居民脱贫致富，确保了社会稳定发展。

（3）低初级成本

人力资本、土地资源等生产要素的低成本支撑中国城镇化低成本扩张。一方面，中国自 20 世纪 80 年代起劳动力比重不断提高，总抚养比持续下降，供应充足的劳动力多年来保持了低工资的收入水平和低水平的社会保障，为中国城市化贡献了低成本发展的人口红利。另一方面，在土地出让市场化过程中，地方政府以较低成本获得集体土地为城市建设提供廉价的土地资源，解决了城镇建设中的资金来源问题。

（4）低发展质量

中国城镇化呈现低质量现象：①城镇常住人口中有多达 1/3 的流动人口群体不能享受城市住房保障、教育、医疗、社保等基本公共服务；②城乡贫富差距加大、居民贫富分化严重，社会群体性事件多发；③城市安全事故频发，综合承载能力下降；④乡村建设总体滞后，大量村庄凋敝，农业生产受到威胁；⑤生态环境污染持续恶化，污染治理成本巨大。城镇发展的经济收益逐渐被社会成本和环境成本抵消❶。

中国较为粗放的城镇化模式将难以为继，城镇化发展必须从数量扩张向质量提升转变，从盲目自发的农民进城运动向有计划、有组织的人口迁移行为转变，从东部地区主导的外向型发展向以中西部地区为重点及更加关注内需市场、内源动力和内陆发展转变，从城乡分割向城乡联动和一体化发展转变，从"空间扩张的城镇化"和"人的半城镇化"向全面城市质量提升和"人的城镇化"转变。

1.2 城市问题与城市治理困境

1.2.1 城市发展出现的问题

对于 20 世纪初以来的中国问题研究，温铁军（2009）认为，基本上是"一个人口膨胀而资源短缺的农民国家追求工业化的发展问题"❷。目前，中国有超过 7.1 亿人生活在城镇，先进制造业和现代服务业在城镇集聚，城镇成为支撑国民经济发展的核心力量，但也出现了复杂的环境、社会问题。

1. 城市发展盲目扩张，土地资源浪费严重

中国城市土地迅速扩张，2000~2010 年，全国 260 个地级市及以上城市的人口规模平均增长速度为 4.4%，建成区面积的平均增长速度为 6.9%，土地扩张速度明显高于城市人口增长速度❸。城市土地局部粗放使用，城市整体形态结构不合理，新区

---

❶ 中国特色城镇化发展战略研究课题组 . 关于新型城镇化发展战略的建议 [N]. 光明日报，2013–11–04.

❷ 温铁军 . 三农问题与制度变迁 [J]. 读书，1999（12）：3–11.

❸ 周干峙 . 中国特色新型城镇化发展战略研究（第一卷）[M]. 北京：中国建筑工业出版社，2013：53.

开发浪费土地的现象普遍。房屋建设是高资源消耗型产业，日本、韩国、新加坡人均建筑面积40平方米左右，如果按照这一数值，2030年中国人口14.71亿人口峰值计算，总的建筑规模约为600亿平方米，如果未来城镇化率70%，则城镇建筑总的规模应该约为400亿平方米。按照每年农转非人口1000万计算，每年只需要增加4亿平方米城镇建筑。如果新建建筑速度大大超出人口城镇化速度的需求，城市发展面临资源不足和过度透支的风险，未来商品房市场难以再有大幅上涨的空间。目前一线和部分二线城市住宅用地逼近极限，持续上涨的房价抑制刚需得到进一步释放；二三线城市因大量的土地出让规模和本地需求为主的有限人口而面临过度透支的风险。过量的建筑不是扩大内需的措施，而是能源、资源、土地的非理性挥霍，而且还需要持续的能源消耗来维持运行，不能给经济发展、社会发展、人民生活水平提高带来任何实质的促进，而且大量的空置房屋和过高的房价随时可能导致楼市崩盘，建筑存量越多，崩盘对经济造成的危险越大。

2. 环境污染严重，交通拥堵突出

由于长期环境保护的忽略和先污染、后治理思想的沉积，城市污染问题日渐严重，大部分城市普遍存在严重的水污染、空气污染、噪声污染和垃圾围城等问题。中国城市交通拥堵现象已从大城市逐渐向中小城市蔓延，交通拥堵的城市数量不断增加，拥堵程度日益加剧，停车难问题较为突出，不仅影响到城市生活效率和质量，而且带来环境污染和能源紧张等一系列社会问题。如随着小汽车的快速普及，汽车拥有量激增，汽车客运所造成的单位污染强度是铁路运输的10倍左右。国外例证表明，当车流量超过33000辆时，生活在道路两侧50码（1码=0.9144米）区域内的青少年患哮喘的可能性增加近一倍。广州市交通干线附近的小学生的血铅浓度与本市交警的血铅浓度相同，为14.2~16.7ug/dl，超过目前国际公认的10ug/dl儿童铅中毒的临界值。❶

3. 水资源短缺，城市饮用水安全受到威胁

中国水资源总量仅为世界人均水平的28%（2010），位列世界125位，呈现北方资源型缺水和南方水质型缺水特征。而快速城镇化过程中城镇生活用水、工业用水、生态景观用水量不断增加，加剧了水资源的供需矛盾。北方地区的地表水资源利用量占水资源总量的33.7%，达到30%~40%的开发上限，地下水资源利用量达到35.9%，水资源成为中国未来城市经济发展的刚性约束。与此同时，用水结构和水资源供给结构发生了变化，地下水资源成为城市水源的主要供给来源之一。目前，全国整体基本上维持地表水与地下水源供水量4：1的比例，但区域性差距显著，北方地区地下水供水比例较大，海河、辽河流域城市地下水供水量超过50%，地下水

❶ 唐孝炎，王如松，宋豫秦.我国典型城市生态问题的现状与对策[J].国土资源，2005（5）：4-9.

超采严重。全国655个城市中，400多个均以地下水为饮用水源。2/3的城市缺水，比较严重缺水的城市有110座，农村有近3亿人口饮水不安全。

4. 城市灾害频发，城市安全面临严峻挑战

根据民政部救灾司灾情信息显示，近些年中国极端天气气候事件的时空分布、发生频率和强度发生新变化，低温、冷冻、风雹、台风、地震、崩塌、山洪、滑坡、泥石流等灾害呈现高发态势。如汶川地震、玉树地震、舟曲泥石流等自然灾害造成的损失惨重，2006~2013年全国因灾失踪人数达到108751人，仅2008年就达到88928人。2013年全国各类自然灾害共造成3.9亿人次不同程度受灾，因灾死亡失踪2284人，紧急转移安置1215.0万人次，因灾直接经济损失5808.4亿元 ❶。城市自然灾害风险进一步加大，伴随着人口、资源、环境问题日益严重，经济社会发展与自然灾害的相互耦合影响更加突出。由于城市内部基础设施标准较低、"生命线工程"脆弱、建筑物达不到设防标准以及城市管理比较薄弱等因素，自然灾害有明显放大作用，人为因素加重自然灾害风险的现象时有发生。城市的多种灾害频发对人民财产和健康的威胁日渐严重，而长期被忽视的安全隐患可能转变为安全事故，城市基础设施引发的安全事故频发。

5. 社会保障不足，加大经济风险和社会不稳定性

随着城镇人口的激增，城市公共产品和公共服务供需矛盾加大，供给严重不足，尤其是住房、教育、医疗普遍价格较高。以高房价为例，将产生三大影响：一是我国普通家庭难以承受昂贵的房价，过高的购房压力形成资本沉淀，抑制居民在其他方面的消费能力，尤其压抑了服务业的发展，使得除购房需求外的其他需求增长缓慢，传统服务业发展缓慢；二是快速城镇化带来的购房支出的挤出效应与主观上人们投机性的房地产炒作和恐惧性的透支消费购房，将加深房地产市场危机并引发多种社会问题；三是我国地方政府债务进入集中偿还期，新的政府投资项目还在不断上马，一旦卖地无法维持，地方政府债务链可能出现断裂危机。公共服务资源分布不均、总体覆盖有限等问题直接影响居民生存质量和生活质量。同时，维持传统城市经济增长方式的原动力日益枯竭，人口红利日渐消失，地区间、阶层间、城乡之间的贫富差距持续严重扩大，使得经济风险加大和社会不稳定性增加。

6. 高标准城市建设，居住空间分异加剧

中国城市建设的显著特点是低收入水平下的高标准建设。广义上说，城市建设的高标准是严肃城市规划方案、完善城市功能布局、依法进行城市管理并塑造良好的城市形象的必要手段。而如今，城市建设的过度高标准表现为超出经济社

---

❶ 数据来源：民政部发布2013年社会服务统计公报。

会发展水平和环境承载能力，疯狂追求城市规模与现代化水平，过度转嫁下任政府债务、过度消耗后代发展空间、过度采用消耗浪费社会财富和过度破坏生态环境。西部地区由于不具备快速实现城镇化的条件，在高目标的倒逼之下，实施过程面临困境。城市规划和住房市场在空间上引发富人舒适豪华居住区的集中以及城市底层、低收入人群和外来务工者廉价密集居住区的隔离，加剧了城市的贫富分化和空间碎片化。城市空间内部的不平衡导致边缘性群体在城市空间的生存状况更加恶劣，由此产生许多外部负面性。如空间的剥夺、阶层的矛盾（不合理的拆迁安置）等都会引发社会的不稳定乃至犯罪事件的频发，激化社会矛盾，影响社会和谐。

1.2.2 城市发展问题的原因

城市发展问题的出现是城镇化发展中必然的阶段性现象，城市规划、建设和管理的随意性、非综合性之大部分是时代无奈的表征和经济、社会、政治发展之必然困境的显现。

1. 发展理念层面

（1）经济为重心的发展理念

改革开放后，政府从意识形态的管控、企业管社会、个人的组织依附等领域撤出，逐步转向把经济发展作为政府职能的核心。出于维护合法性等原因，政府对经济发展的首要重视导致对宏观调控、市场监管、公共服务和社会管理这四项基本职能的相对偏离或忽视，因此出现了先污染后治理、重经济轻生态、重增长轻民生、重城市轻乡村的路径选择，忽视民生工程、安全工程，对城市安全运行中的脆弱性认识不足和安全责任意识淡化，导致快速城镇化的发展速度与城市公共安全承受度不相匹配，加大了城市安全的风险。也由于投资的倾斜，使得民生工程缺少制度化的投入和切实的改善。

（2）技术为核心的治理理念

城市建设中缺乏对自然的尊重，试图运用工程技术解决生态和社会问题。如很多城市提出建设生态宜居城市的目标，但一些城市将生态建设等同于城市绿化和景观美化，将流经的河流渠化，再以多级闸坝拦截扩大水面，使河流变成静态水，河滩、河岸消失，河流失去了自净能力，生物多样性减少。一些城市填海造地、挖山平地用于城市建设，造成城市山水格局的破坏和特色的丧失，使沿海滩涂生态遭到破坏，山体及森林涵养水源的功能消失。城市规划的道路系统以服务于机动车为标准，城市空间和尺度不考虑人的因素和使用要求，缺乏适合人性尺度的绿色交通线路，大广场、宽马路展示的宏大、壮观与居民生活需要的细致、人性南辕北辙。

2. 管理制度层面

改革开放三十余年，中国重大政策大都集中在政治和经济层面，社会和环境政策较少。

（1）社会政策方面

中国目前教育与文明相对滞后，道德与秩序逐渐丧失，现代城市规划的基础是建立在科学分析上的理性主义 ❶，具有极强的工具理性，在社会阶层分化及利益冲突加剧的背景下，城市规划、建设和管理缺乏人文关怀，缺乏对历史遗产的尊重，缺乏解决社会问题的具体手段。

（2）城乡发展方面

城乡发展管理制度体现在以下几个方面：①城市之间强调竞争多于合作，缺乏功能协调，造成基础设施重复建设和资源浪费；②建立在城乡二元结构上的规划管理制度，以及就城市论城市、就乡村论乡村的规划制度和实施模式已经不适应现实需要；③乡村规划管理非常薄弱，无序建设和土地浪费严重；④急功近利的地方政府业绩考核模式推动造城运动催生空城，以 GDP 为导向的地方政府业绩考核制度和财税制度导致土地监管的失序，城市建设规划与交通发展规划、土地资源开发计划三者之间协调不佳，城市高速发展、土地资源的盲目开发与空间结构布局的不合理相伴相生；⑤城乡规划建设中的违法行为大量出现，严重侵害公共利益。

（3）生态保护方面

我国生态管理制度严重不足，环保、林业、水利、农业等与城市生态有关的部门在土地利用决策方面参与度较低。沿袭传统的环境管理体制，采用行政干预手段代替经济手段与法律手段，许多环境保护法规未能得到贯彻执行。许多城镇以低地价甚至零地价作为招商引资的手段，导致部分发达国家（地区）淘汰的落后工艺和生产技术的污染企业落户中国。在现行土地政策下，各地依靠开辟三荒和撤并村庄获得建设用地，保证耕地总量平衡，一旦将三荒土地转变为耕地、乡村变为城市，将使国土的生态服务功能基本丧失。

3. 管理技术层面

管理技术主要存在以下问题：①资源利用效率低下。中国城市每万元工业产值用水量是发达国家的 10~20 倍。全国工业税的重复利用率平均为 30% 左右，乡镇企业平均仅 10% 左右，远远低于发达国家 75%~85% 的水平。许多城镇片面强调拉大框架，占用大量农田，导致 40% 的土地处于低效利用状态。城市垃圾分选综合处理、中水回用以及雨水收集系统和雨污分流系统尚未有效实施，过度包装普遍流行，都

❶ 张庭伟 . 城市规划的基本原理是常识 [J]. 城市规划学刊，2008（5）：1–9.

严重影响了资源利用效率；②污染控制技术未本土化。中国政府热衷于从世界各国引进大量的污染控制技术，由于国外污染形成的背景和控制因素与国内不尽相同，因此引进技术的适用性需要消化吸收才能完成，目前国产化严重不足，污染难以实现低成本控制。

1.2.3　城市治理面临的困境

全球治理委员会在1995年《我们的全球伙伴关系》报告中提出，治理是各种公共的或私人的个人和机构管理其共同事务的诸多方式的总和，是相互冲突的或不同的利益得以调和并采取联合行动的持续的过程。中国经济发展与城镇化水平提升与百姓福祉相脱节，城市规划管理面临诸多治理困境。

1.多元社会治理下的公地困境

（1）公地悲剧

"公地悲剧"（tragedy of the commons）是指如果谁都能使用公共资源，往往会带来过度使用。通常解决的方法是创造私有产权，或者当集体可以明确界定且集体内部存在有效制约机制时去建立共有产权❶。市场经济带来的一个直接结果就是多元利益主体的形成，利益主体的背后是土地空间的产权，而这些不同利益主体的利益既有一致和相通的一面，也有矛盾和对立的一面。当前创造财富的方式已经出现一种静悄悄的革命：对产权进行整合❷。

（2）反公地悲剧

当前城市规划建设的反公地悲剧与公地悲剧一样无处不在。"反公地悲剧"（the tragedy of anticommons），即如果某一资源有很多所有者，而这种资源却必须整体利用时才最有效率，由于每个所有者都可以阻止他人使用，在合作难以达成的情况下，资源就可能被浪费。土地利用往往受制于易分难合的传统所有权，当所有权本身与政府管制过于破碎化时，就很容易产生资源利用困局，造成资源使用不足。反公地悲剧在城市规划建设领域，尤其是城市更新和房地产开发领域表现最为明显。随着温饱的解决，城市各利益群体通过自己的不动产更多地分享未来社会财富的增长，索要高额赔偿，由于交易成本过高导致无法交易，致使城市无法实现更新改造，因此有"私有制不再是所有权的终点，私有化也会走到破坏财富的地步"的判断，利益格局的失衡源于社会权利在城市空间这一典型公地的失衡。而所谓市场经济条件下的利益均衡机制，最基本的含义就是社会主体平等利益表达权利的制度化以及在此基础上形成的较为公平的利益博弈。

---

❶ Garrett Hardin，"The Tragedy of the Commons"，Science 162，no.3859（1968）：1243-48.

❷ 陶然，王瑞民，史晨．"反公地悲剧"：中国土地利用与开发困局及其突破[J]. 二十一世纪，2014（8）.

2.规划职能碎片化与部门分权

（1）规划职能碎片化

城市规划管理职能演进的历史也是规划职能碎片化的历史，见表1-2-1，制度的边缘化趋势凸显，呈现不同的阶段性特征。

不同时期城市规划的特征　　　　　　表 1-2-1

年代	作用	发展背景	规划特征	空间特征	利益主体	规划编制和审批
1950年代	制度的基石：城市规划是国民经济计划的继续和深化，与政治制度两者共同支撑经济社会的发展	国民经济恢复阶段，高度集权的计划经济体制，城市以服务生产为主要功能	工程、计划性、技术、国家投资、学习苏联规划理论	重工业体系，国家重点项目	以国家为单一主体	建设规划（管制性），蓝图式编制理念，严格的国家审批制度
1980年代	制度的基础：沿袭计划经济时期特征，对物质空间进行综合安排	开始实行改革开放政策，有计划的市场经济，城市进入重新起步发展时期	工程、硬技术、空间、区域、国家投资为主	特区、开放城市	利益主体开始多元化，但国家仍占据主导地位	城镇体系规划（区域性），《城市规划法》分级审批的体系、程序和内容
1990年代	制度的组成：市场经济、部门利益对城市规划的综合性、权威性产生挑战，城市规划得到重视的同时，事实上逐渐退出中央政府的政治领域，表现为技术部门的特征	改革进一步深入，经历土地有偿使用制度和分税制，城市进入快速发展时期	工程、软技术、空间、商业、国家投资、市场投资并举	大城市、区域发展、CBD、开发区、公共交通、房地产	利益主体日趋复杂，市场开始占据主导地位	控制性详细规划（操作性）、城市设计（空间性），编制审批更规范，但理念和审批方法没有本质变化
2000年代	制度的工具：中央政府重拾规划手段，政府部门之间竞争、央地矛盾的日益扩大导致规划市场的繁荣和规划管控的失灵	全球化、信息化、老龄化同时存在，市场经济逐步完善，城市进入高速发展时期	工程、环境、社会、制度、软技术，市场投资为主	空间分异、利益分配、环境污染、城乡关系、历史遗产、可持续发展	利益主体进一步复杂化，呈现多元诉求和博弈	战略规划（实用性）、近期建设规划（适应性）、社区规划（社会性）、公众参与（政策性），编制审批程序性增加，审批效率、作用下降

参考整理：赵民.城市总体规划实践中的悖论及对策探讨.城市规划学刊，2012（3）：1-9.

（2）部门分权与多重管制

中国实行制衡的国家管理体制，城市空间相关规划包括国民经济与社会发展规划、城乡规划和土地利用规划（表1-2-2）。

城市空间相关规划事权 表 1-2-2

授权法	法定规划	非法定规划	主要内容	国家部委	地方层面
宪法	国家《国民经济与社会发展规划》	《主体功能区规划》	经济社会发展、主体功能区、城镇化战略	发展与改革委员会	不具有法律效力
城乡规划法	法律规定的城乡规划体系	城市发展战略、城市设计等	规划区范围土地空间利用、人居环境	住房城乡建设部	部分非法定规划得到地方人大授权具有法律效力
土地管理法	各层级《土地利用总体规划》	—	国土、耕地保护、指标管理	国土资源部	集体和国有土地分类管理

　　"三规合一"讨论的盛行源于上述三个规划的内容矛盾、空间不协调以及管理职能碎片化和部门分权：①发改委试图建立统一的规划体系，意图使城市总体规划成为一个专项规划，在此背景下推出主体功能区规划，做大区域规划；②国土部门采取农村包围城市的策略，将城市规划权限制在城市范围，牢牢掌控外围土地；③林业部门从保护森林草原生态环境入手，谋划很多森林公园，规定森林公园内允许按比例自批建设用地用于管理、防火等；④旅游部门从旅游地产、主题公园建设角度谋求建设空间；⑤水利部门进入城市河道，借助资金将其归入自己的管理范围；⑥环境保护部门将环评前置，开始深入到规划领域核心，干预城市空间安排；⑦交通部门独立决策重大交通设施，交通规划和城市规划不协调；⑧规划建设部门自身对城市规划的本质认识局限于是以空间部署为核心制定城市发展战略的过程[1]，定位为技术部门而非综合部门。部门分权和层级分审导致政策制订权与批准权的分散化，形成横向和纵向多重管制，使得任何建设都需要得到诸多管制机构的批准，审批过程漫长。同时由于法律障碍太多，过多的管制增加了建设成本，降低了城市供给，导致新的土地或城市开发无从起步，"城中村"和城市更新项目往往由于合法合规代价过高，基层政府和个人往往采取"快速建设、快速收益"的违法策略。

　　3. 央地关系重构下的地方诉求

　　（1）地方政府本质

　　当前，中国已经完成极权国家向威权国家的重要转变，政府从全能管家成为CEO，在威权国家的政治体制下，各项行动的方向性指令依旧来源于自上而下的管控。以经济发展为首要任务的各级政府管理人员成为所在地区不同层级的CEO，以GDP为业绩的绩效考核成为各级CEO升迁的依据和施政的原动力。城市政府是中央政策的执行者，解释国家政策在地区的适用性并制定实施政策，主导地方发展战略、

---

[1] 吴志强，李德华. 城市规划原理（第四版）[M]. 北京：中国建筑工业出版社，2010：255.

地方规则与政策的制定与执行，提供和分配城市公共产品。作为国家权力的代理人，城市政府掌握城市土地和空间资源的配置，而城市规划作为城市政策的一部分，是城市政府主导地方规则制定和空间资源配置的重要手段之一。

（2）地方政府压力

过去三十多年中国经济社会发生的巨大变化，在很大程度上归因于中央与地方关系的转变和调整，并成为一种社会共识和常识。央地关系是我国经济社会最为根本的关系之一，也是影响我国未来发展最为重要的关系之一。央地关系的核心在于财政管理体制（财政体制、财税体制、财政运行机制），财政是国家治理的基础和重要支柱，财税体制在治国安邦中始终发挥着基础性、制度性、保障性作用。改革开放以后，为适应经济转轨需要，调动地方和企业积极性，20世纪80年代初形成了财政包干体制，生产迅速发展。1994年推出分税制，再次推动了经济的高速发展。分税制提高了中央财政收入的比重，强化了国家对宏观经济的调控能力和对落后地区的财政转移支付能力。然而，由于未对事权，特别是省级以下地方政府的事权做出明晰的划分和界定，导致财权上移、事权下移，基层政府的财政支出责任不断增加，包括义务教育、公共卫生、社会保障、福利经济等。地方政府财政收入的占比下降，而财政支出占国家财政支出的比重与1993年相比并未发生明显变化，被迫承担社会转型的制度成本。财政收入不平衡迫使地方政府增加预算外收入，对预算外收入的依赖程度远远超过中央政府对预算外收入的依赖❶，投资体制的配给制也加剧了地方政府的财政压力。

（3）地方政府选择

如果说20世纪80年代的包干制调动了地方发展经济的积极性，1994年分税制则建立起了"与社会主义市场经济体制相适应"的体制框架，并随着1998年住房制度改革（"城市股票上市"）和2003年土地招拍挂（卖方决定市场）等一系列制度创新，土地财政得到不断完善。在已有中央与地方关系的安排下，各地都把发展本地经济作为第一要务，形成土地财政获取超额溢价的路径依赖。国务院发展研究中心调研显示，多数地方政府靠出让土地使用权获得的净收入占政府预算外收入的60%以上。解决社会需求包括公共服务的需求和居民住房需求，土地价格的抬升使得成本飙升，解决社会需求的难度越来越大，城镇化成本同时快速提高，在目前保增长的行为跟进使得地方政府没有多少腾挪空间，而且目前还不能提供一种成功可靠的土地财政替代方案❷。同时由于土地本身资源的稀缺性、保值增值的功能，在新的市场机会面前，各类投资主体当仁不让地利用"圈地运动"实现土地本身的升值，通过拿地进

---

❶ 李学文，卢新海，张蔚文. 地方政府与预算外收入：中国经济增长模式问题 [J]. 世界经济，2012（8）：134–160.

❷ 赵燕菁. 重新研判"土地财政" [N]. 第一财经日报，2013–5–13.

行战略布局，换仓谋求下一轮市场发展机会，形成恶性循环和发展惯性。因此，土地财政是主动激励与被动绑架的双重作用的结果。

4. 面向生产取向下的城市治理危机

（1）生产取向

中国城镇化是典型的工业化驱动型城镇化，直接体现为大量的人口和经济活动在有限的城市空间集聚，城市工业用地扩张，承载产业空间的不同层级经济开发区和高新技术开发区遍布。城市政府的工作重点是抓经济，而招商引资属于移植性经济，因其灵活机制和显著效益而成为带动地方经济的重要形式。地方政府放宽市场准入标准、优化投资环境，以此提高投资收益比率吸引投资。招商引资促进了固定资产投资规模的扩大和产业结构调整与升级的加速，但经济生产主导取向下的城镇化集聚过程也导致了城镇发展中普遍存在的外部性和公共产品问题，使得城镇空间成为最为稀缺的公共资源。缺乏清晰的产权界定和有效的治理机制，必然出现各方利益主体基于短期私利对公共资源的过度利用以及公共服务供给不足的问题。此外，我国人地关系的基本态势加剧了城镇发展中的外部性，经济发展和城镇化过程出现极大的空间不均衡性，使得空间资源稀缺性更为突出。[1]2008年经济学家约瑟夫·E·斯蒂格利茨、阿马蒂亚·森和让·保罗·菲图西一起组建了一个名为"经济表现与社会进步衡量委员会"的国际专家小组，其撰写的报告《对我们生活的误测——为什么GDP增长不等于社会进步》倡导把重点从"面向生产"的衡量系统转向关注当前和未来世代幸福的衡量系统，即转向更广泛地衡量社会进步[2]。

（2）治理危机

事实上，中国在几十年的时间内实现了农业社会向工业社会的转变，但城市管理文化和城市治理模式扎根于五千年来的农耕文明和计划经济条件下沿袭的科层治理体系，无法应对大规模、高速度的城镇化和工业化的挑战，尚未建立起适应社会主义市场经济体制的城镇化公共治理体系。因此，当前城市规划管理出现的诸多问题有发展阶段的使然，有社会制度的无奈，也有历史代价的承担，化解复杂的利益矛盾需要假以时日，可能需要全社会做好长阶段阵痛的准备。治而后滥的现状说明城市治理如果仅寄希望于国家用法律及司法解释的"一刀切"的一元化治理模式是无效的，同样完全寄希望于市场对于资源的优化配置作用并不能解决市场失灵问题，城市多元治理、民主协商可能是解决城市问题的根本路径，即在逐步降低保增长目标的同时，通过配套的土地制度改革、财税制度改革、金融体制改革、政治体制改革，让政府在稳定的财政支持下做好"守夜人"。

❶ 徐匡迪. 中国特色新型城镇化发展战略研究（综合卷）[M]. 北京：中国建筑工业出版社，2013：407.
❷ 约瑟夫·E. 斯蒂格利茨（Joseph E.Stiglitz）. 对我们生活的误测：为什么GDP增长不等于社会进步 [M]. 北京：新华出版社，2011：5-8.

1.3 理解公共政策的城市规划

1.3.1 公共政策概念与内涵

理解城市规划的公共政策属性，首先要回归对公共政策的界定。由于公共政策具有明显的跨学科特征，不同的研究者会从不同的分析角度，应用不同的理论和方法去研究不同的政策现象，因此在学术领域，人们对公共政策定义的理解可谓仁者见仁，智者见智。

1. 公共政策概念

（1）国外相关研究

伍德罗·威尔逊定义公共政策是"由政治家制定的并由行政人员执行的法律和法规"❶。伍德罗的定义将公共政策等同于法律法规，缩小了公共政策的范围，政府的计划、规划、指示等都会起到公共政策的作用，是公共政策的组成部分。同时公共政策制定的主体不仅仅是政治家，公众代表、专家学者也应该参与到公共政策的制定中。哈罗德·拉斯韦尔定义公共政策是一种含有目标、价值和策略的大型计划，关注公共政策同时具有的工具理性和价值理性。托马斯·戴伊从行为主义角度认为，凡是政府决定做的或决定不做的事情就是公共政策，通过政府的"为"与"不为"来定义，也使得政府执行政策被等同为公共政策。罗伯特·艾斯顿考虑到了环境的作用，提出公共政策是政府机构与其周围环境之间的关系，因为每一项公共政策，都是解决公共环境中所发生的问题，这种回应必然会带有政府自身的偏好和自身利益的考虑。理查德·罗斯认为不应该把公共政策只看做某个孤立的决定，而应把它看做由或多或少有联系的一系列活动组成的一个较长的过程，以及这些活动对有关事物的作用和影响，侧重公共政策的长期性、连续性和关联性。查尔斯·柯克兰认为公共政策是一个或一组行动者为解决一个问题或相关事务所采取的相对稳定的、有目的的一系列行动。尼格尔·泰勒在其著作《1945年后西方城市规划理论的流变》中认为公共政策理论本身具有"纵向"的递进关系，规划小系统与社会大系统发展之间存在"横向"互动关系❷。传统理性、有限理性、渐进主义、小组意识、精英理论、制度理论、博弈理论、团体理论、系统理论、生命周期理论是阐释公共政策的十大经典模型。

（2）国内相关研究

国内一些学者依据不同的理念，从不同的视角对公共政策的定义进行了诠释。

❶ 黄建伟. 理解公共政策学—概念界定五部曲 [J]. 高等农业教育，2006（5）：59-63.

❷ 尼格尔·泰勒著 .1945 年后西方城市规划理论的流变 [M]. 李白玉，陈贞译 . 北京：中国建筑工业出版社，2007：108-116.

行为准则的角度认为，公共政策是政府依据特定时期的目标，在对社会公共利益进行选择、综合、分配和落实的过程中所制定的行为准则，本质是满足社会公共利益的需求❶。现代政治学的角度认为，公共政策是政府对社会公共利益分配的动态过程。社会公共利益中从选择利益到综合利益，从利益分配到利益落实是公共政策的一个完整过程❷。制度经济学的角度认为，公共政策是以现代市场经济制度为背景，政府运用职能规范引导经济法人实体、市场主体和个人行为，有效地调动和利用社会经济资源，公共政策在其中有利于实现公平和效率的目标。公共管理的角度认为，公共政策是以政府为主的公共机构，利用公共资源解决社会公共问题，平衡协调社会公众利益❸。

2. 公共政策内涵

从公共政策的定义出发并不能很好地理解城市规划向公共政策转型的内涵，如威尔逊和戴伊强调的政府做和不做的事就是公共政策，那么传统意义上的物质性规划显然已经就是公影响私的公共政策。国内学术界使用最多的伊斯顿对公共政策的界定，承认传统的物质性规划的各种技术手段理所当然属于对全社会做权威性的价值分配的范畴。因此，只有暂时剥离学术界对公共政策的各类定义，回归到对公共政策公认的内涵上来，继而获得我们所理解的公共政策定义，才有望真正理解规划的政策属性究竟包含了怎样的内涵。

对于公共政策内涵的理解，政策学中若干经典的公共政策模型将提供帮助，如果以公共政策模型的视角来说明和理解西方规划思潮向公共政策属性的回归过程，最终确认公共政策是多元主体参与下经由政府做权威性的价值分配的动态过程和动态博弈，其制定、实施和评估实际上是一种政治过程。公共政策具有如下特征：①公共政策的制定主体是政府或社会权威机构；②公共政策要形成一致的公共目标；③公共政策的核心作用与功能在于解决公共问题，协调与引导各利益主体的行为；④公共政策的性质是一种准则、指南、策略、计划；⑤公共政策是一种公共管理的活动过程。因此，公共政策是掌握公权力的社会公共部门为解决特定社会公共问题以及调整相关利益关系，规范和指导有关机构、团体或个人的行动，经过广泛地参与所制定的政治行为规定和行为准则。

政策是国家政权机关、政党组织和其他社会政治集团为了实现自己所代表的阶级、阶层的利益与意志，以权威形式标准化地规定在一定的历史时期内，应该达到

❶ 陈庆云，鄞益奋，曾军荣等. 公共管理理念的跨越：从政府本位到社会本位 [J]. 中国行政管理，2005（4）：18-22.

❷ 霍海燕，吴勇. 公共政策本质初探 [J]. 华北水利水电学院学报（社科版），2007，23（4）：80-82.

❸ 张宇. 多元利益的均衡和协调：和谐语境中公共政策的新取向 [J]. 贵州社会科学，2007，208（4）：60-65.

的奋斗目标、遵循的行动原则、完成的明确任务、实行的工作方式、采取的一般步骤和具体措施。任何公共政策若要得到公众的接受和支持，发挥实际的作用，必须在内容上具备合理性，能够符合多数人的长远利益要求，只有这样才能被公众广泛认可。

3. 公共政策特征

（1）公共政策的政治性与公共性

公共政策的政治性体现在公共政策作为政治系统运行的重要环节，必然要服从和服务于政治系统的意志、利益、任务和目标。公共政策制定的主体是掌握公共权力、能够做出权威性决定的组织与机构。在西方三权分立的国家中，国家公共法权主体分为立法、司法和行政三大系统：立法即各级议员系统；司法即大法官与各级法官系统；行政即总统及各级行政长官系统。中国的公权力主要体现在三个方面：全国人民代表大会及其常委会、各级地方人民代表大会及其常委会制定公共政策的权力；党的机构及其领导者所拥有的制定公共政策的权力；国务院及其职能部门和地方政府制定及执行公共政策的权力。政府作为掌握社会公共权力的组织机构，其制定、执行公共政策的权力是由政治系统合法授予的，因此，政府的任何政策必须维护和巩固现行的政治统治。

公共政策的公共性体现在公共政策是政府等公共部门进行社会公共管理、维护社会公正和协调公众利益，是以公共利益为核心的社会价值的分配过程，是确保社会稳定与发展的措施，是社会公共利益实现的重要手段，是利益冲突均衡的结果。因此，公共政策必须立足于整个社会发展，从全社会绝大多数人的利益出发来制定和实施各种行为准则。

（2）公共政策的合法性与强制性

公共政策的合法性是指公共政策要发挥对社会团体和个人行为的规范与指导作用，必须具有存在的合法性和事权的有效性。政策的合法性通过法定程序获得，这种法定程序可以经过立法机关通过，或者经过得到立法机关明确授权的有关部门的认可。同时公共政策是解决具体的公共问题设置，需要通过不同层级的如法律、条例、细则等实现。

公共政策的强制性是指公共政策具有影响的权威性和强制性，权威性与公共政策合法性紧密相关，与强制力相联系，约束的对象是有关机构、团体或个人，规定法律范畴下的最大的行为空间和对个人行为干涉的边界。

（3）公共政策的公平性与效率性

公共政策的公平性是指公共政策目标是在一定环境和条件下，决策者在解决问题的过程中所期望达到的结果，实现一定时期的政治、经济、文化等目的。公共政策根本目标是实现社会的公正与公平，目标明确才能够有效协调和具有可操作性，同时目标与手段相互统一。公共政策目标制定的基准是公平与效率，其中公平是指利益的同等分配，满足安全（生存上的最低需求的集合）状态下的机会公平、分配公平和最终状态公平。

公共政策的效率性是指公共政策是政府等公共部门进行公共管理的途径与手段，公共管理必须讲求效率，即经济学角度的投入产出最大化。因为公共部门进行公共政策的制定、执行、评估，需要有一定的公共政策资源作为支撑，而在一定时期和特定条件下，政府所能提取和加以利用的公共政策资源，尤其是经费与物质设施方面的资源是有限的，而需要通过公共政策来解决的社会问题却越来越多，因此公共政策的运行必须是高效率的。

（4）公共政策的整体性与多样性

公共政策的整体性体现在公共管理过程中，尽管公共政策常常是针对某一特定问题制定和实施的，但这个问题往往与其他问题相互关联，相互影响，形成一个整体。因此，制度需要整体设计，兼顾纵向和横向的制度配合，立足当前，着眼长远。

公共政策的多样性体现在公共政策内容和类型方面的多种多样。当前社会背景下通过制定和实施一项公共政策能完全解决某个问题是难以办到的。即使暂时解决了这个问题，也会带来其他方面的问题。社会问题的多样性也带来公共政策的多样性和复杂性。

（5）公共政策的稳定性与变动性

公共政策的稳定性体现在公共政策执行遵循忠实原则、民主原则、法治原则、创新原则。稳定是任何一个政治系统的基本目标，稳定性体现在公共政策作为政治系统运行的中心、公共部门履行职能的手段和进行公共管理的途径，必须保持稳定，其基本前提是政策的正确性、连续性与严肃性。

公共政策的变动性体现在公共部门制定和实施公共政策的目的是为了协调和平衡公众利益，而公众的利益是处在不断的变动之中的，旧有的差距和不平衡得到调整后，又会出现新的矛盾与冲突，因此实现的过程中具有一定的灵活性，需要新的政策来进行协调。

1.3.2 公共政策视角的城市规划属性

1. 一般属性

具有公共政策属性的城市规划有别于以往的精英型、技术型的部门规划，它是一种以公共政策面目出现的对于城市发展的安排，是一种全社会对于城市未来的契约，技术性、艺术性是支撑政策性的基础，综合性是政策属性的基本表现。城市规划将各个部门、各个领域的政策在城市空间层面进行综合和整合，是城市政策的集中体现。

（1）规划目标——城市规划是一种综合目标的公共政策

城市规划是政策陈述的一种方式，在理论上，它所陈述的内容本身就应当是政策的内容并发挥政策的作用，而且在一定的程度上，城市规划所确立的政策更具有基本性和整体性。一般公共政策并不牵涉过多方面，它们的政策目标相对来说较为单一，而城市规划的政策目标则涵盖不同的时间轴、不同的作用领域等多个层面，是众多目标复合于一体的综合性公共政策。随着时代的进步、社会的发展，这种综合性日益显著。城市规划建设的基本目标是为更多的人提供一种可以在其中生存和生活的家园，其含义是时间上要兼顾长期与短期，价值取向上要兼顾效率与公平，作用范围上要兼顾整体与局部，文化意义上要兼顾增长与保护，因此城市规划集众多目的于一身，以公共利益为核心，是一种综合目标的公共政策。应该说明的是，上述观点仅是理论上的解释，事实上规划的价值属性和政治属性是区别于将规划完全解释为一项技术或科学活动，美国规划理论学者首先阐述了规划的政治性质，其中，诺顿·朗（1959）认为，"规划就是政策，在一个民主国家，无论如何，政策就构成了政治。问题不是规划是否反映政治，而是它将反映谁的政治。"因此，规划的综合性目标仍然是有倾向性的。

（2）规划形式——城市规划是一种法定化的公共政策

城市规划公共政策通过有法定效力的操作性规划来体现，在国外主要是区划法，中国宏观层面有法律效力的规划包括国家和省域城镇体系规划、城市总体规划、镇总体规划、乡村规划，微观层面城市通过控制性详细规划的文本和法定图则指导、规范具体城市建设。不同层面、层级的规划通过审批具有法律效力，国务院审批的城市 ❶ 需要经过国家发改委、公安部、科技部、国土部、环保部、水利部、交通部、计生委、民航局、地震局、文物局、旅游局、解放军总参谋部、住房城乡建设部 14 部委局的部际联席会议讨论后上报国务院方可通过，其他城市的总体规划需经过省政府批复，从而体现国家和地方城乡空间发展战略和城市建设意图，实现公共政策的目标和导向具体化、法定化，使城市规划的公共政策性与法定性相统一，从而使城市规划具有较强的权威性，并对其他方面的规划具有指导作用。

（3）规划功能——城市规划是一种综合功能的公共政策

城市规划具有公共政策的四个主要功能：

1）制约功能

从某种意义上来说，公共政策是公共权威部门制定的有所为、有所不为的行为规则。公共政策的制约功能所要达到的目标，是禁止公共权威部门不希望发生的行

❶ 数量是变化的，截至 2016 年底为 107 个。

为发生。公共政策在规范人们的行为时，必然要规定什么是可以做的，什么是不可以做的。城市规划不能预见未来所有的建设，因此从生态环境、基本服务底线等方面作出限制规定。为了有效地分配城市公共资源、消除风险，城市规划的制定和实施以公共政策的文本和图则形式，成为土地空间资源开发利用的依据。政府倚重城市规划方案，不仅指导具体的建设活动，而且对于其他部门的规划具有协调和指导作用，整合其他部门的规划，发挥整体空间的优势，同时规划对政府的行为做出约束，规范各级政府的经济建设、社会服务行为，维护公众利益。

2）导向功能

公共政策是针对社会利益关系中的矛盾所引发的社会问题而制定的行为准则。为解决某个社会公共问题，政府依据特定的目标，通过公共政策对人们的行为和事物的发展加以引导，促进各方行为统一到同一个明确的目标上，使之按照既定方向有序发展，使得政策具有导向性。政策的导向功能，既是行为的导向，也是观念的导向，它可以引导人们的思想观念发生变化，有时甚至是根本性转变。中国法定的城镇体系规划、城市总体规划以及控制性详细规划的编制和实施过程，都包含关于城市产业结构、城市就业结构、城市用地结构、城市人口空间、城市环境保护、城市历史维护、鼓励开发建设、提供公共服务、加强住房保障等广泛的城市公共政策内容。城市规划通过传达城市政策方面的信息，在引导城市经济、社会、环境协调发展方面具有综合能力。

3）调控功能

公共政策的调控功能是指政府等公共部门运用政策，在对社会公共事务出现的各种利益矛盾进行调节和控制的过程中所起的作用。政策的调控功能主要体现在调控社会各种利益关系，尤其在物质利益关系方面是管理社会的工具，体现了国家的根本利益，从而实现社会的稳定和发展。城市规划是政府引导和调控城市发展建设的重要手段，对国家落实经济、社会和环境发展目标，调整社会结构、改善城乡关系、避免市场失灵等方面起到重要的宏观调控功能。

4）分配作用

社会利益矛盾的突出表现是分配不公，公共政策是对全社会的价值做有权威的分配，提倡效率优先、兼顾公平，表明公共政策具有对全社会的公共利益进行分配的功能。体现在城市规划领域，则表现为对城市空间资源、土地资源和公共服务设施的公平分配。《城市规划编制办法》明确了城市规划的主要功能是调控城市空间资源、引导城乡发展与建设以及在坚持社会公平原则下合理配置城市土地与空间资源。在控制性详细规划中，规划规定各地块的主要用途，规定建筑密度、建筑高度、容积率、绿地率，制定基础设施和公共服务设施配套规定，都是通过对城市空间的分配来界定开发利益，防止外部负效应，保障城市环境宜居，保护

公共利益 ❶。

（4）实施过程——城市规划是一种过程开放的公共政策

公共政策的根本出发点在于解决公共问题、维护公共利益，因此政策的全过程具有一定程度的开放性。相对于过程有限开放的公共政策而言，市场经济条件下的城市规划则是一种开放程度极高且主动性极强的公共政策，城市规划已经将规划理念从对规划图的编制转向对规划过程的重视，规划的关键在于规划的实施（Hall，1992）❷。为了保证规划的实施，规划的编制、审批、实施管理到调整过程的每一个环节都体现着开放透明的特点，参与的主体不仅包括政府、规划部门、规划专家，还包括其他相关部门、各种利益相关主体和非专业人士。在这个过程中，规划图所起的是未来目标引示的作用，而政策则充当了如何一步一步地去实现目标、如何开展行动的指导 ❸。

（5）实施作用——城市规划是一种衍生效应极强的公共政策

城市规划能广泛影响城市社会经济的发展，城市规划是一种衍生效应极强的公共政策。城市规划的衍生效应可以借助宏观经济学中的"乘数效应"来加以理解，体现在两个方面：①城市规划是空间开发的行为准则，而空间又是城市一切社会经济活动的基础载体，因此，城市规划这种空间公共政策会对城市其他的公共政策，如城市财政政策、城市土地政策、城市交通政策等产生广泛的影响，当然，这些政策也会反作用于城市规划；②城市规划的核心功能是对城市建设行为的约束和引导，而城市空间格局以及城市范围内的各种建设物、构筑物又都具有较强的不易变更性，因而城市规划会因袭原有的城市空间形态、结构，并随着这些物质性空间及伴生的生活性空间的"长期"存在而对城市各方面的发展产生长时间甚至永久性的影响。

2. 特殊属性

（1）城市规划编制实施的特殊性

1）资质管理

城市规划作为公共政策是交由第三方完成的。为加强对城市规划编制单位的管理，规范城市规划编制工作，保证城市规划编制质量，建设部 2001 年 1 月发布《城市规划编制单位资质管理规定》（建设部令 [2000] 第 84 号），要求从事城市规划编制的单位，应当取得《城市规划编制资质证书》，并在《资质证书》规定的业务范围内承担城市规划编制业务；规定城市规划编制单位提交的城市规划编制成果，应当在文件扉页注明单位资质等级和证书编号，便于依法追究责任。2008 年实施的《城乡规划法》明确规定城乡规划编制工作施行资质制度，即从事城乡规划编制工作的

❶ 赵兴钢，林琳. 控制性详细规划的公共政策属性研究 [J]. 山西建筑，2011（15）：238–239.

❷ Hall，P.Urban and Regional Planning（3rd ed.）.London and New York：Routledge，1992.

❸ 邢谷锐. 浅谈城市规划的公共政策特征演变 [J]. 城市建设理论研究（电子版），2013（15）.

单位应当具备必备条件，并经国务院城乡规划主管部门或者省、自治区、直辖市人民政府城乡规划主管部门依法审查合格，取得相应等级的资质证书后，方可在资质等级许可的范围内从事城乡规划编制工作，且编制城乡规划必须遵守国家有关标准，并强调编制单位承担法律责任，从法律角度对城乡规划编制质量进行约束。第三方编制的最大优点是摆脱了政府和部门利益的羁绊，充分发挥规划编制单位和科研机构的智力和人才优势，使制度设计更加科学、更加专业，更具有合理性和可操作性。

2）执业准入

由于城乡规划的科学、技术属性，城市规划专业技术人员的执业实施注册城市规划师的执业准入制度，相关规定涵盖在人事部、建设部发布的《注册城市规划师执业资格制度暂行规定》（人发 [1999] 第 39 号）（以下简称《暂行规定》）、《注册城市规划师执业资格考试实施办法》（人发 [2000] 第 20 号）以及人事部办公厅、建设部办公厅下发的《关于注册城市规划师执业资格考试报名条件补充规定的通知》（人办发 [2001] 第 38 号）三个部门规章中。《暂行规定》明确指出城市规划行业实施注册规划师的执业准入制度，个人需取得注册城市规划师执业资格证书，并经注册登记后方可从事城市规划业务工作。城市规划部门和单位，应在其相应的城市规划编制与审批、实施管理、政策法规研究制定、技术咨询以及城市综合开发策划等关键岗位配备注册城市规划师，并要求注册城市规划师严格执行国家有关城市规划工作的法律、法规和技术规范，秉公办事，维护社会公众利益，保证工作成果质量。注册城市规划师对所经办的城市规划工作成果的图件、文本以及建设用地和建设工程规划许可文件有签名盖章权，并承担相应的法律和经济责任，这一规定推进了城市规划公共政策作用的发挥。

为检验方案质量，《城乡规划法》规定城乡规划报送审批前应征求专家和公众的意见，要求组织编制机关应当充分考虑专家和公众的意见，并在报送审批的材料中附具意见采纳情况及理由。要求规划批准前，审批机关应当组织专家和有关部门进行审查。

（2）城市规划编制方法的特殊性

城市规划具有科学性、技术性、社会性等属性，因此《城市规划编制办法》（2005）规定了政府组织、专家领衔、部门合作、公众参与、科学决策的编制原则，旨在改变过去政治权力起决定作用的局面，强调多元主体共同参与形成规划方案。

1）政府组织

城市规划具有由单一性向综合性发展的趋势，涉及经济、社会、环境的方方面面，强化了环境保护、历史文化遗产保护等方面的内容，这些内容深化到城市规划的各个层次，不仅仅局限于物质景观层面，也从资源环境保护与历史文脉延续等角度，更加注重城市的可持续发展。在市场经济条件下，政府的基本职能是调控宏观经济、维护公民权益、提供公共物品，城市规划作为政府施政的纲领性文件是政府干预市场、维护公众利益的重要行政手段，其目标具有公共性，从而维护人类公正、公平、正义的价值观。市场关注效益的最大化，城市规划由政府主导，可以在多元利益主体谋求利益最大化背景下，使作为城市发展资源配给机制的城市规划更加重视隐藏在布局与功能之后的利益关系，并成为维护公众利益和社会公正的重要工具。当前中国仍处在发展中阶段，政府主导的积极规划行政在制定城市发展战略、引导城市发展以及解决城市问题起着极为重要的作用，而放松管制将带来严重的环境、交通和社会问题。

2）专家领衔

专家领衔包括两个过程：①具有一定丰富经验和专业水平的各专业专家负责编制规划，以保证主要环节建立实际有效的专家决策机制；②规划委员会在规划纲要阶段和评审阶段对规划进行技术审查，未经规划委员会审议通过的规划，政府不予批准，即规划专家委员会对城市规划的审批具有决策权利。依照《城乡规划法》和相关法规进行规划编制，重大规划项目通过公开招标程序开展，确保规划编制的科学性和可操作性。城市规划具有高度专业性，科学论证显然需要确认专家意见的重要性，长官意志威权决策与普通公众隔靴搔痒都无助于具体建设臻于完善。同时，规划专家的专业意见，是在充分考虑规划与环境、社会和经济等诸多方面的复杂关系后，对人居环境、自然环境等公共利益的综合权衡。因此，保障专家论证的独立自主，具有城市总体规划强制性内容方案的最终决策权成为和公众参与同样紧迫的问题。

3）部门合作

各个部门规划计划的相互衔接与空间一致性是城市规划部门合作的关键。我国政府的作用和影响力极为强大，在提供全民福利上具有核心地位，拥有关键资源的控制权。同时，庞大的管理体系涉及各个领域，面临政府治理过程中的部门分权与多重管制困境，部门合作意味着总体目标一致背景下的部门协调与权力的制衡。多规合一旨在推动国民经济和社会发展规划、城乡规划和土地利用总体规划、生态环境保护规划等多个规划的相互融合和协调，建立相互衔接的技术标准和可兼容的信息平台，是部门高效率合作的制度性解决方案。

4）公众参与

公众参与政府公共政策制定的广度和深度是衡量一个国家民主化程度的重要指标之一。政府的决策失误、官僚的低效率及寻租行为，迫使更多的公民要求政府的行政行为阳光透明。城市规划作为公共管理的一个部门，其决策具有民主性、科学性❶。城市规划强调社会公正，即所有人享有和其他人同样的基本权利和自由，社会和经济

---

❶ 徐善登，李庆钧. 市民参与城市规划的主要障碍及对策——基于苏州、扬州的调查数据分析 [J]. 国际城市规划，2009（3）：91-95.

的不平等必须符合处于最不利地位的人的最大利益，而通过公众参与可以强化技术行政的均权作用，规划师则扮演集中民智的角色，实现城市规划尊重当地历史文化、自然和普通民众的根本利益的最高要求 ❶。《城乡规划法》第二十六条规定，城乡规划报送审批前，组织编制机关应当依法将城乡规划草案予以公告，规划公告的时间不得少于三十日，并采取论证会、听证会或者其他方式征求专家和公众的意见，从法律上保障公众参与的权利。公众参与成为城市规划技术成果编制、实施的重要环节的目的在于，只有经过广泛公众认同、体现民意、表达民生的城市规划，才能得到民众的拥护和自觉遵守，城市规划的价值理性方能得到高度重视和弘扬。

（3）城市规划表现形式的特殊性

我国社会处于全面转型期，政府通过城市规划合理安排和弥补城市公共设施和社会设施建设的不足，更加关注公共资源、公共产品和公共服务以及社会协调发展的规划与引导，并提供一种权威性的价值分配方案。基于此城市规划逐渐摆脱局限于少量专业人员明了的专业图纸、蓝图式终极目标状态，而转化为契约式、法令式、关注城市规划实施过程的引导式城市规划模式。规划成果包含文本、图纸、附件三部分，其中文本和图则具有法律效力，附件包括说明书、专题研究报告、基础资料汇编等，解释说明性文件并不具有法律效力。

城市规划文本是采取法律条文的形式对城市空间资源进行管理和控制的规范性解释和说明，行文格式规范严谨，表达意图简单肯定，强制性规定准确易懂，避免晦涩的专业语言表达和长篇累牍的技术说明，既易于社会的广泛理解，也易于利益相关者的遵守。法定图则作为规划政策的重要组成部分，表达政策内涵，体现空间属性，使城市规划在政策状态下发挥技术作用，这也是城市规划区别于其他公共政策的重要特征之一。

（4）城市规划实施载体的特殊性

任何一种公共政策都有自身的运行载体或作用通道，如货币政策主要是通过调节货币量和利率来实现政策目标，财政政策是通过改变税收和财政支出来调节经济，城市规划作为一门应用科学，城市规划政策是以空间为基础平台而发挥作用的，空间一直都是城市规划作用的最直接对象。城市规划将不同利益主体对经济、社会、环境和生产、生态、生活等各方面的不同要求进行空间化地政策集合，即将各种政策意图通过空间这一载体加以实现，体现在分配土地资源和空间资源的过程中，体现现实社会的需要和未来发展的需求，能够在不同的利益相关者之中、在不同的时代背景下实现平衡 ❷。

❶ 仇保兴. 中国城市化进程中的城市规划变革 [M]. 上海：同济大学出版社，2005：268.

❷ 蔡克光，陈烈. 城市规划的公共政策属性及其在编制中的体现 [J]. 城市问题，2010（12）：18–22.

城市规划通过空间客体实现，即空间的长远谋划、近期协调、当前实践等实现城市政府的各项意图。宏观性的战略规划、总体规划从城市规模、空间结构、用地布局等层面体现城市长远发展目标，近期建设规划通过项目安排、程序控制、建设重点等统筹落实城市近期发展思路，控制性详细规划直接通过空间开发强度、建设用地布局、城市景观控制等空间要素实现城市建设。因此城市规划不同于一般的公共政策，是空间化的公共政策，是落实到空间的具体城市政策和行动逻辑。

（5）城市规划实施手段的特殊性

对于大多数公共政策来说，一旦被制定以后就很难轻易更改，本身会具有高度刚性的强制力。不同于这些类似于成文法、相对只具有刚性的公共政策，城市规划这种针对具体空间特性而制定的公共政策，更类似于"案例法"，其实现以开发控制为核心，既具有相对而必要的刚性，又具有普遍而适度的弹性，既有强制性内容，又有引导性建议，同时通过技术、经济、法律、行政等各种手段影响城市建设和发展的多个方面，对城市发展设定规划控制和引导，是一种刚柔并济的公共政策。为适应市场经济变化的能力，实现对城市发展过程动态、实时、有效地调控，城市规划体系越来越注重城市运行和规划运作体系的构建，滚动编制城市近期建设规划，适时调整城市发展策略和步骤。

在城市规划实施过程中，政府制定配套的实施政策，促进不同区域开发和各类项目有序开展。如通过制定地区发展战略、实施策略等政策，吸引大量市场资金参与，实现城市经济、社会、文化、物质形态等全面复苏与复兴；通过城市更新政策，引导城市边缘区、"城中村"、传统社区等地物质形态的更新，对老建筑和开放空间进行改造再利用，增加公共服务设施，促进社会各阶层融合，发挥城市规划对经济和社会发展的调节职能和公共产品提供、公共问题解决等救济职能；通过基础设施和公共服务设施建设对城市发展的引导作用，协调区域协作，完善城市空间结构，确定城市发展方向。

（6）城市规划实施功能的特殊性

城市规划实施具有空间形成的物化功能和社会结构的调整功能，二者相辅相成，区别于其他政策的单一功能特点。

1）物化功能

城市规划往往通过具体的建设项目实施，由城市总体规划、控制性详细规划乃至修建性详细规划逐层延伸的道路、绿化、各类建筑物、构筑物、市政基础设施管线等系列规划和建筑设计图、施工图比例尺往往都是1:50或1:100，和一般的商品设计不同，不能制作真实的"样品"，只能通过计算机模拟的鸟瞰图、透视图进行虚拟实验，一旦实施，结果便具有物化特性、空间可视性和不可更改性。因此不能通过实验来"试错"或"证伪"城市规划。城市规划失误大致分为不该建的建了和不该拆的拆了两种，其代价是不可控的，或者是灾难性的，弥补前者失误，往往以拆除或改造为手段，不仅造成社会财富的巨大浪费，也使得规划行政公信力下降；而后者则无法弥补，会造成永久性的社会损失和历史缺憾。

2）社会功能

政府控制市场容易失灵的部分，约翰·弗里德曼在《公共领域的规划》中强调规划的社会改革、政策分析、社会学系和社会动员四个传统，十个方面的显性社会功能，与理查德·克罗斯特曼在《规划正悖论》强调城市规划的四大社会功能具有异曲同工之处：①规划为公共和私人领域的决策提供所必需的数据，在市场经济体制下尤为重要；②规划倡导公共利益或集体利益，特别注重公共物品的提供；③规划尽可能弥补市场行为的负面影响；④规划关注公共和私人行为的分布效果，努力弥补基本物品分布上的不公平。在我国目前情况下应关注基本公共服务设施、基础设施、安全设施、生态设施和体现社会公平的保障性住房等方面。

1.3.3　城市规划视角的公共政策属性

城市规划作为特殊的公共政策体现在城市规划的本质特征、知识产权特征和公共选择特征三个方面。

1. 城市规划的本质特征 [1]

（1）城市规划的问题公共性

现代意义的城市规划是在工业革命后，为了解决不断出现的社会问题而诞生的。作为解决公共问题且由公共部门组织的城市规划在其诞生之时就烙上了深深的公共政策属性。新中国成立后，中国政府根据自身条件和借鉴苏联模式，开始了自己的城市规划探索，但隐含较深的计划经济印记和政治运动痕迹。改革开放之后，中国的城市规划面临着诸多挑战，城市规划涉及不同利益集团之间的分配和协调机制，关注个体利益、集团利益和公众利益的冲突以及短期利益和长远利益的冲突。根据城市政治经济学理论，赵燕菁（2009）提出了"城市是一组通过空间途径盈利的公共产品和服务"的定义 [2]，认为城市的本质是公共服务产品的交易，而解决城市发展的公共问题始终是城市规划工作的立足点，协调各相关利益主体的行为来共同解决问题则愈加成为一种必需的过程 [3]。可见，城市规划不仅是一个技术的、立法的过程，也因解决问题的公共性而包含了很多政治、经济和社会的内容。

（2）城市规划的未来导向性

城市规划最本质的特征是它的未来导向性。城市规划作为人类的一项社会行动，

[1] 孙施文.现代城市规划理论[M].北京：中国建筑工业出版社，2007：403-424.

[2] 赵燕菁.城市的制度原型[J].城市规划，2009（10）：9-18.

[3] 何流.城市规划的公共政策属性解析[J].城市规划学刊，2007（6）：36-42.

所涉及的内容是尚未发生的或者即将发生的，城市规划对这些内容进行重新组织，因而具有鲜明的目标引导和行为干预性。这种引导性和干预性是关于未来目标达成行为的，将人类的注意力引向未来某个特定的时段和未来某些领域的具体行为。规划对未来结果预期的同时也对达成未来结果的行动进行预先安排，规划的内容和过程始终围绕未来的行动而展开。因此，规划的未来导向性决定了规划就是运用各种相关知识，把各种力量组织引导至实现未来目标的行动。由于规划具有未来导向性，使得规划不能仅仅停留在对过去和现在的规律性认识的基础上，而必须针对未来反观过去和现在，思考在目标认识的基础上从现在到未来目标达成的时段中所要采取的实现目标的所有行动计划 ❶。因此，规划的认识论与方法论在取向和实质内容方面，均与现代科学的认识论和方法论有本质上的差异。规划的取向是未来性，其知识基础是非经验性的，不能进行直接检测，这说明规划并非是一种严格意义上的科学。

（3）城市规划的价值确定性

目标是城市规划工作的起点，城市规划过程的一切活动都是在目标的引导下展开的，因此目标是建构统一的规划过程的关键性因素。利佛（J.M.Levy）对城市规划所涉及的普遍性目标进行了总结，主要包括健康、公共安全、交通、公共设施设备的提供、财政健康经济目标、环境保护和再分配等方面。规划的价值观主要涉及美丽/有序、综合性、资源保护、公众参与、效率、平等、健康/安全、理性决策八个方面。目标确定的实质是依据个体或群体的价值观对社会发展的状况以及有关于未来的希望所做出的综合判断。在城市规划领域，价值观的影响因素贯穿于整个规划过程中的所有阶段和行动。城市的发展是一个没有终极的过程，规划是一个多目标的体系。城市规划的目标本身并不完全是在城市规划体系内部所能确立的，而是通过外部机制赋予城市规划的，因而城市规划本身并不是自在自为的。

（4）城市规划的手段选择性

规划行为是由一系列的选择决定的。对任何选择而言，都会受到内外部条件的限制，有来自于事物本身发展状态的原因，有来自于事物发展环境方面的原因，也有来自于规划师本身的知识以及时间、精力和其他资源方面不足的原因。在进行选择时，每个决定都是一个复杂过程的结果，该过程一般至少包括两种不同的思考：了解回顾过去和展望预测未来。回顾过去一般是诊断性的，需要作出判断，通过建立模型将看似没有联系的事件联系起来，检验可能的因果关系链，以便对某事件进行解释，寻找有助于了解未来的类比或理论。展望未来就是决策者收集各种变量进行加权，然后做出预测。从不同的方案中做出选择，决策者所依据的途径或方法主要三种类型：①经验。依靠经验做出选择是城市规划最常用也是发挥作用最

---

❶ 孙施文. 规划的本质意义及其困境 [J]. 城市规划汇刊, 1999（2）: 6-9.

大的方法和途径，但仅仅依靠个人过去的经验作为未来行动的指导是有危险的，体现在人们对过去成功或失败的原因未必能清楚认识到、过去的经验可能对新问题完全不适用等方面，经验有可能无用武之地；②实验。实验在现代社会科学领域政策研究和行政管理的实践中通过试点的方式得到推广，根据实验的结果做出选择已经成为一种重要的选择方法，实验本身在所有方法中成本最高，由于社会领域的选择是无法在变化条件可控的情况下进行的，但实验的成功并不能保证实践的成功；③研究和分析。这是最常用和最有效的选取抉择方案的方法，此前需要对问题本身和选择内容进行全面了解，包括选择问题概念化、研究限定条件或变数的相关关系、层层分解和汇总对策等步骤。研究和分析的结论是否准确或者准确程度的多少也存在很难判定的情况。

2. 作为知识产品的城市规划

（1）依靠良知的知识商品

城市规划可以分为制定和实施两个阶段。作为公共政策的城市规划是经上级部门批准，经过地方政府人民代表大会通过，履行法定程序后才作为公共政策具有法律效力，而城市规划政策的制定与其他公共政策存在较大差异的是，城市规划是知识产品，多数城市是由政府或城市规划行政主管部门委托具有资质的单位承担编制任务，委托过程也是标准的购买过程，目前多采用报标方式。城市规划具有一般知识产品的基本特征，有一定的合同执行时间。由于城市规划的不可试验纠错特征，因此产品合格与否只能采取专家评审验收的形式。城市规划方案既然是商品，难免存在投其所好的特征，和类似的勘察设计注册工程师较为严厉的责任追究❶相比较，由于技术责任难以界定，而且《城乡规划法》对设计单位的处罚措施仅从程序角度予以规定，很难实行责任追究制度，因此城乡规划编制质量的控制更多依靠规划师自身的职业操守和人文情怀，这也是城市规划人才培养注重人本精神价值观培养的重要原因之一。

（2）复杂类型的公共物品

城市规划和公共物品的概念对照可以发现：①与纯公共物品概念对比。纯公共物品是公共使用或消费、可以供社会成员共同享用的物品，具有非竞争性和非排他性。城市规划并非直接为居民提供公共产品，必须通过规划实施这一物化过程，某些城市基础设施和公共服务设施才能具有纯公共物品的特征；②与准公共物品对比。在准公共物品的消费中，存在一个"拥挤点"，即当消费者的数目增加到该拥挤点之前，每增加一个消费者的边际成本是零。而达到该点之后，每增加一个消费者的边

---

❶ 主要涵盖在三个法律法规之中：《建筑法》（主席令 [2011] 第 46 号）、《建设工程勘察设计管理条例》（国务院令 [2000] 第 293 号）、《勘察设计注册工程师管理规定》（建设部令 [2005] 第 137 号）。

际成本开始上升。当达到容量的最大限制时，增加额外消费者的边际成本趋于无穷大。城市基础设施和公共服务设施存在一个容量规模——承载力，超过容量规模，城市质量下降，为了突破容量，必须调整规划，加大基础设施和公共服务设施的投入，跨越"门槛"。因此，城市规划是特殊类型的公共产品，兼具公共物品两种类型。

（3）专门定制的公共产品

我国城乡规划的类型多样，按照法律效力分为法定规划❶和非法定规划❷，无论哪种规划都是需要定制的。"定制"一词起源于萨维尔街，意思是为个别客户量身剪裁。美国预测的"改变未来的十大技术"中，"个性定制"被排在首位，其市场地位越来越被人们认可。规划方案的购买是典型的定制产品，购买者是地方各级人民政府，通过一定的技术谈判达成委托协议，规划编制单位需要针对具体城市编制符合实际的规划方案，产品不可退换。我国的城市规划设计行业一直是以国有城市规划设计（研究）院为主体的发展模式，加入 WTO 以后，城市规划设计咨询行业涌现出大批以境外设计机构为代表的规划设计咨询企业。出于保密和保护等要求，法定城市总体规划一般由国内设计单位编制，排除国外编制设计单位的参与，并在《外商投资城市规划服务企业管理规定》（建设部、对外贸易经济合作部令 [2003]116 号）中明确规定。《〈外商投资城市规划服务企业管理规定〉补充规定》（建设部、商务部令 [2003]123 号）允许香港服务提供者和澳门服务提供者在内地以独资形式设立城市规划服务企业。

（4）定期更新的公共服务

理论意义上，公共服务可以满足公民生活、生存与发展的某种直接需求，能使所有公民受益或享受。事实上各类城市规划本身并不符合公共服务的基本概念，它直接为规划行政主管部门服务，并以此为依据进行城市建设，才能间接满足居民和社会需求。《城市规划编制办法》规定，城市总体规划期限为 20 年，可以对城市远景发展的空间布局提出设想。即正常情况下，城市总体规划的服务期和保质期一般为 20 年，而且《城乡规划法》第四十七条规定了城市总体规划的修改条件，符合法律规定的条件可以重新修编规划。近期建设规划期限一般为 5 年，规划到期时，按照法律规定应当依据城市总体规划组织编制新的近期建设规划。上述阐述表明，城市规划是需要定期修改更新的公共服务，即规划期限到期时，应重新编制城市规划；而非定期的修改可以在城市内外部环境条件发生重大变化情况下进行，重新定制新的公共物品或公共产品。任期制背景下，城市书记、市长往往会有新的战略考量，

---

❶ 法定规划包括按照《城乡规划法》规定的全国城镇体系规划、省域城镇体系规划、城（镇）总体规划、城（镇）控制性详细规划、乡规划和村规划，以及《风景名胜区条例》（国务院令 [2006]474 号）和《历史文化名城名镇名村保护条例》（[2008]524 号）规定的风景名胜区总体规划、历史文化名城名镇名村保护规划等。

❷ 非法定规划有概念规划、战略规划、城市设计等，有些城市根据自身的需求将上述非法定规划通过立法程序合法化。

因此总会找出各种理由重新编制规划，体现行政意图和执政意愿，即所谓的"书记规划"或"市长规划"，这也反映了当前行政、法律体制双轨运行背景下的规划困境。

3. 作为公共选择的城市规划

公共选择理论（Theory of Public Choice）是当代经济学领域中一个相对较新的理论分支与学说。公共选择是指人们提供什么样的公共物品，怎样提供和分配公共物品以及设立相应匹配规则的行为与过程。公共选择理论的主要假设是经济人假设，即人都是理性的自利主义者，会在约束条件下使自身利益最大化。公共选择讨论的是政治市场中的经济人行为，可以细分为选民、政治家和官僚三类。一般来说，公共选择的两大基本问题是集体行动和偏好加总问题，不管是集体行动还是偏好加总都取决于规则，因此规则才是最根本的。公共选择理论的最终目的就是寻找一种规则，使理性的经济人在自利的同时也造福社会。按照公共选择理论，城市规划的服务对象分为公众、企业和政府三种类型，与规划师共同构成参与主体，规划的编制和实施过程实际上通过公共参与机制构建了一种不同主体的城市规划公共政策选择路径。

（1）公众的城市规划

公众的城市规划包含两个层面的概念，以公众为服务对象，切实考虑各阶层利益的城市规划和公众参与的城市规划，公众的城市规划是结果，公众参与是为了结果而必须要进行的过程。当前我国逐渐形成了以职业为基础的新的社会阶层分化机制，大致分化为 10 个阶层 ❶。这些社会阶层所拥有的组织资源、经济资源和文化资源的多寡及其综合实力存在差异，并形成一定的社会阶层级别。理论上参与城市规划的"公众"应涉及所有阶层，但根据实证研究，由于参与能力有限，真正能对社会经济和政府决策产生影响的仅局限于中、上阶层，这部分人口仅占全社会人口的9.3%，若排除参与城市规划可能性较小的农村劳动者阶层，真正能对政府决策产生影响的人数比例仅为 17% ❷。随着社会阶层级别的逐级降低，公众参与城市规划的积极性、范围逐级降低，涉及重大主题的城市战略和专业技术复杂的重点项目很难采取公众参与的形式进行决策，因此按照城市规划的层次，战略规划、城市总体规划的规划内容本身需从规划的科学性和公平性出发，兼顾各阶层利益。控制性详细规划、修建性详细规划事关公众切身利益，应作为公众参与城市规划的重点，使得各层次的规划真正成为公众的规划。

（2）企业的城市规划

企业的城市规划含有两层含义，即编制单位的企业性质和委托单位可能来自于

---

❶ 陆学艺 . 当代中国社会阶层研究报告 [M]. 北京：社会科学文献出版社，2002.

❷ 王登嵘 . 建立以社区为核心的规划公众参与体系 [J]. 规划师，2006（5）：68–72.

企业。城市规划的收费一般是按照相应的规划规模和工作量计算的，基本遵照中国城市规划协会发布的《城市规划设计计费指导意见》（中规协秘字 [2004]022 号）的规定。规划单位是企业的事实使得规划师不可避免地受到委托命题和委托主体的价值干扰，以城市 CBD 为例，我国已经出现 20~50 万人口城市的 CBD 计划，规划师为此不遗余力地规划设计这些宏大的建筑群，试图通过规划引导其产生和发展，而国内几个特大城市的 CBD 历经十余年的建设，绝大部分仍未达到规划预期。西方的 CBD 是在土地市场极度竞争的过程中形成的，而我国以盈利为目的的城市规划设计往往不考虑项目设计的科学性、可行性。同时规划师在职业教育过程中缺乏应对城市复杂问题所要求的足够的知识储备，缺乏现实问题的准确判断能力，"真题假做"和"真题真做"为特征的实践教育使得城市规划学生过早地进入职业过渡期，缺乏支持规划职业核心价值观的培养。按照城市规划层次划分和城乡规划法的规定，企业可以委托规划设计单位编制非法定规划和地块的修建性详细规划。此类规划归属于服务发展商的规划，规划师为了取悦业主，往往扮演甲方的角色，千方百计谋求开发商的利益，甚至不惜钻制度的空子。如果从公共利益考量，违背发展商的意图，往往面临取消合同的情况，因此规划行业内部长时期流传一句无奈之语"万事不由东，累死也无功"。

（3）政府的城市规划

市场经济条件下发展资源的私有性和城市管制的公共性之间存在巨大的矛盾，规划师需要在政府、市场和社会之间形成三个工作平台。规划与政府的工作平台是中心平台，虽然规划师存在向权利讲授真理的勇气，但政府平台上行政决定规划和重大项目选址的情况仍然存在，也导致规划师决策的被动性。随着市场经济体制的建立和发展，政府的无限职能向有限职能转变，城市空间资源依靠市场配置的比重不断加大，城市规划委身于政府决策，而缺少对市场规律和土地空间产权制度的研究，往往使得规划无效，法制不健全的规划控制也会成为寻租的工具。

1.4 基于公共政策的城市规划变革

我国现代城市规划发生了很大的变化，从地位角度城市规划由计划的附庸走向独立，从内容角度城市规划关注的内容逐步走向综合，从作用角度政府试图利用城市规划进行宏观调控，从方法角度政府由通过城市规划直接进行资源配置走向协调各方利益，追求整体利益，从作用机制角度城市规划由政府主宰走向政府、市场主体、利益群体共同推动城市发展。应该说明的是，城市规划不是无所不能的，也具有时代的局限性，基于公共政策的城市规划变革在我国还有很长的路要走。

1.4.1　城市规划过程的公共政策强化

城市总体规划的过程包括制定、实施、管理、保障和评估等环节。这些环节紧密围绕着公共政策的目标导向——维护公共利益和解决公共问题，在每一个环节都充分体现出公共政策性，形成对应的"公众参与、公众监督、城市管制、政策法规和政策评估"，从而构成城市总体规划的公共政策体系（图1-4-1）❶。

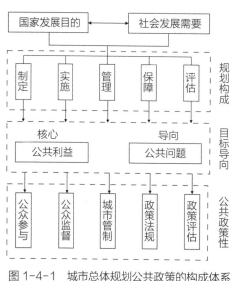

图 1-4-1　城市总体规划公共政策的构成体系

图片来源：朱春武改绘

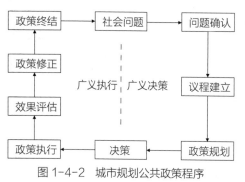

图 1-4-2　城市规划公共政策程序

1. 城市规划过程

公共政策过程被分为问题确认、议程建立、政策规划、决策、政策执行、效果评估、政策修正和政策终结八个阶段，其中前四个阶段属于广义决策部分，而后四个阶段属于广义执行部分（图1-4-2）。运用于城市规划领域，城市规划决策过程包括城市问题研究、城市规划修编申请与批准、城市规划编制和城市规划审批；城市规划执行部分包括城市规划管理、城市规划评估、城市规划调整、城市规划到期终结，形成一个循环的过程。

城市规划公共政策性不仅体现在有公正的程序，程序的执行也要有良好的监督管理机制。公共政策是一个"调查——制定——执行——反馈——调整"的较漫长的过程，公共政策的执行需要大量时间反复论证，只有过程中的公共性和执行中的公平性增强了，过程中任何感兴趣的社会团体都可以无障碍地发表意见，规划作为公共政策的效果才会得到保障，对结果的认可度也会大大提高。城市规划的编制应该避免目前"赶工"的状态，透彻地分析、有力地执行以及对规划成果及时评估，打通政策反馈渠道，才能实现其向公共政策的转变。同时城市规划需要不同领域的合作配合，一项公共政策的最终实行应由社会各个方面相互配合完成，对开发地块仅从物质空间层面上进行控制是不现实的，城市规划的出台必须伴随其他非物质空间领域的政策配合，如户籍制度、土地制度投资制度等同步实施。

---

❶ 冯健，刘玉 . 中国城市规划公共政策展望 [J]. 城市规划，2008（4）：33-40+81.

2. 城市规划制定

公共政策追求技术理性、经济理性、法律理性、社会理性、实质理性五种理性，城市规划同样需要：①城市规划要通过城市科学理论基础对社会产生效用，解决人类所面临的科学技术问题。在城市规划领域，技术理性仍然是城市规划学科的立足之本，城市科学是城市政策的核心，是城市规划与其他公共政策最重要的区别，也是它的刚性和权威性所在；②城市规划需要具有经济理性，城市规划方案要以最低的成本提供最大的效益，积极引入市场竞争机制，激发规划领域的潜力；③城市规划需要具有法律理性，规划方案需要有成文的法律规范和条例来保障规划的合法性；④城市规划需要具有社会理性，规划方案要对社会发展作出贡献，要由市场导向逐渐转向公平导向，关注城乡中低收入阶层和弱势群体，给他们以体面地生活在城市的机会和空间；⑤城市规划需要具有实质理性，即追求上述四种理性中的两种或两种以上，并能够合理解决各项理性之间的冲突问题。

3. 城市规划实施

城市规划实施的公共政策强化主要包括以下几个方面：①避免城市规划的随意更改。城市规划的严肃性体现在已经批准的城市规划必须得到严格遵守和执行，各级地方人民政府应有计划、分步骤地实施当地的城市规划，避免一些地方政府及其领导人违反法定程序，随意干预和变更规划；②近期建设规划起到多部门规划的衔接性作用。通过近期建设规划与城市总体规划、国民经济社会发展规划和土地利用规划相互衔接，以重要基础设施、公共服务设施和中低收入居民住房建设以及生态环境保护为重点内容，明确近期建设的时序、发展方向和空间布局，体现了城市总体规划实施是个动态的过程，城市总体规划应根据客观情况的变化，及时修订；③规范性的管理过程中通过城市开发和城市更新两种方式进行。城市开发需要建立城市土地收购储备制度，使得城市社会经济发展带来的土地收益能够持续应用于城市基础设施和生态建设。城市结构和功能的更新包括物质建设性置换、功能性置换和土地极差收益性置换三种类型，当前我国城镇化水平超过50%，按照最终城镇化水平70%预计，预示着存量建筑超过70%，城市更新的任务加剧，涉及的利益主体更为多元，目标更为多样、分散，急需建立利益共享、分配机制以及约束机制。

4. 城市规划评估

（1）规划评估范围

城市规划作为公共政策，由于具有影响范围大、作用时间长、解决问题复杂等特点，需要对政策输出结果进行评估反馈。城市规划评估是对城市土地利用和管理规划方案关于环境、社会、经济、财政和基础设施的实施所进行的系统性评估。当前我国城市规划评估主要集中在三个领域：①关于城市土地利用总体规划方案和实施的宏观战略性评估；②关于城市详细修建项目方案和建设的微观操作性评估；

③关于城市交通、环境、经济等方面的专项影响性评估❶。前者评估的程序是明确评估目标，建立评估标准，选择评估方法，建立评估模型，确定评价指标，收集数据量化评分，分析数据结果撰写报告。后两者则在前者的基础上增加了备选方案的评价和多方案比选过程。

（2）规划评估本质

城市规划是关于土地利用和空间发展等方面的一项综合性公共政策和社会活动，涉及规划编制、决策、实施、管理、调整等复杂的运作过程，这决定了城市规划评估是一项综合性分析工作。由于城市规划涉及主体高度异质性以及所处环境和实施过程的复杂性，导致城市规划每个环节都充满了高度的不确定性，现实中真实的因果关系显然不像理论解释的这么简单。公共政策视角下的城市规划评估应当是一种全过程、周期性的，指向"规划制度改革"的评估体系；同时也是一套多维度的操作模式，至少包括规划方案的技术评估、规划主体的价值评估、规划实施过程的效能评估和规划结果的绩效评估。这种新的评估模式不仅仅依托于传统的实证主义的技术性评估方法，而且提倡运用定性的、多维交叉透视方法研究社会行为、心理和文化互动现象。城市规划评估的内涵表现为特定政策背景和制度环境下，应用相关的理论、方法和技术手段，科学合理、系统全面地对已经完成编制并获得政府部门审批的规划进行方案评估（实施前评估）、对正在实施的规划进行定期评估（实施中评估与监督）、对已经完成实施的规划进行效果评估（实施后评估与反馈）❷。

5. 城市规划监督

《城乡规划法》赋予了县级以上人民政府、人大及城乡规划主管部门对城乡规划监督的法律责任，为开展城乡规划督察工作提供了法律依据。但是，作为一项新生事物，城乡规划督察制度还没有得到相关法律的授权，法律依据还不明确。为提升督察工作效能，有必要进一步夯实制度的法律基础，通过法律法规的修订明确其法定地位，使城乡规划督察员制度真正成为一项常态化的，具有权威性、高效力的规划行政监督制度，具体包括以下几个方面：①进一步扩充督察范围和内容，开展规划编制实施全过程督察，并将督察范围扩展到全部设市城市；②将规划管理作为督察重点，将规划督察成果纳入规划实施评估环节；③利用技术手段推动督察方式创新，利用卫星遥感辅助督察，建立全国规划督察数字平台；④建立强有力的督察队伍，建立多学科、多渠道的督察员选拔机制和督察员监管机制；⑤设立适合长远发展的督察机构，探索建立规划督察和规划执法联动机制以及多部门协同机制。

---

❶ 欧阳鹏. 公共政策视角下城市规划评估模式与方法初探 [J]. 城市规划，2008（12）：22–28.

❷ 林立伟，沈山. 中国城市规划评估研究进展与展望 [J]. 上海城市规划，2009（6）：14–17.

1.4.2 城市规划内容的公共政策体现

当前城市发展的核心问题是重塑人与人之间的关系，构建和谐社会，因此城市规划内容应侧重社会问题的研究，基于社会空间耦合理论从空间层面予以应对。

1. 关注社会性问题的城市规划

中国城镇化和工业化发展的必然趋势之一就是社会分化，而社会分化的趋势往往由于工业化和城镇化发展失调导致社会分离的负面结果，城市规划越来越关注和试图解决这些处于转型期的城市出现的系列问题和矛盾。

（1）关注贫富的两极分化及其空间极化问题

新的国际劳动分工，既促进了熟练的、高工资水平的工作岗位的增长，也刺激了非正式的、低工资水平工作岗位的增加。中国开放政策、国际资本和技术引进以及城市功能结构的转变导致有专长、高收入社会集团的出现，同时巨大的农村流动人口潮、国有企业改革导致的结构性失业、低收入高负担的家庭状况和较低的教育水平以及巨大的劳动大军和有限市场之间的矛盾，也产生了新城市贫困阶层。城市的两极分化形成了居住的空间分异：以富裕阶层为主体的别墅区大量集中在郊区，郊区一些老的村庄由于流动人口集聚正成为新的贫民窟区，城市贫困阶层主要集中在城郊结合部和老城区，甚至由于保障性住房的非科学性选址、非人性化设计以及低质量建设加剧了未来贫民区的成片形成，这种现象应该引起城市规划的重视。

（2）关注流动人口及其融入主流社会的问题

20世纪90年代以来，中国大城市流动人口获得快速发展，近年北京、上海、广州流动人口都已超过300万。一些典型的"移民城市"流动人口数量惊人，2008年深圳流动人口已经达到1232.8万人，而同期的户籍人口只有232.08万人，流动人口是户籍人口的5.3倍。大多数城市政府关注流动人口本身对城市基础设施的消耗问题、就医问题、子女入学问题等都给城市的运营带来巨大压力，而未综合考量流动人口对城市人口结构调整、产业结构完善、社会生态结构完整作出的贡献。城市规划的目标之一是城市的健康有序发展，因此必须考虑流动人口的影响，尤其流动人口持续边缘化导致整体性失去希望的危害，保护和完善社会阶层上升的通道，促进流动人口的社会融合。

（3）关注私家车发展和交通问题

国内学者对该不该发展小汽车问题的争论一直没有中断过，但20世纪90年代以来中国私家车呈现迅速发展却是事实，在很多方面超出了学者们的预料。尤其是2001年中国加入WTO以后，汽车市场进入高速增长期，增幅高达25%。2009年1月国务院通过的《汽车产业调整和振兴规划（2009~2011）》更是将汽车产业作为国家支柱产业大力发展。产业政策的实施与低碳环保、绿色出行的理念不仅相悖，也超出了城市的承载能力，加重了道路交通基础设施的运营负担。以北京市为例，

2011年9月北京市机动车保有量就已突破500万辆，超出了北京市城市总体规划2020年全市民用机动车保有量仅为500万辆的预测值，而且现有固定停车位仅可满足1/2的机动车停放，致使大量车辆占用道路停放，挤占自行车、人行通道，造成路权使用的严重不公平。在城市有限的空间资源条件以及日益拥挤的城市交通状况下，城市规划如何应对值得关注。

（4）快速城镇化进程中的社会公平问题

随着中国进入城镇化发展的中期加速阶段，城市建设速度加快，因建设而导致的改造、拆迁面广、量大，引发大量集体上访现象，参与人数较多，持续时间长，并呈现组织化倾向和跨地区串联迹象，严重干扰党政机关正常工作秩序，直接影响社会稳定。因拆迁引发的社会矛盾很大程度上在于拆迁补偿费方面的纠葛，也有的因地方操作不规范，达不到令被拆迁者满意的程度。过去的计划经济条件下，往往强调个人利益服从集体利益，局部利益服从整体利益，但在市场经济条件下，如何保护每一个利益主体的合法利益，保障社会公平和维护公共利益需要城市规划从专业角度进行反思。

2. 反映社会新趋势的城市规划

城市规划需要关注社会最新发展趋势，尤其是面对人口结构变化的种种趋势，切实应对，做到规划当随时代。

（1）应对社会老龄化趋势

2000年第五次全国人口普查数据显示，全国60岁以上的人口为1.3亿，占总人口的10.5%，另有14个省的人口年龄结构已成为老年型。2015年全国老年人口已超过2亿，预测表明，2050年将达到4.4亿（占总人口的四分之一以上）。在人口老龄化的趋势下，老年人的服务、娱乐和医疗设施的规划和建设愈发重要，此类设施建设用地今后在城市建设用地中所占比重将越来越大。在新区规划和旧区改造中，应重视老龄基础设施的建设，包括建设老龄公寓、敬老院、老龄护理院、孤老收容所和老龄活动中心等。规划中做到布局合理、配套安全、交通便捷、使用方便，为老年人创造一个优美、舒适的生活和居住环境，体现社会对老年人的关怀。

（2）关注少年儿童发展

城市规划中的教育网点规划和相关设施布局应参考未来少年儿童的变化趋势。通过严格的计划生育政策，中国城市人口出生率逐渐下降。随着二胎政策的实施，少年儿童的分布和需求将呈现与以往不同的特征。长远来看，随着区域城市格局的调整，很多人口收缩型城市少年儿童的数量会持续下降，而人口扩张型城市少年儿童的数量会出现增长的趋势。少年儿童的数量变化与教育资源的配置密切相关，城市规划应加强少年儿童变动趋势的研究，达到教育资源布局的合理化。同时，留守儿童的出现与累加产生的社会问题不断凸显，尤其社会犯罪呈现新的时空特征，城市规划应关注农民工子女教育问题的解决。

3. 致力构建和谐社会的城市规划

城市规划应当面对城市中全体市民的需要，尤其满足贫困阶层的基本生活需要，照顾贫困阶层的利益，为建设和谐社会作出应有的努力。如何制定面向贫困群体的城市规划，有学者提出关键要做到以下两点：①在规划的态度上，要站在更广泛的人群的立场上，要使城市规划成为人民的规划。如降低居住成本，提供大量的低收入者住得起、买得起的保障性住房；增加就业空间，为那些丧失土地的农民提供稳定的收入来源；降低生活成本，解决低级市场或边缘市场的合法化问题；②在城市规划立法上，要加强对弱势群体利益的重视，不只是把弱势群体的利益停留在一般的制度层面上，而是把它提高到法律的高度，使市民彻底地摆脱社会权力的贫困。

1.4.3　城市规划方法的公共政策导向

1. 从工程技术手段到人文关怀

在长期的人本主义思潮影响下，从工程技术学科衍生发展起来的城市规划学科应不断吸收人文科学的研究成果和研究方法，从而使城市规划的价值理性不断得到深化。随着"新城市主义"、"行为学派"、"社区更新"等代表了当代人本主义思潮思想流派的崛起，人本主义的理论和实践方法将在城市规划中不断得到发扬光大，富有地域文化特色并符合人类自身空间尺度与文化需求的城市将成为人居环境的首要选择 ❶。

2. 从直觉经验到逻辑实证

随着现代数理方法的演进和 RS（遥感）、GIS（地理信息系统）、VR（虚拟现实）等新技术的产生与发展，对城市发展的效益分析、生长模拟、空间发展预测将日益走向科学化和精确化，城市规划的理性与科学特质得以彰显。新技术的进步对于城市规划领域的促进主要表现在城市规划中计量模型的应用、城市规划成果的体现和城市规划管理手法的提高三方面，其中计量模型是核心内容。人本主义的思想方法将进一步与现代理性相结合，传统一味依靠形象观察、直觉经验和完全主观的规划方法将逐步融入理性的逻辑框架之中。

3. 从单一指令到横向系统

当今全球化潮流下，城市发展经常受到全球城市网络策动，城市规划往往以全球或大区域为背景，城市规划目标的单一性与研究对象的系统性、理性分析的独立性与决策研究的综合性相统一将引导城市规划技术方法从单一走向系统，既要研究城市与区域的关系，也要研究城市空间系统与社会、经济、生态环境等其他子系统的关系。同时，对单一要素进行理性分析的同时，在规划决策过程中应注重对多要素系统的综

---

❶ 朱东风. 城市规划思想发展及技术方法走向研究 [J]. 国外城市规划，2004（2）：57–60.

合研究，以保证规划决策的科学性及其价值理性的实现。而且，城市规划行政管理也需要从单一的、垂直的行政指令向多方参与的、横向的公共政策系统转变。

1.4.4 城市规划教育的公共管理方向

1. 城市规划教育的演进历程

传统城市规划方法论采用"口口相传技艺 + 通用科学方法"，运用还原论，依靠形象思维，缺少系统观念，缺乏独有的分析方法体系。由于方法论的欠缺，导致对城市的认识基本上是对建筑物认识的放大，将城市这个以人为主体的综合系统，简化为可以靠测绘或体形设计来把握的物质空间。随着社会的发展进步和需求的不断增加，城市规划学科的理论随之构建发展（表 1-4-1）。从公共政策视角传统城市规划具有以下缺陷：①缺乏社会调查和社会认知，对城市的总体认识依然相当局限；②缺乏对社会关系和公共行政过程的了解，规划师在政治上显得幼稚和无知；③缺乏对于城市规划公共政策属性的全面认识，把规划作为个人理想。

城市规划学科的理论构建 表 1-4-1

年代	知识体系 Knowledge	核心技能 Skills	主流价值观 Values
1980s 以前	工学—建筑学—规划设计	设计	落实计划、发展经济、自上而下、采用苏联规划理论
1990s	工学—建筑学—规划设计 理学—地理学、系统科学、生态学、统计学、景观学	设计、分析	发展经济、科学化、环境保护、引进西方规划理论
2000s 以来	工学—建筑学—规划设计 理学—地理学、系统科学、生态学、统计学 管理学—政治学、经济学、社会学、公共管理学	设计、分析、统筹与沟通	协调发展、多元化、可持续发展、人本主义、自主意识、规划理论与方法的本土化

2. 城市规划专业的特色培养

（1）规划能力的综合培养

关于规划师应具备何种公共政策能力，法国社会学家涂尔干认为："任何职业活动都必须得有自己的伦理，倘若没有相应的道德纪律，任何社会活动形式都不会存在"。在规划强调工程技术的时代，人们普遍约束规划师需要用"科学的"和"客观的"方法去认识和规划城市，规划师应独立于政治干扰之外，根据自己的专业价值和技术能力，保持中立的价值观。然而随着社会发展的逐渐复杂化，城市规划理念的不断转变，人们意识到仅仅以纯理性和科学的视角来看待城市规划是有失偏颇的。城市是一个由多种利益集体和社会关系网络组成的复杂空间，不是仅通过人为手段就能够设计出合乎逻辑的科学结构，因此规划师这一职业不可能是一个纯粹的技术人员，也不可能做到绝对的价值中立。规划师要具有理想主义精神和向权力讲真理的道德勇气，也要有放低自己的胸怀，以人本思想为规划设计的核心理念。

（2）规划作用的理性认识

城市规划学科具有综合性，但不等于规划师是万能的，需要对自身的作用具有理性和客观的认识：①规划师可以识别城市问题、提出未雨绸缪建议的方案，但最终的决策取决于决策者的政治敏锐与正确理解；②规划师可以制定提高土地使用效率、更便利的城市生活、提高城市活力的总体结构最佳方案，但未必能保证每个局部合理；③规划师可以划定保护公共空间、维持城市生活底线的红线，但有待各单位的共同配合；④规划师可以构想保持城市的个性、延续历史传统、提高城市文化品位的思路，但必须有体制机制的保障和全社会的价值认同；⑤规划师可以提出降低碳排放、改善环境质量、提高城市环境品质的设想，但有赖政策协同、制度创新与价值转变。

（3）培养方向的维度多重

规划学科正经历着历史性的发展期，规划工作面临众多挑战，社会期望值极高，为规划学科的发展提供了无限多的营养与机会。规划学科的飞跃，取决于管理学、政治学、社会学等多学科的介入，必须从政治过程和行政管理角度研究规划问题，因此规划学科不仅属于工科门类，更应该属于理科门类和管理学门类。规划教育的特色化发展是大趋势，既有面向研究型人才为主要目标的综合性大学、学术研究生教育体系，也有面向基层应用型人才培养的专业院校、MPA专业研究生培养体系；既有面向设计机构的工科背景的工程教育体系，也有面向管理部门和社会工作的管理学教育体系，规划人才的培养是多专业、多方向和多维度的。

本章小结

时代不断发生变化，公共政策的概念也不断演进，城市规划既具有公共政策的目标综合、程序法定、功能综合、过程开放以及衍生性强等一般属性，也具有编制执行人员、编制方法、表现形式、实施载体、实施形式、实施功能等方面的特殊属性。城市规划自身所具有的问题公共性、未来导向性、价值确定性、手段选择性、本质规范性等特征，凸显了城市规划的公共政策本质。作为知识产品的城市规划具有专门定制、依靠良知、复杂多样和定期更新的特征，作为公共选择的城市规划涵盖公众、企业和政府三种类型。城市规划变革需要从规划过程、规划内容、规划方法和规划教育四个方面转变，真正实现城市规划的公共政策转型。

2

中国现代城市规划诞生
与公共政策演进

城市规划更多的属于空间政策，随经济社会发展政策进行调整和适应。因此，基于城市规划的公共政策属性特征的演进阶段划分应首先遵循经济社会发展阶段划分的宏观结论，并结合城市规划具体的政策变化实际进行微观调整。

2.1 城市规划与计划紧密结合时期

2.1.1 城市规划背景与历程

这一时期主要集中于 1949~1960 年，城市规划是国家权力和意志的体现，是国家意志主导下对于城市各项建设的综合部署与安排，是国民经济计划的落实。

1. 经济社会发展背景

1949 年后我国城市经历了重大的制度变革，这一变革奠定了近半个世纪以来城市建设的思想与物质基础。与唐宋时期以后农业社会商品经济为动力、自下而上和渐进式的城市变革特点不同，是以疾风骤雨的意识形态革命为动力、自上而下和激进的城市变革为特征。根据城市领导乡村的战略方针，集中力量恢复工农业生产，中心环节是迅速恢复和发展城市生产。

对内，为了走向繁荣富强，我国开始了与其他国家截然不同的工业化道路——非城市化的工业化。1951 年中央人民政府财务院财经委员会相继颁布《关于编制1952 年国民经济计划程序的通知》、《关于加强计划工作的大纲》、《国民经济计划编制暂行办法》等适应计划经济体制框架性政策文件。1953~1957 年开始建立计划经济体制框架，1953 年中共中央发出《关于建立计划机构的通知》，1955 年国务院批准《国家计委暂行工作条例》，1956年国务院批准《地方各级计委暂行组织规则》，1957年国务院发布《关于各部负责综合平衡和编制各该管生产、事业、基建和劳动计划的规定》，至此我国传统计划经济体制的基本框架基本形成❶。国家"第一个五年计划"（1953~1958年）明确了"工业基本建设计划是五年计划的核心"。

对外，我国一直奉行"一面倒"的外交政策，即向苏联阵营靠拢。由于西方国家在外交、经济、军事上极力孤立、封锁、威胁，使我国很难获取西方国家经济政治发展的信息。同时，苏联经验无论从实践到思想体系，都具有社会主义性质，苏共模式❷顺理成章地成为中国共产党执政的效仿榜样。1950年中苏签订《中苏友好同盟互助条约》，苏联开始对中国提供大量技术援助。"一五"时期以苏联援建156项重大工程项目为核心，配套一大批工程项目为重点，初步建立起较为平衡、完整的工业体系。

1958年底中苏关系交恶，1960年苏联从中国撤走专家，停止对华援助。以五年计划方式提供的援助中断，依靠外部投资、中央政府主导、重工业为主的中国经济难以为继，中央为维持工业发展，中共八大二次会议总结了社会主义建设的经验，制定了"鼓足干劲、力争上游，多快好省地建设社会主义"的总路线，并向全党全民提出了进行技术革命和文化革命的新任务，掀起了工农业生产"大跃进"运动和人民公社化运动，并不断上升为"双反"（反浪费、反保守）政治运动，以大炼钢铁和人民公社化为重点，放手地方政府大搞工业。缺乏经验的地方政府竞相发展低质产业，全社会各行业"高指标、瞎指挥、浮夸风"等"左"倾错误严重泛滥，形成国民经济比例失调和严重困难，造成1958~1960年国家经济三年混乱。

2. 城乡规划发展历程

（1）经济恢复时期的城乡建设（1949~1952年）

新中国成立初期，我国大多数城市工业基础薄弱，市政设施及社会服务设施严重不足，居住条件恶劣，城镇化程度很低。1949年我国大陆设城市69个，县城及建制镇大约有2000多个，城市人口为5765万人，占全国总人口的10.6%❸。全国城镇发展极不平衡，沿海八省市土地仅占全国的13.38%，汇集了全国工业产值的75%、城市人口的65.3%，内地十省城市人口5万人以上的城市仅有20个❹。

1949年3月中共七届二中全会决议中提出了工作重心由乡村转向城市，必须以极大的努力建设和管理城市。1949年秋刘少奇请来莫斯科市苏维埃副主席阿布拉莫夫等

❶ 赵凌云.1949—2008年间中国传统计划经济体制产生、演变与转变的内生逻辑[J].中国经济史研究，2009（3）：24–33.

❷ 以共产党执政的唯一正确模式出现。

❸ 李伟国.城市规划学导论[M].杭州：浙江大学出版社，2008.

❹ 齐康，夏宗玕.城镇化与城镇体系[J].建筑学报，1985（2）：15–22.

17 人组成的苏联市政代表团，研究北京市政建设、草拟改进计划，为新中国的首都建设做准备。苏联代表团提交的《关于改善北京市市政的建议》和专家组成员巴兰尼克夫提交的《北京市未来发展计划问题的报告》共同提出以天安门广场为中心，建设首都行政中心的观点❶。1951 年末全国设市城市 157 个，其中 100 万人口以上城市 8 个，50~100 万人口城市 10 个，30~50 万人口城市 10 个，10~30 万人口城市 63 个。

1952 年苏联城市规划专家穆欣等到达中国，在苏联专家的帮助下，我国的城市规划工作开始边学边做，不断探索和深化。1952 年 9 月政务院召开第一次全国城市建设座谈会，提出城市建设要根据国家的长期计划，加强规划设计工作，加强统一领导，克服盲目性，以适应大规模经济建设的需要，初步确定了城市规划在国民经济发展中的地位和作用❷，会议认为城市规划面临局部与整体、目前与长远、生产与生活等基本矛盾，提出城市建设要根据国家的长远建设计划，针对不同城市有计划地进行新建或改建，加强城市的规划工作和建设工作。为求得同工业建设相配合，要求各城市编制城市总体规划。1952 年全国城镇化水平达到为 12.5%，年递增 1.3个百分点。

这一时期城市建设首先是恢复被破坏的工厂，如规模巨大的鞍山钢铁联合企业、小丰满水电站、太原重型机械厂和郑州纺织厂等重大工业企业，同时修建城市民用建筑、公用事业和改善环境卫生，为第一个五年计划的城市建设工作奠定了有利的基础。三年中，东北各城市民用建筑修建量达到 1500 万 m²，北京市建设了自来水管道 88km，能得到自来水供应的居民由新中国成立前的 60 万人增加到 150 万人，上海修建了曹杨新村等完整的工人居住区等。仅 1952 年一年，北京、天津、沈阳、鞍山、上海五个城市共修建了 500 万 m² 的工人住宅❸。

（2）第一个五年计划时期的城乡建设

1953 年开始的第一个五年计划的基本任务是集中主要力量进行以"156 项工程"（分布于 17 个省区、56 各市县）、限额以上重点项目 694 项为中心的工业建设（内地 472 项，沿海 220 项），以后又把限额以上重点项目增加到 754 个。中央各个部门的独立选址均按照部门想法，产生了工厂相对集中在某些条件较好的城市等问题，联合选厂成为解决部门矛盾的初始选择。由于苏联专家负责 156 项工程的设计，要求中方必须提供厂区的宏观层面的外部环境、中观层面的交通运输和居住配套的解决方案以及微观层面的接口坐标等条件，而这些条件的提出只能由城市总体规划解决，倒逼城市规划工作的开展。为此，兰州❹、西安、太原、洛阳、包头、成都、大同、

❶ 赵晨，申明锐，张京祥 . 苏联规划在中国：历史回溯与启示 [J]. 城市规划学刊，2013（2）：109–118.
❷ 王凯 . 我国城市规划五十年指导思想的变迁及影响 [J]. 规划师，1999（4）：23–26.
❸ "城乡规划"教材选编小组 . 城乡规划（第二版）[M]. 北京：中国建筑工业出版社，2013：47–48.
❹ 安排兰炼、兰化、兰石和电厂工程项目。

富拉尔基这工业建设的八大重点城市率先编制城市总体（初步）规划及部分详细规划。国家建委审批了包括上述八个城市在内的共 15 个城市的总体（初步）规划及部分详细规划，同时对一些老城扩建改建，使其布局合理、选址得当、建设配套。

156 项工程的建设代表了当时最高的规划、设计和施工建设水平，促使许多新的工业城市、工业区和工人镇诞生，也创造了不同于我国传统城市的发展范式。1956 年底全国进行规划的有兰州、西安、包头、太原、洛阳、成都、湛江、株洲、哈尔滨、武汉、郑州、石家庄、北京、天津、上海、杭州、鞍山、沈阳、吉林、长春、富拉尔基、新乡等 150 多个城市以及武功、侯马等新工业区，其中新建城市 39 个，大规模扩建 54 个 ❶，一般扩建的城市有 185 个。"一五"时期的城市规划尽管在实施过程中遭受了"文化大革命"的冲击，但立足于工业建设的城市规划和建设的指导思想，为在较短的时间内迅速建立社会主义工业体系作出了历史性的贡献，奠定了我国城市发展的初步框架和工业基础。

（3）"大跃进"时期的城乡规划建设（1958~1960 年）

1958 年 4 月城市建设部和建工部合并，城市建设和规划工作由建工部归口管理。同年 7 月建工部在青岛市召开第一次全国城市规划工作座谈会，总结了新中国成立后近十年城市规划的工作经验，讨论城市规划如何适应全国"大跃进"的形式，提出凡是有建设的城市都要进行规划，过去的规划定额偏低，只搞当前建设，不搞远景，不敢想、不敢说、不敢做，要用城市建设的"大跃进"来适应工业建设的"大跃进"。确定大中小城市相结合、以发展中小城市为主、有计划地建设卫星城市的城市发展路线。会后全国的许多城市纷纷修改和编制城市规划，速度极快，根据这一年的统计，全国进行规划（包括修改规划）的大中小城市有 1200 多个，农村居民点规划试点的有 2000 多个。由于城市规划工作是围绕"大跃进"指导思想开展的，突出表现在若干不切实际的超大规模城市规划以及追求高速度、高标准等建设主张，如银川、襄樊都在原有 10 万人口规模的基础上分别提出 100 万和 120 万人口规模的大规划。"大跃进"期间激进的工业发展导致了异常迅猛的城镇化进程，在全国 2195 个城镇中，几乎普遍安排了工业建设项目，城市中出现了越来越多的工业区和相应的住宅区。工农结合的城市人民公社被认为是向共产主义社会过渡的新型社会结构，甚至居住区中出现小型工业。三年中，全国新设城市 44 个，1960 年底设市城市达到 199 个。城镇人口从 1957 年的 9949 万增加到 1960 年的 13073 万，净增 3124 万人，增长率达到 31.4% ❷。

1959 年 3 月陈云同志的"当前基本建设工作中几个重要问题"指出，在全国范围内有计划地、合理地布置工业生产力，是基本建设中具有长远性质和全面性质的

---

❶ 赵锡清. 我国城市规划工作三十年简记（1949—1982）[J]. 城市规划，1984（1）：42-48.

❷ 顾朝林. 中国城镇体系——历史、现状、展望 [M]. 北京：商务印书馆，1992：171.

问题，是一个带有战略性意义的问题❶，促进了这一时期区域规划工作的进一步开展。为了支持农业，并适应地方工业的发展，作为全县的政治经济文化中心的县镇规划提上了日程，要求县区范围内进行各项事业的规划。1960年4月建工部在桂林市召开的第二次全国城市规划工作座谈会提出，要在十年到十五年左右的时间内，把我国的城市基本建设和改造成为社会主义现代化的新城市。并要求根据城市人民公社的组织形式和发展前途来编制城市规划，要体现工、农、兵、学、商五位一体的原则，城市规划的指导思想逐渐脱离实际的轨道❷。

2.1.2 城市规划编制与审批

1. 城市规划理论与方法

这一时期我国的城市规划理论完全摒弃了传统天人合一、等级礼制的规划思想，重视党的政策，主观性和理性交织成为最主要的特征。

（1）规划理论

1）苏联生产性理论

新中国成立初期，面对自鸦片战争以来经历百年战乱蹂躏早已千疮百孔的国内环境以及绝大多数西方国家拒绝承认社会主义新生政权的外交困境，中国果断选择"一边倒"的国家战略：以苏为师，借鉴苏联社会主义建设的成功经验，重建新中国。这在世界发展史上是极为罕见的，"我们不知道有哪个国家的哪个历史时期，在那么短暂的时日里，集中引入了另一个国家那么广泛而深入的政治、经济和文化理论"❸。与社会其他领域一样，城市规划作为一个深受政治、经济、社会影响的工作，全面走上仿学苏联模式的道路。苏联规划的"生产观点"与新中国成立以后提出的"变消费城市为生产城市"的政治口号相结合，形成的城市规划以非人性化、政治性为基础构筑其理论和规划建设管理制度，采取"重生产、轻消费，先生产、后生活"的规划思想和做法，把城市理解为一种生产单位，把市政公用等城市基础设施和商业、服务设施一概视为"非生产性建设"❹，促使中国城市发展和规划的"生产性"更加突出，成为社会主义城市的标志，工业产值的高低是评估城市的标准，根本目的是有利于国家管理和控制。

2）西方功能分区理论

虽然早期中国留下的城市规划人员很少，而且当时受国际国内环境所限，凡欧美建筑、规划理论都受到批判，但由于1933年雅典宪章确定的功能分区规划理论是

---

❶ 陈云. 当前基本建设工作中几个重要问题 [J]. 红旗，1959（5）.

❷ 王凯. 我国城市规划五十年指导思想的变迁及影响 [J]. 规划师，1999（4）：23-26.

❸ 赵晨，申明锐，张京祥. "苏联规划"在中国：历史回溯与启示 [J]. 城市规划学刊，2013（2）：107-116.

❹ 周一星. 城市地理学 [M]. 北京：商务印书馆，2002：134.

当时在西方学习的建筑、规划专家所熟知的，而且这一理论与生产城市的规划目标存在空间上的契合，因此功能分区理论在中国普遍得到沿用，其普及性和推广性远远高于西方发达国家和地区。

（2）规划方法

1）分类方法

为了配合大规模经济建设的准备工作，纠正当时由于建设任务紧迫、有些建设单位各自为政到处建设的现象，中央政府政务院财政经济委员会于1952年9月召开了全国城市建设座谈会，会议正式提出建立城市规划工作，根据国家工业建设分布，全国城市按照性质和工业比重划分为四类：重工业城市、工业比重较大的改建城市、工业比重不大的旧城市以及采取维持方针的一般城市（表2-1-1）。

重点建设的城市分类一览表　　　　　　表2-1-1

类别	城市性质与工业比重	城市
第一类	重工业城市（8个）	北京、包头、西安、大同、齐齐哈尔、大冶、兰州、成都
第二类	工业比重较大的改建城市（14个）	吉林、鞍山、抚顺、本溪、沈阳、哈尔滨、太原、武汉、石家庄、邯郸、郑州、洛阳、湛江、乌鲁木齐
第三类	工业比重不大的旧城市（17个）	天津、唐山、大连、长春、佳木斯、上海、青岛、南京、杭州、济南、重庆、昆明、内江、贵阳、广州、湘潭、襄樊
第四类	一般城市	上述39个重点城市以外的城市，以维持为主

资料来源：董鉴泓主编.中国城市建设史[M].北京：中国建筑工业出版社，2008：389.

2）专家决策方法

由于我国城市规划采用自上而下的"标准规范决策＋专家理性分析"的决策方式，《编制城市规划设计程序暂行办法（草案）》、《关于城市规划几项控制指标的通知》、《城市建筑管理暂行条例（草案）》、《关于新工业城市规划审查工作的几项暂行规定》等相关规划规范及文件主要从编制指导思想、原则、内容角度阐述，提出城市建设的物质基础主要是工业，城市建设的速度必须由工业建设的速度来决定；城市建设必须集中力量，确保国家工业建设的中心项目所在重点工业城市的建设，以保证这些工业建设的顺利完成[1]；城市规划工作是"国家经济工作的继续和具体化"[2]和"计划在空间上的落实"定位，这些规定致使我国的城市规划体系和思想一开始就深深地打上了计划经济的烙印，并一直影响至今。1955年9月国家建委提出城市建设不

---

[1] 王凯.我国城市规划五十年指导思想的变迁及影响[J].规划师，1999（4）：23-26.

[2] 孙敬文.适应工业建设需要加强城市建设工作[N].人民日报，1954-8-12.

应盲目发展大城市，沿海的上海、天津、青岛、广州、大连等旧有大城市应限制发展，对于"一五"期间新建和扩建工业项目较多的城市不宜再布置重大的新工厂，城市人口规模应予控制。建议今后新建的城市原则上以建设小城市和工人镇为主，并在可能条件下建设少数中等城市，没有特殊原因不建设大城市。可以说我国一直奉行的限制大城市发展的城市建设方针历史由此开端。1956 年 8 月国家建设委员会颁布《城市规划编制暂行办法》（第一次），明确城市规划的内容包括城市性质、规模、用地范围、功能分区、对外交通及市内主要干道、分期建设计划及第一期建设的范围等，并提出协议的编定方法 ❶。1958 年 1 月国家建设委员会、城市建设部下发《关于城市规划几项控制指标的通知》，提出了建设用地定额指标的规定，要求近期和远期人均生活居住用地面积为 18~28m^2 和小于 35m^2 以下。同年建筑工程部城市规划局下发的《中小城市规划的一般原则和办法》要求中小城市按规范编制城市规划，城市规划范围扩展到全部城市。

3）国家文件依据

这一期间中央文件关于城市规划设计的规定对城市规划和建设与发展也起到重要的决定作用，如 1952 年"一五"计划规定，为改变原来工业地区分布的不合理状态，必须建设新的工业基地，而首先利用、改建和扩建原来的工业基地是创造原来的工业基地的一种必要条件。1955 年 6 月中共中央发出的《坚决降低非生产性建筑标准》指示，要求基本战线厉行节约，在城市规划和建筑设计中，应做到实用、经济，在可能条件下注重美观。1956 年 5 月国务院通过的《关于加强新工业区和新工业城市建设工作的几个问题的决定》要求开展区域规划工作，要对工业企业和城市进行合理地分布，在进行区域规划布置工业和新工业城市时，必须贯彻经济和安全兼顾的原则。工业不宜过分集中，城市规模也不宜过大等 ❷。国家开始从区域层面研究城市发展与布局，主要编制了洛阳、西安—宝鸡、包头—呼和浩特等十个地区的区域规划。国家建委为此成立区域规划与城市规划管理局，进行了包头、茂名、贵州、平顶山、昆明、郑州、朝阳等地的区域规划。

2. 城市规划目的和任务

（1）城市规划目的

城乡规划的必要性在 1953 年 11 月 22 日"改进和加强城市建设工作"和 1954 年 8 月 22 日"迅速做好城市规划工作"的两篇人民报社论中得到明确体现，如"改进和加强城市建设工作"社论指出，"盲目分散的混乱状况如再继续发展，就会增加将来改建旧城市的极大困难"。"迅速做好城市规划工作"社论指出，如果不做好城

---

❶ 董鉴泓 . 第一个五年计划中关于城市建设工作的若干问题 [J]. 城市与区域规划研究，2013（1）：184–193.

❷ "城乡规划"教材选编小组 . 城乡规划（第二版）[M]. 北京：中国建筑工业出版社，2013：48.

市规划，对住宅建设的地点、街坊的布置、公共福利设施的分布等不能及早确定，厂外工程设计和住宅区的设计就会发生混乱现象……过去有些城市缺乏统一的规划，盲目进行建设，曾经发生很多弊端。例如房屋建设分散、公共生活福利设施重复浪费、公用事业配合不上、建筑混乱等，以致造成了工业生产和职工生活的不合理和不方便，浪费了国家资金。因此，不编制城市规划或者不认真编制规划，盲目、随意地进行城市建设，不仅会浪费国家的建设资金、浪费土地、延误进度，为城市未来发展留下隐患。计划经济时期，城市建设是国家经济和文化建设的重要组成部分，因此城市规划的首要目的是服务于经济建设，需要根据全国和各经济区生产力合理分布的原则确定城市的性质和发展的规模，统一规划和全面安排城市中的各项建设，有计划、合理地建设城市。

（2）城市规划性质

这一时期中国实行计划经济制度，即被著名经济学人类学家波拉尼（Karl Polanyi）定义的"再分配经济"的政治经济体制。其根本特征是国家实行对资源的高度垄断，国家处于无所不能的压倒一切的地位，社会基本消失❶。城市规划是国家权力和意志的体现，是国家意志主导下对于城市各项建设的综合部署与安排，是国民经济计划的落实，而城市规划的相对人市民处于必须服从的应尽义务的地位❷。

（3）城市规划任务

新中国成立后计划经济背景下，为了有计划地发展生产，在发展生产的基础上改善人民的生活，提出有计划、有步骤地进行城乡规划、建设任务，城市规划分为区域规划、总体规划、详细规划和修建设计四个阶段。❸

区域规划是一定的地区范围内经济建设的总体部署，从全国或大区性的经济发展着眼，根据国民经济计划和当地的自然、资源条件，有计划地配置生产力，合理地分布城镇，密切城乡、工农关系，为消灭三个差别创造条件。具体任务是对一定范围地区的工业、农业、城镇、居民点、运输、动力、水利、林业、建筑基地等建设和各项工程设施，进行全面规划，综合平衡，使该地区国民经济的各个组成部分及各主要工业项目之间取得良好的协作配合关系，以便城镇和人口的分布更加合理、各项工程的建设更加有序，以保证工业、农业和城市建设得到顺利的发展❹。

总体规划是从一定范围的经济区域着眼，根据该城市的自然、资源、现状条件和国民经济发展的控制性计划，对城市中一定期限内的各项建设进行全面安排，综合平衡，为城市的长远发展指出一个正确的方向和遵循的路径。主要任务包括：

❶ 孙立平. 社会转型：发展社会学的新议题 [J]. 中国社会科学文摘，2005（3）：6–11.

❷ 马武定. 制度变迁与规划是的职业道德 [J]. 城市规划学刊，2006（1）：45–48.

❸ "城乡规划"教材选编小组. 城乡规划（第二版）[M]. 北京：中国建筑工业出版社，2013：61–62.

❹ 景建彬. 城市规划各阶段中的区域规划研究 [J]. 山西建筑，2010（15）：24–25.

①统一城市各项用地之间、各项专业规划之间的矛盾，使城市成为有机的整体，综合地进行建设；②拟定城市发展的规划布局，为当前的建设提供依据。

详细规划是在近期建设地段上进行建筑规划布局，具体布置各项建筑、市政工程设施、道路、绿地等，为各单项设计提供设计依据。修建设计是在详细规划中，对一部分拟进行修建的地区，根据详细规划对各项建设项目的要求确定建设方案，逐项做出技术设计，绘制施工图，进行工料分析，编制造价预算和施工组织设计，以指导施工的进行，它是施工的依据。

3. 规划编制步骤与内容

（1）城市规划步骤

由于城市规划服务于有准确计划和投资的生产建设项目，因此重点城市规划由城市总体规划、城市第一期建设详细规划方案❶、建筑工程修建设计三个连贯步骤组成。城市总体规划规定整个城市发展的性质和规模、人口的发展以及整个城市在技术和建筑艺术组织方面的基础，制定一个既能满足当时要求又能保证长期利益的综合方案。城市第一期建筑群详细规划方案包括：①确定 2~5 年内全部建设内容，包括性质和规模；②制定综合实施计划，规定计划建设的工业企业、运输建筑、居住和公共建筑、绿化、设备工程和地下管线的分布；③针对一期建设的个别地区制定详细设计方案，规定该地区中技术和建筑艺术方面的组织。建筑工程修建设计是在详细规划方案的基础上制定建筑方案，标明建筑物内部布置，确定这些建筑物在城市用地上的位置，并据此设计施工图。

（2）城市规划内容

1）城市总体规划

当时线性思维方式下的城市规划内容基本分为两大部分：第一部分为现状，包括工业、矿藏、气候、地下水源、工程地质、人口组成等城市基础；第二部分为规划，包括总体布局和专项规划。总体布局中包括的居住、工业、交通、绿化、军事、道路、公园、农田、教育、行政、体育、发电、空港等用地范围，与国民经济计划实现了很好的衔接，形体上普遍采用大方格网、放射路、中轴线和巨大的政治集合广场。专项规划主要考虑城市对外交通规划、城市道路规划、电力电讯规划、给水排水规划、园林绿化规划、公共服务设施规划等。有的城市还考虑防洪防汛、防震抗震和人防战备等规划以及重点居住区的详细规划❷。限于当时的思想意识、规划理论、经济计划、自然条件和技术可能，总体规划的内容相对来说比较简单，适应快速发展需求，侧重近期建设，比较具体可行。由于缺乏经验，规划及其实施过程中出现了建设标

---

❶ 城市规划分期标准是第一期 5~7 年，第二期 15~20 年乃至更长时间，基本以第一期（近期）建设为主。

❷ 任致远. 论我国城市总体规划的历史使命——兼议 21 世纪初城市总体规划的改革 [J]. 规划师，2000（4）：84–88.

准过高或过低的偏差、过分重视平面的构图和对称以及较少关注城市的功能等问题。随着对城市认识的逐步深化，城市规划不仅考虑了工业生产的要求，还综合考虑了历史文化保护、环境改善和居民生活便利等内容。

2）中小城市规划

《中小城市规划的一般原则和办法》将中小城市分为三类进行规划管理：第一类中小城市新建、扩建的工业较多，或其他经济、文化建设任务较大的城市，要求在安排当前建设的同时，做出初步的总体规划；第二类中小城市结合旧城充分利用，着重编制新建地区的规划；第三类中小城市采取粗线条的办法，边建设、边规划。由于资料缺乏，要求采用对自然资料的"三抓"❶、对经济资料的"四摸"❷ 和对现状资料的"两调查"❸ 等方法，强调充分利用现状基础进行工业区的选址，要求道路结合地形、留出城市发展方向以及城市布局机动灵活适应发展。中小城市总体规划仅做现状图、用地分析图、初步规划示意图（功能分区规划图）和近期修建规划图，初步规划示意图包括城市规模和发展方向、功能分区、道路交通与工程管线的主要结构。

3）农村居民点规划

农村居民点规划分为两类：新建居民点的选择应该遵循便于生活，便于集体生产和合理利用地形、节约用地，有利于经济合理地利用公用设施等原则，尽可能距离耕地、水源较近，地基、朝向较好，不受洪水威胁，交通便利，环境卫生条件较好；旧居民点改造遵循尽可能不拆除现有房屋的原则，强调卫生和安全。住房院落布置不宜采用"一条龙"的布置方式，拼联式建筑和楼房建筑需考虑每家有独立院落，考虑农民增建必要房屋的可能和农业生产需要。农村住宅设计要达到适用、安全、经济、卫生、美观的要求。

（3）城市规划特征

1）规划的物质属性

"一五"时期城市建设的目标是贯彻国家过渡时期的总路线和总任务，为国家社会主义工业化，为生产、为劳动人民服务，遵循"社会主义城市的建设和发展必然要从属于社会主义工业的建设和发展"❹ 的指导思想。按照城市建设应当根据工业的发展需要有重点、有步骤地进行，并按照国家统一的经济计划确定建设的地点与速度，采取与工业建设相适应的"重点建设，稳步前进"的方针，重点发展内地中小

---

❶ 三抓：抓地形、抓风水、抓地质。
❷ 四摸：区域性的工业经济资源、当地的工业现状和发展计划、对外交通运输情况、电力情况。
❸ 两调查：城市的现有人口和可以利用的劳动力的人数、城市用地的现状和各种建筑的现状以及重要文物古迹的数量和分布情况。
❹ 人民日报社论. 贯彻重点建设城市的方针 [N]. 人民日报，1954-08-11.

城市，适当限制大城市的发展。城市规划建设以重点工业城市为主，以国民经济计划为依据，贯彻"全面规划、分期建设、由内向外、填空补实"的原则，有相对准确的城市规模、明确的建设项目计划、确定的投资预算、确定的设计单位和施工单位。当时一批学习建筑、给排水、道桥、园林和经济等专业的大学生和为数不多的工程师、建筑师，应用苏联的城市规划理论，凭借高度的建设新中国城市的热情来编制城市规划，绘制心目中的"理想城市"❶。由于城市规划被理解为一种扩大形式的建筑学以及建筑学的分支，同时城市总体规划下延伸的详细规划乃至建筑设计具有空前的技术延续性，因此城市规划的物质属性、空间属性、计划属性极强。

2）城市规划计量特征

在国民经济计划和劳动计划相对完善的情况下，城市人口规模预测是相对较为准确，促使人口规模决定建设用地规模、住宅建设规模、公共服务设施配套规模、市政设施配套规模的城市总体规划的历史由此开始。预测城市人口发展规模一般采用劳动平衡法和劳动比例法，劳动平衡法根据城市的形成部门和服务部门将城市人口分为基本人口、服务人口和被抚养人口三类，劳动比例法则将城市人口分为劳动人口和非劳动人口❷。在影响城市人口规模的诸因素中，基本人口和劳动人口数量是决定性的和相对固定的，服务人口数量是从属的，被抚养人口和非劳动人口是伴随的，根据国民经济计划确定的生产人口（基本人口）及占总人口的比重可以确定总人口规模。当时背景下这种分类关系明确，也便于确定公共建筑的定额指标结合❸。以此方法为基础，新建城市和新建地区基本人口比例一般都规定近期 35%~40% 以上，远期不低于 30%❹。

3）城市规划结构特征

中国传统的城市结构是以宫殿为中心和棋盘方格状的街道系统，讲究平直有致，轴线对称。1949 年以后引入苏联城市规划思想，以生产为中心，重视生产用地的选择与安排，生产用地在城市中占大量的比重。城市结构新旧结合，采用方格网加放射状相结合的路网结构，城市中心和主要干道交叉点设计成圆盘和放射状，广场四周往往耸立商业服务性的高大建筑（百货公司、影剧院、旅馆、饭店）。城市一般只有一个中心，强调紧凑集中、由内向外逐步扩展，形成封闭的圈层结构，但这种结构使各种功能相互干扰，居住区与绿地隔绝，环境条件差，而且圆盘放射状的街道广场因周围布置了大量吸引人流的建筑物以及各方向车流向一点汇集，造成行人与车辆的干扰和交通的拥挤。

❶ 任致远. 论我国城市总体规划的历史使命——兼议 21 世纪初城市总体规划的改革 [J]. 规划师，2000（4）：84–88.

❷ 吴良仁. 拟定城市人口发展规模的一种方法——劳动比例法 [J]. 城市规划，1977（2）：29–33.

❸ 张绍梁. 城市规划人口计算的探讨 [J]. 建筑学报，1962（11）：12–13.

❹ 王文克. 反浪费、反保守，大力改进城市规划和修建管理工作 [J]. 建筑学报，1958（4）：1–7.

4）城市规划形式特征

配合工业区建设的工人新村代表了 20 世纪 50 年代城市住宅区发展的时代特征，采取统一规划、统一设计、统一投资、统一建设、统一分配和统一管理方式，但住宅标准仍停留在相对较低的水平。1951 年上海曹杨新村规划中，建筑依地形自由布置，内部设日常生活服务设施，此后的工人新村多采用行列式布局，体现强烈的形式主义倾向和秩序感，除了意识形态的原因外，主要是便于管理和分配。

4. 城市规划审批

1953 年 9 月中央指示，重要工业城市规划必须加紧进行，对于工业建设比重较大的城市更应该迅速组织力量，加强城市规划设计工作，争取尽可能迅速拟定城市总体规划草案，报中央审查，由此国家审批总体规划制度开始建立，城市建设"国家监管—国家投资—国家计划—国家规划—国家审批"的制度流程符合计划经济制度与统一资源配置方式，符合"中央统一计划，部门分头执行"的决策行动机制要求。1954 年 9 月国家计委颁布的《关于新工业城市规划审查工作的几项暂行规定》明确提出城市规划的审批程序，规定北京、包头、西安、上海、天津、广州、重庆等 26 个城市规划报中央审批。1956 年 8 月国家建委颁布的《城市规划编制暂行办法》进一步明确了国家审批城市总体规划制度，对有关建设项目的协调、衔接、落实问题作为审批的重点。要求审批前相关部门应就有关问题协商，先达成协议后再上报，如有重大技术问题应事先通过专家鉴定。确定采取会议形式审批，由国家计委主持，国务院有关部委、地方、军队等有关单位参加，如有正义的问题，由会议研究做出决定，最后由国家计委（建委）发布批文❶。"一五"期间中国完成了 150 个城市的初步规划，从 1954 年 10 月开始，国家计委和国家建委组织有关部门先后审批了富拉尔基、包头、石家庄、西安、兰州、太原、武汉、洛阳、郑州、湛江、株洲、郝家川（银川）、成都、大同、哈尔滨、沈阳 16 个城市的总体规划，城建部审批了抚顺、沈阳、葫芦岛 3 个城市的规划。

2.1.3　城市规划实施与管理

1. 城市规划实施

这一时期城市规划之所以能够经历了时间的考验，得到有效实施，可以归结为规划保障、资金保障和制度保障。

（1）规划科学合理与因地制宜

这一时期规划先辈以科学的态度和满腔的热情从事规划工作，遵循城市发展的基本规律，坚持科学规划和因地制宜的基本原则，处理好城市发展中的矛盾和各种

❶ 官大雨. 国家审批要求下的城市总体规划编制——中规院近时期承担国家审批城市总体规划"审批意见"的解读 [J]. 城市规划，2010（6）：36-45.

关系，有效解决区域问题、近远期问题、建设标准问题和现代化问题，将城市规划理论与地方实践相结合，编制了如兰州、洛阳、包头等高水平的规划。当然也有国家建委城建设计院1956年咸阳城市规划被当地官员否定未得到有效实施的案例，但不能否认当时规划的总体科学性和合理性。

（2）管理综合协调与垂直控制

在新中国成立之初和"一五"时期，重点是集中力量建设那些有重要工程的新工业城市，城市规划与国家的社会经济发展战略紧密结合，在城市建设与管理中的综合指导作用十分明确。城市规划主管部门作为综合指导部门实现规划建设管理的垂直控制，国家、省、市形成合力，实行自上而下的管理体制以及上传下达的指令性沟通方式，统一领导，齐心协力，交易成本较低。国家可以按照城市建设的统一规划，不仅控制建设计划、投资额度，甚至直接控制建筑设计和施工，保证了规划的实施。以举国之力促使"一五"时期156项重点工程成功实现，表现了国家的进步及执政者的能力和成就，在当时具有政治上、经济上的积极作用，也促进了城市规划管理制度的有效构建。

（3）建设资金保障与满足需求

对城市建设而言，国家是投资主体，而单位则是具体的建设主体，重点工程建设和城市建设投资由国家计委按比例同时安排，"一五"期间全国新建6个城市，大规模扩建20个城市，一般性扩建74个城市，全国城市建设的投资每年约4亿~5亿，约占整个投资的4.6%，基本保证了城市建设资金的需要。同时，国家也意识到规划还应满足居民的基本需求❶，因此城市有组织有计划有步骤地建设各项市政公用设施和住宅以及各项生活服务设施，以使城市的生产设施和生活设施配套，满足生产和人们物质生活的需要，城市基本做到了有利生产、方便生活，为后来城市的发展奠定了良好的基础，促进了居民生活水平的提高❷。以包头市为例，1954~1960年的住宅投资占改革开放前总投资的73%，人均居住面积达到3.85m²/人❸，在当时属于较高的居住水平。

2. 城市规划管理

（1）城市规划管理机构

根据城市建设形势，中央和省市设置了相应的城市规划工作的管理和设计机构。1949年10月国家在政务院财经委员会计划局下设立基本建设处，主管全国的基本建设和城市建设工作，随后各城市相继调整或成立了城市建设管理机构，如北京的

---

❶ 如陈云曾指示解决蔬菜问题，提出如果只注重工业建设，不注意解决职工的生活问题，工人就可能闹事，回过头来还得解决。

❷ 圭文. 继往开来 乘胜前进——三十五年城市规划回顾与展望 [J]. 城市规划，1984（5）：3-6.

❸ 包头市建设局. 关于城市建设投资比例的初步调查 [J]. 城市规划，1977（1）：34-37.

都市计划委员会、重庆的都市建设计划委员会、成都的市政建设计划委员会、济南的城市建设计划委员会、兰州的城市建设委员会等。城市建设在市委和城市规划建设部门的统一指挥下进行建设，基本保证了城市和厂区建设的顺利进行。一些中小城市也成立了城市建设局，负责城市各项市政设施的建设和管理工作 ❶。

为了适应大规模的城市建设，1952 年 8 月中央人民政府委员会第十七次会议决定成立中央人民政府建筑工程部，基本任务是工业建设，暂时负责城市规划工作。同年 9 月中央政府政务院财政经济委员会召开了全国城市建设座谈会，会议正式提出建立城市规划工作，会后国家在中央、大区、重点城市建立城市建设机构，建筑工程部设立了城市建设局，1954 年 10 月调整为城市建设总局，领导全国城市规划工作。同年 11 月国家建设委员会成立，下设城市建设局，负责以重工业为中心的基本建设，并于 1956 年 4 月设区域规划局。

1955 年 4 月城市建设总局从建筑工程部划出，作为国务院直属机构，下设城市规划局和城市设计院，承担全国重点工业城市规划工作。1956 年 5 月国务院撤销城市建设总局，改设城市建设部，统一管理全国的城市规划和城市建设工作，下设区域规划与城市规划管理局。同年 9 月城市建设部部长万里在中共八大会议发言提出，城市建设过程中应有步骤、有准备地实行居住、市政工程、公共服务设施的统一规划、统一建设和统一管理的方针，这是针对企业分制与城市发展脱节现象第一次从国家层面提出城市管理要求。1957 年初建筑工程部增设设计总局，负责区域规划、城市规划以及建筑设计的管理。同年 6 月在全国建设厅（局）长座谈会上，城市建设部部长万里再次提出城市建设分层级管理、下放权力的思想，建议按省、市、自治区的具体情况布置任务和设置机构，加强城市规划机构建设，中央与省尽可能做研究审查工作，以此为基础初步奠定了国家、省（市、区）和地方的垂直分工格局。

1958 年 2 月城市建设部、建筑材料工业部、建筑工程部合并为建筑工程部，同时撤销国家建设委员会，城乡规划建设职能交由建筑工程部。1958 年 9 月成立中共中央基本建设委员会，11 月国务院成立国家基本建设委员会，既属中共中央，又属于国务院。1960 年 9 月建筑工程部的城市规划局和城市设计院移交国家基本建设委员会，国家基本建设委员会则增设城市规划局和研究室，统一管理全国的城乡规划工作。

各省（区）设建设厅，大中城市成立了规划建设管理专门机构，如上海市规划住建管理局、成都市规划局、郑州市建委规划管理处等，一般县城人民委员会下设建设科。从当时城市规划标准和城市规划相关文件签发可以发现，横向角度城市规划是多头管理——计委、建筑工程部、城市建设总局，而纵向角度可以看出重点城市规划建设国家采取一统到底的形式，中央和地方共同负责，相比较而言省级城乡

---

❶ 郑国. 城市发展与规划 [M]. 北京：中国人民大学出版社，2008.

规划主管部门相对权力作用较弱。

（2）城市规划设计机构

1954 年国家正式组建我国第一个城市规划设计专业部门——建工部城市设计院，负责全国重点城市的规划设计工作，部分城市成立了城市规划勘测设计院，如上海市。1956 年成立了建筑工程部建筑科学院研究院❶，1958 年在建筑科学研究院成立城乡规划建筑研究室和区域规划研究室，承担重点区域规划和研究工作。建筑工程部设计局设中南、西南、北京、华北、东北、西北等工业建筑设计院，广东、河北、河南、江苏、黑龙江等相对设计条件较好的省成立建筑设计院，或在建设厅下成立设计室（辽宁、内蒙古），承担城市及部分乡村（人民公社）的规划设计。城市规划作为建筑设计院的一个部门，另一侧面也佐证了中国城市规划脱胎于建筑学的事实。一些大学的建筑、规划教师带领学生组成的规划设计团队也成为这一时期城乡规划编制的重要主体。

3. 规划人才培养

事实上新中国成立前国内的建筑学家已经关注到培养城市规划人才的必要性，如中央大学建筑系（1933 年）课程设置中有都市计划的课程。1945 年 8 月梁思成先生在发表的《市镇的体系秩序》文章中提醒：“为实行改进和辅导市镇体系的长成，为建立其长成中的秩序，我们需要大批专业人才，专门建筑（不是土木工程）或市镇计划的人才。”1946 年《清华大学工学院营建系学制及学程计划草案》中增设了市镇计划课程，包括市镇计划概论、乡村社会学、都市经济学、市政管理等❷。新中国成立后，1950 年清华大学建筑系曾办市镇组，为四年制，培养过极少量规划专业人才。1952 年全国院系调整后，同济大学、清华大学、南京工学院、天津大学等一些学校先后设置了城市规划专业或建筑学专业内的城市规划方向，积极培养城市规划专业人才。

2.2 城市规划与计划非紧密时期

2.2.1 城市规划背景与历程

这一时期主要集中于 1961~1977 年，是新中国成立后城市规划最为失落的时期，与国民经济发展呈现非紧密关系。

1. 经济社会发展背景

（1）“大跃进”时期（1961~1963 年）

“大跃进”时期国民经济比例失调和严重困难，导致国家工业发展一度停滞不

---

❶ 江之力. 一个历史的教训——两个时期的建筑科学工作杂忆 [J]. 建筑学报，1980（6）：1-3.
❷ 赖德霖. 梁思成建筑教育思想的形成及特色 [J]. 建筑学报，1996（6）：26-29.

前。为了克服日益严重的经济问题，中共中央在1960年冬不得不做出调整，提出了"调整、巩固、充实、提高"的八字方针，并在1961年1月的八届九中全会上正式通过了上述方针，力图纠正前期的失误，引导国民经济健康发展。"八字方针"的中心是调整，侧重调整重工业特别是钢铁工业的发展速度，同时缩小基本建设规模，使工农之间、轻重之间、积累与消费之间的比例趋于协调。调整重点也包括农业，1961年中央制定和发行的《农村人民公社工作条例》将"一大二公"改为"三级所有、队为基础"体制，人民公社虽然仍有保留，但生产队有了较大的经营自主权。同时重新划出5%~10%的耕地作为社员自留地，恢复农民家庭副业，开放原有集市贸易场所。国家在人力、物力、财力的调控上开始向农村倾斜：①压缩"大跃进"过程中过度膨胀的城镇人口，1960~1964年大量城镇人口重返农村以增加农业战线的劳动力，净减少城市人口3788万，缩小农田水利建设规模、精简农村文化教育事业，充实农业生产第一线；②减少粮食征购任务，降低农业税，提高农副产品收购价格，以增加农民的收益。通过这些措施，农业生产得到恢复。

（2）三线建设时期（1964~1978年）

随着中苏交恶，中国与周边国家、地区形势进入紧张状态，1964年因美国拟空袭我国即将进行的第一颗原子弹实验的核基地，我国由此进入以备战为目的的"三线"建设时期，开始建设大后方，在中西部偏远地区建立起分散的工业。1966年开始长达十年的"文化大革命"使国家陷入动乱，给中国经济建设造成了巨大破坏。响应毛泽东的号召，2000多万城镇知识青年下放农村。在此期间周恩来利用社会正常秩序渐趋恢复的时机，重新把国民经济置于计划的领导之下，使生产开始恢复，在1969年基本刹住了国民经济连续两年下滑的势头，1970年国民经济超过"文革"第一年水平。1971~1975年是第四个五年计划时期，"四五"计划延续了急于求成、盲目冒进的做法，过分突出重工业，一味追求生产上的高指标，忽视经济效率和人民生活水平。1971年实现了职工人数突破5000万人、工资总额突破300亿元、粮食销售突破4000万吨的"三大突破"，国民经济出现了新的比例失调。"九一三"事件发生后，周恩来重新主持中央工作，1972年国民经济计划中提出了加强统一计划、整顿企业管理。在三线建设的后半段，中外关系开始缓和，以调整工业结构为目的的"四三方案"❶开始实施。1973年国家降低了"四五"计划的指标，"三大突破"基本得到控制，工农业生产明显好转。1974年出现的第二次夺权浪潮使刚刚好转的国民经济再次陷入无序状态，直至1975年年初邓小平重新全面主持党政军的中央日常工作。随后的经济全面调整遭到了"四人帮"的大力干扰，引致1976年国民经济

---

❶ 1970年代初中国向美国、联邦德国、法国、日本、荷兰、瑞士、意大利等西方国家大规模引进成套技术设备的计划，3~5年内引进价值43亿美元的成套设备，故称"四三方案"。

陷入停滞，直至 1976 年 10 月 "文化大革命" 结束。

2. 城乡规划发展历程

（1）"大跃进" 时期（1961~1964 年）

1960 年起全国经济出现了暂时困难和实行经济调整，为了适应调整时期的需要，当年国家草率地宣布 "三年不搞城市规划"❶，这是对城市规划工作的一次错误认识和错误决定，将由于不切实际的 "左" 的指导思想下的计划高指标使城市规模过大、经济建设脱离现实实际导致的城市发展失误归罪于规划工作本身，城市规划成了发展失误的 "替罪羊"。此后压缩了人口规模，陆续撤销了 52 个城市，动员近 3000 万城镇人口返回农村，城市规划部门被削弱，大量精简规划人员，停办高等院校的城市规划专业，造成了规划工作的停顿。

1962 年中央召开第一次全国城市工作会议，贯彻中央缩短基本建设路线、调整国民经济的精神，改进城市工作，相应制定 "充分利用、适当控制、合理发展、积极改造" 的具体原则，停建、缓建了一批项目。由于国民经济日渐困难，不得不进行大幅度调整。同期，大庆油田开始大规模勘探开发，石油工业的建设者以 "干打垒" 精神建设生活区，1963 年周恩来视察大庆时做了 "工农结合、城乡结合，有利生产，方便生活" 的题词。

针对调整时期的城市建设混乱状况，1963 年 10 月中央召开了第二次城市工作会议，提出重新恢复城市规划工作，结合 "三五" 计划的编制工作，编制城市的近期规划，修改原有的城市总体规划，并决定大中城市开始征收城市维护费（三项费用）以解决城市设施的维护经费问题。确定大中城市新建和扩建的企业、事业单位，要把住宅、校舍以及其他服务和有关市政设施方面的投资拨交给城市实行统一建设、统一管理，但由于城市规划的目标与作用等问题未从根本上解决，城市规划未能真正发挥作用❷。1964 年 2 月全国开展 "学大庆" 运动以后，机械地将周恩来为大庆的题词作为城市建设方针，影响最大的是住宅等非生产性设施建设的标准和质量极为低下。

（2）三线建设时期（1964~1978 年）

1965 年全国设计工作会议在北京召开，设计革命的本意是打破苏联的框框，反对洋奴哲学，但运动不久设计思想、技术革命演变为政治运动，建筑科学研究取消了城乡规划、理论与历史等的研究，只保留结构、地基等研究机构，突出 "实用技术"。1965 年 9 月 "三五" 计划提出以备战为中心，突出内地建设，逐步改变工业

---

❶ "三年不搞规划" 现象的产生，有学者认为城市规划在此期间所受的命运，实际上是 50 年代将城市规划视作 "国民经济计划工作的继续和具体化" 的必然结果，既然国民经济遇到困难，需要调整，城市规划作为无用工具，那么三年不搞城市规划也是理所应当的了。

❷ 王凯 . 我国城市规划五十年指导思想的变迁及影响 [J]. 规划师，1999（4）：23-26.

布局，国家开始大小三线建设。1966~1971 年"三线"建设进入高峰时期，一方面盲目地下放城镇居民、干部和知识青年，另一方面进行三线建设，"靠山、分散、进洞"，从战备要求出发，工厂全部安排在山沟和山洞里，大批大中型工业项目和国防工程被安排到川陕云贵等省的山区。城市建设上采取"不要城市、不要规划的分散主义"手法不仅影响"三线"建设，也涉及全国的城市。

1966 年 5 月"文化大革命"开始，国家在极"左"路线影响下，国民经济面临崩溃的边缘，城市规划和建设工作遭到空前浩劫。极"左"路线反对规划建设城市，认为规划管理是"管、卡、压"，建设城市是扩大城乡差别、工农差别，是搞修正主义。城市建设管理部门的职能日渐萎缩，队伍被解散、资料被销毁，规划管理工作废弛，导致城市房屋、市政设施和公用事业设备普遍失修。在多年无规划的状态下，出现了一些低标准的山区工矿城市，新城市很少建成，老城市无力建设，自行发展、无序建设、给城市带来了极大的混乱，严重恶化了城市环境，破坏了城市建设秩序，对城市健康发展造成了长期难以克服的影响，也为之后的规划带来了极大的矛盾和困难。

20 世纪 70 年代初城市建设中暴露出的问题日益严重，城市建设管理工作开始恢复。1973 年国家建委在合肥召开了部分省市城市规划座谈会，这次会议讨论了《关于加强城市规划工作的意见》、《关于编制与审批城市规划工作的暂行规定》，推动了全国城市规划工作的开展。随后西安、广州、天津、大连、邢台等城市陆续开展规划工作，但在指导思想上还基本停留在原有规划的认识水平上。"文革"期间坚守城市规划工作岗位的工作人员为减少规划工作处于逆境所造成的损失也付出巨大的努力，代表性作品是攀枝花钢铁基地和唐山（图 2-2-1）制定的较为系统、成功的城市总体规划，规划的基本方针是有利生产、方便生活、合理布局、保护环境。一些中小城市为适应城市发展需要，也编制了城市规划。

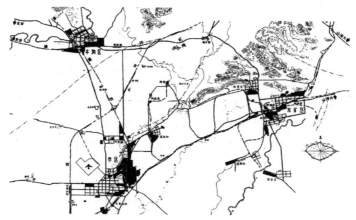

图 2-2-1　1976 年唐山市恢复建设总体规划

资料来源：唐山市城乡规划局官网

2.2.2 城市规划编制与审批

1. 城市规划理论与方法

这一时期城市规划理论与方法仍然沿袭新中国成立初期的苏联城市规划理论，结合中国实际形成从群众中来、到群众中去的本土化简易规划方法。

（1）规划理论

1）新居住单元

苏联的城市规划理论认为社会主义社会是一个高度组织化的社会，每个人享有最大限度的自由，这种自由可以保证个人创造性活动的进行以及社会整体的统一发展，彻底清除封建主义和资本主义社会中所存在的种种弊端，体现在空间上称为"新居住单元"（New Unit of Settlement），是生产与生活融为一体的社会性聚落，突出强调人类社会中的共性因素，并以此作为社会的制度基础。为提高社会生产率，依据马克思主义的经典理论，新居住单元包括从子女抚养教育、公民就业到老人赡养一系列公社化的机构及服务设施。居住小区作为相对独立的居住单位，包括公寓、公共食堂、娱乐场所、托幼、中小学校、医疗所、商店等一系列服务设施，并与工作场所具有密切的联系。1958~1965年的城市建设中，居住小区规划思想随着城市工业区和卫星城镇的建设得到大量应用，形成了卫星城镇住宅区规划所独有的规划形式与建设标准，住宅设计与建设相对客观、务实。受这一思想的影响，20世纪60年代北京城市总体规划采用集中分散式的布局形式，在郊区建设了大量卫星城镇。

2）人民公社

迎合苏联的新居住单元理论，按照党中央《关于人民公社若干问题的决议》规定，人民公社是工农商学兵的结合，要在公社里建立完整的商业系统，以解决生产和生活中的交换与分配；要在公社里发展文教卫生事业，以消灭体力劳动和脑力劳动的差别；要在公社里开展广泛的军事训练，以实现全民武装❶。人民公社作为乡村社会基本单元进行规划，具有城市单位社区特点，五脏俱全、集体所有，这种模式起到了稳定乡村和固化劳动力的作用，集体互助替代了政府的社会保障。

（2）规划方法

为了保证工农业及时建设和生产，城市规划工作改变了过去由少数业务部门、少数人参加的做法，充分发动群众，虚心向群众学习，并和其他有关部门协作，从实际出发，因地制宜，根据实际需要采用了先粗后细、粗细结合的快速规划方法，加速了规划工作的进行❷。

---

❶ 沛旋，刘据茂沈，沈兰茜. 人民公社的规划问题 [J]. 建筑学报，1958（9）：9-14.
❷ "城乡规划"教材选编小组. 城乡规划（第二版）[M]. 北京：中国建筑工业出版社，2013：50-51.

2. 城市规划编制步骤与内容

（1）规划步骤

这一时期有些地方城市规划建设工作还在有序进行，城市规划编制一般是规划部门（建设局）先发动各部门自行编制规划，由市计委主持综合平衡后作为规划依据。由于自身规划力量不足，一般聘请专业设计部门和专业院校师生利用实习机会配合完成详细规划。

（2）规划内容与标准

1）城市规划

这一时期城市建设从规划、设计到单项建筑物的建造因袭前一时期全国统一的条例、规范、定额指标，城市规划内容并没有显著的变化，被视为建筑的放大，不重视研究城市和周围地区的关系，不注意城市经济因素的调查分析，着眼于建筑物的平面构图和设计，常因计划项目的时有时无，造成城市规模奇大奇小，城市用地多变，规划难以实现。

2）乡镇居民点规划

乡镇居民点规划有严格的功能分区（图2-2-2），其中生产区包括工厂、农业生产基地、实验田、畜牧场等，居住区包括住宅、儿童机构、小学、绿地、生活服务设施、幸福院等，公共活动区包括社本部、大学、研究所、商业服务业中心、医院、影剧院、俱乐部、军事演习场等。

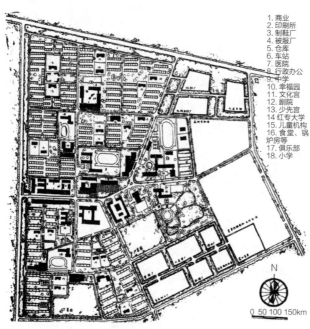

1. 商业
2. 印刷所
3. 制鞋厂
4. 被服厂
5. 仓库
6. 车站
7. 医院
8. 行政办公
9. 中学
10. 幸福园
11. 文化宫
12. 剧院
13. 少先宫
14. 红专大学
15. 儿童机构
16. 食堂、锅炉房等
17. 俱乐部
18. 小学

0 50 100 150km

图 2-2-2　红旗人民公社皂甲屯居民点远景规划

图片来源：清华大学建筑系沛旋，刘据茂沈，沈兰茜等.
人民公社的规划问题 [J]. 建筑学报，1958（9）.

3. 城市规划审批

同城市规划编制一样，近20年没有按照规定的程序进行国家审批总体规划的工作。1972年5月国务院批转国家计划委员会、国家基本建设委员会等《关于编制与审批城市规划工作的暂行规定》（国发[1972]40号）要求，大中城市规划报国家批准，小城市的建设规划报省、自治区审批，并报国家计委、国家建委备案。一些省份编制了城市规划的审批程序和审批办法草案，以湖北省为例，审批工作分为两个阶段：①召开预审会议，由省建委主持，邀请有关部门参加，进行现场初审；②根据预审会议归纳的意见，由编制规划的市镇组织力量修改，逐级上报地区和省革委会 **❶**。一般县镇由地区革委会批复，设市的城市、重点工业城镇以及需要设镇建制的新城镇，经所在地的地区革委会审查后，报请省革委会批复，需要报国家的城市规划，由省提出意见再向上转报。1974 年国家基本建设委员会下发了《关于城市规划编制和审批意见》，但文件并未得到真正的执行，只有《唐山重建总体规划》由主管部门和地方政府直接报国家审批，成为这一时期唯一由中央电话批准的城市总体规划 **❷**。

2.2.3　城市规划实施与管理

1. 规划实施

这一时期城市规划未能够得到有效实施，基本建设秩序难以执行，城市建设极为混乱。

（1）城市规划实施

1）建设任务上传下达

这一时期基本建设任务由上级行政机关下达，即国家确定计划后，通过条条块块把各项任务布置到建设单位或城市，分别进行建设。落实到建设单位的项目，由于确定建设计划时，规划部门并不参与，一旦计划确定后，建设单位要求规划部门拨地，导致城市规划不能对各项建设综合布局，孤立安排各个建设项目，规划部门处于被动应付状态。城市不仅对工业项目难以统一规划、合理布局，对民用建筑和市政公用设施也不能统一规划建设，甚至无法执行先地下、后地上的基本建设秩序，导致城市建设的混乱。落实到城市的项目，一般是市委责成计委，在每年下达年度基建计划时征求规划部门意见，对不符合城市规划项目，在解决投资的同时落实城市规划要求，切实保证规划的落实 **❸**。有些规划执行较好的城市采取的规划实施程序是规划部门（建设局）批准批发的施工执照，然后建设银行予以拨款、设计部门进行设计，最后是施工单位安排任务 **❹**。少量城市制定了城市规划管理办法，如喀什、沙市等。

2）城市投资以生产性项目为主

这一时期城市建设投资仍以生产性项目为主，出现了不计城市客观条件发展工

❶ 湖北省建委城建处 . 做好城市规划的审批工作 [J]. 城市规划，1980（6）：33–34+24.

❷ 官大雨 . 国家审批要求下的城市总体规划编制——中规院近时期承担国家审批城市总体规划"审批意见"的解读 [J]. 城市规划，2010（6）：36–45.

❸ 沙市市城建局 . 我们是怎样坚持规划和实现规划的 [J]. 城市规划，1978（S1）：16–17.

❹ 新疆喀什市建设局 . 搞好城市规划管理工作的几点体会 [J]. 城市规划，1977（2）：44–45.

业的现象，造成供水和用电紧张、环境污染及长距离引水、运煤等状况，脱离了社会经济的发展实际。以包头市为例，从 1949~1975 年的 25 年间，国家对包头市基本建设投资中生产性投资约占 89%，非生产性建设约占 11%，其中"一五"期间达到 25%，"三五"期间平均为 4.5%，之后的几年略有提高达到 10%，增加单位城市人口实际非生产性投资为 610 元 ❶。住宅、公共服务设施和基础设施的投资日益减少，包头市市政基础设施的投资基本上是在 1962 年以前完成的，1963 年以后处于停顿状态。全国城市投资情况大抵如此，造成城市住房和服务设施的严重不足，到 1978 年全国城市人均居住面积仅 $4.2m^2$，每万人只有城市道路 3km。

（2）乡村规划实施

这一时期乡村以农业学大寨为代表性特征，乡村建设先治坡、后治窝，房屋上山，高矮、朝向、间距、位置及样式一致，以排列整齐为美。建房方式和产权归属有两种方式：①集体建房，旧房材料折价，由集体逐年偿还，产权归集体所有，住房由集体统一分配，住户交房租，维修费用由集体统一负责；②社员建房，社员逐年偿还集体的借款，产权归社员所有 ❷。

2. 城市规划管理

（1）规划管理机构

这一时期国家城市规划管理机构更迭变化频繁，甚至出现国家城市规划管理真空时期。1961 年 1 月国家基本建设委员会撤销，其业务并入国家计划委员会，城市

图 2-2-3　华西大队新村总平面
（1）文化服务楼；
（2）群众集会场；
（3）粮食加工、男女浴室；
（4）竹木加工场；
（5）知识青年食堂、临时托儿所；
（6）电源站；
（7）小学校；
（8）种子仓库；
（9）汽车、拖拉机库；
（10）五金铁工场；
（11）农机修配场；
（12）液体化肥库；
（13）晒场堆场；
（14）打谷场；
（15）拟建青年集体活动楼房
资料来源：江苏省江阴县革命委员会.华西大队新村的规划建设 [J].建筑学报，1975（3）：13-17.

0 20 40m

图例
■ 公用房屋
□ 社员住宅
▪ 厕所
◎ 饮用水井
ooooo 香樟树
ⅲⅲⅲ 果树

❶ 关于城市建设投资比例的初步调查 [J].城市规划，1977（1）：34-37.
❷ 湖南省建筑研究所农村房屋建设调查组.湖南农村房屋建设调查 [J].建筑学报，1976（2）：8-12.

规划局划归国家计划委员会领导，改称城市建设规划计划局。1964 年 5 月国务院决定基本建设管理由国家经济委员会负责。1965 年 3 月国家基本建设委员会成立，内设城市规划局。1969 年 10 月国家基本建设委员会城市规划局撤销，大批干部下放到江西省清江县"五七"干校。1970 年建设工程部、建筑材料工业部、国家基本建设委员会、中央基本建设政治部四个单位合并，建立新的国家基本建设革命委员会。1973 年国家基本建设委员会设置城市建设局。

（2）规划设计机构

这一时期规划设计单位虽然大量解散或人员疏散，规划设计任务量锐减，但规划管理机构或规划设计单位仍然保留一部分主要力量完成国家重点任务。以国家建委城市设计院为例，1961 年 1 月改为国家计委城市设计院，隶属国家计委城市建设计划局。1964 年 5 月改为国家经委城市规划研究院，隶属国家经委城市规划局，同月单位被撤销。1973 年 6 月成立国家建委城市建设研究所，隶属国家建委城市建设局、国家建委建筑科学研究院。

3. 规划人才培养

受益于新中国成立初苏联规划影响打下的基础，新中国第一批城市规划专业人才已经形成，城市规划延续苏联模式的惯性走上相对独立之路，吸收甚至强化了"社会主义"要素，内化成计划经济体制下独具特色的"中国模式"[1]。这一时期城市规划并未如学界想见的完全停滞，由于城市规划管理与规划编制人员短缺，国内一些大学（如南京大学）采取培训的方式，一般学制一年，从全国各地选送，对总体规划、详细规划、建筑、工程、对外交通、绿化、城市管理等问题进行有针对性的培训[2]。规划教育奉行从项目—规划—设计—施工的直线过程，因此侧重图面上的设计技术教学，反映在教材上，如城市规划史多从外部形制和总平面图上进行研究，缺乏政治、哲学、文化、科技、宗教等方面的研究和归纳，不能反映我国古代城市规划历史悠久、制度严明、规模宏大、构筑精巧、理论丰富，在世界发展史上独具一格、自成体系的特点[3]。

2.3　城市建设综合部署时期

2.3.1　城市规划背景与历程

这一时期主要集中于 20 世纪 70 年代后期到 80 年代末，城市规划是城市建设的综合部署和管理依据。

---

[1] 赵晨，申明锐，张京祥．"苏联规划"在中国：历史回溯与启示 [J]. 城市规划学刊，2013（2）：107–116.

[2] 南京大学地理系．城市规划训练班工作总结 [J]. 城市规划，1977（1）：31–33.

[3] 汪德华．改革——中国城市规划教育迫在眉睫 [J]. 城市规划，1996（6）：11.

1. 经济社会发展背景

（1）改革开放成为时代主线

1978 年"文化大革命"结束以及党的十一届三中全会后，土地承包责任制的实施揭开了中国农村改革的序幕。1979 年 9 月党的十一届四中全会通过了《关于加快农业发展若干问题的决定》，允许农民在国家统一计划指导下，因时因地制宜，保障他们的经营自主权，发挥他们的生产积极性。1980 年 9 月中共中央下发《关于进一步加强和完善农业生产责任制的几个问题》，肯定了包产到户的社会主义性质，到 1983 年初农村家庭联产承包责任制在全国范围内全面推广。1984 年 10 月党的十二届三中全会通过《中共中央关于经济体制改革的决定》，提出改革的基本任务是建立起具有中国特色的、充满生机和活力的社会主义经济体制。从此，我国经济体制改革的重点由农村转到城市，并从增强企业活力入手。1989 年的动乱以及东欧社会主义阵营的剧变，使得国内反市场化改革的思潮趁机抬头，全国经济出现过冷的倾向。1990 年代初期，我国绝大部分农产品、工业消费品、工业生产资料的价格和市场已经放开，整个国民经济的活力显著提高，买方市场格局基本形成。

（2）经济特区作为载体兴起

经济特区既是对外交流的窗口，又是城市改革的试验田，创建经济特区迈出了中国对外开放的第一步。1979 年党中央、国务院批准广东、福建在对外经济活动中实行"特殊政策、灵活措施"，并决定在深圳、珠海、厦门、汕头试办经济特区，福建省和广东省成为全国最早实行对外开放的省份。1984 年 4 月党中央和国务院又决定进一步开放大连、秦皇岛、天津、烟台、青岛、连云港、南通、上海、宁波、温州、福州、广州、湛江、北海 14 个港口城市。从 1985 年起又相继在长江三角洲、珠江三角洲、闽东南地区和环渤海地区开辟经济开放区。1988 年增辟了海南经济特区，海南成为中国面积最大的经济特区，至此全国沿海开放格局基本形成。经济特区的成功使改革开放继续向其他城市和地区扩散，国家财政体制由中央、地方财政分灶吃饭的小包干转为财政大包干，城市和地方政府在建设中的自主权进一步扩大 ❶。

（3）区域与城镇体系规划兴起

随着经济形势的好转，区域发展战略格局的整体谋划得到重视。1981 年 5 月国家城市建设总局向国务院报送《关于京、津、沪三市城市规划座谈会的报告》（城发规字 [1981]125 号）建议开展京津唐地区规划，配合开展京津唐国土规划、编制京津唐地区城镇体系规划以来，城镇体系规划逐渐成为建设部的一项重要职能。1985 年根据国务院关于开展全国国土规划的要求，城乡建设环境保护部编制完成了《2020

---

❶ 黄鹭新,谢鹏飞,荆锋,况秀琴.中国城市规划三十年（1978—2008）纵览 [J].国际城市规划,2009（1）:1-8.

年全国城镇体系布局发展战略要点》、《上海经济区城镇布局规划纲要》、《长江沿江地区城镇发展和布局规划要点》。1988 年 12 月建设部、全国农业区划委员会、国家科学技术委员会、民政部发布《关于开展县域规划工作的意见》，提出县域规划的指导思想和原则以及规划的内容和要求，将县域规划提到议事日程。1989 年 12 月《城市规划法》颁布，明确要求编制全国和省、自治区、直辖市的城镇体系规划，用以指导城市规划的编制，城镇体系规划成为国家城市规划体系的重要组成部分。1994 年 8 月建设部发布《城镇体系规划编制审批办法》（建规 [1994]651 号），规范了城镇体系规划内容和审批程序。

（4）土地使用权转让合法化

1986 年 6 月《土地管理法》颁布 ❶。由于土地固有的商品属性逐渐显露，带有浓厚计划经济特点的《土地管理法》很快显现出了它的历史局限。1988 年 4 月通过的《宪法修订案》删除"禁止土地出租"的规定，增加"土地的使用权可以依照法律的规定转让"的条款。1988 年 12 月通过的《土地管理法修订案》顺应《宪法》的修订进行了回应性修改，增加了"国有土地和集体所有的土地的使用权可以依法转让"、"国家依法实行国有土地有偿使用制度"等重要规定，推动了我国土地使用权制度的变革，在法律层面开始恢复国有土地的商品属性 ❷。1990 年国务院颁布《城镇国有土地出让和转让暂行条例》（国务院令 [1990] 第 55 号），进一步明确了土地使用权出租的合法存在，我国土地资产管理开始步入市场化的轨道。

2. 城市规划发展历程

（1）城市规划恢复阶段（1978~1983 年）

1978 年 3 月国务院在北京召开了第三次全国城市工作会议，认为城市规划是城市各项建设的总部署，是城市发展的总蓝图，是建设城市和管理城市的依据，定调城市规划建设管理的基本方向。随后中共中央出台《关于加强城市建设工作的意见》（中央 [1978]13 号），确定了三个关键问题：①强调城市在国民经济发展中的重要地位和作用，提出控制大城市规模、合理发展中等城市、积极发展小城市的建设方针；②强调城市规划工作的重要性，要求全国各城市认真编制和修订城市的总体规划、近期规划和详细规划；③要求自 1979 年起先在所有省会城市和城市人口在 50 万以上的大城市，以及对外接待和旧城改造任务大、环境污染严重的 47 个城市，试行每年从上年工商利润中提成 5% 作为城市维护和建设资金 ❸。

为适应党的十一届三中全会以后我国经济社会的大发展，1980 年 10 月在北京

---

❶ 从酝酿至颁布只有短短三个多月的时间，创下我国立法耗时最短记录。

❷ 张传玖 . 守望大地 20 年——《土地管理法》成长备忘录 [J]. 中国土地，2006（6）：4-8.

❸ 董志凯 . 从历史经验看提高城市竞争力—新中国城建方针的变迁（1949-2001）[J]. 中共宁波市委党校学报，2002（4）：6-13.

召开全国城市规划工作会议，明确城市规划工作关系城市的全局和长远发展，是城市工作的极其重要的组成部分。第一次提出尽快建立我国的城市规划法、市长的主要职责应该是规划、建设和管理好城市以及土地有偿使用的建议。强调城市规划的意义在于对城市发展的指导和控制，城市规划的编制与审批管理是政府行为，是准立法行为。国家和各省、市据此重新建立了城市规划管理机构和设计研究机构。同年12月国家基本建设委员会颁布《城市规划编制审批暂行办法》和《城市规划定额指标的暂行规定》(建发城字[1980]492号)，《城市规划编制审批暂行办法》规定城市规划按其内容和深度的不同分为总体规划和详细规划两个阶段。《城市规划定额指标的暂行规定》按人口规模把城市划分为特大城市（100万人口以上）、大城市（50万以上~100万）、中等城市（20万以上~50万）和小城市（20万和20万以下人口）。

1981年同济大学出版的《城市规划原理》定义城市规划是一定时期内城市发展的目标和计划，是城市建设的综合部署，也是城市建设的管理依据，代表了这一时期对规划的普遍共识。1983年7月中共中央和国务院对《北京城市建设总体规划方案》批复中强调，积极改革城市建设的管理体制，解决条块分割、建设分散、计划同规划脱节等问题，具体要求是：①城市规划范围内的土地统一由城市规划部门管理，并对用地单位征收土地使用费；②在五年计划和年度计划中体现城市总体规划的要求，使计划同规划相互衔接；③坚实而有步骤地实行由城市统一规划、统一开发、统一建设的体制；④有计划、有组织地实行文化和生活服务设施的社会化，为中国城市规划体制改革指明了方向。1983年国家决定在常州和沙市进行城市管理体制改革的试点。针对重点项目建设与城市的协调发展问题，11月国务院发出通知，要求在基本建设前期工作中应统一规划好城市基础设施的建设，城市规划部门要参与同城镇规划有关的建设项目的可行性研究和项目选址 ❶。

（2）城市规划法治阶段（1984~1989年）

1984年1月《城市规划条例》颁布，这是中华人民共和国建立以来在城市规划、建设和管理方面的第一个基本法规，标志着我国城市规划工作进入了法制建设的新阶段。北京、辽宁、河北、河南、湖北、江苏、广东、云南等省、市制定了地方性的城市规划法规，对规划实施法制管理。1985年9月国务院通过的《城市建设技术政策》等文件，对加强城市规划、建设的宏观指导具有重要意义。

1986年城市规划学会在南京召开会议讨论城市化方略，这在长期以来我国反城市化的氛围中是有远见的，但没有得到足够的重视。这一时期，规划编制技术得到长足进步，1986年完成的《深圳经济特区总体规划》奠定了深圳特区快速发展的空间基础，在深圳发展历史上起到关键的作用，并被认为是中国城市规划的一个里程

---

❶《中国现代城市规划》. 搜狗百科 .http : // baike.sogou.com/v75684907.htm?fromTitle=%E4.

碑 ❶。1987 年深圳进行了国内首次土地使用权拍卖，《桂林中心区详细规划》首次启用 "控制性详细规划"的名称，提出综合控制指标体系。同年苏州桐芳巷改造规划，按照现状—规划—管理的要求，区别对待可开发用地和公共设施，逐步形成了以开发控制为核心的控制性详细规划技术，为其作为行政事权的工具打下了技术基础。

2.3.2 城市规划编制与审批

经济的发展和变革给城市规划带来新的课题和挑战，我国开始重视学习西方的城市规划经验，初步建立起具有中国特色的城市规划体系。

1. 城市规划理论与方法

（1）规划理论基础

1）居住结构理论

20 世纪 70 年代后期为适应城市建设规模迅速扩大的需求，住宅建设由老城分片插建改由成片集中统一规划、统一设计、统一建设和统一管理，并成为主要的建设模式。由于一次居住建设规模的扩大使得居住区组织结构发生变化，形成居住区—居住小区—住宅组团的分级组合结构。公共服务设施的级配与居住区层级结构相结合促进了居住区相对独立、完整，居民的日常生活要求均能在居住区内解决 ❷，在此基础上形成的居住区规划标准一直沿用至今。

2）区域发展理论

改革开放前的城市规划存在城市论城市的问题，无法从根本上解决工业和人口高度集中、供水不足、交通拥挤、环境质量恶化等问题。1980 年城市规划学术委员会成立区域规划与城市经济学组，地理学界从区域规划角度开始参与城市规划，探讨中国城镇化道路、工业布局集中与分散、城市工业布局、区域规划与环境保护、区域规划与城市规划中某些技术经济定额的研究、计算机在区域规划和城市规划中的应用等问题。韦伯（Weber, A.）的工业区位论、杜能（Thanen, J.H.von）的农业区位论以及克里斯泰勒（Christaller, W.）和廖什（Losch, A.）的中心地理论等西方国家早期的区位理论成为中国区域发展研究最初的理论支撑。西方战后不断发展起来的历史经验学派 ❸、现代化学派 ❹、乡村学派 ❺、主流经济学派 ❻ 等区域

---

❶ 赵燕菁. 高速发展与空间演进——深圳城市结构的选择及其评价 [J]. 城市规划，2004（5）：32-42.

❷ 贝国多. 小区规划发展比较研究 [J]. 城市建设理论研究（电子版），2012（7）.

❸ 包括部门理论（Sector Theory）、输出基础理论（Export-Base Theory）、区域发展的倒 "U"字型假说（Inverted "U" Hypothesis）等。

❹ 包括 "增长极理论"（Growth Pole Theory）及其变体 "核心—外围理论"（Core-Periphery Theory）。

❺ 包括选择性空间封闭理论（Selective Spatial Closure）、地域式发展理论（Territory Development Theory）等。

❻ 包括以波特为代表的 "产业集群理论"（Industrial Clusters Theory）和以克鲁格曼等为代表的新经济地理学（New Economic Geography）等。

发展理论被我国区域理论和实践选择性引用。

（2）规划内容与标准

1）区域规划

主要包括资源综合评价与地区发展方向的预测、工业布局与企业的地域组合、农业布局与土地利用、城乡居民点体系的发展与城镇布局、运输体系与交通网建设布局、能源供应的地域组织、水资源的综合开发利用、区域环境保护与整治八个方面的内容❶。20 世纪 90 年代初吴良镛先生所做的张家港城市规划突破了传统范式，把城乡作为一个整体进行各项指标的平衡，实现了理论上的实践应用。

2）城市总体规划

《城市规划条例》规定，城市总体规划包括以下内容：①确定城市的性质、规模；②选定有关建设标准和定额指标；③确定城市区域的土地利用和各项建设的总体布局；④编制各项工程规划和专业规划；⑤进行必要的综合经济技术论证；⑥拟定实施规划的步骤和措施，并与国民经济和社会发展计划相衔接；⑦编制城市近期建设规划，确定城市近期建设的目标、内容和具体部署。与改革开放前相比，这一时期城市总体规划内容得到完善，增加了城市经济社会发展分析、城镇体系规划、历史文化名城保护、环境保护、城市风景名胜游览区保护与旧城改造、防震抗震、防洪防汛、人防建设以及城市中心区规划等，有的城市结合实际增加了城市海岸线、煤气热力、城市建筑高度控制等内容。《城市规划定额指标暂行规定》对不同规模的城市生活居住用地、公共建筑用地、道路广场用地、公共绿地等定额指标作了具体规定。

3）详细规划

《城市规划编制审批暂行办法》规定，详细规划是总体规划的深化和具体化，主要任务是对近期建设规划范围内的工厂、住宅、交通、市政工程、公用事业、园林绿化、文教卫生、商业网点和其他公共设施作出具体布置，确定道路红线、道路断面和控制点的坐标、标高，选定技术经济指标，提出建筑艺术形式要求。《城市规划条例》要求城市详细规划应当对城市近期建设区域内，新建或改建地段的各项建设作出具体布置和安排，作为修建设计的依据。《城市规划定额指标暂行规定》对居住区、小区、组团的用地指标、公共建筑定额进行了规定。

（3）规划方法

这一时期的城市规划并未突破苏联的理性物质空间规划形式，基本按照"性质—规模—布局"的三部曲进行，但已经开始从计划经济时期的被动和封闭逐渐转向适应商品经济的主动和开放，城市性质考虑了市场分工，规模预测考虑了市场经济的影响，用地类型根据变化有所增加。通过建构具有中国特色的规范化编制程序

---

❶ 吴万齐 . 开创区域规划工作的新局面 [J]. 建筑学报，1983（5）：1-1.

和方法，各层次的城市规划和设计的编制、实施基本顺应了经济发展对空间的需求。

分区规划、控制性详细规划和城市设计在这一时期开始得到尝试，为市场化进程中规划编制、管理和实施的结合进行了有益的探索。如一些大城市为适应管理需求编制了城市分区规划，相对比较全面、系统、深入、现实，在规划的广度和深度方面都有所突破。1987年的桂林中心区详细规划率先提出综合控制指标体系，标志着控制性详细规划的正式出笼。广州市街区规划覆盖面积达到70km²，采用了更接近美国区划的分区规划方法 ❶。海口市规划局组织了几个重要地段的城市设计，目的是分析城市肌理、空间、市政条件、城市轮廓线，论证提高容积率的可能性，试图按市场规律管理规划。

2. 城市规划性质和任务

（1）规划目的

这一时期的城市规划是面向2000年的城市发展目标而展开的：①强调城市规划为工业改造服务的基本宗旨；②强调城市总体规划要了解和参与城市经济社会的发展计划，跳出完全受计划项目支配的被动局面，避免规划与计划的脱节；③强调区域经济、社会发展对城市发展的影响，市域、县域城镇体系规划提上了议事日程；④提出实行建设用地综合开发和征收城镇土地使用费等政策，旨在改变长期以来无偿使用城市土地的状况；⑤强调城市基础设施对于城市经济社会和城市发展建设的重要性，要发挥城市规划对城市基础设施建设的指导作用 ❷。

（2）规划性质

这一时期城市规划逐步提高科学性和法制化，以经济服务为核心，工作重点主要偏于建设领域，虽然尚未摆脱作为"国民经济发展计划的继续和具体化"的认识，但被定性为一个时期城市发展的纲领和目标，各项建设的综合部署，城市建设的管理依据。沿袭了以往在计划经济体制环境中发挥了较好作用的城市规划技术指标体系、编制审批体系和实施管理体系，更强调城市规划的工程技术属性，城市总体规划表现为城市终极发展目标的蓝图。

（3）规划任务

《城市规划条例》规定，城市规划的任务是根据国家城市发展和建设的方针、经济技术政策、国民经济和社会发展长远计划、区域规划以及城市所在地区的自然条件、历史情况、现状特点和建设条件，布置城镇体系，合理地确定城市在规划期内经济和社会发展的目标，确定城市的性质、规模和布局，统一规划、合理利用城市

---

❶ 黄鹭新，谢鹏飞，荆锋，况秀琴.中国城市规划三十年（1978—2008）纵览 [J]. 国际城市规划，2009（1）：1-8.

❷ 任致远.论我国城市总体规划的历史使命——兼议21世纪初城市总体规划的改革 [J]. 规划师，2000（4）：84-88.

的土地，综合部署城市经济、文化、公共事业及战备等各项建设，保证城市有序地、协调地发展。规划开始从计划框框里走出来，发挥参与决策、综合指导的作用 ❶。《城市规划法》指出，城市规划的任务是实现城市的经济和社会发展目标，合理地制定城市规划和进行城市建设，适应社会主义现代化建设的需要。

3. 规划审批

按照 1978 年 3 月中共中央颁布的《关于加强城市建设工作的意见》（中共中央 [1978]13 号）文件要求，城市规划要履行严格的审批手续。1980 年 12 月国家建设委员会颁布《城市规划编制和审批暂行办法》，从行业角度规定了城市总体规划的分级审批制度，放弃了处理各部门关系以签订协议文件的审批方法，强调地方政府的协调意见，即必须执行地方人大及人大常委会审议通过的程序。1984 年 1 月国务院颁发的《城市规划条例》，正式从法律角度确认了城市总体规划实行分级审批制度，直辖市、省和自治区人民政府所在地的城市和其他人口在 100 万以上的城市总体规划，由直辖市、省和自治区人民政府审查同意后，报国务院审批；其他城市的总体规划，报省、自治区、直辖市人民政府审批；市管辖的县城、镇的总体规划，报市人民政府审批。1980 年代初开始的城市总体规划（规划期至 2000 年）审批工作陆续开展，其中 1982 年全国批准了 102 个设市城市的总体规划，占 245 个设市城市的 41% ❷。1986 年年底由国务院审批的 39 个重要城市的总体规划审批工作全部完成。

2.3.3 城市规划实施与管理

1. 城市规划实施

随着改革开放沿海经济的发展，受经济全球化的影响，沿海新型工业加入"全球装配线"，推动工业化与城镇化速度加快，沿海城市人口剧增，相应问题涌现：一是新城镇、开发区、新居住区因发展面临的扩张扩容问题；二是老城区因功能转化和更新面临的保障设施严重不足问题。城市发展既受到决策层急功近利的心态所支配，又受到经济力量和城市规划管理、建筑设计力量不足的困扰 ❸。面对当时城市就业困难现状，邓小平提出要研究城市结构、在城市里开辟新的领域两个问题 ❹。因此这一时期侧重解决两个方面的问题：①住宅短缺问题。改变了过去重生产轻生活的做法，代表性作品以满足居民生活的居住区规划建设为主。如北京的团结湖、劲松住宅区和无锡清扬村住宅区等经过统一规划，配套设施齐全；②编制城市规划，拓展开发区作为城市发展空间。到 1990 年全国设市城市 467 个，全部完成了总体规划

❶ 杨保军 . 城市规划 30 年回顾与展望 [J]. 城市规划学刊 .2010（1）：14–23.
❷ 城市规划面临的主要任务 [J]. 城市规划，1983（4）：26.
❸ 陈秉钊、吴志强、唐子来 . 建筑与城市 [J]. 建筑学报，1998（10）：4–7.
❹ 中共中央文献研究室 . 邓小平年谱（1975—1997）[M]. 北京：中央文献出版社，2004：288.

编制工作，1.2万个建制镇部分也编制了总体规划。城市建设投资的国家传统延续到1980年代中期，基本建设投资由财政拨款改为银行贷款，发生了银行竞发贷款，社会消费需求膨胀、货币发行失控、基本建设规模迅速扩大的情况。

2. 城市规划管理

这一时期借鉴西方经验，在政府的控制下进行大规模的城市管理实践，探讨通过完善法规和采用经济的办法管理城市，城市管理思想具有突破性的进展。

（1）规划管理机构

1979年3月国家基本建设委员会拆分，重新成立国家城市建设总局，直属国务院，由国家基本建设委员会代管，城市规划局负责指导和组织城市规划工作，参与经济建设的区域规划工作。1982年5月国务院机构改革，决定将国家城市建设总局、国家建筑工程总局、国家测绘总局和国家基本建设委员会的部分机构以及国务院环境保护领导小组办公室合并，成立城乡建设环境保护部，改组城市规划局，负责管理全国城市规划工作。为使城市规划同国民经济社会发展计划紧密结合，从1984年7月起城市规划局改由城乡建设环境保护部和国家计划委员会双重领导，被认为是管理最为顺畅的时期。在省、自治区、直辖市一级，则由基本建设委员会或建设厅主管城市规划工作。在城市一级，多数设立了城市规划局或城市建设局。不少城市还建立了以市长为首的规划委员会，如北京市成立了以市长为主任，有国家计划委员会、城乡建设环境保护部等部门代表参加的首都规划建设委员会❶。1988年4月国务院撤销城乡建设环境保护部，组建建设部，城市规划司负责全国城市规划管理工作，包括国务院交办的城市总体规划和历史文化名城审查报批工作，参与制定国土规划和区域规划。

（2）规划设计机构

改革开放后，城市规划仍然被认为是一项专业技术性工作，城市规划设计工作主要由各省、市城建局（规划局）下设的设计室和城市规划设计院承担，1982年7月全国有21个省设有省级规划设计院（所）或设计室，规划人员主要集中在京津沪等18个百万以上人口特大城市，约每10万城市人口有1名规划设计人员。城市规划编制工作作为政府行为被延续，各级设计院主要完成城市和区域的建设性物质规划，而对于社会经济发展规划、政策性和调控制性规划等非建设性规划关注甚少，这类规划则由各级政府的计委以及市委、市政府的政策研究室承担，软硬脱节，导致城市规划可操作性差，为政府提供空间决策的水平不高、能力不足❷。

❶ 任致远.论我国城市总体规划的历史使命—兼议21世纪初城市总体规划的改革[J].规划师,2000（4）:84-88.

❷ 曹传新.我国城市规划编制机构现状特征及发展的若干问题[J].规划师,2002（3）:17-20.

（3）规划管理制度

改革开放后我国社会经济体制由单一的计划经济向多元的社会主义市场经济转变，社会的商业化程度大大提高，自下而上的发展需求增加，城市面临人口不断膨胀以及城市建设滞后的双重压力，城市从整体到局部都面临结构性的调整和大规模的更新改造。行政体制方面，由改革开放前高度中央集权的管理方式逐步被地方决策、中央调控的方式所替代，地方政府权力的扩大有助于对城市建设与管理的统筹考虑。经济运行方面，中央政府主要通过税收与法律制度获取利益、进行管理。

政府职能不断从控制型向服务型转化：城市规划与管理体制所控制的不再是城市发展的既定蓝图，而着重于对城市社会经济的发展做动态的回应；城市规划管理方法由压制型转向参与型，城市问题的解决从目标导向变为问题导向，为不断变化的需求和机会提供开放式的运作环境。具体体现在控制性详细规划的探索、规划许可制度的实施以及违法行为的行政监管等规划全过程的方法变革。

1984 年的《城市规划条例》第一次从法定层面提出规划区的概念，将规划行政事权限制在规划区范围之内，同时实施建设用地许可证和建设许可证制度，授权城市规划行政主管部门实施行政处罚，因此各地规划行政主管部门设置规划监察大队，对城市规划实施进行监管，但对违法建设处罚不具有行政强制权，需向人民法院申请强制执行。为避免土地闲置和浪费，规定获准使用土地的组织和个人，从取得建设用地许可证或者临时用地许可证之日起，闲置超过两年又未经批准延期使用的土地，授权城市规划主管部门收回。

3. 规划人才培养

改革开放以后，加速城镇化背景下，城市的物质空间建设正待和亟待大规模展开，物质形体规划还占有相当重要的地位，因此传统规划人才空间技术的专业培养仍然是主要渠道。由于城市规划教育需要应对现代城市规划综合化、系统化和区域化的趋势以及社会经济发展对城市的要求，这一时期出现了多渠道培养城市规划师的探索与实践，突出的变化是地理学科介入城市规划。20 世纪 70 年代中期开始在一些综合性大学地理系设置城市规划专业，逐步形成培养城市规划人才的另一渠道❶。到 1982 年全国有 15 所高等学校在建筑系和地理系培养城市规划专业人才，其中 5 所在建筑系设城市规划专业，5 所在建筑系建筑学专业设城市规划设计专业方向，5 所在地理系设城市规划专业或经济地理专业的城市规划方向。规划人才从 1980 年的 6000 人增加到 1993 年的 37000 人，其中规划设计人员 18000 人，规划管理人员 19000 人 ❷。既有正规的大学教育 ❸，也有短期的规划培训，存在的问题是基本理论缺少深入总结。

---

❶ 崔功豪. 改革——中国城市规划教育迫在眉睫 [J]. 城市规划，1996（6）：6-7.

❷ 叶嘉安. 改革——中国城市规划教育迫在眉睫 [J]. 城市规划，1996（6）：9-10.

❸ 1992 年 17 所高等院校设有城市规划课程，每年毕业 500 人。

2.4 公共政策属性凸显时期

2.4.1 城市规划背景与历程

这一时期主要集中于 20 世纪 90 年代初至 2004 年间，适应市场经济的发展，城市规划的工具作用更加明显，公共政策属性凸显。

1.经济社会发展背景

（1）对外开放格局全面形成

根据王建的"国际经济大循环"理论，我国在沿海设立"两头在外"的出口加工区，对外开放步伐逐步由沿海向沿江、内陆及沿边城市延伸。1990 年开发与开放上海浦东新区，随后设立了 27 个高新技术开发区，促进了全国范围内城市新区的产生与发展。1992 年 6 月开放长江沿岸的芜湖、九江、岳阳、武汉和重庆 5 个城市，不久又批准开放内陆所有省会、自治区首府城市，给予这些地方和经济技术开发区一样的优惠政策。逐步开放的内陆边境城市有黑河、绥芬河、珲春、满洲里、二连浩特、伊宁、瑞丽、河口、凭祥、东兴等❶。到 1993 年全国基本上形成了一个宽领域、多层次、有重点以及点线面结合的全方位对外开放新格局。

1992 年邓小平先后到武昌、深圳、珠海、上海等地视察，发表了重要的"南巡讲话"，第一次明确提出了建立社会主义市场经济体制的目标模式。同年党的十四大将"建设有中国特色社会主义"的理论和党的基本路线写进党章。与此相适应，经营城市、提高城市竞争力逐步成为城市建设的基本方针，并形成了"九五"、"十五"期间城市建设发展的一个重要特征❷。1997 年党的十五大提出到 21 世纪中叶建国一百年时，基本实现现代化，建成富强民主文明的社会主义国家发展目标。2001 年11 月中国加入世贸组织，对外开放迈上新的台阶。至 2001 年我国国内生产总值达到 95933 亿元，比 1989 年增长近两倍，年均增长 9.3%，经济总量位居世界第 6 位，人民生活总体上实现了由温饱到小康的历史性跨越。

（2）根本性制度改革系统完成

我国进行了全方位的制度改革，综合衍生的后果是全方位助推土地财政的形成和固化：①财政体制改革。财政体制改革是经济体制和政治体制改革的交汇点，1992 年着手设计、1993 年准备、1994 年实施的税制改革和分税制改革是我国市场

---

❶ 林桂平.如何表述我国对外开放的新格局 [J]. 历史学习，2002（6）：22-23.

❷ 董志凯.从建设工业城市到提高城市竞争力——新中国城建理念的演进（1949—2001）[J]. 中国经济史研究，2003（1）：25-35.

经济奠定性的改革❶，增强了财政总体实力和中央财政的宏观调控能力，在一定程度上强化了市场配置资源的作用和地方财政的预算约束❷；②住房制度改革。1994年7月国务院下发《关于深化城镇住房制度改革的决定》（国发[1994]43号），开始推行城镇住房制度改革❸，住房公积金制度开始建立，住房逐步实现商品化、社会化；③土地法修订。1998年8月《土地管理法》出台，立法宗旨是保护耕地，固化了所有制和转让权的"城乡二元"土地制度基本特征，即城市土地的使用权可以依法转让，农村土地则不可以，限制集体建设用地进入市场❹；④城镇化策略。为应对亚洲金融危机，1998年发改委提出城镇化策略，并被中央首次纳入政府官方文件。由于没有系统性的顶层设计❺，导致其具有运动色彩，更多地把城镇化作为拉动GDP增长的手段和工具，较少考虑人的需求。

（3）土地管理趋向严格

自2002年下半年开始，新一轮的"圈地热"再次出现，征地规模不断扩大，因征地引发的社会纠纷日渐增多，社会各界对改革和完善征地制度的呼声十分强烈。为了缓和社会矛盾，2004年8月《宪法修正案》将《宪法》第10条第3款修订为"国家为了公共利益的需要，可以依照法律规定对土地实行征收或者征用并给予补偿"，第十届全国人大常委随即对《土地管理法》个别条款作了应景性的"合宪性修订"❻，第2条第4款与《宪法》第10条第3款完全一致。

（4）提出小康社会目标

2002年党的十六大明确提出全面建设小康社会的目标："在优化结构和提高效益的基础上，国内生产总值到2020年力争比2000年翻两番，综合国力和国际竞争力明显增强。基本实现工业化，建成完善的社会主义市场经济体制和更具活力、更加开放的经济体系。城镇人口的比重较大幅度提高，工农差别、城乡差别和地区差别扩大的趋势逐步扭转。社会保障体系比较健全，社会就业比较充分，家庭财产普遍增加，人民过上更加富足的生活。"十六届三中全会以完善社会主义市场经济体制为目标，提出科学发展观，即坚持以人为本，树立全面、协调、可持续的发展观，

---

❶ 目前国内一个普遍的认识就是1994年以分税制为特征的财税体制改革是造成今天土地财政问题的根源之一。

❷ 马海涛.分税制改革20周年：动因、成就及新问题[J].中国财政，2014（15）：40-43.

❸ 我国的房地产政策是先放开再规范，相关税收等配套措施没有及时跟进，同时未建立起真正的基本住房保障制度，经济适用房和廉租房难以满足中低收入人群的需求，因此所有人都只能进入房地产市场，房地产的兴起成为土地财政的推手之一。

❹ 意味着农民不能再像过去那样，凭借自己的土地财产权利，自主地参与工业化、城镇化进程，政府垄断了城镇化的供地，以此推论本轮土地法的修订助推了土地财政的蔓延。

❺ 城镇化浪潮促进了企业、居民对城市建设用地需求的快速增长，土地财政成为必然结果。

❻ 陈小君.我国《土地管理法》修订：历史、原则与制度——以该法第四次修订中的土地权利制度为重点[J].政治与法律，2012（5）：2-13.

促进经济社会和人的全面发展,按照"五个统筹"即"统筹城乡发展、统筹区域发展、统筹经济社会发展、统筹人与自然和谐发展、统筹国内发展和对外开放"的要求推进各项事业的改革和发展 ❶。

（5）构建区域协调发展格局

我国幅员辽阔,地区间发展不平衡是基本国情,如何促进区域协调发展是现代化建设的重要问题。20世纪90年代以来,中央高度重视西部发展,推出了西部大开发战略。2000年10月党的十五届五中全会通过的《中共中央关于制定国民经济和社会发展第十个五年计划的建议》提出实施西部大开发战略。2001年3月九届全国人大四次会议通过的《中华人民共和国国民经济和社会发展第十个五年计划纲要》对实施西部大开发战略再次进行了具体部署 ❷。2003年8月初中央领导在振兴东北老工业基地座谈会上指出,东北地区等老工业基地具有重要的战略地位,振兴东北老工业基地战略决策的实施拉开序幕。

（6）产业组织形式变化

这一时期我国产业组织方式发生了重要的变化:①产业集聚促进工业区的形成。20世纪90年代以来,工业企业面临结构转型和激烈的市场竞争,独立企业难以形成对更大范围市场的辐射作用,造成大量中小企业关、停、并、转。为增强企业竞争力与谋求更广阔的产业发展空间,工业企业开始追求企业的集聚效应并朝着规模经济方向发展,使得城市内部分散的工业点逐步减少,逐步集聚,形成一定规模的工业区;②产业集群促进了城市群体的形成。产业集群是当今产业组织发展的重要特征之一,以产业集群为纽带,大城市与其周边的小城市关系日益密切,在生产上互相提供工业材料、组合件、零件,在地理上高度集中,在空间上形成以都市区、都市圈为特征的城市群体。如江苏沿长江两岸的重化工、新材料产业集群和沿沪宁线的以电子信息产业为基础的产业集群蓬勃发展,促进了江苏南京都市圈和苏锡常都市圈的快速形成。

2. 城市规划发展历程

（1）社会变革对城市规划产生冲击

1988年8月颁布的《宪法》(第一次修订)、1990年5月国务院出台的《城镇国有土地使用权出让和转让暂行条例》(国务院令[1990]55号)、1992年11月建设部发布的《城市国有土地使用权出让转让规划管理办法》(建设部令[1992]22号)等土地管理制度变革的重要性法律法规对我国城市规划具有历史性的影响。城市土地具有越来越多的商业属性,既是城市的资源,也是城市的资本和资产,使得城市土地利用规划的理念、内容和方法发生变化。城市作为经济和各项活动的载体,应按照

❶ 吴锦良.我国全面建设小康社会的新内涵——解读十七大报告"实现全面建设小康社会奋斗目标的新要求"[J].中共浙江省委党校学报,2007(6):17-23.

❷ 赵其国,黄国勤.论广西生态安全[J].生态学报,2014(18):5125-5141.

市场来运作的提法基本反映了对新体制下城市规划工作的理解。由于土地的使用性质受到市场需求的影响和左右，不能完全按照合理的需求来进行配置，城市规划一定程度上为城市政府盲目做大规模、圈占更多土地而服务。

由于我国改革开放二十年来的经济体制改革是一个渐进的过程，城市规划的指导思想也在实践中不断变化，虽然市场经济体制的提出在一段时期内使规划界争论不休，但城市规划工作的渐进式调整使这一争论趋于平静。此外，生态观和可持续发展思想在 20 世纪 90 年代对规划也产生一定影响，这与过去四十年城市规划的工作基本定位在促进"增长"的思路不同，考虑了我国资源的相对短缺，更多地正视了中国国情，而且一些市场体制国家城市规划作为政府职能的介绍，使规划界更加冷静地考虑城市规划的基本原则和方法，"适度增长"和"适度规模"是规划界对城市发展的深刻反思❶。

（2）城市规划的法制化、制度化完善

1）城市规划管理制度日渐完善

1990 年 4 月《城市规划法》实施，完整地提出城市规划的技术编制制度、"一书两证"的行政许可制度以及违反城市规划的法律责任制度，标志着我国城市规划有法可依以及城市规划行政管理体系的确立。随后城市规划管理相关的法规和条文相继出台，对城市规划工作起到了有力的推动和规范化作用：①管理方面，包括建设部与国家计委联合下发的《建设项目选址规划管理办法》（建规 [1991]583 号）、《城市国有土地使用权出让转让规划管理办法》（建设部令 [1992]22 号）、《关于加强城市地下空间规划管理的通知》（建规 [1994]651 号）、《开发区规划管理办法》（建设部令 [1995]43 号）、《建制镇规划建设管理办法》（建设部令 [1995]44 号）、《城市绿线管理办法》（建设部令 [2002]112 号）、《城市紫线管理办法》（建设部令 [2003]119 号）等；②规划方面，包括《城镇体系规划编制管理办法》（建设部令 [1994]46 号）、《城市规划编制办法实施细则》（建规 [1995]333 号）、《省域城镇体系规划审查办法》（建规 [1998]145 号）、《城市总体规划审查规则》（建规 [1998]161 号）、《城市规划编制单位资质管理规定》（建设部令 [2001]23 号）、《近期建设规划工作暂行办法》和《城市规划强制性内容暂行规定》（建规 [2002]218 号）等，构建了层级分明、相对完善、互相促进的规划制度体系。如近期建设规划编制的政策和法规颁布，使得法定的总体规划实施得到了有效的保障，规划的时效性得到了加强。

2）历史文化名城名镇名村保护制度开始建立

在 1982 年历史文化名城保护制度基本建立的基础上，1994 年成立了全国历史文化名城专业委员会。1996 年国家开始设立历史文化名城专项保护资金，全国的

---

❶ 王凯 . 我国城市规划五十年指导思想的变迁及影响 [J]. 规划师，1999（4）：23-26.

99 座国家级历史文化名城和 82 座省级历史文化名城的规划、保护和管理受到重视，按国务院要求编制了历史文化名城保护规划，大部分城市制定了保护条例，多民族的多元文化受到尊重和保护❶。2003 年建设部和国家文物总局联合发布《中国历史文化名镇（村）评选办法》（建村 [2003]199 号），历史文化名镇、名村纳入国家保护范围。

3）编制跨世纪城市总体规划

不少城市在 20 世纪 90 年代初基本上达到或接近于 2000 年的规划目标，为更好地适应改革开放以来城镇化进程加快的城市发展形势、跨世纪城市发展以及城市基本实现现代化的需要，1991 年 9 月在北京召开第二次全国城市规划工作会议，提出要全面贯彻落实《城市规划法》和坚持"严格控制大城市规模，合理发展中等城市和小城市"的城市发展方针，要求所有城市都要编制跨世纪的城市总体规划。同年10 月，建设部通过了《城市规划编制办法》（建设部令 [1991]14 号，第三次修订），随后各地城市开始了跨世纪城市总体规划编制工作❷。2000 年 3 月国务院办公厅发布《关于加强和改进城乡规划工作的通知》（国办发 [2000]25 号），要求在 2000 年底完成跨世纪规划的修编工作。到 1999 年底全国有 50 多个城市的跨世纪城市总体规划出台，18800 个建制镇也相继编制了跨世纪的镇总体规划。

4）控制性详细规划全面推广

建设部于 1991 年 10 月颁布的《城市规划编制办法》和 1995 年 6 月颁布的《城市规划编制办法实施细则》明确了控制性详细规划的内容，形成编制技术基本框架，控制性详细规划在全国范围内推广。在市场经济较为发达的深圳、广州、上海等特大城市，地方政府自下而上地对既有的"控制性详细规划"制度做了调整和完善，主要以深圳法定图则制度、广州市城市控制性详细规划管理条例等为代表，通过地方立法的形式赋予"控制性详细规划"法律效力，使得城市规划在法治的轨道上迈出了革新的一步。同时，以上海的"控制性单元规划"、北京"单元控制"等为代表，推进控制性详细规划层级结构完善和管理实用性增强。

（3）城镇化成为国家战略

1998 年 10 月中共中央《关于农业和农村工作若干重大问题的决定》提出社会主义新农村的经济、政治和文化建设目标，"城镇化"第一次进入国家最高级别的文件。2000 年"十五"计划提出："走符合我国国情，大中小城市协调发展的多样化城镇化道路"。依据国家城市发展方针的调整，各省城市发展方针不约而同地提出重

❶ 唐凯. 当今中国的城市规划 [C]// 城市环境与形象. 中国城市规划协会编. 北京：中国建筑工业出版社，2001：348.

❷ 任致远. 论我国城市总体规划的历史使命——兼议 21 世纪初城市总体规划的改革 [J]. 规划师，2000（4）：84-88.

点发展大中城市的战略。近年来不少中等城市发展为大城市，大城市发展为特大城市，特大城市形成以中心城市为核心的都市区（圈）。

（4）城市发展战略规划兴起

21世纪中国的城镇化与市场化、信息化并行推进，城镇化的主要推力来自于工业化，同时伴随着机动化和全球化。我国城市受到全球化冲击和影响，国内的生产和世界活动紧密相连成为一体，制造业从发达国家向发展中国家快速转移，城市之间的竞争趋势加剧。随着城市人口快速增长，城市之间逐渐打破与区域孤立发展的状态，逐步形成若干个规模不等、发育程度不同的都市圈，主要分布在长江三角洲地区、珠江三角洲地区和环渤海京津塘地区。为了应对新的国际分工带来的巨大变化，各城市纷纷对城市发展存在的主要问题进行研究，2000年吴良镛先生建议广州开展战略规划，2001年广州市完成了国内首个城市发展战略规划，极大提升了规划的影响力。随后北京、宁波、杭州、南京、合肥、哈尔滨、苏州、常州、长春、开封、德州、抚顺等大城市及其周边地区构成的都市区也纷纷编制战略规划或概念规划，试图解决新空间、新秩序格局下城市的各种新问题，战略规划逐渐扩展到中等城市。

2.4.2　城市规划编制与审批

1. 规划理论与方法

这一时期我国城市规划的理论反思、技术求变过程虽然受到既定的政策导向、法律法规和标准规范的约束，但也诞生了本土规划理论，规划体系在沿用过去的主体框架基础上，在法定规划和非法定规划两方面都尝试和探索新的内容和方法。

（1）规划理论基础

1）大都市区理论

1986年周一星在分析我国城市概念和城市人口统计口径时，引进提出都市区、城市经济统计区、城市连绵区等概念。国内研究者对大都市区的理解不尽相同，一般认为大都市区是由中心城市和与其有密切社会经济联系的外围地区共同构成的城乡一体化区域，但对如何划分外围地区又有不同看法：①周一星（1991）认为，都市区是与中心城市具有密切社会经济联系的、以非农业经济为主的县域单元间的组合，属于城市的功能地域概念，大都市区外围地区的实证研究应以整县（市）为单元；②宁敏越（2003）认为，大都市区是城市功能区，由一定人口规模的中心城市和周边与之有密切联系的县域组成，中心城市是核心区，周边区域是边缘区 ❶；③中国城市规划学会区域规划与城市经济学委员会将都市区定义为一个以大（中）城市为中心，

---

❶ 宁敏越 . 国外大都市区规划评述 [J]. 世界地理研究，2003（1）：36–43.

将外围与其联系密切的工业化和城镇化水平较高的县、市共同组成的区域，内含众多的城镇和大片半城镇化或城乡一体化地域。如果其中心城市人口规模大于 100 万，则称为大都市区，也可由若干大中城市共同构成，形成大都市区。

2）大都市带理论

我国学者对大都市带概念的研究多以都市连绵区为名。于洪俊、宁敏越（1983）提出巨大城市带的概念，认为巨大城市带的主要特征是具有世界上最大的城市现象、政治经济上的中枢作用、超级城市和国际港口的核心作用 ❶。周一星（1991）提出大都市连绵区，认为大都市带或都市连绵区就是以都市区为基本组成单元，以若干大城市为核心并与周围地区保持强烈交互作用和密切的社会经济联系，沿一条或多条交通走廊分布的巨型城乡一体化区域 ❷。顾朝林（2000）认为城（都）市连绵区是由中心城市、城市网络和腹地构成，随着区域城镇化进程的加快，将发展成为巨型大都市连绵区 ❸。宗传宏（2001）认为大都市连绵带是由各等级城市形成的相互串联、高度集中的经济中心地带 ❹。褚大建（2003）认为大都市连绵带是一个吸纳较多的人口，城镇化率达到 70% 以上，各城市应该具有合理的层级关系，承担不同的功能，而且具有发达的区域性基础设施网络，在国家和世界经济中具有枢纽作用的区域 ❺。

3）人居环境理论

人居环境科学的酝酿和发展经历了漫长的积累和探索的过程，吴良镛院士是主要倡导和理论发起人，受芒福德 1938 年的著作《城市文化》前言中的一段话影响 ❻，尤其"寻求综合、统一的方式，构建一定原则"的思想启迪，形成以综合融贯的方式探寻人居秩序的人居环境科学建构基本逻辑：① 1982 年吴良镛先生在中国科学院技术科学部的大会做了题为《住房·环境·城乡建设》的学术报告，是理论的准备时期：② 1989 年其出版的《广义建筑学》提出"聚居论"，从单纯的房子拓展到人、社会，理论得到进一步发展；③ 1993 年其在中科院所做的题为《我国建设事业的今天和明天》第一次提出"人居环境学"概念，并从学科群角度整体探讨，昭示理论的基本形成；④ 2001 年其发表《人居环境科学导论》，表明理论的系统确立。《人居环境科学导论》提出，以建筑、园林、城市规划为核心学科，把人类聚居作为一个整体，从社会、经济、

❶ 于洪俊，宁敏越. 城市地理概论 [M]. 安徽：安徽科学技术出版社，1983：314–324.

❷ 周一星. 中国城市化道路宏观研究 [M]. 哈尔滨：黑龙江人民出版社，1991.

❸ 顾朝林. 长江三角洲连绵区发展战略研究 [J]. 城市研究，2000（1）：20–24.

❹ 宗传宏. 大都市带：中国城市化的方向 [J]. 城市问题，2001（3）：55–58.

❺ 褚大建. 把长江三角洲建设成为国家性大都市带的思考 [J]. 城市规划汇刊，2003（1）：59–63.

❻ 一个想法是这个研究领域以往始终是由各个学科的专家们从他们各自的角度分别进行论述的，我则想用一种比较综合的、统一的方式来展示城市这个领域；另一种想法是考虑今后城市社区采取协同行动时的需要，我因此需要为此构出一些原则，一边遵从这些原则来改造我们的生存环境。

工程技术等多个方面，较为全面、系统、综合地加以研究，集中体现整体、统筹的思想。人居环境在人与环境的关系上可以分为"五大系统"，在规模层次上可以分为五大层次，由此构建人居环境科学理论体系 ❶。

（2）规划体系

这一时期我国城市规划已经走向成熟，建立了相对完善的法定城市规划体系，按照《城市规划编制办法》（建设部令 [1991]14 号）规定，主要包括编制城镇体系规划、城市总体规划纲要、总体规划、分区规划、控制性详细规划、修建性详细规划以及城市设计等。主要法定规划存在相关性（表 2-4-1），但生产导向型规划模式根深蒂固。

法定规划的相关性与基本特征　　　　　　　　表 2-4-1

特征	总体规划	近期建设规划	控制性详细规划
职能特点	关注总体、全局、战略、长远	关注近期、局部，与其他规划衔接	关注具体、局部、行动
管理作用	将政府和公众对城市发展的要求，转化为未来 20 年城市发展建设的蓝图，通过确定建设用地规模、布局、结构和控制范围等，调控城市长远可持续发展	明确本届政府重点建设和改造的地区与项目	为使蓝图变为现实，使建设者、管理者和公众明晰如何实施、管理和监督蓝图的实现过程，为蓝图中的每一块土地设定具体的开发控制准则；落实总体规划、近期建设规划的任务，对土地开发和项目建设进行规范、有序的控制；不得突破总体规划确定的建设用地规模和控制范围，不得违反总体规划强制性内容；允许正向修改
相互关系	是近期建设规划和控制性详细规划的依据	城市总体规划的时间细化，是基于城市长远目标的近期递归 ❷	城市总体规划的空间细化和刚性传递；不是总体规划内容的简单深化和细化，是补充完善扩展

（3）规划内容

1）城市总体规划内容有所拓展

这一时期城市总体规划的规划年限一般到 2000 年，不少城市规划期限考虑到 2010 年，有的考虑到 2020 年，远景规划大都考虑到 2030 年以上。伴随着城市内部改造以及工业"退二进三"步伐的加快和外围开发区的兴起，城市总体规划的专项规划内容里，除了强调增加历史文化保护规划 ❸、各类开发区规划、地下空间开发利

---

❶ 吴良镛 . 明日之人居 [M]. 北京：清华大学出版社，2013：5-6.

❷ 杨保军，张菁，董珂 . 空间规划体系下城市总体规划作用再认识 [J]. 城市规划，2016（3）：9-14.

❸ 国家级历史文化名城 99 个，历史文化保护包括世界遗产保护、历史文化名城保护、历史传统街区保护和文物古迹保护。

用规划、城市综合交通体系规划、城市防灾规划以及城市远景规划（考虑30年至50年）等，着重考虑了城镇化发展、房地产市场发展、生态环境综合保护等影响城市发展的重大问题，有的城市还编制了城市形象和城市特色规划、旅游规划等。《城市规划编制办法实施细则》（建规 [1994]333 号）规定城市规划设计成果由规划文本、规划图纸、附件（规划说明书和基础资料汇编）三部分组成。

2）战略规划、近期建设规划丰富了城市总体规划内涵

20 世纪 90 年代以来，建设环境的不确定性对建设规模和建设速度产生影响，现有的单一目标和远期时限的规划编制方法难以适应当时城市快速发展变化的现实。虽然定期修编规划在一定程度上缓解了规划理想与建设现实之间的矛盾，但城市规划依然是被动的、间断式的，而不是一个主动的、连续的工作❶。总体规划层面出现了两个方面的探索：①战略规划自下而上兴起。战略规划重点研究城市远景的发展框架，具有长期性、整体性与结构性的特点，强调区域协调、结构形态，具有前瞻性，淡化发展时限等特点，成为地方政府放眼长远的战略思考；②近期建设规划自上而下改革。按照《近期建设规划工作暂行办法》（建规 [2002]218 号）规定，近期建设规划重点在体现本届政府的发展意图，具有动态的、连续的特点，不断滚动、修正、完善，及时对规划的实施作出跟踪、应对与判断，适应不断变化的情况，既能指导当前建设实践，又能使总体规划不断更新而具有活力，两者相互补充。

3）城市设计引起规划界和城市建设部门广泛重视

城市设计的思想纳入城市规划在 20 世纪 50 年代我国就有先例，20 世纪 80 年代深圳也已涉及，但大规模地重整城市形象，尤其是兴建市民广场、种植大片草坪、整修沿街立面、改善滨水景观则成为 20 世纪 90 年代城市规划的新热潮❷。1991 年 9 月建设部周干峙副部长在全国第二次城市规划会议上要求，1990 年代尽快建立城市设计工作。随即，1992 年上海开发浦东邀请法、英、意、日及本国设计单位和建筑师事务所对陆家嘴金融贸易区 $1.7km^2$ 范围进行城市设计国际咨询活动，1996 年深圳邀请美、法、新加坡和香港 4 家规划、建筑设计公司对市中心核心区 $1.93km^2$ 范围进行城市设计国际咨询。1998 年吴良镛先生呼吁，现实迫切需要城市设计，是 21 世纪专业发展的需求❸。这反映了经济发展到一定时期，人们对城市的认知以及城市非物质功能随着经济水平的提高逐步得到体现。城市民众对城市形象的关注则反映了城市规划真正走入群众之中，并为城市民众真正关心城市奠定基础。

4）不同层级规划增加强制性内容

按照《国务院关于加强城乡规划监督管理的通知》（国发 [2002]13 号）文件要

---

❶ 熊国平，缪敏. 对新一轮城市总体规划编制的探索——以江阴为例 [J]. 规划师，2007（5）：54-57.

❷ 王凯. 我国城市规划五十年指导思想的变迁及影响 [J]. 规划师，1999（4）：23-26.

❸ 吴良镛. 积极推进城市设计 提高城市环境品质 [J]. 建筑学报，1998（3）：5.

求 ❶，2002 年 8 月建设部出台《城市规划强制性内容暂行规定》（建规 [2002]218 号）规定，强制性内容是省域城镇体系规划、城市总体规划、城市详细规划中涉及区域协调发展、资源利用、环境保护、风景名胜资源管理、自然与文化遗产保护、公众利益和公共安全等方面的内容，是对城市规划实施进行监督检查的基本依据。不同层级法定规划强制性内容的实质是城市规划管理的底线，要求城乡规划行政主管部门提供规划设计条件，审查建设项目，不得违背城市规划强制性内容。

（4）规划方法

1）多学科与计算机技术应用

与前一时期城市规划相比，城市规划方法具有质的变化和划时代的意义。1990年《城市规划法》和 1991 年新的《城市规划编制办法》的出台实施标志着我国城市规划逐步走上法制化道路，城市规划也因此由以往的行政技术事务向重要的行政管理职能转变。城市规划不再是纯粹的工程技术，而开始进行多方案的社会、经济发展技术论证，其他学科如经济学、地理学的思想也开始逐步被引入城市规划的领域，对城市定位、城镇体系规划、城市战略发展等进行论证和指导。城市总体规划成果逐步规范化，文本以法律条文的形式出现，制图逐渐摆脱图板，采用计算机技术出图，规范性和精度显著提高。

2）公众参与方法

随着 20 世纪 80 年代中后期城市土地有偿使用和住宅商品化的推行，居民住房由传统的国家统建福利型向国家、集体和个人共同承担的商品型转变，居住区规划开始更多地考虑居住环境、居住行为等因素，促进了自下而上的决策思想在城市规划中的萌芽。20 世纪 90 年代以后，规划领域开始引入公共参与，广泛汲取其他部门、专家学者和公众的意见 ❷。

2. 城市规划性质和任务

（1）规划性质

由于改革开放和社会经济的大发展，我国城市发展速度加快，城市面貌发生巨变，单纯服务于政府的城市规划技术思维已经无法应对复杂的城市利益格局，逐渐显示出与不断变化的社会发展需求之间的巨大差距，对城市地位与作用的认识也产生了根本性的转变。1992 年无锡会议上提出了"城市规划将不完全是计划的继续和具体化"。1996 年 5 月国务院《关于加强城市规划工作的通知》（国发 [1996]18 号）提出，城市规划是指导城市合理发展、建设和管理城市的重要依据和手段，要求各级人民政府切实发挥城市规划对城市土地及空间资源的调控作用。

---

❶ 文件规定，总体规划和详细规划必须明确规定强制性内容。

❷ 黄鹭新，谢鹏飞，荆锋等. 中国城市规划三十年（1978—2008）纵览 [J]. 国际城市规划，2009（1）:1-8.

2001 年 7 月温家宝总理在市长协会讲话时提出，"城市规划是一项全局性、综合性、战略性的工作，涉及政治、经济、文化和社会生活各个领域"，强调城市规划的综合性和政策性，是政府的一项重要职责和重要工作❶。第三版《城市规划原理》（2001 年版）定义城市规划为，"是人类为了在城市的发展中维持公共生活的空间秩序而作的未来空间安排的意志"，被看作是当前加强城市规划地位的一声号角❷。2002 年 5 月《国务院关于加强城乡规划监督管理的通知》（国发 [2002]13 号）指出，城乡规划是政府指导、调控城乡建设和发展的基本手段，基本试点是作为政府调控的手段。这一时期虽然规划的物质属性仍大于政策属性，但已开始被看作一项城市发展的公共政策。

（2）规划任务

1990 年代陆续出台的一系列城市规划技术法规，都明确指明城市规划要努力贴近社会，满足政府职能转变、社会经济发展转型的需求。如《城市规划基本术语》GB/T 50280—98 定义城市规划是"对一定时期内城市的经济和社会发展、土地利用、空间布局以及各项建设的综合部署、具体安排和实施管理"，明确地将城市的经济和社会发展作为城市规划的首要目的。事实上，城市规划一直多方面为经济建设服务：①为国家和地方政府制定政策提供参考和依据；②为重大建设项目的决策论证服务；③为正确认识城市、建设城市和管理城市提供丰富的资料和信息❸。

（3）规划作用

城市规划的作用分为两个层面：①国家尺度，城市规划的战略思维能力未见显现，还不足以充当国家智库角色❹；②地方层面，城市规划的影响力较大，也为地方政府特别是城市政府所倚重。唐凯（2001）总结微观城市规划的作用认为，各地方政府按照城市规划有效实施，创造了良好的人居环境，促进了城市空间的变化。先后有中山、成都、沈阳、大连 4 个城市获得联合国人居奖，珠海、深圳、昆明、绵阳等一批城市获得联合国人居重心最佳范例奖或优秀范例奖❺。

1）促进专业中心的形成

土地的市场化促进了商务中心与商业中心的分离，形成商务中心区。与传统的商业中心不同的是，中心商务区主要聚集生产服务活动，比商业与生产活动的效率更高、地价更高，商务中心和商业中心分离，北京的建外、上海的陆家嘴商务区是

---

❶ 李涛 . 中小城市规划公众参与研究 [D]. 山东师范大学，2008.

❷ 李东泉，李慧 . 基于公共政策理念的城市规划制度建设 [J]. 城市发展研究，2008（4）：64—68.

❸ 邹德慈 . 进一步发挥城市规划的重要作用 [J]. 城市规划，1992（1）：5—8.

❹ 杨保军总结城市规划的作用认为，我国城市规划在涉及国家大政方略方面话语权不多，作为有限，即使是关乎空间开发领域，也更多是扮演追随者角色。

❺ 唐凯 . 当今中国的城市规划 [C]// 城市环境与形象 . 中国城市规划协会编 . 北京：中国建筑工业出版社，2001：348.

这一时期的典型代表。

2）促进城市向郊区扩展

在土地市场价格机制的作用下，城市中心重新让位于单位面积盈利较高的第三产业，城市中心区的商业和商务功能不断得到加强。由于郊区地价相对低廉，成为居住和产业优先扩展的地区。如制造业为减少土地支出或获得发展资金，从地价较高的城市中心向城市边缘甚至郊区工业城镇转移。位于中心区的居住用地在市场的作用下向外部迁移，并分化和重新聚集为具有不同居住水平和环境质量档次各异的居住区。随着政府对宏观经济直接干预的弱化和间接调控能力的增强，位于市中心的政府机构也从繁华的中心区迁出。大型综合超市及仓储式超市要求较大的用地空间，而城区商业过于饱和、地价昂贵，促进大型购物中心或大型超市在大城市郊区兴起。

3）房地产市场蓬勃发展，促使居住空间的分异

在城市的综合开发中，利用房地产价格这一强有力的经济杠杆使土地体现其真正的内在价值，促进城市各类功能用地在空间上的分布更加合理，房地产业已成为许多城市的支柱产业之一。随着城市居民收入差距拉大，在住房使用制度改革和房地产业发展的共同作用下，居住空间分异开始出现：①高收入阶层普遍居住在城市中心的新建高档居住区及城市边缘优越区位条件的别墅区；②以中高收入阶层为主的社区，较多居住在中心区外围或城市边缘沿主要交通干线的地带；③一般的工薪阶层和中低收入者因无力承担中心区高昂的房价，普遍居住在老公房或城市边缘的动迁安置小区，由于这部分人群数量较大，使城市边缘区成为居住用地拓展最快的地区；④城市低收入阶层和外来农民工这些社会弱势群体主要居住在城市的旧城区和城乡结合部，尤其是各类危房棚户区。

4）引起城市中心的垂直生长

城市中心能够吸引城市的最大量的人流，交通便捷，成为众多房地产开发商竞相投资的对象。为追求更高的容积率，其开发强度不断地增加，从而使得中心区用地进一步集约化，促进城市中心区在水平方向不断扩展的同时，也向高空和地下延伸，引起城市的垂直增长。20世纪90年代以来我国的高层建筑日益增多，主要分布在城市的中心区。远离市中心的地区因级差效益低，建筑物的高度密度远远不及城市中心区，使城市的空间轮廓线呈倒扣锅底的形状。

3. 规划审批

1990年4月施行的《城市规划法》对审批的要求上升到国家法律的高度，除1984年《城市规划条例》规定的国务院审批城市范围外，增加了国务院指定的其他重要城市。1996年5月国务院颁布《关于加强城市规划工作的通知》（国发[1996]18号），加大了城市总体规划的审批力度，规定国务院指定的其他重要城市总体规划审

批范围涵盖非农业人口 50 万人以上的大城市 **❶**。1999 年 4 月国务院办公厅《关于批准建设部〈城市总体规划审查工作规则〉的通知》（国办函 [1999]31 号文）以及建设部《关于改进和完善城市总体规划上报材料的通知》（建规 [1999]135 号），明确规定国务院审批城市总体规划审查的组织方式、主要依据、重点内容、程序和事项、上报材料等方面。责成建设部牵头负责，15 个部委通过 "部际联席会议" 共同参与审查，包括前期、申报、审查、报批 4 个工作程序，工作周期不超过 5 个月。1999 年国务院审批总体规划城市达到 86 个。2000 年 3 月国务院办公厅发布的《关于加强和改进城乡规划工作的通知》（国办法 [2000]25 号）再次强调，对国务院审批总体规划的城市要严格按照《城市总体规划审查工作规则》进行审查。

2.4.3　城市规划实施与管理

1. 城市规划实施

（1）城市发展空间的快速拓展

中国经历新中国成立后三十年的经济压抑以及十年的经济恢复，工业化和城镇化双轮快速驱动，市场经济与计划指导交织并行，这一时期政府工作的重点逐渐由经济建设转向城市建设，而居民的需求似乎被瞬间激活，同时也集聚了强大的公共和私人资金，多数城市具有了快速拆除以及同样快速的建造能力。城市以每年几十平方公里的速度推进，建设规模之大、范围之广、速度之快是历史上无与伦比的。这些突然的变化具有高度的自治性和自发性，依据自生的逻辑和需求生成新的空间，并显示出空前的急功近利。随着经济体制改革的推进，城市建设投资渠道呈现多样化，在住宅建设、公共建筑设计上出现了风格各异的造型，城市面貌向个性化、差异化发展。

（2）城市基本建设资金主要来源于政府

这一时期政府资本仍然是城市基础设施和公共服务设施建设的重要来源 **❷**。国家通过投资区域性基础设施，促进城市群体之间的协调发展，避免重复建设和各自为政，实现集中、集约发展。地方政府则通过投资城市的水厂、电厂、污水处理厂、道路桥梁等基础设施引导和支持城市扩展。1990 年全国城市市政公用设施建设固定资产投资已达到 121 亿元。自 1998 年以来，我国实施积极财政政策，安排了大量投资资金，并主要反映在基础设施建设的投资中，如 2000~2004 年全国城市市政公用设施建设固定资产投资分别为 1891 亿元、2352 亿元、3123 亿元、4462 亿元和 4762 亿元，环比年均增长超过 20%。直接带动城市更新改造投资和房地产投资的新一轮高速增

---

❶　1996 年全国非农业人口 50 万人以上的大城市有 80 个。

❷　肖云 . 制度变革中的城市基础设施建设 :——理论分析与模式创新 [D]. 复旦大学，2003.DOI : 10.7666/d.y550483.

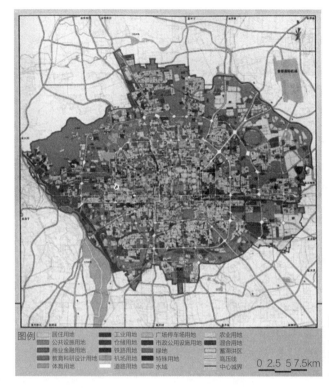

图 2-4-1 2004 版北京市城市总体规划中心城用地规划图
资料来源：北京市首都规划建设委员会

长，城市扩展迅猛。这一时期北京市城市总体规划（图 2-4-1）和天津市城市总体规划尤其受到关注，近期建设规划、历史文化名城规划全面展开，这一时期包头市编制了两轮城市总体规划（图 2-4-2、图 2-4-3）。

2. 城市规划管理

（1）城市规划管理机构

城市管理领域的机构设置和职能配置，总体上是不断朝着扁平化、专业化、精细化和城乡统筹的方向发展。1993 年和 1998 年的国务院机构改革保留了建设部，在加强城乡建设的法制工作、档案管理和行政执法监督的同时，将城乡规划、建设、管理的具体任务下放给地方政府。1998 年城市规划司和村镇建设司合并成立城乡规划司，试图实现城乡建设的统一管理。2004 年 8 月国务院批复成立建设部稽查办公室，以加强城乡规划、建设违法行为的查处，并在地方政局城市规划局（城建局）下设规划监察执法大队。1997~2002 年国务院批准或通过经国务院授权的省人民政府批准，在全国 23 个省、自治区的 79 个城市大中城市开展行政处罚权相对集中的综合执法试点，试点城市成立城市管理行政执法局或城市管理综合行政执法局，和规划建设部门治下的规划监察大队实行分工，一般负责无证建设或一定建筑面积以下的违法建设查处，存在权力交叉等问题。

由于城市规划管理部门需要承担大量的规划审批行政业务、规划编制组织任务

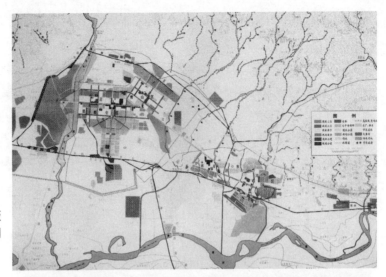

图 2-4-2　1994 版
包头市城市总体规划
资料来源：包头市规
划局

图 2-4-3　2004 版
包头市城市总体规划
用地布局图
资料来源：包头市规
划局

和技术指导与协调，同时为规范国内外规划咨询市场，需要按照属性对政府行为进行相应地管理。参考香港规划署的设置经验，2000 年底广州市城市规划编制研究中心率先成立，是全市城市规划编制组织和研究机构，作为规划与组织管理的新形式在全国得到推广。地方城市规划编研机构组织类型主要分为四种：①实行公务员化管理的事业单位，经费来源纳入公务员财政经费系统分担；②参考公务员管理的全额拨款事业单位，基本没有市场业务收入；③差额拨款的事业单位，有少部分市场业务收入；④自收自支，实行企业化管理❶。

（2）城乡规划设计机构

《城市规划法》实施后，1992 年 7 月建设部下发《城市规划设计单位资格管理

---

❶ 杜辉.机构改革与编研中心创建.规划师，2007（1）：46-48.

办法》（建规 [1992]449 号），10 月建设部、国家工商行政管理局颁布《城市规划设计单位登记管理暂行办法》（建规 [1992]710 号），各级城市规划设计机构依法实施资质化管理制度。1992~1993 年，全国已有甲级设计单位 74 个，乙级设计单位 139 个，丙、丁级总计约有 300 多个 ❶。1990 年代初规划设计机构基本为事业单位，有全额拨款、差额拨款和全额不拨款三种筹资渠道，随着事业单位改革的推进，规划设计机构的人员编制、经费管理逐渐与政府财政脱钩，到 21 世纪，绝大多数规划设计机构基本实现企业化运作。同时，规划设计院兼具城市规划研究、编制与设计多种业务，规划研究编制是公益性的政府业务技术行为，规划设计是非公益性的社会服务业务技术行为。由于服务对象和服务性质的不同，规划服务出现三大分异：沿袭传统的为政府的指令性规划职能、面向市场拓展的为开发商的服务职能以及交织期间的为社会的公共利益维护职能。

加入 WTO 后，大量外资投资的城市规划服务企业开始进入我国，为规范管理，建设部和对外贸易经济合作部于 2002 年 12 月和 2003 年 12 月联合发布《外商投资城市规划服务企业管理规定》（建设部令 [2002]116 号）、《〈外商投资城市规划服务企业管理规定〉补充规定》（建设部令 [2003]123 号），规定城市总体规划不得委托外商投资城市规划服务企业承担，而其他规划设计咨询活动则全部放开，并允许香港服务提供者和澳门服务提供者在内地以独资形式设立城市规划服务企业。

（3）城市规划管理体制

1）权力分配

规划权在地方层面上有了进一步分散的倾向，包括纵向行政层级和横向空间层面。如上海在规划管理权力上采用了"两级政府、三级管理"的纵向模式。特区和开发区的设立使城市规划的空间管理出现分异，形成"板块拼贴"的横向模式。1995 年 7 月建设部颁布《开发区规划管理办法》（建设部令 [1995]43 号）❷，试图规范开发区的规划与管理，但开发区规划管理仍出现诸多问题。为此，2003 年 7 月国务院办公厅下发《关于清理整顿各类开发区加强建设用地管理的通知》（国办发 [2003]70 号），同年 9 月建设部下发《关于进一步加强与规范各类开发区规划建设管理的通知》（建规 [2003]178 号）开始清理整顿开发区，规划权出现回收、整合趋势。

2）管理方式

此时的城市规划仍被定位为一切配合政府、为推动经济发展服务。城市经营是伴随我国经济体制转型而出现的一种城市管理运营模式，是经济转型期一种政府行为的变革 ❸。即城市政府通过经营企业到经营城市的转变，在城市建设和管理领域引

---

❶ 周干峙 . 城市规划的新形势和新任务 . 城市规划，1994（1）：11–14，62.

❷ 2010 年 12 月 31 日经住房和城乡建设部第 68 次常务会议审议通过废止。

❸ 谢国权 . 城市经营与城市政府职能的转变 [J]. 前沿，2004（2）：87–89.

入竞争机制，调动了城市利益相关者的积极性，实现了城市非政府组织对城市发展的广泛参与和城市投资主体的多元化。新区开发中，政府一般成立开发公司，作为城市经营的实体发挥作用，并在城市用地、人口流动、财政税收等方面制定一系列的优惠政策有所倾斜地建设新区。如南京在开发河西新区时，成立河西开发指挥部，并投入数十亿元的资金进行十运会场馆建设和基础设施建设，带动周边的商务区和住宅区的建设。上海在开发浦东新区时，也是先由政府成立浦东开发指挥部，投资基础设施，引导城市拓展。

3. 规划人才培养

城市规划学已经被认为是一门科学，具有综合性、政策性、超前性、长期性和科学性等特点，但按照《学科分类与代码》GB/T 13745—1992，城乡规划被分到土木建筑工程下面，即"城乡规划方法与理论"属于三级学科，反映了社会对城市规划学科的认识问题❶，基于以下原因在培养目标、教学内容和教学方法等方面进行改革和调整的探索❷。

（1）城市规划目标的不确定性与超前性

和建筑设计的委托者不同，城市规划没有明确的任务、目标，城市的拥有者和使用者是城市居民，因此城市规划的过程并不是一个问题求解的过程，而首先是发现问题和提出问题的过程，因此城市规划的目标和标准处于不断变化的过程。同时，建筑设计着重于内部系统的完善，城市规划则体现城市各子系统之间以及与外部环境之间的错综复杂关系，是很难用图解的语言把握的"灰色系统"或"黑色系统"。系统的适应性体现在内部的协调和应对外部的变化，分析透彻的文字和政策与图纸同样重要，基于上述原因，对理想方案追求的人才培养传统需要变革。

（2）规划过程中的多要素综合性与统摄性

建筑设计的过程是培训学生掌握各类建筑的设计模式过程，城市规划则是在同一规划过程中考虑多要素权衡过程，是城市各基本要素之间关系的建立和处理过程。由于规划目标是一个相互矛盾的多目标系统，相互之间错综复杂并变化无常，因此无法通过"法式"推论演绎具体的城市规划方案，必须通过系统地分析和综合建筑设计情调的具象性，更注重形象思维的能力，而规划师从事的是城市结构的组织和调整的建构过程，不仅需要具象的形象思维能力，还要具有城市要素高度抽象化的逻辑思维能力。

城市规划专业的毕业生开始实现双向选择，当时主要有四个方向：①大部分去城市规划设计院或建筑设计院，从事规划设计和建筑设计工作；②不小的一部分在

❶ 邹德慈. 发展中的城市规划 [J]. 城市规划，2010（1）：24–28.

❷ 马武定. 城市规划设计的特点与城市规划教育 [J]. 城市规划，1990（3）：61–62.

各级政府的城市建设和规划管理部门，从事建设和管理工作；③小部分在一些企事业单位负责该单位的基建工作；④较少的一部分被留在学校或研究单位从事教学或理论研究工作 ❶。

2.5 上升为公共政策时期

2.5.1 城市规划背景与历程

城市规划作为国民经济和社会发展宏观调控的重要手段逐渐衍生为公共政策主要是在 2005 年以后，以应对国家新型城镇化和城市转型发展需求。

1. 经济社会发展背景

（1）经济增长方式面临转型

随着我国工业化、城镇化、市场化和国际化的不断深入，城市进入更加复杂的全面快速发展时期，作为经济体的个性越来越强。2005 年后我国城乡关系中长期存在的城乡经济、社会发展不协调的问题凸显，这两个不协调所造成的城乡发展差距扩大，不仅严重制约了乡村经济社会发展，而且也在相当程度上制约了城市经济社会发展，从而使整个国家的经济社会发展长期处于一种失衡状态 ❷。2006 年我国国内生产总值仅占世界总量的 5%，而消耗的能源占世界的 15%，粗放式的经济增长方式使得我国已没有后续发展空间，同时经济发展阶段已由生活必需品阶段转向耐用消费品阶段，转变经济发展方式、调整城市发展战略势在必行。

（2）区域开发格局全面形成

2005 年 6 月以来，我国已形成上海浦东新区、天津滨海新区、深圳市、武汉城市圈、长株潭城市群、重庆和成都东中西七个国家级综合配套改革试验区互动的试点格局。这些试验区的设立为我国探索区域发展新模式、突破区域发展瓶颈、实现新型城镇化、促进区域协调发展提供经验和示范。2006 年 12 月国务院常务会议审议并原则通过《西部大开发"十一五"规划》，自 2003 年 10 月中共中央、国务院联合出台了《关于实施东北地区等老工业基地振兴战略的若干意见》（中发 [2003]11 号）之后，2009 年、2014 年相继出台了若干促进东北振兴的政策，2016 年 4 月再次下发《关于全面振兴东北地区等老工业基地的若干意见》（中发 [2016]7 号），意味着西北大开发和东北振兴战略全面推进。

（3）新型城镇化战略实施

2005 年党的十六大提出稳妥推进城镇化和扎实推进社会主义新农村建设，是统

---

❶ 马武定. 改革——中国城市规划教育迫在眉睫 [J]. 城市规划，1996（6）：13-14.

❷ 董志凯. 新中国六十年城市建设方针的演变 [J]. 中国城市经济，2009（10）：84-90+92.

筹城乡发展的两个"重要方面"。2006 年 2 月国务院发布的《国家中长期科学和技术发展规划纲要（2006—2020）》（国发 [2005]44 号）将"城镇化和城市发展"列为重要的领域。2008 年国际金融经济危机爆发以来，我国经济进入深刻变革调整阶段，特别是 2011 年城镇化率历史性地突破 50% 后，作为新的起点，如何在城镇化率不断提高的同时更加重视城镇化的质量和水平，成为一个紧迫课题❶。2012 年 11 月党的十八大报告提出"坚持走中国特色新型工业化、信息化、城镇化、农业现代化道路"，2013 年 11 月十八届三中全会明确提出"坚持走中国特色新型城镇化道路"，12 月召开的中央城镇化工作会议也强调"走中国特色、科学发展的新型城镇化道路"，表明"中国特色新型城镇化道路"的提法逐步成型，内涵日渐丰富。2014 年 3 月中共中央、国务院印发《国家新型城镇化规划（2014—2020 年）》强调用科学发展观来统领城镇化建设，深入推动新型城镇化与新型工业化、信息化和农业现代化同步发展，2014 年 7 月国家发改委、中央编办等 11 部委下发的《关于开展国家新型城镇化综合试点工作的通知》（发改规划 [2014]1229 号）提出，建立行政创新和行政成本降低的设市模式，选择镇区人口 10 万以上的建制镇开展新型设市模式试点工作，表明新型城镇化采取四化同步、创新推进路径。

2. 城乡规划发展历程

（1）城市规划面临多规冲击

2005 年《国民经济和社会发展第十一个五年规划纲要》出台伊始，各行各业从计划变规划，群规并起，实施城市规划的影响力有所下降，但城市规划行业管理的规范性、制度化、政策性和法制化则快速提高，我国城市建设进入到注重质量、讲求舒适、提高水平的时期，着重解决现实问题，包括"城中村"、旧城更新等，但城市规划仍面临经济的实在性冲击规划原则的抽象性、政府和市场的利益性运作冲击规划的技术性运作、建设主体的多元化冲击规划的单一性、自下而上的市场运作冲击自上而下的规划体系的困境❷。

（2）城市规划的制度化、法制化完善

2006 年 2 月国务院下发的《关于加强城市总体规划工作的意见》（国办 [2006] 第 12 号）要求，依法由国务院审查的 86 个城市总体规划的修编应按照规范要求组织修编工作。2008 年 1 月《城乡规划法》正式实施，对城市总体规划进行了详细的法律规定，要求规划编制的成果转化为政府行使职权的公共政策，而不仅仅是技术成果。对规划体系也重新进行了梳理，打破城乡二元结构发展模式，建立了统一的规划体系，确立了城乡统筹的科学发展之路。《城乡规划法》通过增加公众参与的环

---

❶ 何树平，戚义明. 中国特色新型城镇化道路的发展演变及内涵要求 [J]. 党的文献，2014（3）：104–112.
❷ 曾庆宝，施源. 长路思远 步步求索——深圳城市规划 30 年回顾与展望 [J]. 北京规划建设，2009（1）：90–92.

节、强化多重监督检查措施、明确规划法律责任主体等方面提高规划制定和执行的科学性、前瞻性、稳定性和权威性。

（3）控制性详细规划重视程度空前

2008 年颁布实施的《城乡规划法》要求城市建设用地的划拨和出让必须依据控制性详细规划，强化了控制性详细规划作为控制和指导城市建设重要依据的法定作用和法定地位。2009 年 7 月中共中央和国务院办公厅下发《关于开展工程建设领域突出问题专项治理工作的意见的通知》（中办发 [2009]27 号）明确提出，着重加强控制性详细规划制定和实施监管，严格控制性详细规划的制定和修改程序。2010 年 10 月住房城乡建设部专门制定《城市、镇控制性详细规划编制审批办法》（住房和城乡建设部令 [2010]7 号），突出控制性详细规划是落实城市总体规划战略部署的关键环节、城市规划依法行政和进行规划许可的依据、城市土地利用和开发建设的基本前提以及城市规划公共政策的具体体现，控制性详细规划得到高度重视。

（4）城市规划的国家责任形象树立

2008 年上海世博园规划设计，彰显了中国城市规划师的力量和水平，改变了重大规划设计"洋人当家"的局面，成为规划界的盛事。2008 年"5·12"的四川汶川地震、2010 年"4·14"的青海玉树地震、2013 年"4·20"的四川芦山地震和 2014 年的 8·4 云南鲁甸地震等地震灾难发生后，新一代规划师迅速奔赴一线，用实际行动诠释了新一代规划师的社会责任感和职业道德观 ❶。

2.5.2　城市规划编制与审批

1. 城市规划理论与方法

（1）规划理论

1）理论共识

城乡规划经过多年的实践和总结，学术界基本形成了理论共识，即城乡规划是关于城市和乡村规划的普遍性和系统化的理性认识，是理解城市发展和规划过程的知识形态。城乡规划本身具有复杂性、综合性和实践性，同时涉及不同的价值基础，因此规划理论本身也是多层次、多方面的。其理论基础兼容了自然科学、社会科学、经济学、环境科学、管理科学和人文艺术科学的理论内容和技术方法，如区域经济理论、地缘政治学理论引入到城市发展的区域问题研究中，具有跨学科、多学科、交叉学科特征，总体分为两个部分：①城乡空间发展理论，包括城市发展的规律、城市空间组织、城市土地使用和城市环境关系等方面的相关理论，主要描述和解释城市发展现象、发展演变及其规律的内容，通过这些理论可以认识城乡规划研究和

---

❶ 杨保军 . 城市规划 30 年回顾和展望 [J]. 城市规划学刊，2010（1）：14–23.

实践对象的发展演变规律，包括城市经济子系统、政治子系统、交通通信子系统和空间子系统等；②城乡规划基础理论，涉及规划性质、思想、规划技术和方法，包括规划的整体框架、现实与未来演进的关系和对实际操作技术方法的解释❶。

2）理论发展

这一时期最重要的本土化理论是统筹城乡发展理论。我国的城乡发展正面临最优越的机遇与最尖锐的矛盾，城乡之间的差距、沿海和内地间的差距在持续扩大。如果不从统筹城乡的角度去分析研究，不从城镇化战略的角度就城和乡进行双向探索，难以得到全面的结论。统筹城乡发展理论的基本出发点是有利于农民生产生活、保持广大乡村的良好生态环境和建设农民幸福生活的美好家园。因此从农民的实际需求出发，通过完善的城乡规划理论。切实转变乡村建设方式、改进设施配置技术、构建乡村公共设施配置体系、推进乡村公共服务均等化发展、推动乡村人居环境建设和城市反哺乡村，并以县为单元开展乡村基层治理，促进城乡统筹规划，丰富县域乡村基层治理的理论体系❷。

（2）规划方法

城乡规划学科方法论的核心内容包括四个方面的基础性思考：一是城乡规划作为公共的和政治的决策，是确定未来发展目标及其实施方案的理性过程；二是综合性空间规划是经济、社会、环境和生态协调发展的基础；三是城乡规划既是科学又是艺术，但在理论上和方法上更为注重科学；四是城乡规划受到价值观念的影响。

1）规划方式

改革开放后，在市场化和全球化共同推动下，国外的新思想、新理论不断涌入，中国城市规划迅速突破向苏联社会主义国家学习的格局。基于西方语境的城市规划理论裹携大量中国本土规划实践和传统文化基因，共同编制塑造了纷繁复杂的中国城市规划理论与实践体系。在"一手规划实践、一手规划理论"的发展过程中，中国城市规划体系拼贴、多元、开放，规划方式充斥着强烈的实用主义色彩。2005年1月建设部《关于加强城市总体规划修编和审批工作的通知》（建规 [2005]2 号）要求，城市总体规划修编要转变单一由部门编制的方式，采取政府组织、专家领衔、部门合作、公众参与、科学决策、依法办事的方式，以提高规划的科学性和可操作性。

2）规划手段

总体而言，我国城市规划实践仍然停留在结构功能主义阶段，强调目标明确、结构清晰、功能完整、用地平衡、设施齐全，追求理想化的终极蓝图，难以应对社会不公、邻避效应等社会冲突和灾难频发、事故不断等城市风险带来的挑战。因此，

---

❶ 赵万民，赵民，毛其智 . 关于"城乡规划学"作为一级学科建设的学术思考 [J]. 城市规划，2010（6）：46–52+54.

❷ 吴良镛 . 明日之人居 [M]. 北京：清华大学出版社，2013：36–37.

从规划手段而言具有四个逻辑过程：一是城市总体规划已经形成在前期开展空间发展战略研究的惯例，从目标导向和问题导向两个方面综合确定城市的发展思路，形成因地制宜、指导城市长远发展的施政方略；二是规划目标的预测从清晰唯一转向方向明确，而不是将规划的全部建基在预测之上，强调底线优先原则；三是规划从积极干预转向消极干预，遵循"法无禁止皆可为、法无授权不可为、法定职责必须为"的理念，通过严格界定政府的权力边界，缩小硬性干预的范围，强化柔化干预的手段，使市场和社会有更多自由活动的空间；四是从理性构建转向协作修正，规划由过去的不定期、非常态的"修编—审批"转为定期、适时的"评估—修改"，建立"编制—实施—评估—修改—评估—修改……"的常态化工作机制 ❶。

3）多规融合

城市规划面临挑战和冲击：一是部门挑战。虽然城市规划一直强调综合协调和综合部署，由各个部门及派出机构提供行业规划、部门规划、专项规划和开发区规划，在总体规划中加以协调，使得它们符合总体规划的要求，基于部门、机构相互争权夺利导致规划的不统一、不协调，多规合一难以实现，城市总体规划不得不迁就上述规划；二是制度冲击。城市规划面临领导任期内的政绩追求、不同层级的行政干预、国家重点工程事实上豁免城市规划规范管理等。规划管理的严肃性和科学性受到行政行为的随意性和偏好性冲击。多规融合和规划管理的严肃性既需要规划方法的优化，也需要管理体制上的变革，单纯地技术角度的协调并不能从根本上解决问题。

4）新技术利用

从城市发展的历史来看，任何一次技术革命或新技术的应用必定带来新的城市问题，并影响城市空间结构、城市功能组织等多方面。随着"互联网+"时代来临，从规划数据获取、规划编制到规划实施和管理都发生了巨大的变革，城市建设向低碳、智慧、绿色等方面提升 ❷。"大数据"逐渐在城乡规划领域广泛应用，一方面通过各种传感器以及 SNS 持续获取数据，如居民时空行为研究、城市空间研究、城市等级体系研究等，从而全面观察、准确监测，为城市决策提供依据；另一方面大数据技术作为智慧城市建设的管理技术基础，为精准管理城市提供了可能，最终为城市居民和企业提供优质公共服务，提升城市管理水平，降低城市管理成本。

（3）规划内容

1）城市总体规划的变革

城市总体规划适应规划的科学性发生了四个方面的变化：①合理的环境容量。宏观层面，每个城市都有不同于其他城市的环境承载力，取决于其可使用的土地、

---

❶ 杨保军，张菁，董珂 . 空间规划体系下城市总体规划作用再认识 [J]. 城市规划，2016（3）：9-14.

❷ 张少康 . 新常态下规划编制单位应找准新定位 [J]. 城市规划，2016（1）：82-84.

水源、能源以及其他条件，人口规模、建设容量等开发强度超过环境承载力是不合理的。微观层面，每个城市的每个地块上的人口密度和容积率、每条道路上的交通流量与允许容量的比例以及每个公园绿地上的游人密度等都受到基础设施保障水平和健康人居环境要素的限制；②适当的土地利用。城市土地具有自然属性、经济属性和权属属性，是城市不可再生资源。城市规划最基本的内容是安排好城市的土地利用，利用土地的经济价值调控房地产市场。对于复杂交叉因素，需要运用科学的土地适用性分析方法以及社会分析方法；③功能合理的空间结构。一个合理的城市空间结构应该达到功能完备、高效便捷、清洁卫生、节约资源、环境宜人、尺度适当、清晰有序等多重目的，同时体现与自然环境的和谐，能适应各种变化并为今后的发展保持必要的弹性等，不能简单地从构图和模式出发；④安全有效的支撑系统。城市支撑系统不仅包括工程性的市政公用基础设施和生命性的绿色生态基础设施，也包括社会性的公共服务基础设施以及灾害减防等基础设施，各得其所，有机配合，使城市成为平安韧性城市。

2）控制性详细规划创新

2011 年 10 月颁布的《城市、镇控制性详细规划编制审批办法》更新了控制性详细规划编制的基本内容，对不同等级的城镇允许实施差异化的编制方法，提出对大城市和特大城市控制性详细规划实施分层编制的思路，增强规划弹性，倡导务实创新，从而对传统控制性详细规划编制内容和方式的转变提出明确的指导思想。实践过程中，控制性详细规划在重视技术性、法制性和公共性的基础上，更加关注和强调实用性和操作性：①全方位控制转向"四线"和公共服务设施等核心控制，如南京的"6211" ❶；②由局部地块控制转向区域性和通则性控制，如广州的规划管理单元控制；③规划成果由技术文件向管理文件转化，如深圳的法定图则。

3）城市设计法定化回归

20 世纪 70 年代"城市设计"逐步从西方引入我国，逐步成为城市规划体系的重要组成部分。2008 年 1 月《城乡规划法》实施后，城市设计失去法定化地位。随着经济的快速发展，城市建设水平不断提高，城市景观、环境品质日益受到重视，城市设计因其在城市环境和空间形态设计上的整体性和表达的直观性，越来越多地被城市建设项目，尤其是城市的重要建设、招标项目所采用。由于城市设计无论是整体的或局部的阶段都不具备独立的法定性和完整性，在以法制为核心的管理体制中不能独立运作，目前仅依靠控制性详细规划体现城市设计的核心内

---

❶ 南京在借鉴各地控规实践经验的基础上，提炼确立了以"6211"为核心的控规强制性内容："6"是指道路红线、绿地绿线、文物保护紫线和城市紫线、河道保护蓝线、高压走廊黑线和轨道交通橙线。"2"是指公益性公共设施用地和市政设施用地两种用地的控制。"11"分别指高度分区及控制、特色意图区划定和主要控制要素确定。

容,以此作为城市设计落实与实施的基础和依托,城市设计的法定地位回归提到议事日程。

4)专项规划兴起

除了传统专项规划外,具有多部门综合的协作性规划不断涌现,分为两种类型:①各城市根据管理实际工作需求编制的跨行业专项规划。如2008年深圳市规划国土局和贸工局合作组织编制的《深圳市现代产业体系与空间布局研究》;②应对城市各类问题编制的项目类专项规划。目前全国推进的又分为三类,其中第一类是根据《2006—2020国家信息化发展战略》编制的智慧城市规划,第二类是按照2013年4月国务院办公厅《关于做好城市排水防涝设施建设工作的通知》(国办发[2013]23号)要求编制的《城市排水(雨水)防涝综合规划》,第三类是根据2015年10月国务院办公厅下发的《关于推进海绵城市建设的指导意见》(国办发[2015]75号)和2016年3月住房城乡建设部颁布的《海绵城市专项规划编制暂行规定》编制的海绵城市专项规划。

2. 城市规划性质和作用

(1)规划性质

2005年1月建设部下发《关于加强城市总体规划修编和审批工作的通知》(建规[2005]2号)指出,城市总体规划是促进城市科学协调发展的重要依据,是保障城市公共安全与公众利益的重要公共政策,是指导城市科学发展的法规性文件,强调城市规划作为公共政策的属性。同年4月建设部第四次修订的《城市规划编制办法》(建设部令[2005]第146号)规定,城市规划是政府调控城市空间资源、指导城乡发展与建设、维护社会公平、保障公共安全和公众利益的重要公共政策之一。2008年1月实施的《城乡规划法》明确了城乡规划是政府引导和调控城乡建设和发展的一项重要公共政策,是具有法定地位的发展蓝图。新修订的《城乡规划基本术语标准》直接阐明,依法确定的城市规划是维护公共利益、实现经济、社会和环境协调发展的公共政策。至此,城市规划在经历了从技术至上、为政府经济计划服务的附庸角色,走向了为社会发展、服务于公共利益的独立地位,作为公共政策的定位以制度的形式得以确认。

(2)规划作用

城市规划具有如下作用:①城市规划是维护公共利益的准则。城市规划是政府依据特定的目标,围绕公共利益的实现所制定的行动准则,保证城市公共利益的最大化。《城乡规划法》规定,任何单位和个人都应当遵守依法批准并公布的城乡规划,服从规划管理。2005年4月建设部第四次修订了《城市规划编制办法》(建设部令[2005]第146号),建立了红线、蓝线、绿线、紫线和黄线五线制度,强调城市规划的强制性内容和空间管制的内容,实施底线管制;②城市规划是调控城市发展的依据。2006 年 2 月《国务院办公厅转发建设部关于加强城市总体规划工作意见的通知》（国办发 [2006]12 号）指出，城市总体规划是引导和调控城市建设，保护和管理城市空间资源的重要依据和手段，在指导城市有序发展、提高建设和管理水平等方面发挥着重要作用。新修订的《城市规划基本术语标准》定义城市规划是政府确定城镇未来发展目标，改善城市人居环境，调控非农业经济，社会、文化、游憩活动高度聚集地域内人口规模、土地使用、资源节约、环境保护和各项开发和建设行为，以及对城镇发展进行的综合协调和具体安排。

3. 城市规划审批、修改与评估

城市规划体系中各层级的城镇体系规划、控制性详细规划的审批并不复杂❶，审批、修改与评估主要针对城市总体规划。

（1）城市总体规划审批

2005 年 1 月建设部发布的《关于加强城市总体规划修编和审批工作的通知》（建规 [2005]2 号）和 2006 年 2 月国务院办公厅发布的《建设部关于城市总体规划工作意见的通知》（国办发 [2006]12 号）提出严格执行总体规划审批制度的要求。2008 年 1 月施行的《城乡规划法》从国家法律的高度进一步完善了国家审批城市总体规划的审批制度，取消了国务院审批的非农业人口规模 50 万人以上的具体规定的表达，提出了总体规划在报上一级人民政府审批前，应当先经本级人大常委会审议，人大常委会审议意见交由本级人民政府研究处理（取消了必须经过地方人大审查同意的规定）以及增加了组织编制机关应当依法将总体规划草案予以公告，并采取论证会、听证会或者其他方式征求专家和公众的意见（公告的时间不得少于30 日），并在报送审批的材料中附具人大常委会和公众意见采纳情况及理由报告的新规定。

城市规划国家审批制度的实行具有三方面的作用：①城市规划的权威性得到提升。国家指定城市的城市总体规划报国务院审批，是国家级审批的三大城市规划类型之一（另外两项为全国和省域城镇体系规划），保障国家重点城市发展符合国家的要求，符合国家的整体利益，城市规划的政策性得到充分体现的同时，也提升了城市规划在国家发展中的地位和作用；②城市规划的法律效力得到增强。国家法律授予城市规划行政审批权、许可权和监督权三大权力，规划审批具有行政立法的性质，经批准的城市总体规划是城市建设法定文件和城市规划部门依法行政的法定依据。国家重点城市总体规划报国务院审批，规划经国家最高行政机关批准，其规划的法律效力得到强化；③城市规划的技术质量水平得到提高。国家重点城市总体规划报

---

❶ 按照《城乡规划法》的规定，城市人民政府城乡规划主管部门根据城市总体规划的要求，组织编制城市的控制性详细规划，经本级人民政府批准后，报本级人民代表大会常务委员和上一级人民政府备案。

国务院审批，其审查组织、内容、质量等方面都有较高的要求，城市总体规划在规划理念、规划方法、技术手段和规划表现形式等方面的改进和创新，对于规划地区的城市规划编制工作具有典型的示范意义❶。

应该说明的是城市总体规划国家审批制度产生于计划时期，审批方法落后，审批内容繁多，审批程序复杂，审批效率低下，规划编制到审查批准一般需要经过3~4年的时间，影响了规划的时效性、权威性和功效性。随着市场经济制度的建立和完善，国家与地方责权利格局发生重大变化，带来资源配置方式和决策—执行—监督的行政管理模式等方面的变化，国家审批城市总体规划的许多做法已经不能适应当前经济社会制度的变化和快速发展的需要，存在城市规划审批的主体与管理事权不对应。基于此出现两种变革意见：①按层级审批。国家应当审批省、自治区的城镇体系规划，省、自治区政府所在地城市、直辖市的总体规划，其他城市的总体规划由省、自治区人民政府审批；②按内容审批。即根据总体规划的内容分别报批，涉及国家发展战略、大政方针的战略性内容由中央政府审批，涉及空间结构、总体布局等政策性内容由地方人大审批。无论哪种变革方式，前提条件都应是中央政府和地方政府之间有清晰的和事权结合的分工❷。

（2）城市总体规划评估

城市规划评估是城市规划体系不可或缺的关键环节，也是考量城市规划是否真正成为公共政策的关键要素，即通过建立城市规划公共政策的反馈机制，以应对未来的不确定性。目前仅在城市规划相关法律法规的法定层面上对规划评估作出要求，如2008年1月施行的《城乡规划法》第四十六条规定了省域城镇体系规划、城市总体规划、镇总体规划应当实施评估制度。即上述三类规划的组织编制机关，应当组织有关部门和专家定期对规划实施情况进行评估，并采取论证会、听证会或者其他方式征求公众意见。组织编制机关应当向本级人民代表大会常务委员会、镇人民代表大会和原审批机关提出评估报告并附具征求意见的情况❸。2009年4月住房城乡建设部发布的配套性文件《城市总体规划实施评估办法（试行）》（建规[2009]59号）规范规划评估工作，规定每两年进行一次。国内一些城市进行了规划评估实践，按照评估时间周期主要分为年度评估、中期评估、规划修编前评估三种，大部分城市采取规划编制前评估，如北京市、深圳市等。规划评估的主体也主要分为规划管理部门、规划编制单位以及第三方机构三种。总体而言，我国的城市规划评估制度并不成熟，实施情况未纳入政府工作考核、人大监督内容，上级监管和社会监督还缺

---

❶ 官大雨.国家审批要求下的城市总体规划编制——中规院近时期承担国家审批城市总体规划"审批意见"的解读[J].城市规划，2010（6）：36–45.

❷ 王文彤整理，杨保军主持.总体规划批什么.城市规划，2010（1）：61–63.

❸ 中华人民共和国城乡规划法[J].建筑设计管理，2007（6）：1–6.

乏有效的路径和手段。

（3）城市总体规划修改

与 1990 年 4 月开始施行的《城市规划法》规定的城市总体规划每 5 年修编一次相比，2008 年 1 月开始施行的《城乡规划法》调整为申请、评估修改制度，符合五类条件方可进行规划修编：①上级人民政府制定的城乡规划发生变更，提出修改规划要求的；②行政区划调整确需修改规划的；③因国务院批准重大建设工程确需修改规划的；④经评估确需修改规划的；⑤城乡规划的审批机关认为应当修改规划的其他情形。城市总体规划修改制度对增强城市总体规划的稳定性、规避因政府换届导致的频繁修编具有一定的约束作用。

2.5.3 城乡规划实施与管理

1. 城乡规划实施

整体而言，我国城市发展迅速，城乡规划得到有效实施，空间范围不断扩展，景观环境全面提升，基础设施保障水平不断提高，居民居住条件极大改善，城市人居环境普遍向好。但从城市管理角度仍存在如下问题：①事权划分不清。城市总体规划编制内容繁多，刚性管控内容不清，审查审批重点不突出，审批内容和编制、管理、监管内容脱节，各级政府对于城市规划的事权划分不明确；②缺乏空间统筹。规划行政管理范围局限在规划区内，规划区外的县城、城镇、开发区缺乏规划整体统筹和刚性管控要求。城市与周边地区缺少协调与联系，城镇体系规划未起到应有的作用。规划编制、建设和管理的重点仍然集中在中心城区，区域城乡空间综合管理缺乏应有的手段；③乡村缺乏管理。城乡差序格局不断强化，城市和乡村作为两个独立的系统各自运行，对农村集体建设活动引导和管控不足，出现城乡结合部管理混乱、集体建设用地泛滥、违法建设蔓延、生态环境恶化等现象；④综合管理失控。纵向角度，控制性详细规划作为规划行政事权依据的许可制度面临冲击，一方面控规"架空"总规，城市总体规划的刚性约束难以通过层级传递到控制性详细规划，违反城市总体规划的情况极为普遍，造成城市规划总体格局无法实现。另一方面，规划验收环节缺乏制度性保障，城市规划信息动态管理缺乏手段和制度保障。横向角度，各类专项专业规划"肢解"城市总体规划，专项内容刚性不清、指导不明、过于偏重技术，与城市总体规划不相协调；⑤缺乏有效监督。城市总体规划实施长远目标，与近期目标和年度计划缺乏有效衔接，在政府以年度计划配置资源和考核的制度中失语，使得长远规划被年度计划"分割"，既没有提供规划实施过程中可以监督的路径，也缺乏公众、同级人大、上级政府监督的手段，使得民生保障和城市质量的改善大大落后于城市扩张，公共服务设施、交通市政设施、城市生态环境等建设不同步，以城市总体规划为基础的督查机制运行效果欠佳。

2. 城乡规划管理

（1）城乡规划管理机构

2008 年 3 月国务院机构改革决定组建住房和城乡建设部（以下简称住房城乡建设部），城市管理的具体职责下放到城市人民政府，由城市人民政府确定市政公用事业、绿化、供水、节水、排水、污水处理、城市客运、市政设施、园林、市容、环卫和建设档案的管理体制。许多城市政府整合城市管理领域相关管理和执法职责，统一组建城市管理部门，建立起服务、管理、执法三位一体的城市管理体制。有些城市推行执法重心下移和执法事项属地化管理，实行市或区一级执法，重点乡镇实行派驻执法队伍的方式开展执法工作。由于中央和省级层面没有主管部门，缺乏国家的顶层设计和指导监督，地方城市管理面临的制度钳制缺乏系统性的解决。2016 年 2 月中共中央国务院下发的《关于进一步加强城市规划建设管理工作的若干意见》（中发 [2016]6 号）提出了改革城市管理的基本思路，逐步综合住房城乡建设领域的全部行政处罚权，并实施与行政处罚权有关的行政强制措施。2016 年 10 月住房城乡建设部设立城市管理监督局，负责拟定城管执法的政策法规，指导全国城市管理执法工作，成为城市管理执法体制改革的破冰之举。为减少规划管理和土地管理的矛盾，部分城市实现规划、国土机构合置，如上海、深圳、广州，北京 2016 年实现了城市规划和国土资源部门机构合并改革。

（2）城乡规划管理体制

我国城乡规划管理实施土地用途和开发强度管制制度，土地使用性质、容积率等控制性详细规划的重要指标是政府出让土地提出的规划设计条件的核心内容。针对控制性详细规划频繁被修改，国家和地方政府均提出针对性举措：①国家层面出台《城市、镇控制性详细规划编制审批办法》，改全覆盖为有计划、分阶段、分批次地编制审批控制性详细规划，以提高时效性。建立控制性详细规划档案管理、信息化管理、动态评估和维护机制。严格控制性详细规划修改程序和要求，明确不涉及控制性详细规划基本内容的修改作为正常维护和管理范畴，强化合理制定的规划在实施过程中的严肃性；②地方层面也进行了面向管理的规划探索。大城市和特大城市地域范围大，空间层次复杂，地块的控制性详细规划很难在总体规划批准后一次性完成，但城市基础设施、公共服务设施、安全设施等保障城市运行的生命线工程，在总体规划层面受规划编制深度的限制很难落地，需要通过控制性详细规划落实相关控制要求。针对这一矛盾，北京、上海、武汉、广州等城市开展了单元规划的编制工作（实质分区规划的延续和深化），作为承接"总体规划"和控制性详细规划中间层次的规划。

（3）城乡规划设计机构

《城乡规划法》规定，城乡规划组织编制机关应当委托具有相应资质等级的单位承担城乡规划的具体编制工作。从事城乡规划编制工作应当具备一定的条件，并经国务院城乡规划主管部门或者省、自治区、直辖市人民政府城乡规划主管部门依法审查合格，取得相应等级的资质证书后，方可在资质等级许可的范围内从事城乡规划编制工作。2012 年 9 月住房城乡建设部发布的《城乡规划编制单位资质管理规定》（住房城乡建设部令 [2012]12 号）规定，城乡规划编制单位资质仍分为甲、乙、丙三级，其中城乡规划编制单位甲级资质许可由国务院城乡规划主管部门实施，承担城乡规划编制业务的范围不受限制。城乡规划编制单位乙级、丙级资质许可，由登记注册所在地省、自治区、直辖市人民政府城乡规划主管部门实施。

3. 城乡规划人才培养

城市管理是中国城镇化快速发展过程中的重大问题。长期以来中国的城市管理专业分为三类：①市政管理，偏重水电气热等基础设施的技术管理；②行政管理，偏重政府内部运行的制度管理；③广泛分布于各学科领域的部门管理，如交通管理、治安管理等。这三类管理共同特征是专业性强、综合性不足，缺乏应对和解决重大的综合性经济社会问题的能力。高速城镇化导致我国城市问题具有前所未有的复杂性、流动性和综合性，学科建设和人才培养的滞后使得城市管理人才长期不能满足实践的需要。2007 年中国人民大学公共管理学院成立全国首个具有综合性特征的城市管理本科专业，以综合性强的规划学为基础，立足前沿的信息技术，构建了应对中国转型期以解决城市发展复杂问题的城市管理本科专业教学体系。

根据 2008 年全国高等学校城乡规划专业指导委员会不完全统计，国内设有城乡规划专业的大专院校 180 所左右，办学领域涉及建筑类、地理区域类、人文社科类、农林类等。2011 年国务院学位委员会、教育部公布的《学位授予和人才培养学科目录》新目录增加了"城乡规划学"一级学科（属于工学，专业代码 0833），下设区域发展与规划、城乡规划与设计、住房与社区建设规划、城乡发展历史与遗产保护规划、城乡生态环境与基础设施规划、城乡规划管理六个二级学科。将城乡规划学作为一级学科建设，是应对我国城镇化健康发展和城乡和谐统一的重要支撑性工作，尤其是城乡规划管理人才的培养正式纳入国家培养计划。

本章小结

我国经济社会发展历程按照常规的分期大致可分为改革开放前 30 年和改革开放后近 40 年两个阶段，改革开放后近 40 年有两条主线❶：以改革为主线划分为 5 个阶段：1978~1983 年的农村改革突破阶段，1984~1991 年的农村改革迈向市场阶段，

---

❶ 杨保军. 城市规划 30 年回顾和展望. 城市规划学刊，2010（1）：14–23.

1992~1998 年的市场经济改革阶段，1999~2002 年的城市市场化改革阶段，2003 年后的全面改革阶段；以开放为主线可以分为 3 个阶段：1979~1991 年以"引进来、走出去"为标志的起步阶段，1992~2001 年强调全面对外开放阶段，2001 年以后的制度性开放为核心的全球化阶段。两个阶段有纵向关联，也有横向交织。

城市规划的公共政策演进历程与经济社会发展背景直接相关：①计划经济时期我国采取强行完成原始资本积累的农村剥夺模式，城市建设与经济社会发展计划完美结合，城市规划为中央和政府服务，协调关系单一，执行自上而下的一维线性行政指令，是单位体制内的规划，运行于行政体制内部，不是公共领域的对话，公共利益无需界定，规划呈现技术属性；②改革开放后我国城镇化很快达到水平 35% 左右，城市处于快速扩张时期，应对市场经济的冲击，城市规划服务的主体增加了企业，协调关系趋于复杂，应对面状二维市场需求，需要调整刚性增加弹性，界定公共利益，城市规划公共政策属性显现；③ 21 世纪我国城镇化水平超过 50%，按照远期城镇化水平 70% 计算，即城市建设区域的 70% 已然完成。改革开放前积累下来的城市更新区域提到议事日程，城市规划直接面对广大居民，满足三维甚至多维多层次社会需求，协调关系更为繁复，需要政策引导和制度约束，公共利益界定程序公正更为迫切，城市规划成为公共政策是历史的必然。

从国家经济社会发展历程可以发现，当经济滑坡出现衰退现象时，国家往往跟进出台系列的空间开发重大政策，通过空间开发的载体回拉经济。因此城市规划作为公共政策总是滞后于经济社会发展政策变化的。应该说明的是我国现行的法定城市规划体系对区域性的建设空间管理并不具备调控能力，城市规划的公共政策属性还更多局限在城市空间层面。

3

美国城市规划的公共政策传统与演进特征

3.1 规划理论思辨与美国城市规划演进分期

3.1.1 城市规划理论研究作用

城市规划不是纯科学而是与时俱进的应用科学，城市规划理论与规划方法随着时代而发生改变。城市规划理论必须基于应用时的外部条件，同时建立在已有的理论基础上（西方理论中具有普世价值的规范性理论部分）。

1. 城市规划理论内涵

"城市规划理论"分成"城市理论"（Urban theory）和"规划理论"（Planning theory）两部分，两者是不同的理论❶。

（1）城市理论

城市理论（Urban theory）关注城市这一客观事物的本身，包括了城市史、城市社会学、城市管理学、城市经济学、城市地理学、城市衰退及更新、经济全球化理论以及城市生态学理论等，研究城市及城市问题产生的原因及机理，构成了"城市研究"（Urban Studies）的主要部分。城市理论中的基础理论主要借鉴于政治经济学、社会学、经济学、地理学等社会学科形成社会科学理论，经过城市学者针对城市问题的应用进行重组及改造，并从城市规划的角度进行阐释。

（2）规划理论

规划理论（Planning theory）关注作为人类干预城市发展、解决城市问题的一种

---

❶ 张庭伟. 梳理城市规划理论 – 城市规划作为一级学科的理论问题 [J]. 城市规划，2012（4）：9–15.

努力，即规划工作。因此规划理论不仅研究城市客体本身，更着重于研究如何通过规划手段来解决城市问题，目的是以规划理论来指导具体的规划方案的制定。规划方案的提出和对于城市问题的认识有密不可分的关系，所以城市研究是城市规划的基础，而城市规划则是城市研究的目的。空间问题是规划学科的核心，规划理论是制定具体空间政策的理论基础。

规划理论本身又包括了两方面：规划学科自身的理论和为了编制各种规划而对规划编制对象的理论研究。法鲁第（Faludi，1973）对规划有两种理解：一种规划是"功能性"（functional）的，这样的规划是已知工作目标，规划师在给定目标的条件下，研究"如何做规划"；另一种规划是"规范性"（normative）的，目的是在理性选择的框架内，为规划工作自身制定目标，即"为何做规划"。与此对应，规划理论分为功能性、规范性两种。

1）功能性规划理论

功能性规划理论即"规划中的理论"（Theory in planning），关注的是在目标给定以后，如何为落实目标而提出规划建议，中心是不同功能的具体规划的编制原则及方法。规划中的理论指导着具体的规划工作，所以其内容比较密切地反映了城市不同发展阶段的需求。在美国，其理论演变反映了美国城市化及经济结构变化的过程，随着规划工作的对象发生变化，规划中的理论也随之发生变化。

2）规范性规划理论

规范性规划理论即"规划的理论"（Theory of planning），研究规划工作的自身，包括规划行业的发展历史、基本目标、社会功能、工作程序等，中心是规划这个学科存在的合理性及其价值观及职业道德。规范性规划理论受到哲学、社会学的极大影响，具有明显的人文科学属性，但由于比较抽象，往往和具体城市问题有脱节。

规划理论的发展没有穷尽，没有绝对真理，所有理论都是阶段性的真理，总是留有不足和空缺。理论的进步在于对已经建立的范式的不断质疑、改造、补充、创新……没有永远的"范式"。

2. 城市规划理论目的

由于功能性规划理论和规范性规划理论研究的重点有差别，在规划界内部造成了困惑甚至争论。大多数从事具体工作的规划师关心的是如何编制规划图纸文件来解决具体问题，对"纯规划理论"不甚认同。他们认为在现实生活中，大部分情况下规划目标是给定的，规划师的工作就是落实目标而不是制定目标，所以不必如此执着于审视规划目标，而"纯规划理论"的核心恰恰是强调规划目标及价值观问题。对于规划教育界来说，培育规划师必须包括三方面内容：知识（knowledge）、技能（skills）及职业道德（ethics），首要问题是培育学生正确的规划价值观，因此"规划的理论"十分重要。

反对意见则认为，当代美国的规划理论往往以批评现有体制为主要内容，引导学生对现有体制提出质疑。但是大部分学生毕业后在政府规划部门从事具体工作，变成了现有体制的一员，身在现有体制中，起码要接受现有体制，如何可能向现有体制提出"质疑"，更遑论"挑战"？如果客观现实就是这样，那么学习对现有体制挑战的规划理论又有什么用处？Hoch（Hoch，2011）认为，规划教育和规划实践本来就不是一个领域，不必强求在同一个理论范畴内，犹如人们平日也经常"规划"生活事务，与规划学科并没有什么相似的理论基础一样。据此，他把规划分成"领域"（field）、"学科"（discipline）及"运动"（movement）三方面。

"学习规划理论的目的"是美国规划理论界不断提出、不断讨论的问题。按照弗里德曼（J.Friedmann，2009）的观点，规划工作是一种社会学习、社会改革，所以培育基本价值观是学习规划理论的根本目的，其核心则是人文关怀的精神。他认为，规划理论有三个任务：①在规划中融入经过深思熟虑的人文哲学，并探寻它对规划实践的影响，这是规划理论的哲学任务；②帮助规划实践适应现实世界中尺度、复杂性及时间的约束，这是规划理论的适应任务；③将在其他领域产生的理念和知识转化到规划领域，使它们易于获得、并有益于规划及实践，这是规划理论的转译任务。❶

在相当程度上，规划实践也证明了规划价值观问题的重要性。回顾城市建设的历史，如果说规划工作出现了失误，那么大部分失误并不是由于具体规划方案、手法出了问题，而是规划目标及理念出了问题。例如1950年代美国城市推行由联邦政府主导的自上而下的城市更新（urban renewal），大拆大建，造成很多问题。1980年代后，城市再生（urban revitalization）代替了城市更新，方式转变为自下而上，由社区主导，内容从单纯的物质建设扩大到经济社会提升。正是基本理念的变化才带来了规划工作的转变，而具体项目的规划设计手法并没有太大的变化，可见研究理念的规划理论是十分重要的。

直至今天，关于规划理论问题的争论在美国规划界仍然在继续。在2011年ACSP年会上，"为什么要研究规划理论"又一次成为规划理论论坛的主题。J.Forester认为：①为了反对、纠正传统规划行业中存在的一些误区，例如对待种族及男女不平等问题的缺陷；②学术层面讨论重要的规划实质性问题，例如土地利用中的价值观问题；③改变某些规划实践，因为有些问题在实践中有解决的办法，但是在理论上却无法解释这些办法，也有些问题在理论上提出了解决办法，但是在实践中却无法实施，它们都需要重新研究，重构理论基础；④为了更好地理解城市及城市空间以改进规划理论。他认为城市规划是重新构筑希望，而不仅仅是解决城市问题。

---

❶ 约翰·弗里德曼，李晓慧，张庭伟. 规划理论的用途 [J]. 国际城市规划，2009（6）：6-14.

3.1.2　城市规划理论与方法演进

规划是一种实践行动，但在美国，规划理论一直得到充分重视。

1. 规划理论演进

（1）理论分期

张庭伟（2012）将城市规划理论划分为"规划的理论"和"规划中的理论"，前者是城市规划过程中表象的支撑性理论，即采用何种方式、方法、手段规划城市，后者是城市规划过程中决定前者的哲学思想、核心价值观等深层的支撑性理论，二者都经历了各种变化，表现为各自所谓的第一代、第二代、第三代城市规划理论（表3-1-1，表3-1-2）。

"规划的理论"的演变　　　　　　　　　　　　　表 3-1-1

分类	第一代理论：理性模型	第二代理论：倡导性规划，公众参与理论	第三代理论：协作性规划
时代	1940~1970 年代	1960~1980 年代	1990 年代~迄今
理论基础	工具理性	价值理性，程序理性	新的价值理性——集体理性
主要内容	规划工作的科学性，分析工具及方法	规划及其过程的公平性，弱势阶层问题	规划的调停功能，建立共识

"规划中的理论"的演变　　　　　　　　　　　　表 3-1-2

分类	第一代：前现代规划时期—现代规划理论（1950~1970 年代）	第二代：现代规划理论修正时期（1960~1990 年代）	第三代：后现代规划理论时期（1990~ 迄今）
支撑性理论	系统规划理论（雅典宪章及功能分区）	批判理论，后现代主义	新城市主义，精明增长，生态保护
工作主要对象	人与城市的关系，物质建设问题	人与人的关系，社会问题	人与生态的关系，环境问题

同时理论的发展与时代背景息息相关，受到哲学思潮的影响，大致呈现如下特征和内涵（表3-1-3）。

1）第一代理论

"第一代理论"理性模型和美国1930年代由政府主导的新政及系统科学的发展有密切关系，受到第一、第二次世界大战后西方哲学思潮的影响。建立在理性基础上的现代主义、理性主义、实证主义哲学以及社会学的法兰克福学派（主要是曼海姆Mannheim的理性主义社会改良理论）引领了战后整个西方学术界，为"第一代理论"理性模型打上了思想烙印，此时的规划师以"为人民做规划"（planning for people）

美国城市规划理论演变的背景 表 3-1-3

时代	1945~1960~1970	1960~1970~1980	1980~2000	2000~ 迄今
重大国际事件及美国国内事件	战后美国成为超级大国；美国经济高速发展；冷战及越南战争；美国城市化从高潮到渐趋成熟	冷战；越南战争及全球反战运动；中国的"文革"及改革开放；1960年代美国民权运动高峰；1970年代保守主义上升；美国城市开始进入工业化后期	全球化初期—中期；1980年美英建立保守政府；技术（IT）革命带来经济发展；苏联解体；中国经济改革；美国城市进入后工业化时期	全球化向广深进展；"9·11事件"—伊拉克战争；美国经济危机转为全球经济危机；"金砖四国"登上国际舞台；全球气候变化及环境危机；美国经济衰退但企图维持全球领导地位
哲学思潮	现代主义；理性主义；实证主义；法兰克福学派（Mannheim的理性主义社会改良理论）	Foucault对现代主义的批评，后现代主义出现；Kuhn的科学哲学（范式理论）；政治上的自由主义思潮上升（公平、民主、福利国家）；新马克思主义出现（Harvey，Castells，Lefebvre对现代资本主义的批判）	新自由主义盛行（Hayek及诺贝尔奖得主M.Friedmann的影响）；后现代主义高峰（多元化，解构主义）；反对全球化的左派理论（Chomsky，Harvey），后实证主义；Habermas为了重建现代主义而提出的集体交流理论	后现代主义的多种变体（相对主义、多元主义、生态主义）；后实证主义进一步发展；现实批判主义上升；左派经济界对新自由主义经济理论的批评
美国国内社会情绪	乐观；自信；对未来高期望	动荡；青年的反叛；对抗政府；不同种族的冲突	谨慎的乐观，不确定性；不同经济地位阶层的冲突	愤怒；悲观；怀疑；普遍的不确定性；不同经济地位阶层的冲突及不同文明的冲突
规划理论	理性规划模型高峰期（Tugwell），同时已经开始出现对理性主义的质疑；（Lindblom），规划师"为人民做规划"（planning for people）	对理性模型的批评—"规划理论大辩论"；Davidoff的倡导性规划；Krumholz的公平规划；Lindblom的渐进主义规划，Etzioni的综合审视规划；人民的规划（planning of people）	Forester，Healey，Innes的联络性—沟通性规划（多元化社会中规划师角色的调整和后退）；Fainstein，Huxley，Yiftachel等对联络性规划的质疑（忽视结果，过于强调过程）；人民做规划（planning by people）	Fainstein等对联络性规划的批评（忽视外部制约，忽视规划结果），提倡现实批判主义理论；混合式规划（政府—市场—社会的协作）；Hoch的"实用主义沟通性行动规划"（按需决定理论导向）；重新定位规划师的作用

为己任。理性包括两方面："工具理性"服务于经济意义上的"理性决策"，目的是追求最高效率及最大利益，往往受到追捧；"价值理性"则为了社会道义及人文价值，也包括实现社会正义所必需的决策程序正义，但是常常受到忽视。"工具理性"和"价值理性"的这种分离，为以后批评理性模型只注重"工具理性"留下了伏笔。

2）第二代理论

第二代理论是现代规划理论修正时期。1960 年代美国的民权运动点燃了挑战现状的火种，理论界注意到"价值理性"日益缺失，为弱势阶层发声的倡导性理论（Davidoff 的 advocacy theory，出现于 1970 年代，但是在 1990 年代又被重新提出）及挑战现有规划理论的批判性理论（Forester 的 critical theory，1983）得以发展。它们批评理性模型的功利主义，认为所谓"理性决策"仅仅是既得利益者自私地维持既得利益的借口。Krumholz 提出的公平规划、Lindblom 主张的渐进主义规划、Etzioni 的综合审视规划等理论各领风骚，反映出当时动荡的社会思潮对规划理论的影响。雅各布斯的《美国大城市的死与生》（J.Jacobs，1961），极力维护城市的复杂性及多样性，是规划领域最早的后现代主义著作，标志着规划范式离开现代主义的根本转变。这个时期的所谓"第二代"规划理论以批判性、多元化及大争论而记入规划学科的历史，此时的规划师提出"人民的规划"（planning of people），强调人民的参与。

3）第三代理论

第三代理论是后现代规划理论时期，这一时期更深层的影响来自哲学领域。福柯（Foucault）全面批评了僵化的现代主义，开创了后现代主义的理论多元化时代。美国哲学家科恩（T.Kuhn）提出的科学哲学（《科学革命的结构》The Structure of Scientific Revolutions）初次发表于 1962 年，他首创的"范式转变"概念到 1970 年代显示出对整个学术界的巨大影响。1979 年英国撒切尔政府上台和 1981 年美国里根政府上台，标志着全球进入经济全球化及新自由主义政策时代。面对主张资本全球性自由流动的保守主义的兴起，学术界开始批判现有体制。后现代主义主张世界的复杂性及多样性，承认多元化及矛盾的普遍性，提出对现状的质疑，认为应对客观世界解构而不是表面上的整合，这些观点受到广泛认同。反对全球化的左派理论（以乔姆斯基 Chomsky 及哈维 Harvey 为领袖）以及后实证主义理论（post-positivism）都可归为后现代理论的范畴。与此同时，学术界也出现了重建现代主义的努力，代表人物是哈贝马斯（Habermas），在他的影响下，交流性规划（Communicative planning）成了当代西方规划界的主流，也是"第三代"规划理论的基础。这个理论认为"规划由人民来制定"（planning by people），而规划师则是交流的组织者、共识的协调者和沟通的推动者 ❶。

---

❶ 张庭伟. 新自由主义·城市经营·城市管治·城市竞争力 [J]. 城市规划，2004（5）：43-50.

（2）规划方法的争辩

2000 年以来，美国规划界围绕联络性规划出现了争论，随之而起的是现实批判主义等一些新理论的出现。由美国的 Forester 及 Innes，英国的 Healey 等主导的联络性规划理论，虽是基于 Habermas 的理性交流理论（以集体理性克服个体理性的缺点），但是关注的中心仍然是规划过程而不是规划结果。美国的 Fainstein❶、英国的 Huxley、以色列的 Yiftachel❷ 等学者都对交流性或联络性规划提出了质疑，他们的主要依据是新马克思主义理论。Castells 等新马克思主义者指出，资本主义国家社会结构的制约，使规划难以改变支持资本拥有者的社会现状（Castells，1977；Harvey，1978）。

沟通式途径的天真之处在于回避了社会系统扭曲的真正原因，以及它对"理智必胜"的信念。事实上很多被当作理智的东西，其实只是被权威宣扬、并再三重复而看起来合理的东西。如果未能证明制度转型可以产生实质性成果，就不可能引发群众广泛的参与变革的热情。Hoch（Hoch，2002）赞同对联络性规划的批评，主张一种"实用主义沟通性行动规划"（Pragmatic communicative action theory），提倡某种折中主义，包含了规划的沟通过程、重视行动结果、采用实用主义的政策组合。美国 1930~1940 年代后出现的理性规划模型以抽象的模式，把具体规划方案排除了。此后各种规划理论（"规划的理论"）均以抽象的规划价值观（例如权力分配 planning and power、公平城市 justice city 等）及规划决策程序（参与性 participation、交流性 communicative/collaborative planning 等）为中心，越来越少关心具体的规划内容，从此规划理论和规划实践渐行渐远。

2. 规划对象演进

与此同时，规划工作的对象也随着社会变化而变化。第二次世界大战以后规划工作面对的是美国及西方国家的重建及高速城市化，因此围绕着用地规划的各种物质建设规划及"人和城市"的关系自然是"第一代规划中的理论"中心内容。1960 年代后美国城市化基本成熟，"做蛋糕"的物质建设项目减少，"分蛋糕"的社会问题变得突出，规划工作于是转向社会问题，"第二代规划中的理论"转向以"人和人"的关系为中心。近 20 年来，越来越严重的环境问题、资源问题及全球化气候变暖问题，使当代规划工作进一步扩展到生态保护，"人和生态环境"的研究成为"第三代规划中的理论"的中心。

"规划中的理论"也在不断演变，然而新一代的规划工作并非完全替代了老一代的规划工作，理论演变也不是简单的新中心"点"对于老中心"点"的替代关系，

---

❶ Fainstein（2005）认为联络性规划过于关注规划过程，忽视了规划的最终目的，即建造一个宜居的城市。

❷ Yiftachel（2006）认为，在给定的权力背景下，交流性规划仅仅具有讲述事实的权力，希望依靠沟通不同意见、建立共识，必然无法实现社会改革这个规划的大目标。

而是由中心"点"扩展到"面"的扩展关系：规划理论涉及的问题越来越多，包含的内容越来越全面。同时，关注的中心点也在渐渐转移。

3. 规划教育演进

关于规划理论争论也必然反映在美国的规划教育中。美国及加拿大共有99所规划院系，R.Klosterman 教授连续30年对主要的45所规划院系的规划理论课程进行调查，最近他对1981、1992、2000及2009年的四次调查结果进行了综合分析（Klosterman，2011），其主要发现是：

（1）各个院校规划理论课程的内容有相当的稳定性

30年来规划理论课程主要围绕五个方面的内容：①规划职业的历史；②倡导性规划及公平规划；③规划师的职业道德；④规划的政治、社会联系；⑤理性模型及其他规划理论。过去20年中，规划理论课程也出现一些新内容，包括：①规划工作的必要性（justification of planning）；②联系性及协作性规划；③女权问题。大约三分之一的院校加入了这些内容。

（2）不同规划院系的规划理论课程开列的必读教材正在减少

1979年时规划教授们使用了约1500篇文章为教材，2010年缩小到1036篇，其中最普遍采用的是 Davidoff 的倡导性规划（1965年发表，71%的规划系采用）及 Lindblom 的"混糊性思潮"（Muddling through，1959年发表，56%的规划系采用），但是其他教材的内容则相当分散。从1999年到2010年，北美规划院校主要采用的规划理论教科书有三本：① Brooks 主编的《为规划实践者的规划理论》（Planning Theory for Practitioners，2002，有35%的规划系采用）；② Campbell 和 Fainstein 编辑的《规划理论读本》（Readings in Planning Theory，2nd Edition，2003，有31%的规划系采用）；③ Hall 的《明日城市》（Cities of Tomorrow，3rd Edition，2001，有19%的规划系采用）。

2010年北美规划界最主要的规划理论作者包括：Davidoff（71%的理论课程使用其著作），Lindblom（58%的课程使用其著作），Krumholz（50%的课程使用其著作），Friedmann（48%的课程使用其著作），Healey 及 Forester（均为44%的课程使用其著作），Hall（40%的课程使用其著作）。调查证明规划理论对规划职业仍然具有重要影响，而且30年来发表的规划理论论文稳定上升，说明规划研究保持着活力，同时也出现了理论多元化发展的趋势。

3.1.3　城市规划公共政策传统解释

1. 内在核心

美国城市规划公共政策传统来自于自由主义传统。美国的自由主义伴随着17世纪殖民主义在美洲的成长而不断扩散开来，他们在这个天然自由的国度里自由地发展❶。路易·哈茨（1995）在其《美国自由主义的传统：诠释美国革命后的政治思想》一书中，称自由主义为美国历史上唯一占主导地位的政治思想传统❷。

美国的民主党与共和党两个主要政党，在本质上都是自由主义政党，只不过各自体现了自由主义的不同原则。他们都坚持个人主义，都反对传统的宗教权威和社会等级制，都强调教育作为解放思维、培养理性化、提高个人从而促使社会进步的工具，在政治上都坚持个人的自由权利、民主与宪政主义。共和党在经济政策上更倾向于古典自由主义，主张放任自由的经济政策。民主党则倾向于允许政府在经济和社会生活中扮演重要角色，强调政府干预的作用。两党的分歧并不是所谓自由主义与保守主义的分歧，而是自由主义不同原则、不同方面的分歧。

2. 分期依据

美国城市规划的公共政策演进阶段划分从借鉴性角度，试图构建与城市化水平、空间形态以及其他研究视角的一种内在联系。

（1）城市化水平发展的阶段性

30%、50% 和 70% 是城市化水平研究的三个关键节点。美国 30% 城市化水平节点在 1880~1890 年（1880 年为 28.2%，1890 年为 35.1%）。1918 年城市化水平首次突破 50%，1920 年为 51.2%，这一时期的美国处于第一次世界大战之后的工业化和经济腾飞阶段。1945 年城市化水平达到 61.8%，1960 年达到 69.9%，2010 年则高达 81%（图 3-1-1）。

（2）城市空间形态的阶段性

M. 耶兹将城市空间形态演化划分为五个阶段：①重商主义城市时期（Mercantile City）。在资本主义早期商业原则的作用下，城镇群体地域表现为沿海城市以港口为核心、内陆城市以农业或资源地为核心的紧凑状分布形态，城镇间联系较少；②传

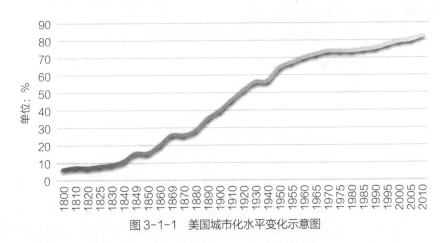

图 3-1-1　美国城市化水平变化示意图

❶ 钱满素. 美国自由主义的历史变迁 [M]. 上海：生活·读书·新知三联书店，2006.

❷ 路易·哈茨. 美国自由主义的传统：诠释美国革命后的政治思想 [M]. 北京：中国社会科学出版社，2006.

统工业城市时期（Classic Industrial City）。工业成为区域城市社会经济组织的主导，并成为城镇群体空间演化的主要推动力量，出现了按生产要素接近原则形成的城镇组合，乡村地域成为生产要素净流出的边缘；③大城市时期（Metropolitan Era）。城镇体系在工业大生产组织的作用下重新建构，大城市逐渐形成并占据了主导地位。大容量交通系统为城市由向心集中转向放射状的向外扩展提供了可能，郊区有特殊地理意义的活动中心已形成；④郊区化成长时期（Suburban Growth）。第二次世界大战以后经济与技术的迅速发展及城市人口规模的迅速增加，改变了城市与乡村地域的比较优势，郊区的生态价值和经济价值被重新发现。居住与就业岗位的分散，对原有的城镇群体空间起到了加密、加紧一体化联系的作用；⑤银河状大城市时期（Galactic City）。20世纪80年代以后城镇群体空间在区域层面的大分散趋势继续成为主流，传统中心城市的作用被多中心的模式取代，形成城乡交融、地域连绵的"星云状"大都市群体空间。

（3）不同视角的分期

陈雪明（2003）从规划学科发展角度将美国城市规划发展历程分为五个时期[1]：①移植型城镇规划期（1608~1776年的殖民地时期）；②城市规划发展低潮期（1776~1840年的独立初期）；③城市规划学萌芽期（1840~1914年的工业革命时期）；④城市规划学形成期（1914~1945年第二次世界大战时期）；⑤城市规划学成熟期（第二次世界大战结束至今的新时期）。

Peter hall从视觉角度将城市规划理论的发展历史划分为七个阶段：① 1890~1901年，病理学地观察城市；② 1901~1915年，美学地观察城市；③ 1916~1939年，功能地观察城市；④ 1923~1936年，幻想地观察城市；⑤ 1937~1964年，更新地观察城市；⑥ 1975~1989年，纯理论地观察城市；⑦ 1980~1989年，企业眼光观察城市，生态地观察城市，再从病理学观察城市。

胡俊在其《我国城市空间发展模式》里参照规划学者阿伯斯（G.Albers）的观点，同时用霍尔的实证研究加以补充，将近现代城市空间结构理论模式的研究大体分为三个阶段：① 19世纪末以前的形体化模式发展阶段；② 20世纪初至50年代的功能化模式发展阶段；③ 20世纪60年代以后的人文化、连续化发展阶段。

吴志强在《百年西方城市规划理论史纲》中将城市规划理论的发展分为六个阶段：① 1890~1915年，核心思想词包括田园城市理论、城市艺术设计、市政工程设计；② 1916~1945年，核心思想词包括城市发展空间理论、当代城市、广亩城、基础调查理论、邻里单元、新城理论、历史中的城市、法西斯思想、城市社会生态理论；③ 1946~1960年，核心思想词包括战后重建、历史城市的社会与人、都市形象设计、

---

❶ 陈雪明. 美国城市规划的历史沿革和未来发展趋势 [J]. 国外城市规划，2003（4）：31-36.

规划的意识形态、综合规划及其批判；④ 1961~1980 年，核心思想词包括城市规划批判、公民参与、规划与人民、社会公正、文化遗产保护、环境意识、规划的标准理论、系统理论、数理分析、控制理论、理性主义；⑤ 1981~1990 年，核心思想词包括理性批判、新马克思主义、开发区理论、后现代主义理论、都市社会、空间前沿理论、积极城市设计理论、规划职业精神、女权运动与规划、生态规划理论、可持续发展；⑥ 1990~2000 年，核心思想词包括全球城、全球化理论、信息城市理论、社区规划、社会机制的城市设计理论。

3. 历史分期

应该说明上述分期方案多以"规划的理论"为划分标准，本书综合城市化水平、空间形态以及其他研究视角的结论，由于主流哲学思潮和价值观念是决定城市发展政策、规划管理政策最主要的因素，主要分为第二次世界大战（以下简称"二战"）前和第二次世界大战后两个阶段："二战"前主要采用陈学明的划分方法，细分为四个时期；"二战"后更多借鉴吴志强的研究成果，细分为四个时期。

公共政策视角美国城市规划历史分期　　　　　表 3-1-4

"二战"前		"二战"后	
分期名称	时限	分期名称	时限
移植型城镇规划期	1608~1775 年的殖民地时期	战后重建政府主导下的城市规划	1945~1960 年
城市规划发展低潮期	1776~1839 年的独立初期	现代城市问题反思的城市规划	1960~1980 年
城市规划学萌芽期	1840~1913 年的工业革命时期	新自由主义思潮的城市规划	1980 年代~20 世纪末
城市规划学形成期	1914~1944 年二次世界大战时期	21 世纪以来的城市规划	2000 年~迄今

3.2 美国"二战"结束前城市规划的政策性传统

3.2.1 移植型城镇规划期（1608~1775 年的殖民地时期）

1. 城市发展背景

一百多年漫长的殖民时期，美国一直是一个农业国家，城市数量少、规模小，地域分布分散，腹地有限，空间结构简单。1690 年时美国 13 个州的城市人口占总人口的比例仅为 10%。沿大西洋沿岸分布的港口城市主要从事同英国之间的进出口贸易，城市经济基础为商业，殖民地特征明显。

2. 城市规划特征

当时美国的许多城市都是通过居民契约的方式建市，城镇建设主要沿袭欧洲宗主国的规划方法，具有以下几个移植型特征：①街道系统呈网格状分布，并且按照不同街道等级进行规划和建设。例如费城、纽黑文、底特律、新奥尔良、纽约和威廉斯堡等城市均采用网格状街道系统；②城市发展预留空地，用于建造公园和绿地；③建筑物之间保持适当的间距，以符合防火、通风和采光的要求；④城市空间结构中突出市中心的功能；⑤沿袭欧洲中世纪以来自由镇和宪章城市的传统，由地方政府规划管理城市，地方政府拥有较大的自主权，对城市土地使用和社区发展进行有效的布局。

3. 代表性城市规划实践

费城规划是美国殖民时期的城市典型代表。1681年英国国王查理二世将一块如英格兰大小的土地赐给威廉·佩恩，由此他获得了北美东海岸最后一块也是最肥沃的土地。在得到宾夕法尼亚皇家许可后，1682年威廉·佩恩为费城构思了一个全新的殖民社会方案——遭受迫害人士的避风港和远离专制的避难所。该规划在交通方面注意到对称以及主、次干道的区别，并有意识地在规划中体现对公共开敞空间的提供（图3-2-1）。为了实施该规划，威廉·佩恩热情邀请更多的商人参与城市建设并共享城市的繁荣、自由与和平。在殖民地建立短短二十多年间，人口增长到2万人，而同期的南卡罗来纳只增至4000人。1700年费城的人口已经超过纽约，到1720年达到3万多人。

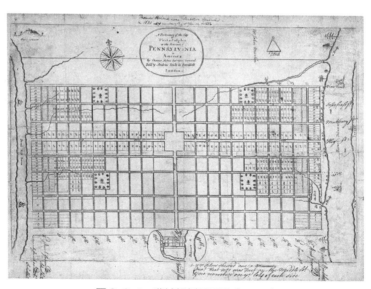

图 3-2-1　费城规划平面图（1682）

图片来源：大费城地史网，http://www.philageohistory.org/rdic-images/view-image.cfm/HOL1683.Phila.001.Map

这一时期代表性的规划还包括弗兰西斯·尼克尔逊的安纳波利斯规划（1695年）、弗兰西斯·尼克尔逊的威廉斯堡规划（1699年）、詹姆斯·欧格里索匹的萨范纳规划（1733年）等。

3.2.2 城市规划发展低潮期（1776~1839 年的独立初期）

1. 城市发展背景

美国在经历了漫长的英国殖民时期之后，于 1776 年宣布独立，1783 年得到英国政府的承认，创造了一个崭新而独特的国家。虽然在政治上获得独立，但在经济上仍然同英国息息相关。1765 年英国工业革命开始，兴盛于 1830 年代左右，于 19 世纪传入美国，对美国经济结构、社会结构、法律制度以及价值观念等都带来了巨大的冲击与影响，为摆脱经济上对英国的依赖，美国实行经济转型：①改变种植结构，南方种植园经济转换成棉花经济，向英国出口棉花，因为在纽约中转，使得纽约的交通地位迅速上升；②积极拓展西部版图，加强开发力度。根据 1785 年颁布的法令，美国政府在阿巴拉契山以西的广大西部地区建立了一套长方形的勘探坐标系统，西部大开发从此开始。最初依靠天然河流，然后开挖运河，最终是依靠铁路运输。1803 年的路易斯安那购买使得密西西比河流域加入美国，新奥尔良等南方城市通过密西西比河同中西部连接，1825 年伊里运河通过哈得逊河将纽约和五大湖地区连接起来，从而鼓励人们向纽约州和北俄亥俄州迁移，真正使中西部变成居住地，产生了水牛城和其他小城镇，纽约成为无可争辩的商业中心。经济的发展促进城市快速拓展和人口爆发性增长，城市问题也初露端倪。

2. 城市规划特征

从独立初期到向西扩张时期，殖民地时期的城镇规划传统逐步被放弃，美国的城市规划逐步进入低潮，其主要原因包括以下三个方面：

（1）对个人权利和私有财产的保护

自 1803 年"马伯里诉麦迪逊案"确立宪法诉讼制度以来，经过联邦最高法院的不懈努力，人权保障在美国取得了相当的成效，直到 1937 年对财产权的保障一直是人权保障实践的重心所在。同时，美国宪法颁布以后，州政府通过县政府直接管理地方事务，而地方政府只是根据州政府的有限授权维持城市内部秩序和提供基本服务。地方政府对私有财产没有控制权，而州政府又不行使其控制权，造成私有财产控制管理的无政府状态，城市规划由于其公共性推行的难度极大。

（2）反城市倾向出现

独立时期美国有反城市倾向，美国第三任总统托马斯·杰斐逊是反城市发展派的代表人物。反城市发展派认为城市是罪恶的根源，而乡村则代表了美好的社会，因此联邦政府对于城市规划和发展采取放任自由的政策。缺少联邦政府的主导，城市规划一度被搁置。

（3）极其重视经济发展

城市之间的经济竞争使得人们忽视城市内部存在的问题和城市生活质量的提高。由于殖民地时期的美国城市均为商业城市，独立后美国城市相互竞争腹地以扩大贸易。为了达到这个目的，全国的资源主要用于建设运河和铁路等。向西扩张和发展使得土地投机拍卖非常盛行，缺乏规划指导。

3.代表性城市规划实践

（1）华盛顿规划

美国的天性是商业，而华盛顿是一个伟大而独特的政治版本，华盛顿规划是这一时期最典型的规划案例。由于新的国家首都必须是政治和商业中心，经过近10年的辩论，1790国会终于决定将选址范围限定为乔治市和亚历山大市之间的波托马克河两岸，授权总统华盛顿选择合适的地址。华盛顿听取了拉芬特的建议，拉芬特还参照法国国王路易十四凡尔赛宫附近的样式，设计了一条林荫大道。国会通过了拉芬特的设计方案并作出决议，新的联邦首府命名为华盛顿。

1791年华盛顿总统聘请大地测量学家安德鲁·伊里科特和当时服役于美国军队的法国军事工程师朗方上校（Pierre Charles L'Enfant，1754~1825）着手征集土地并制定规划方案。最终决定新首都建在波托马克河岸沿杰金斯山1英里处，占地6100公顷，当时只赎买到公共建筑用地，并把道路收归国有。华盛顿城设计原意是先规定一些重要的地点，其他的建筑群依次展开。街道南北、东西交错，垂直分布，使城市各部分紧密相连，每一个街区同时又在另一个街区的视野之内。朗方合理利用了基地特定的地形、地貌、河流、方位、朝向等条件，将华盛顿规划成一个宏伟的方格网加放射性道路的城市格局（图3-2-2）。由于朗方同政府部门之间的意见相左，1792年被迫辞职，伊里科特对朗方规划进行了修正。华盛顿建设十分缓慢，19世纪上半叶主要建造了第一个国会大厦（1793~1827）。1860~1865国内战争结束以后，建设活动兴起，1863年国会大厦重建完成，朗方方案真正实施是在1940~1970年。

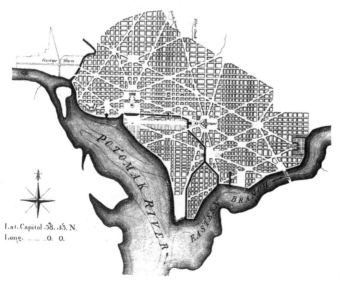

图 3-2-2　华盛顿平面图

资料来源：Life At Hok：http：//www.hoklife.com

华盛顿城已有 300 多年的建城历史，但坚持了尊重传统、保持特色的原则，一直秉持自己的特点：①不发展或不布置重型、大型的工业建设项目，以保证环境的洁净；②保持放射形和方格形相结合的道路网，许多道路交叉点被设计成圆形、方形广场，道路宽阔，绿树成荫，景观富于变化；③卓有远见地规定了市中心区周围的建筑物高度，不得超过国会大厦的高度（33.5m）；④建筑布置同广场、水池保持合理的空间尺度和比例，在市中心的主轴线上，从国会大厦向西经华盛顿纪念塔、倒影池、林肯纪念堂等约 3.2km 长的空间范围内，草坪、林荫道以及两侧的主要公共建筑群等都经过精心设计；⑤绿地和公园较多，便于市民的游憩活动，并有利于净化城市环境。全城绿地面积为 31km^2（平均每人超过 40m^2），同世界其他国家的首都相比，绿化程度较高。

美国国会在 1952 年通过了《首都规划法》，又于 1954 年和 1961 年相继作了城市规划。经过 7 个方案的比较，1962 年正式提出公元 2000 年的首都地区规划方案（人口规模为 500 万人）。该方案以现有城市为中心，向外伸出 6 条放射形轴线，沿轴线分散城市的功能和建设项目，布置一批规模不同的卫星城镇或大型居住区。华盛顿城市规划存在的问题是由于以政治象征性为设计的出发点，未充分考虑居住的功能需求，路网采用几何放射形布局，造成道路辨认的一定困难。由于地方政府缺乏必要的权力来实施城市规划，除中心区外的城市其他区域发展被土地投机商控制。

（2）其他城市规划

19 世纪初美国除华盛顿外，其他城市的发展充满投机性，城市发展缺乏整体规划。1807 年戈费诺·朱达基（Gorenor Judges）规划的底特律城有别于其他城市网格状街道系统（主要为了方便土地划分和买卖），由大体量公共建筑、广场和宽广的林荫大道构成的放射状壮丽景观（图 3-2-3），但最终也被否决掉，以格网规划取而代之。

3.2.3　城市规划学萌芽期（1840~1913 年的工业革命时期）

1. 城市发展背景

1840 年代工业革命使得美国经济快速发展，同时欧洲遭受土豆饥荒，移民大举迁入，城市建设、移民速度实现了前所未有的增长。城市人口的迅速增加和建设用地的无序扩张使得城市过分拥挤，各种不兼容土地相互混合使用，开放空间消失，居住质量下降，住房问题突出，贫富差异扩大，死亡率上升，城市环境卫生、公共健康均出现严重问题，各种社会矛盾日益突出。与此同时，一些美国上层社会的精英和商业人士在游历欧洲后非常羡慕那些拥有丰厚历史底蕴的城市，希望通过模仿学习使自己的城市文化上有品位、景观上有特色，因此由商业精英主持的城市规划

图 3-2-3　底特律规划总平面图
（1806—1926）

资料来源：Detroit Yes

在这一时期兴起，并试图以改良城市面貌吸引更多的资本进入自己的城市。

2. 城市规划特征

美国现代城市规划诞生和萌芽于 19 世纪末至 20 世纪初，此后自 20 世纪伊始至第一次世界大战爆发的这几十年，成为城市规划快速成长发展同时也是富有创造力的一个阶段，在美国城市规划发展史中占有十分重要的地位。

（1）思想基础全面形成

美国现代城市规划脱胎于美国在此阶段以前复杂的社会经济政治环境，其诞生主要源于三个思想基础：①早期空想社会主义的影响。主要是英国乌托邦社会主义思想，美国规划界普遍认为，霍华德的田园城市理论是美国城市规划理论的先驱；②理性主义思想为其方法论提供基础。理性主义思想认同经验科学的重要性，并且在研究方法及形而上学的理论上更接近笛卡儿，为现代城市规划认识问题与处理问题提供了新的方法论思路；③对自由与平等精神的追求、崇尚科学技术精神、无政府主义等思想的影响。美国的天性是商业，原始的基因就是自由与平等，无政府主义思想同样提倡个体之间的自助关系，关注个体的自由和平等，反对包括政府在内的一切统治和权威，为传统城市规划向现代城市规划提供了创新的路径。

（2）技术支撑规划发展

这一时期美国城市规划技术得到突破性提高，体现在城市美化、空间景观、建筑艺术的发展与工程技术进步，从规划的建筑与空间出发为工程技术提供了新的思路，工程技术发展保障了现代城市规划工程的可行性与可操作性，从而实现了由传统城市规划向现代城市规划的历史性转变。同时行政与立法从政策角度赋予了城市规划操作的基础性手段，以地方政府为城市管理主体，地方政府对城市规划编制与实施管理具有较大主动权，公司城建设也为现代城市规划提供了宝贵的先行实践经验。

（3）城市规划具有两面性

这一时期美国城市规划的中心思想是科学效率、城市美化、城市艺术和社会公平，具有明显的两面性：①问题导向。即城市规划工作主要着力解决城市增长引发的城市卫生问题、住房问题，侧重于改善城市面貌、环境保护以及归因于社会公正的各种问题，因此城市规划具有公共政策属性；②精英导向。城市规划由商业精英把持，体现对城市商业发展的追求，遵从精英阶层意识思想引导，规划政策属性的目标、价值导向也通常是满足大资产拥有者的利益诉求，因此城市规划具有蓝图式的物质空间规划特征。公共政策角度，政府对私人行为的公共控制和干预缺乏法律依据。

3. 规划重大事件

这一时期几个重要事件影响了美国城市规划学的诞生和发展。

（1）城市卫生改革运动

1840 年代世界上大多数城市的环境卫生条件按照现代标准来看是令人吃惊的，生活垃圾通常是在后院的化粪池和污水坑里进行处理，导致水源的污染常见且较为严重，城市疾病肆虐，公共卫生改造迫在眉睫。城市公共卫生改良运动首先在英国发起，政府在进行周密调查的基础上，针对当时城市糟糕的公共卫生状况及其引发的城市问题做出了实际行动，包括颁布法律法规和建立实施机构等。作为公共卫生改革的重要内容，英国首先发明了给水排水系统，使得城市卫生条件得到很大改善，各种影响城市居民健康的疾病随之减少。受到英国城市卫生改革成功的鼓舞，美国也开始对城市卫生进行调查并进行一系列积极有益的实践。城市卫生调查和改革使得规划人员和居民逐步产生了城市意识，规划师的创新实践促进了规划技术的进步[1]，都直接影响了城市规划学诞生的进程。

（2）改善城市住房条件

在 1860 年南北战争的刺激下，美国北方城市发展迅速，产生了严重的住房问题。为了解决这一突出的城市问题，住房改革者要求政府放弃不干预的政策，迅速改善住房条件。美国的住房供应与条件改善主要依靠市场化的力量运作，政府主要规范市

---

[1] 弗雷德里克·劳·奥姆斯特德（Frederick Law Olmsted）在他设计的一些新社区里，依照土地等高线为污水和雨水设计了适当的排水系统，既考虑了健康要求，也兼顾了美学要求。

场、制定规章和提供规划。1867 年纽约市首先通过了第一个规范经济公寓建设的立法，要求提高住房标准，为低收入者改善住房条件。同年旧金山通过法令限制不良土地的使用和扩展，从而为 20 世纪的土地使用分区规划开了先河。1901 年纽约州发布《经济公寓房屋法》(Tenement House Act)，规定削减 70% 的经济公寓面积，提高消防安全标准和居住舒适标准，要求每个公寓必须有独立的卫生间，确保采光和通风条件，并建立了经济公寓房屋委员会行使检查和执行的权力，被认为是经济公寓建设立法的里程碑。到 1920 年至少有 40 个其他城市基于执行机构的反馈颁布了房屋法规。

（3）城市美化运动

为改善城市环境，满足市民对新鲜空气、阳光以及公共活动空间的要求，1850 年美国开始了以市中心、街道和公园建设为核心的公园运动，成为城市美化运动的前奏，纽约曼哈顿中央公园却是公园运动留给城市最宝贵的财富。1851 年纽约州议会通过了公园法，1853 年纽约州议会决定在纽约市购买一块用地用于建造中央公园，为市民提供休闲的场所。1858 年由弗雷德里克·劳·奥姆斯特德及卡尔文·奥克斯二人合作的中央公园设计方案成为中央公园的实施方案，奥姆斯特德本人也被任命为公园建设的工程负责人。中央公园的设计（图 3-2-4）为许多城市提供了灵感，由此而展开的全国性城市公园设计与建设运动，一系列由林荫道联系起来的城市公园建设，加强了城市美化与城市规划的密切联系，成为美国现代城市规划运动的先驱❶。1860 年代末和 1870 年代美国郊区化逐步开始后，奥姆斯特德和奥克斯对芝加哥西郊的河边市里弗赛德进行规划设计（图 3-2-5），沿用奥姆斯特德一向的英国牧歌田园风格，里弗赛德后来成为住宅区建设的样板、以往方格网规划的替代❷。1890 年纽约的城市艺术运动强调城市的建筑造型设计、城市景观和雕塑以及环境的美化，城市美化运动达到鼎盛。

1893 年由丹尼尔·伯纳姆❸和小弗雷德里克·劳·奥姆斯特德❹设计哥伦比亚世界芝加哥博览会，呈献给参观者的是一个将景观区、参观走廊、展示大厅和其他建筑精细组合在一起的博览会集市场所（图 3-2-6、图 3-2-7），成为美国现代城市规划诞生的标志。其后，丹尼尔·伯纳姆主持编制了 1901 年的华盛顿中心区公园系统规划、1903 年的克利夫兰规划以及 1905 年的旧金山规划。

（4）城市规划专业开始形成

这一时期因为没有专门的城市规划师，城市用地布局、规划和设计由房地产

---

❶ Fogelsong R E.1986.Planning the Capitalist City : The Colonial Era to he 1920s.Princeton : Princeton University Press.

❷ Sutcliffe A.1981.Towards the Planned City : Germany，Britain，the United States and France，1780–1914. Oxford : Basil Blackwell.

❸ 美国城市规划在世纪之交的风云人物，当时最杰出的建筑和城市设计师。

❹ 中央公园设计者弗雷德里克·劳·奥姆斯特德的儿子。

图 3-2-4　纽约中央公园设计方案图
资料来源：Frederick Law Olmsted.com

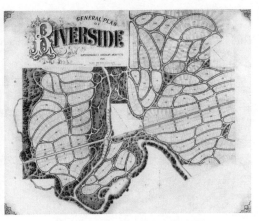

图 3-2-5　里弗赛德规划平面图
资料来源：Village of Riverside

图 3-2-6　芝加哥世界博览会鸟瞰图
资料来源：Encyclopedia of Chicago Boston Public
　　　　Library，Print Department

图 3-2-7　芝加哥世界博览会集市场所
资料来源：Encyclopedia of Chicago Boston Public
　　　　Library，Print Department

商、工程师和测绘人员承担，城市美化运动产生了规划顾问公司和居民规划委员会。1900 年美国建筑师协会庆祝华盛顿建都 100 周年在华盛顿召开年会，会议成立了以密歇根州参议员詹姆斯·麦克米兰命名的麦克米兰委员会，即哥伦比亚特区改善委员会，该委员会要求重新修改华盛顿市朗方规划，并且根据欧洲的规划经验制订了 1902 年的华盛顿市规划，美国现代城市规划从此开始。1907 年康涅狄格州议会产生美国第一个城市规划机构，美国其他地方相继成立类似的机构。1909 年第一届全美城市规划会议在华盛顿召开，会议议题是关于城市规划和人口过分稠密问题，设想建立贵族城市。这一年哈佛大学第一个开设城市规划课程，城市规划专业得以正式成立；洛杉矶县通过土地分区法令，城市规划有法可依；伯纳姆完成了美国 20 世纪城市规划最重要的历史文献之一——1909 年的芝加哥规划❶。1910 年代中期综合规划

❶ 在本章第 4 节详细介绍。

逐步兴起，联邦最高法院通过 Welch v.Swasey 中对建筑高度的控制、Eubank v.city of Richmond 中对建筑退后间距的规定、Hadacheck v. Sebastian 中对土地使用的规定三个案例判决综合规划符合宪法。

3.2.4 城市规划学形成期（1914~1944 年二次世界大战时期）

1. 城市发展背景

第一次世界大战使得国外移民基本停止，到 1920 年美国的城市化水平超过 50%。1920 年代后美国人口增长趋于缓慢，自然增长和外来移民日益减少。随着汽车时代的来临和汽车的广泛使用，城市逐渐演变成为都会区，郊区化开始沿着不同于城市铁路的方向进行，人口迁移和城市建设存在三种模式：①郊区迁移。郊区化使郊区在政治、经济上不断独立并同中心城市形成竞争，1930 年代和第二次世界大战期间美国郊区化由于经济萧条和战争被迫中断。由于城市中心区贫民窟的清理（Slum Cleaning）、郊区的大规模开发建设，传统城市的宜人空间尺度逐步被塑造为适宜汽车的尺度的郊区化建设模式。在实现美国中产阶级梦想的同时，也带来了严重的经济、社会以及环境问题；②城市间迁移。美国人口从东部和中西部的核心地区向西部和南部的非核心地区迁移，阳光地带 ❶ 吸引了越来越多的人口和就业，区域间的人口迁移使得美国人口在各区的分布趋于平衡；③种族的迁移。1910 年到 1960 年，战时对劳动力的需求使黑人和妇女找到工作机会，引发黑人的人口迁移方向从南到北、从农村到城市。1910 年 90% 的黑人住在南方，到 1960 年只有 60% 的黑人住在南方。1910 年 72% 的黑人住在农村，到 1960 年 72% 的黑人住在城市。第二次世界大战使黑人进一步向北方工业城市迁移。城市发展出现土地资源浪费、农业用地丧失、社区个性丧失、湿地破坏、环境恶化、交通拥挤、种族及社会贫富隔离、中心区衰退等问题。

1930 年代美国爆发严重的金融危机，受命于危难之际的罗斯福总统推行凯恩斯主义，适时推动新政（New Deal），旨在克服危机的政策措施内容可以"3R"来概括，即复兴（Recover）、救济（Relief）、改革（Reform），实行政府对国家社会经济的全面干预。新政完成了一次政府职能的转变，确立政府对人民福利负责的基本执政理念，建立了以总统为核心的三权分立的新格局。在此过程中联邦政府的权力被显著地增强放大，美国进入国家垄断资本主义时期。当时主要的规划学者特格韦尔（R.Tugwell）是"国家规划"思想的精神导师，认为规划（planning）是与立法、行政、司法相类似的，是政府的第四种权力（the fourth power of government），其作用是运用政府权力对国家资源进行调配，这种思想与凯恩斯主义相呼应共同构成罗斯福

---

❶ 从洛杉矶到亚特兰大的西部和南部地区。

新政的精神基础（张庭伟，2006）。美国第一次由政府对发展进行规划（planning），并通过立法和经济手段来推动规划调控的实现，规划正式成为实施新政的基本工具之一❶。国家干预经济新模式影响了美国的发展路径，使得美国度过了历史上空前的经济危机，在此之后经济获得了长足发展，实现了健康的城市化进程推进。

2. 城市规划特征

（1）城市效率运动

由于这一时期郊区化的迅速开展，城市规划中强调对城市边缘区发展的控制，同时建造或拓宽道路以应付汽车流量的增加。城市规划包括土地使用分区规划、土地分割控制以及其他控制手段。除了传统的建筑师、景观设计师以外，律师、工程师和其他人士也成为规划界的中坚力量，律师主要从事制定区域划分和土地分割方面的法律，而工程师则使得交通和其他规划更为精确，城市美化运动逐步转变为城市效率运动。

（2）城市规划法制化

1915 年最高法院裁定城市土地使用分区符合宪法。1916 年《纽约分区制条例》颁布❷，对城市土地使用的用途、开发密度和建造方式等均作出相应规定，如将纽约市 327 平方英里的土地分为居住、工商业、未限定与未定位四种用地类型，按照临街建筑的限高是街道宽度的倍数从 1 倍到 2.5 倍分为四类进行控制❸。该条例也成为全美第一部管理土地使用的区划法规，标志着城市规划正式成为政府行政管理的法定职能。1917 年美国规划协会成立，1919 年改为美国职业规划师协会。1920 年国会立法创建了首都华盛顿哥伦比亚特区的区划委员会，并授权特区起草和通过了华盛顿的第一个城市综合区划法。

1923 年美国商业部颁布《标准国家（州）区划授权法》（Standard State Zoning Enabling Act）主要包括权力授予、分区、规划目的、编制程序与方法、规划修改、区划委员会、调解委员会、区划的实施与执行、与相关法的衔接九个章节，赋予州政府可授权给市政府以同等的城市区划管制的权力。区划制定的目的是全面解决城市问题：①缓解交通拥挤；②预防火灾、拥挤与其他危险并保证安全；③改善健康卫生及普遍社会福利水平；④保证合理的通风采光条件；⑤避免土地的密集开发和人口的过度集中；⑥满足交通、供排水、公园、学校等公共服务需求等❹。20 世纪 20 年代美国共有 750 个社区实行了区划，1922 年洛杉矶县率先设立了县规划署以处理中心城市周围地区的发展问题。

❶ 汪劲柏. 美国城市规划专业演化的相关逻辑及其借鉴 [J]. 城市规划，2010（7）：62-69.

❷ 由纽约律师爱德华·巴塞特主持制定，被公认为是美国区划之父。

❸ Commission on Building Districts and Restrictions，1916：15-41.

❹ Department of Commerce.A Standard State Zoning Enabling Act.1920：6-7.

　　1926 年美国最高法院以四比三的简单多数，作出关于俄亥俄州克利夫兰市郊欧几里德村（Ohio，village of Euclid）区划法的裁决，阻止了安布勒房地产公司在居住区内建设商业场所的行为，最高法院认定分区规划符合美国宪法，从而结束了对政府是否应当干预私人财物的争论，成为美国区划法发展史中的重要里程碑。从此，分区规划开始盛行，变成稳定和保护财产价值的重要工具。依据该判决，区划法规通过美国联邦宪法审查（Constitutional Test）的条件是：①区划的全面性，分区规划必须覆盖辖区内每一份财产；②区划的公正性，同一个辖区内的所有财产必须获得相似的处理结果；③区划的详细性，每个辖区分割成多个土地利用区域，辖区内必须有一部编制完善的区划条例，区划条例中必须至少涉及 20 个不同的土地利用类型。一般情况下，区划条例是城市宪章的一个组成部分，是城市政府进行土地利用规制的唯一法定依据，同住宅细分法规、建筑设计审批规定以及其他的规划法规一起，组成美国城市层面的规划法规❶。同年颁布的《标准城市规划授权法》包括城市规划与规划委员会、细分控制、沿街建筑、区域规划与区域规划委员会、附则五个章节。法案指出，城市规划的目的应是引导并综合协调各类开发活动使之适应城市当前和未来的发展需要，以促进城市健康、卫生、社会秩序、繁荣、生活便利等社会福祉的发展以及经济活动中效率和效益的提高❷。

　　（3）城市规划专业化

　　1923 年芒福德、亨利·莱特、克劳伦斯·斯坦、斯图尔特·蔡斯、本顿·麦凯、凯瑟琳·鲍尔等少数理想派人士创建了美国区域规划联合会。作为霍华德和格迪斯思想的重视追随者和解释人，他们融合了英国先辈们的理论及一些独特的美国思想❸，试图改造美国生活的全部基础，目标的是没有汽车和发电厂的城市。芒福德提出了地区城市理论，即一个大城市地区范围内，设置许多小城市，再用各种交通工具把这些小城市连接起来。

　　（4）规划理论发展

　　1）邻里单位理论

　　1929 年佩里（C.A.Perry，1872~1944）在编制纽约区域规划方案时，针对纽约等大城市人口密集、房屋拥挤、居住环境恶劣和交通事故严重的现实，在《纽约及其近郊的区域调查》中提出了邻里单位（Neighborhood Unit）的概念，以此作为组成居住区的细胞，是有机城市（organic city）的最小单元。佩里认为邻里单位设计要考虑规模（Size）、边界（Boundaries）、开敞空间（Open Spaces）、公共设施区

---

❶ 王郁 . 国际视野下的城市规划管理制度——基于治理理论的比较研究 [M]. 北京：中国建筑工业出版社，2009.

❷ Department of Commerce.A Standard City Planning Enabling Act.1926：16–17.

❸ 哈佛自然地理学理论、索罗的自我满足理论和南方地方主义倾向。

位（Institution Site）、地方商店（Local Shops）和内部街道系统（Internal Street System）6 个要素。邻里单位理论思想具有三个内涵：①社区规模需足够办起一个小学，邻里公园和其他公共服务设施要满足邻里需求；②内部交通应采用环绕模式（Re-routing Through-traffic），避免汽车穿越邻里；③不同阶层的居民居住在一起，属于典型的改良主义思想（图3-2-8）。邻里单位理论不仅是一种创新的设计概念，而且成为一种社会工程 [1]，很多原则最终被写入了美国现代分区规划的法则中，对世界各国居住区规划也产生了很大影响 [2]。

2）大街坊规划思想

佩里的同期人美国建筑师斯 C. 泰恩和 H. 莱特在新泽西州雷德伯恩镇规划时提出了大街坊的规划思想，被称为"雷德伯恩体系"，是邻里单位理论的最好实践，也是1930年代新政下的绿带型城镇的先行者（图3-2-9）。其特点是绿地、住宅与人行步道有机地配置在一起，道路布置成曲线，人车分离，建筑密度低，住宅成组布置形成口袋形。所有住宅都背向公路而面向"超级街区"（superblock），内部只能通过步行到达的公园、超级建筑综合体。为防止机动交通穿越，道路按功能分主要道路、支路、尽端路（Cul-de-sac principle）三个等级。

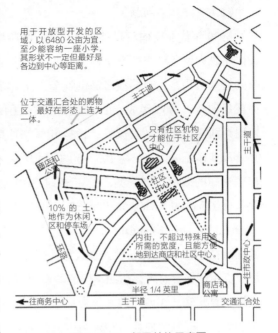

图 3-2-8 邻里单位示意图

资料来源：根据 Leccese 和 McCormick，2000，p.76 绘制.

图 3-2-9 雷德伯恩大街坊

资料来源：Charlotte-Mecklenburg Historic Landmarks Commission：http：//www.cmhpf.org.

---

[1] 社区物质空间设计对社会问题的解决会有帮助。

[2] 威廉·洛尔，张纯. 从地方到全球：美国社区规划100年[J]. 国际城市规划，2011（2）：85-98.

（5）关注社会问题

1930 年代罗斯福新政时期，联邦开始参与地方规划，规划的重点是公共项目建设以解决大萧条带来的严重社会问题，如房屋规划和建设等。联邦政府资助地方和州的规划机构，为公共住房提供资金，并实际创建了一些规划的社区，如马里兰的格林贝尔特。1933 年成立的国家规划署鼓励地方政府编制 20 年的长期规划。1933 年田纳西河流域规划局成立，1934 年联邦住房协会成立，1934 年的《国家住房法》（National Housing Act）与 1937 年的《美国住房法》（U.S.Housing Act）是罗斯福新政时期颁布的两项住宅法案。按照 1934 年住房法要求，美国设立了联邦储蓄贷款保险公司（Federal Savings and Loan Insurance Corporation，FSLIC）❶ 和联邦住房管理局（Federal Housing Administration，FHA）❷。1937 年住房法将贫民窟清理与公共住房事务联系在一起，并为廉价住房建设划拨了 500 万美元贷款 ❸。1935 年在美国农业部内部设立重新安置总署，仿照英国的城市规划思想设计和建造了马里兰州、俄亥俄州、威斯康星州和新泽西州四个绿带城市，这是美国联邦政府第一次对城市进行直接干预的尝试。联邦政府通过积极为中低收入家庭提供住房，并为城市建造者提供就业机会，不仅刺激国家在大萧条之后的经济复苏，也使得美国城市规划得到了很大的发展。1942 年至 1945 年的太平洋战争时期，在美国战争规划代替了城市规划。导致城市规划基本停顿。同时，由于联邦经费主要用于国防建设，城市住房建设几乎停止，造成了战后住房的严重不足。

3. 代表性规划实践

（1）马里兰州的绿带城

格林贝特（Greenbelt，Maryland）是 20 世纪 30 年代由美国联邦政府主持开发的第一批四个疏散新城之一，位于马里兰州的乔治王子县，当时的面积约 3370 英亩。由美国联邦重新安置总署（United States Resettlement Administration）组织推进，罗斯福任命的安置总署署长雷克斯福·盖·塔格威尔（Rexford Guy Tugwell）牵头，于 1935 年进行规划设计，并在《紧急救灾拨款法案》（Emergency Relief Appropriation Act）的权威支持下推行实施。由黑尔·沃克（Hale Walker）规划的格林贝特融合了田园城市、邻里单位、大街坊规划三个规划思想，空间布局上力图通过综合手段建设一个自给自足的田园城市，规划设计体现了明确的社区中心、公园绿地、步行系统，住宅设计采用组团式布局，充分结合高原地形与周围的森林将交通、居住、市中心和绿地有效组织起来（图 3-2-10~ 图 3-2-12），共有 574 个小镇家庭，306 个公寓单元和 5 座独户房屋，1937 年 9 月 30 日 885 户入住格林贝特。

---

❶ 用于确保储蓄存款。

❷ 用于个人住房抵押。

❸ 曹康. 西方现代城市规划简史 [M]. 南京：东南大学出版社，2010：96-97.

为保证入驻格林贝特的社区居民能来自不同的背景，最初需要向政府申请，规划师以收入和地位作为标准对其进行筛选，确保政府和非政府工作者以及不同宗教信仰的比例，尽量保证每种情况有至少一个家庭可以代表，并规定收入在 800~2200 美元的家庭才可入住。最终的结果是 70% 的政府工作人员和 30% 的非政府工作人员；30% 天主教徒，63% 新教徒，和 7% 犹太人。在社区公共事务管理方面，政府则通过对商业合作社与社会组织的扶持，尝试推动居民参与过程，让市民参与到商业服务和社区管理的决策中来。最初入住的居民负有责任建立城镇政治、经济和社会机构，成立了很多不同的合作社、新闻报纸、交通、社会和创新小组，共同建立了乔治王子县的第一所幼儿园，居民们由此产生了非常强烈的认同感与归属感，格林贝特也作为新政时代建设起来的公众合作共同体而远近闻名。时至今日格林贝特至今仍保持着原规划的主要结构布局，至 2010 年人口达到 23068 人。

（2）田纳西河流域区域规划

在罗斯福新政时代，罗斯福逐渐认识到区域规划对于社会发展的重要性，于 1933 年 4 月 10 日向国会提交咨文，对于一直争论不休的亚拉巴马州马斯尔肖尔斯化学工厂与水坝的处理问题建议成立田纳西河流域管理局（Tennessee Valley Authority，TVA），将规划与实施的权力和责任交予管

图 3-2-10 格林贝特规划图
资料来源：http : //otal.umd.edu

图 3-2-11 格林贝特路网模型
资料来源：STUDYBLUE（http : //www.studyblue.com）

图 3-2-12 格林贝特住宅模型
资料来源：STUDYBLUE（http : //www.studyblue.com）

理局，以合理利用、保护和发展田纳西河流域及其周边自然资源，为国家谋求广泛的社会福利和经济效益。在同年的 5 月 18 日出台了《田纳西河流域管理局法》，对 TVA 的职能、开发各项自然资源的任务和权力作了明确规定。田纳西河流域管理局既是联邦政府部一级的独立组织机构，具有联邦政府级权力，作为私人企业又是一个灵活运行的经济实体，对该区域进行规划和管理。管理局由三人组成董事会，董事会对总统和国会负责，而其本身则由总统任命，并拥有一支包括规划、设计、施工、科研、生产、运营和管理等方面的专业队伍，人数在施工高潮时曾达到四万多人。田纳西河流域长达约 1000 英里，区域规划强调以国土治理和以地区经济的综合发展为目标，规划内容和重点不断调整和充实，初期以解决航运和防洪为主，此后又进一步发展火电、核电，并开办了化肥厂、炼铝厂、示范农场、良种场和渔场等，为流域农工业的迅速发展奠定了基础 ❶。

3.3　美国"二战"结束后的城市规划政策性属性

第二次世界大战以后，美国城市规划已逐渐由现代城市规划转变为后现代城市规划，规划的公共政策地位不断被加强与提升。

3.3.1　战后重建政府主导下的城市规划（1945~1959 年）

1. 城市发展背景

"二战"后的 20 年是西方国家战后重建时期，也是有史以来增长最迅速的经济发展高潮时期，技术飞速进步，居民收入大幅提高，物质资源充足富裕，社会就业率大幅上升，是美国城市发展与建设的黄金时代。美国继续实行积极的国家干预政策，1949 年国会通过《联邦住房法》，随后开始实施城市更新计划。在联邦资金资助下地方机构对城市中的衰败地区尤其是贫民窟进行拆迁和重建。由于高速公路建设与小汽车数量上升，即使 1960 年代政府对公交实行补贴，这种情况也未得到明显改善，反而进一步促进人们迁往郊区居住，成为 1920 年代郊区化的延续。到 1960 年美国 1.8 亿人口中有 70% 住在城市，城市发展成带状，都市区群体出现，最大的城市带从波士顿经纽约一直延续到华盛顿。

这一时期不容忽视的城市的贫富分化和社会隔离终于成为燎原之火，本在促进地方社会发展的公共开发（如城市更新和州际高速公路建设等），却在执行中被异化为压榨穷人救济富人的工具。改造城市贫民窟的做法与经典城市规划理论是相吻合

---

❶　百度百科"田纳西河"词条.

　　http：//baike.baidu.com/link?url=UmzU_XekJV5xRbZDWhwHb3ynwLQA4GpHeXQz1D8-KhoiNZc6Kg-7encTOBS2vMWXDOTq8_AjKJVr3kSSfcqjLK.

的,但是客观上却成为社会矛盾激化的"助产士"❶。轰轰烈烈的黑人民权运动、大规模的社会冲突、反越战运动、青年学生运动、新左派运动等此起彼伏,刚更新的城市普遍发生了各种骚动。

2. 城市规划特征

(1)规划理论发展

20世纪40~50年代城市社区政治引起广泛关注,代表人物托克维尔(A.D. Toqueville)、弗洛伊德·亨特(F.Hunter)、罗伯特·达尔(R.A.Dahl)、哈维·莫洛奇(H.Molotch)。这一时期以城市设计理论为基础的城市规划侧重物质空间设计,被作为一种科学工作与分析工具而使用:因追求景观设计上的美感,被视为城市未来发展的最终"蓝图";因是一组建筑群和空间的整体设计过程,被认为是建筑设计的延伸领域。这段时期城市规划依然受到乌托邦主义空想思想和霍华德的田园城市思潮的影响,勒·柯布西耶的阳光城市概念更是对城市规划影响至深。城市尊崇注重功能设计的现代主义,不仅追求城市美学、强调工具理性,同时拥有建设全新城市的激进设想。由于注重城市发展效率而非公平,使得城市利益与个人利益产生了较多冲突。随着公共利益和私人利益博弈的城市更新运动兴起,如何保障私人利益和公众利益,建立公众利益和私人利益之间的平衡点成为理论研究与实践探索的焦点❷。

(2)旧房改造和住房建设

1949年国会通过《联邦住房法》,要求为每个美国家庭提供舒适的住房和理想的生活环境,需要建造81万套供低收入家庭居住的公共住房❸。住宅法案新颁布后,美国近20个城市在1950~1960年代间进行了联邦资金支持下的城市更新项目,清除城市贫民窟。1954年《联邦住房法》修订,不再强调贫民窟的清理问题与城市再开发,而转为强调贫民窟的保护问题与城市更新。该法案除了要求对旧区进行重建以外,还提出了城市改造的口号,允许将项目经费的10%用于非住房类建设,这一比例在1959年又达到20%。城市改造的建设重点逐步从住房向非住房转移,以符合开发商和其他利益集团的要求,最后城市改造经费中非住房类建设经费的比例实际超过50%❹。

(3)州际高速公路建设

1956年美国国会通过了《州际高速公路法》,要求联邦政府拨款335亿美元建设4.1万英里的高速公路,并要求设立公路信托基金,通过燃油税为高速公路建设

---

❶ 汪劲柏.美国城市规划专业演化的相关逻辑及其借鉴[J].城市规划,2010(7):62-69.
❷ 这一时期很多上访不是私人开发商,而是地铁或者绿地一类的公众项目,主要是开发商的私人利益太大,影响了公众利益。
❸ 由于具体执行的困难,最后花了20年才达到这一目标。
❹ 城市改造运动在1960年代开始走下坡路,并于1973年正式结束。

提供源源不断的建设资金。长达 20 年的大规模州际高速公路建设目的在于：①通过扩大内需拉动经济增长，解决战后大批复员军人的就业问题，并为战后军事工业的转轨找出路；②以基础设施建设为契机，为下阶段的经济发展打下坚实基础。州际高速公路进入市区时，一般都以半地下方式穿过市区并与市区主干道相接，进而涉及市区内的拆迁和改建活动，因此带动了大规模的城市改建与更新（Urban Renewal）；③打破城市由地方政府控制的政治格局。高速公路的建设使得私人汽车成为无可争辩的最主要交通工具，从而为城市郊区化发展起到了推动性作用。但也出现抗议的声音，不仅由于其涉及大规模城市拆迁与重建，其建造成后也出现了铁路和水运的衰落、城市重要空间的丧失、低收入群体出行不便、城市空气环境质量下降等一些负面影响。高速公路同时成为白人与黑人居住区之间的界限，表面上的纯技术工程建设隐含深层次的政治意图 ❶。

3. 代表性城市规划实践

（1）利维顿城

利维顿城是"二战"后美国第一个真正的大批量生产的郊区社区，被广泛认为是大规模住宅开发的典型和战后郊区社区的典范。"二战"后的美国建筑业快速发展，利维特父子成立了利维特公司，1946 年利维特公司拿到 4000 英亩土豆产地，开启了战后备受瞩目的大规模郊区住宅建设项目。利维顿城的建设较"二战"前的郊区花园住宅具有更为明显的商业性质，其建设过程也是节约而高效的：将大规模生产的居住房屋建设分为 27 个具体步骤实施，采用木材、混凝土为建设原料，运用当时最先进的装配线生产技术，每天能建好 30 个四居室。在联邦住房管理局（Federal Housing Administration，FHA）的管理下，利维特公司全面落实联邦政府对住宅的政策支持，鼓励政策由倾向租赁转为购买，为购房者提供为期 30 年的抵押贷款，没有首付，每月还贷与租金一致。

首个利维顿城位于纽约斯特德镇（Town of Hempstead）的长岛的罗斯林村庄，该住宅社区在 1947~1951 年间完成（图 3-3-1），首先完成了统一标准的 2250 户家庭住宅建设，随着需求的增加，又建设了 4000 户家庭住宅，并配备社区服务，包括学校、邮局、社区中心、游泳池等服务设施，因学校、污水和供水系统等公共服务设施维护费用高、收益利润低，利维特公司迅速解除了这些设施的建设与维护，将其留给市政当局，造成法律与行政困难。1949 年利维特父子决定改变重点，提出了"牧场之家"的规模更大、更为现代的住宅社区方案，这些房屋仅供销售，每户约 9.8×7.6m，计划价格 7990 美元。1951 年位于宾夕法尼亚雄鹿县的第二个利维顿城诞生（图 3-3-2），由 12000 余户组成，分为十个邻里，每个邻里均配有学校、游泳池和操场，

---

❶ 张庭伟. 城市发展决策及规划实施问题 [J]. 城市规划汇刊，2000（3）：10-13+17.

并且提供三种不同的户型（图3-3-3），价格在1.15~1.45万美元之间不等，价格范围保障了居民所处社会阶层与社会地位相对一致❶。

　　总体而言，利维顿城的建设实践是较为成功的。截至1951年，利维顿父子在纽约斯特德镇及周边地区为17447家、82000多人提供了住所。许多居民认同社区构建了一个和谐适宜的社会❷，虽然也有批评者谴责社区内部较为严重的同质化以及种族排他性❸。此后在美国其他地区也陆续开展了利维顿城的建设，如伯灵顿县（1955）等。

　　（2）匹兹堡旧城更新

　　匹兹堡是美国宾夕法尼亚州第二大城市，位于俄亥俄、阿勒格尼以及莫农加希拉三河交会处，有"金三角"美誉。1950年代以前匹兹堡是美国钢铁工业的中心，却因备受大气污染、城市脏乱和贫穷问题的困扰而声名狼藉（图3-3-4）。1950年代初推动匹兹堡大范围的城市更新计划有两位关键性人物：①拥有30亿资产的商业精英米伦（R.K.Mellon），他运用广泛的社会关系调动了许多著名企业参与其中，并支持致力于社区发展的阿勒格尼河议会组织。该组织在劳伦斯竞选市长的过程中迅速重获生机，在后来匹兹堡的更新项目中发挥了重要作用；②戴维·劳伦斯，他在匹兹堡担任了长

图3-3-1　纽约利维顿城鸟瞰
资料来源：http://www.sialis.org/history.htm

图3-3-2　宾夕法尼亚利维顿城鸟瞰
资料来源：维基百科Levittown，Pennsylvania词条

图3-3-3　利维顿城不同户型
资料来源：http://www.capitalcentury.com/1951.html

---

❶　http://geography.about.com/od/urbaneconomicgeography/a/levittown.htm.

❷　维基百科Levittown，New York词条：http://en.wikipedia.org/wiki/Levittown,_New_York.

❸　在"限制性契约"中明确规定房屋不能被出租或出售给非白人种族成员。直到1954年布朗诉托皮卡教育局案后，促进种族融合的决定才得以实施，至今该社区内非白人比例依然偏低，种族隔离改善效果并不显著。

图 3-3-4　匹兹堡历史（1902）

图片来源：http://www.wdl.org/zh/item/957

图 3-3-5　匹兹堡现状

图片来源：http://www.flickr.com/photos/sriram/

达 15 年市长，在其上任后立即开展了城市更新改造计划，因治理污染、改善环境而获得企业界的一致支持。匹兹堡更新投入资金达到 1.18 亿美元，共改造了逾 1000 英亩土地，拆除逾 3700 座建筑，转移 1500 多家企业和 5000 多户家庭。建造了新式住宅、商业步行街、文化设施、办公场所以及会议中心等，走出了污染、洪水与衰落困扰，到 1967 年在匹兹堡工作的人数达到 22000 人，实现了第一次复兴，也成为这一时期美国旧城更新最成功的案例。

1970 年代时任市长的理查德·加里古里建设了梅隆大厦、PPG 等摩天大楼，更加重视文化及社区建设，实现了第二次复兴。1980~1990 年代匹兹堡经济向教育、旅游和服务业转型，时任市长汤姆·默菲开始强调绿色建筑，兴建了包括 PNC 公园、匹兹堡金融峰会会址的戴维·劳伦斯会议中心等，实现了第三次复兴。2009 年美国总统奥巴马选择匹兹堡作为第三次 G20 峰会的会址，匹兹堡目前已成为全美最适宜居住的城市（图 3-3-5）。

3.3.2　现代城市问题反思的城市规划（1960~1979 年）

1. 城市发展背景

1960 年代战后改造重建基本完成，西方工业文明得到前所未有的发展，而城市也几乎汇集了所有的现代城市问题。城市更新运动实现了一系列转变：①关注点由传统的城市物质空间改善向社会文化综合规划转变；②更新政策由清理贫民区转向对社区邻里环境的综合治理和社区邻里活力的人事复兴；③更新过程由一次性推倒大拆大建转为渐进式、小规模改善行动。1968 年更新运动被"建设伟大社会"（Great Society）的"模范城市"（Model Cities）所替代，其中模范城市强调社区的社会和经济结构的重建先行，将物质性的重建放在其次，1973 年因过于野心勃勃、资金过度不足以及缺乏管理控制而终止。

1970 年代开始，美国城市社会空间分化加剧带来了一系列的社会矛盾尖锐化问题，同时影响到政府财政投资的分配，进而上升为城市治理中重要的政治议题。一些地方政府的规划管制中，出现了以开发利益公共还原为核心的政策导向（也被称为土地价值捕获，Land Value Capture），其中包括公共设施的捆绑式开发、开发项目的强制收费（Exaction）等多种形式，目的是通过各种开发控制手段，使得土地开发的收益能更多地还原到本地区的公共项目中来，推动城市建设性与社会性目标均能有效地达成 ❶。

1970 年代代表共和党的尼克松总统提出"新联邦主义"，1972 年国会通过《州和地方财政援助法》，停止联邦城市发展计划，代之以分散的社区发展计划和共享收入，把一部分权力、资金、责任从中央政府流向各州。1974 年国会通过《社区发展整体资助法》，进一步提出了以共享收入为核心的新联邦主义，新的社区发展基金（Community Development Block Grant）成为中央政府支持社区发展的主要手段。福特上台后，继续执行尼克松的新联邦主义。1978 年代表民主党的卡特总统宣布新的城市政策，希望通过建立一个新的合作关系来促进美国社会和私人、州和地方政府之间的相互合作，发挥更大的作用，并通过《住房和社区发展法》和《城市发展资助法》促使社区发展对低收入和中收入家庭有利，为贫困地区提供有限的联邦资助来吸引私人投资，解决其经济发展缓慢的问题。

2. 城市规划特征

1960 年代后美国城市规划发展已逐渐由现代城市规划转变为后现代城市规划。

（1）规划理论发展

1960 年代城市规划出现系统与理性过程，规划理论思想经由实用主义与理性主义，逐渐向社会人文思潮转变。1970 年代受到马克思主义者关于资本主义社会规划角色的观点影响，城市规划更加注重对各种自然、社会、经济背景的人们予以尊重，并注重满足城市多元化的需求。政治上的自由主义思潮上升，包括公平、民主和福利国家等思想。另外，学术界社会学理论的变迁也影响着规划思想，传统实证主义开始转向后实证主义（逻辑实证主义）的探讨，1980 年代的联络性规划对此起到了很大的推动作用。

随着 Foucault 对现代主义的批评，后现代主义出现，规划的理论基础也由工具理性转变为价值理性与程序理性，由对最终蓝图的追求转向关注规划程序的公平正义与社会弱势阶层问题。理性主义规划受到学术界越来越多的批评，批评者认为所谓的"理性决策"仅仅是既得利益者自私地维持其既得利益的借口。Davidoff 的倡导性规划、Krumholz 的公平规划、Lindblom 的渐进主义规划、Etzioni 的综合审视规划

---

❶ 王郁. 国际视野下的城市规划管理制度——基于治理理论的比较研究 [M]. 北京：中国建筑工业出版社，2009：156.

等引领了新时代的规划理论。规划的方法论也由单纯的物质空间塑造逐步转向对城市社会与文化的规划探索，由精英规划逐渐转为公众规划的倡导，规划的公共政策地位也在对城市建设的指导中不断被加强与提升。

（2）城市生态意识

随着城市化进程的不断推进，生态环境逐渐恶化并显现出问题的严重态势，城市发展从生态价值的角度重新审视人与自然的关系和城市发展、人的发展目的，美国联邦与地方政府尝试寻求社会融合性与城市持久性兼顾的城市生态发展之路。

1）国会通过《国家环境政策法》

1970 年美国国会通过了《国家环境政策法》（National Environment Policy Act），这是尼克松总统上任签署的第一个正式法律文件，要求各州政府制定环境控制法案和实施环境影响评价制度。宣布联邦政府应制定连续性的政策，与州和地方政府、其他有关公共或私人组织合作，采取所有可能采取的方法和措施，建立并维持人与自然之间富有成效的和谐相处的环境 ❶。其后，作为执行性的措施设立了美国环境保护署和环境质量办公室。

2）不同层面环境保护政策

1970 年代美国许多州相继制定了各自版本的环境保护法，其中加利福尼亚州最早制定州层面的环境保护法律。在其后几年间，各种主要的环境法令被上升为法律，包括 1970 年的《清洁空气法》、1972 年的《清洁水法》、《海洋保护、控制与保护区法》、《海岸带管理法》以及 1974 年的《安全饮用水法》和 1976 年的《自然资源保护与恢复法》等。美国现行的环境保护方法可以描述为共有的管理，即联邦政府在颁布及要求环境政策上起到核心作用，州政府在系统中负有重要的责任，联邦对于典型的环境问题的制度形式是"依靠" ❷。国会及其他各个负有环境责任的联邦机构建立了国家标准，并且允许州政府制定得到联邦政府批准的规划来执行这些标准。

（3）后现代主义的反思

作为现代主义代表的勒·柯布西耶抱着"建筑就是革命"的使命，试图通过机械主义的功能秩序建设一个"人造的文明新城市"，而推行过程却带来了许多弊端，大量拆迁活动让人们分散隔离，使人口本不稠密的社区更加寥落，社会人情更加冷漠（图 3-3-6），以就业为主要功能的地区犯罪率很高。这些问题使得人们对现代科学与技术的信心大大被削弱，并开始对现代主义城市建设方式进行反思（图 3-3-7）。1970 年代至 1980 年代起，西方思想文化界开始了从"现代主义"向"后

❶ 1969 年《国家环境保护法》的第一部分，PL90-190.

❷ Daniel J.Fiorino，Making Environmental Policy，Berkeley：University of California Press，1995.

图 3-3-6　鸡笼幼儿园

图 3-3-7　柯布西耶自画像

现代主义"的根本性变化，后现代主义者拒绝现代主义者对科学技术与推理本身的过度依赖，开始寻求"如何让城市变得更好"这一问题的真正答案。与现代主义者强调简朴、秩序、统一与整齐不同的是，后现代主义者通常为复杂性、多样性、差异性和多元化而欢呼 ❶。

（4）简·雅各布斯开启的新城市主义

1961 年简·雅各布斯的《美国大城市的死与生》在当时的美国引起对城市现代主义的"大地震"，引发了规划界对社会公平公正、城市功能空间多样性和复杂性、街道空间人性化等全方位价值判断的深刻反思。她提出多样性是城市的天性（diversity is nature to big cities），严厉批评现代城市规划的幼稚病（如地域的功能分区），提倡城市功能混合多样化，强调推进贫民地区的整体重建，给予弱势社会群体以及经济适用房屋的建设以更多关怀。雅各布斯认识到城市居民既需要基本的隐私权，同时又希望与周围的人有不同程度的接触，感受他们的生活乐趣并彼此帮助，提出一个好社区就是要在"隐私权"与"彼此接触"之间取得优秀的平衡，充分实行多元化，为此应具备多种主要功能、大多数街区短小而便于向四处通行、住房是不同年代和状况的建筑的混合以及人口比较稠密等特点。

（5）旧房改造和住房建设

张庭伟（2001）将 1960 年代以来美国的住房政策划分为三个阶段 ❷：①第一阶段政府关心的重点是解决住房短缺的问题，因此尽快提供房屋以解决居住问题是当时住房政策的核心；②第二阶段政府认识到住宅建设对国民经济的拉动作用，希望以住房业的发展促进经济增长。1965 年美国住房与城市发展部（HUD）宣布成立，

---

❶ Marion Young, I.1990 : Justice and the Politics of Difference, Princeton, NJ, Princeton University Press.
❷ 张庭伟. 实现小康后的住宅发展问题——从美国 60 年来住房政策的演变看中国的住房发展 [J]. 城市规划，2001（4）：55-60.

颁布 1965 年的《住房和城市发展法》和 1966 年的《示范城市和都会区发展法》等同城市规划建设相关的法律。1968 年颁布的《公平住房法》要求政府监督、保证在住房问题上的公平性，倡导住房种族融合政策。同年，《住房和城市发展法》的修正案更进一步扩大了 HUD 的司法管理权，提出建造 600 万套新的补助住房，以改善低收入户的生活；③第三阶段自 1970 年代中起，住房政策综合考虑了住房建设的经济与社会功能，把住房建设当作促进社会稳定的手段。政府以社会发展基金资助社区住房建设，并以此介入社区发展，这也是美国住房政策走向较为成熟阶段的标志。

（6）社会规划逐步受到重视

1960 年代的民权运动迫使联邦政府将城市政策重点转为解决城市危机问题，尤其是种族和阶级的不平等，于是产生了所谓的社会规划。社会规划旨在为穷人提供机会，帮助穷人改善居住生活条件，解决城市贫困问题的社会福利服务。作为现代意义上的社会规划，其起源可以追溯到 19 世纪末 20 世纪初。当经济大萧条来临，慈善家和政府机构面对迅速蔓延的失业和贫困问题都无能为力时，人们开始突破传统社区范围的社会福利工作，通过大力推行"社会政策"和"社会规划"，强化国家和州一级政府的规划职能和行动能力 ❶。在此背景下，以美国为首的西方国家开展了"青少年动员计划"（Mobilization For Youth Program，1958）、"灰色区域项目"（Grey Area Projects，1961）、"社区行动计划"（Community Action Program，1964）、"模范城市计划"（Model Cities Program，1966）等大规模"示范项目" ❷。如林登·约翰逊总统当政时期的联邦政府提出大社会和模范城市等规划设想，1966 年约翰逊总统签署《住房拨款法案》，给贫穷城市以联邦拨款用于建立模范城市。

（7）区域规划开始形成高潮

1960 年代后期，为了更好地解决区域发展问题和协调城市与区域发展之间的关系，区域规划在美国开始形成高潮。1968 年至 1970 年期间，作为区域规划机构的地方政府协会数量从 100 个增加为 220 个，全美 233 个大都会区都设立了不同类型的区域规划机构。由于地方政府在土地使用方面有很大的自主权，美国的区域规划实施在人力、物力和财力方面一直受到限制。

（8）规划方法论的变迁

这一时期规划由注重蓝图式的终极目标转向强调规划过程、注重规划管制方面，这种趋势在 1960 年代被广为接受的理性过程规划理论中有所体现。该理论把理性过程模型作为规划的基本模型，强调规划的决策过程必须鉴别出某个有待解决的问题

---

❶ Perlman R，Gurin A.Community Organization and Social Planning.New York：John Wiley & Sons，Lnc，1972.

❷ Brooks M P.Social Policy in Cities：Toward A Theory of Urban Social Planning：[doctoral dissertation].Chapel Hill：University of North Carolina，1970.

或某个有待达到的目标，以及为解决那些问题或实现那些目标所构思的规划方案等，完全不涉及规划应达到的实际的、实质性的结论或目标❶。发展至今则成为"沟通"式规划理论，通过协商与谈判达成不同利益主体的利益协调统一。在规划实施过程方面，强调过程监督对规划实施成效具有至关重要的作用。规划管理部门加强对规划实施的指导，及时发现问题，采取有效措施加以改进和完善，并在规划实施过程中对规划执行情况进行中期评估和终期考核，结果向社会公布并反馈给规划编制机构进行修编与调整或指导下一轮规划。

3. 代表性城市规划实践

美国 1960 年代后的代表性作品，几乎都显示出通过公共和私人资本的合作，并有大量的政府资金援助和广泛的公众参与特点。

（1）巴尔的摩内港

巴尔的摩是美国大西洋沿岸重要的海港城市，距离华盛顿仅 60km，是美国马里兰州最大的城市。巴尔的摩港与市中心相邻，是大西洋岸重要海港，也是世界性港口之一。随着重工业的衰退，港区逐渐被废弃，内港区走向衰退（图 3-3-8）。1959年大巴尔的摩委员会（Greater Baltimore Committee，GBC）决定为市中心一个处于零售区和金融区之间的 13.35ha 的区域制定规划，该规划很快被市议会采纳为官方城市更新规划，查尔斯中心更新计划成为内港区第一个确定的开发项目。1964年巴尔的摩市长要求进行港区边缘地带 240ha 地区的再开发，参与查尔斯中心规划的大卫·华莱士（David Wallace）主持编制了为期 30 年的概念性规划，将内港功能定位为文化、休闲与观光。1970~1980 年代，随着巴尔的摩城市中心更新的展开，内港毗邻市中心地段依托良好的滨水区位，建设大量的商业、旅游设施和高档居住区，吸引越来越多的游客，使巴尔的摩成为城市娱乐的先祖。市政府也从一系列改建项目中获得了回报，并将这些资金投入新的改建项目中。

巴尔的摩内港区的城市改造能够成功有两个主要原因：①整体改造以吸引投资和改善环境为重点，政府重视位于重点地段项目的城市设计指引，并允许开发商和建筑师比较自由、充分地表达自己的创作意愿；② GBC 组织成功地在巴尔的摩市和该区域的再发展扮演着开拓与领导的角色❷，为查尔斯中心和内港区更新采取一系列行动策略。1970~1980 年代为了确保规划的实施和吸引就业岗位，GBC 创立少数企业的发展信用基金（Development Credit Fund），与巴尔的摩城市学校建立商业合作关系，发展西部技术中心，创立领导计划（The Leadership Program），创立学院领域基础，成为长期的新露天体育场计划的主要执行者。1990~2008 年吸引乌鸦 NFL 球队入驻

❶ 尼格尔·泰勒. 1945 年后西方城市规划理论的流变 [M]. 中国建筑工业出版社，2006：68.

❷ GBC：Greater Baltimore Committee.http://www.gbc.org/page/history/.

图 3-3-8　巴尔的摩中心区（改造前）
资料来源：Greater Baltimore Committee

图 3-3-9　巴尔的摩中心区（改造后）
资料来源：Discover The Trip

巴尔的摩，实施"职能犯罪"战略、区域增长的生命科学战略、降低谋杀初步行动、少数企业联合发展初步行动、区域生物科学初步行动等，开展巴尔的摩城市公立学校的市到州的改革、城市政府与巴尔的摩公立学校的管理改革，促进西部复兴和东部科学公园的建设与复兴（图 3-3-9）。

（2）波士顿滨水区及昆西市场改造

1）波士顿滨水区

波士顿滨水区因内核冲积而形成半岛，并拥有 290km 长的海岸线，118km² 的海湾水面以及众多的海岛和深水港设施。1950 年代末波士顿滨水地区如美国许多其他大城市一样，呈现出人口不断外迁，破败贫民窟形成的城市萧条现象❶。1959 年约翰·科林斯当选波士顿市市长后宣布实施滨水地区重建计划。市政府将原来的城市规划委员会、城市规划局及城市设计处合并为城市重建局，使其成为具有城市规划和城市开发双重职能的机构，负责从规划、设计到开发的全部过程，任命爱德华·路根为局长。并且成立了一家非营利性质的组织——波士顿滨水地区开发公司，配合城市重建局的城市重建计划。波士顿城市重建局的城市设计审查主要采用指导性的自由裁量式管理办法。由于城市设计审查官员有较好的城市设计素养，因此在具体开发项目的审理过程中，一般都能从整体环境的角度协调提出最合适的设计准则。为使市民能够直接参加城市设计审查程序，参与大型城市设计的讨论和决策，波士顿各区都成立了"波士顿市民设计委员会"，与城市重建局、土地使用区划管理委员会以及专业团体共同讨论各区城市设计的方向和原则。

1962 年城市重建局完成了第一份波士顿滨水地区的研究报告，确定改建用地范围超过 40ha，改建项目包括住宅、办公楼、商业、公园、水族馆、游艇码头和城市照明工程等，并充分考虑了与周围社区的衔接和滨水地区步行系统。1969 年由剑桥

❶ 张庭伟、冯辉、彭志权 . 城市滨水区设计与开发 . 第二章：波士顿，一个历史名城的滨水地区开发 [M].
上海：同济大学出版社，2002.

七人事务所设计的新英格兰水族馆建成使用，1971 年贝聿铭事务所设计的 40 层塔式高层公寓投付使用，1976 年由 Sasaki 事务所设计的波士顿滨水公园和由剑桥设计师简·汤普生设计的昆西市场正式启用。为了确保区域发展的成果能让低收入群体受益，1983 年起波士顿采用"关联城市开发措施"，要求凡是在城区投资内兴建总建筑面积超过 10 万英尺的商业或办公大楼，必须按每平方英尺的建筑面积征

图 3-3-10　波士顿滨水区域

资料来源：One View Commerce
（http：//www.oneviewcommerce.com）

收 5 美元，作为中低收入居住社区的发展基金，另征收 1 美元作为就业训练的基金。波士顿的长码头酒店、罗尔码头、查尔斯顿海军码头及哥伦比亚角等重建开发项目均缴付了相关基金。

　　2）昆西市场

　　波士顿昆西市场位于美国波士顿市中心区，1826 年开始运营，由于缺乏合理的规划、市场格局比较混乱，众多的商铺、摊点令市场显得过于拥挤，到 1950 年代，经历了 100 多年风雨的昆西市场逐渐衰落。1961 年波士顿重建局将昆西市场列入波士顿市的改造计划，由建筑设计师汤姆森主持设计，开发商劳思公司负责承建。整个昆西市场由 3 栋两层高的建筑组成，长 535 英尺、占地 2.7 万平方英尺，用花岗岩建造而成。

　　波士顿重建局对其进行改造之前，先对市场周围的情况进行了一系列的调查，并询问市民的意见。调研发现昆西市场有非常好的商业基础，方案制定过程中采取了广泛的公众参与，并将建筑文脉保护的概念引入到改造中，因此最终方案是修复市场中的历史建筑，建立起一种当今流行的怀旧建筑氛围，逐步为市场添入新鲜元素（图 3-3-11），激发出昆西市场所在区域的最大商业和旅游价值，使昆西市场成为整个波士顿市最具活力的商业、休闲和旅游中心（图 3-3-12）。昆西市场改造采取小步骤、渐进式的手段，利用优惠税率鼓励开发商提供开放的城市公共空间，符合条件的开发项目经城市重建局审查、市长同意后，最高可获得 15 年免税优惠。保护与改造并重的建设使昆西市场在面对新的发展环境时能够依然保持发展活力，与社会发展实际进程完美契合，并成为世界性商业区重建的模板。

图 3-3-11　昆西广场夜景

资料来源：Boston，MA：
Quincy Market Jan.1，2005

图 3-3-12　昆西广场现状效果

资料来源：Simple Pastimes
（http：//www.simplepastimes.com/pd_quincy.cfm）

3.3.3　新自由主义思潮的城市规划（1980 年代 ~20 世纪末）

1. 城市政策发展背景

1970 年代新一轮由石油价格飞涨引起的能源危机，进一步引发了滞胀型的经济危机，凯恩斯主义的批评声开始高涨，哈耶克的新自由主义理论逐渐得到社会与政府的重视与认同。随着 1980 年里根政府上台，新自由主义得到大力推行，联邦政府强调取消政府干预，政府重新对市场实行放权，主张发展自由经济，由地方政府决定发展目标，也标志着新右派政体时代的到来。里根政府通过削减政府财政开支减少财政赤字、减少国家对企业的干预和实行稳定的货币政策等，促进市场自由竞争，使美国经济通过市场力量的调节得到自动的复兴与发展。1988 年老布什总统上任后继续执行里根的城市政策。克林顿总统的城市政策偏重社会福利、全民健康保险、可持续城市发展、制造工作机会和参与全球竞争等，城市规划基本上变成地方政府的事务。在经历了战后以来最深刻的结构性调整之后，美国进入后工业化时代。以信息业为核心的高科技产业得到了长足发展，高新技术的广泛运用为城市规划技术的升级起到了重大作用。1990 年代起美国进入"新经济"时代，新经济对自然资源的依赖很小，但对人才的依赖极大，城市能否营造出吸引技术人才的城市环境成为影响美国城市兴衰的重要因素之一。

2. 城市规划特征

（1）规划相关理论发展

1）城市政体理论

城市政体理论（Urban Regime Theory）产生于 1980 年代，并逐渐成为 1990 年代美国城市政治研究的主要理论之一，首先由费因斯坦福夫妇（N.I.Fainstein&S.S.Fainstein）、埃尔金（S.L.Elikin）、斯通（C.N.Stone）提出，斯通构建了该理论的基本框架。城市政体理论探讨的本质是权力与资源的关系问题，其有关权力、资源、决策取向的背景引起了城市规划的反思,对城市规划产生了很大影响❶。该理论将城市发展的动力按经济学分为城市政府、工商业及金融集团(企业精英)和社区(社团)三个主体,对应的即政府的力量(公利性)、市场的力量(私立性)和社会的力量(自治性),三者之间构成"三足鼎立"的相互影响、博弈的关系。城市政体理论将三者的联盟状态称为"政体",对城市空间的构筑与变化有着重要的作用,并在研究三者之间合作机制的基础上,寻找三者利益之间的平衡点,为其作用于城市发展政策提供理论上的论证。城市政体理论同利益集团政治理论、社区权力结构理论、增长机器理论、治理理论等存在较深的渊源,他们构成了城市政体理论的理论基础。斯通将城市政体分为维持型、发展型、中产阶级改革型和低收入阶层机会扩展型四种。盖德诺(A.D.Gaerano)和克拉曼斯基通过城市间对比总结了 13 种空间类型(表 3-3-1)❷。

城市政体的空间类型比较　　　　　　　　表 3-3-1

类型	目的	案例城市
企业家型	通过卖地、市场交易和政府救济鼓励增长。能够形成持续的联盟或者一次性的伙伴关系。实际的结果来衡量成功	美国亚特兰大
契约型		英国伯明翰
商业中心激进主义		美国达拉斯
超增长市场导向型		法国里尔
超增长政府导向型	适度发展以保持一定的土地利用。集中在社区发展而不是经济支持。需要一个政体变革的趋势推动	美国巴尔的摩
发展管理型		美国纽约
改革型		英国布里斯托尔
象征型		美国底特律
中产阶级推动型		英国格拉斯哥
底层阶级机会膨胀型		美国波士顿
社会重构型		美国旧金山
看管型	精简政府统治以维持现状。经济发展问题留给其他人解决	美国圣达菲
组织型		美国新奥尔良

2)后现代主义理论

在建筑学、文学批评、心理分析学、法律学、教育学、社会学、政治学等诸多领域,均就当下的后现代境况,提出了自成体系的论述。美国 1960 年以来建筑领域反对全球性风格缺乏人文关注,引起不同建筑师的大胆创作,发展出既独特又多元

❶ 何丹. 城市政体模型及其对中国城市发展研究中的启示 [J]. 城市规划,2003(11)13-18.

❷ Kevin Ward.Rercading Urban Regime Theory : a Sympathctic Critique [J].Geoforum,1996(4):435.

化的后现代式建筑方案。到 1980 年代后现代主义理论继续发挥作用，同时公共领域（国家和社会的公共空间）也出现了重建现代主义的努力，哈贝马斯（Habermas）在《关于交流行动的理论》（Theory of Communicative Action，1984）中提出，作为现代性基础的"理性"本身没有错误，问题是不应该以自私的个人理性为基础，而应该以集体理性来替代个人理性。而建立集体理性则可以通过交流来建立共识、构筑共同的规范，由此规划的理论基础上升为新的价值理性——集体理性，强调规划在不同利益群体间的协调功能，规划的目的在于帮助社会达成城市发展与规划的共识。后现代规划、联络性规划兴起，与建筑学的后现代不同，规划的后现代并不是一个认识论的问题，而是认识到过去线性（liner）规划的不足，外部变化影响规划理论的发展。规划的方法论强调让人民来做规划，关注人与生态环境之间的关系处理，精明增长与生态保护规划中都有鲜明的体现。

3）新自由主义理论

新自由主义在当今已成为一种强大的意识形态，一直对城市政策发展产生深远的影响。以新右派闻名的右翼政治运动使城市规划的基本政治前提受到严峻的挑战，其意识形态推崇古典自由主义，赞美自由市场，批判政府规划。新自由主义的城市政策主要包括以下几个方面：①提倡自由放任的城市市场经济；②提倡个人主义与个人责任，社会责任与福利保障"个人化"；③提倡现有城市公共资源私有化，如企业私有化、公共住宅私有化等；④就业政策由"倾向性就业援助"转向个人技能与综合素质的培养；⑤建立城市管制的"新增长同盟"；⑥反对国家干预经济。新自由主义政策实践在提高国家、城市以及集团的竞争力方面是卓越的，但在社会公平方面大大削弱了政府作为社会福利提供者的角色，认为社会关怀可能导致鼓励懒汉，"削弱对竞争的激励" ❶。对城市社会发展、城市规划公平性的担忧，也使得西方左翼学者开展了对新自由主义的系统批判。

（2）新城市主义理论与行动

第二次世界大战后因不断加强的郊区化现象而产生的一系列城市问题，使人们深刻认识到必须对占主流地位的郊区化模式进行改革，寻求新的社区模式，实现可持续的人居环境，于是有了"新城市主义"理论。核心议题即社区的规划设计就是要建设从房屋到职业均为多元化并适于步行的社区，雅各布斯的著作也因此成为"新城市主义"学派的研究课本 ❷。

新城市主义理论对社区建设公共政策、开发实践、规划和设计提出以下原则：①社区、城区和条形走廊是大都市开发和再开发的基本元素；②社区应该是紧凑

---

❶ 张庭伟. 新自由主义·城市经营·城市管治·城市竞争力 [J]. 城市规划，2004（5）：43–50.

❷ 邹兵. "新城市主义"与美国社区设计的新动向 [J]. 国外城市规划，2000（2）：36–38.

的、步行友善和混合使用的；③日常生活的许多活动应该发生在步行距离内，使不能驾驶的人群特别是老年人和未成年人有独立性；④在社区内，广泛的住宅类型和价格层次可以使年龄、种族和收入多样化的人群每天交流，加强个人和市民的联系；⑤在合理规划和协调的前提下，公共交通走廊可以帮助组织大都市的结构和复苏城市中心；⑥适当的建筑密度和土地使用应该在公共交通站点的步行距离内，使得公共交通成为机动车的一个可行替代物；⑦通过明确的城市设计法规作为可以预见发展变化的指南，社区、城区和走廊的经济健康与和谐发展可以得到改进；⑧一系列的公园、从小块绿地和村庄绿化带到球场和社区花园，应该分布于全社区内❶。

面对郊区蔓延所导致的一系列问题，新城市主义提出了"公共交通主导的发展单元"（TOD）的发展模式，其核心内容在于"步行友好"，基本原则是：①在区域层面上组织紧凑式的支持公交发展的增长；②在公交站周围步行范围内布置商业、住宅、就业、公园和市政用地；③创建直接连接区内目的地的步行友好的街道网络；④混合多种住宅类型、密度和价格的住房；⑤保护敏感生态栖息地、河岸区和高品质开放空间；⑥使公共空间成为建筑朝向和邻里活动的焦点；⑦在现有社区公交走廊沿线鼓励实施填入式开发和改造项目❷。

（3）精明增长理论与实践

1970 年末开始，美国城市发展郊区化趋势明显，郊区大片的农田和绿地被侵占，当开发资本从城市中心流向郊区时，单个的市政府无法在土地控制问题上起作用，由此产生了城市蔓延。越来越多的人认识到土地使用问题带来的社会、经济问题（图 3-3-13），精明增长研究因此诞生。而对于精明增长的概念有不同的理解，率先提出精明增长蓝图的城市得克萨斯州的奥斯汀认为，它是试图重塑城市和郊区发展模式，改善社区、促进经济发展和环境保护。1991 年美国规划师协会（APA）提出精明增长的发展方式，认为其主要目标在于帮助政府把那些影响规划和管理变动的法规条例更加现代化，在立法方面帮助和支持政府工作。1997 年马里兰州的州长格兰邓宁（Glendening）提出精明增长，其初

图 3-3-13　卡通画：终有一天，二者碰面了
资料来源：国际城市，美国规划协会 . 地方政府规划实践（第三版）[M]. 北京：中国建筑工业出版社，2006：377.

---

❶ 滕夙宏 . 新城市主义与宜居性住区研究 [D]. 天津大学：博士学位论文，2007.

❷ [美]彼得·卡尔索普 . 未来美国大都市：生态·社区·美国梦 [M]. 北京：中国建筑工业出版社，2009：43.

衷在于建立一种使州政府能够指导城市开发的手段，并使政府财政支出对城市发展产生正面影响。

精明增长秉承如下原则：①混合土地利用；②垂直紧凑式的建筑设计；③创造一系列住宅机会和选择；④创建步行社区；⑤创造有个性、富有吸引力并且场所感强烈的社区；⑥保育开敞空间、农田、生态风景区与生态敏感区；⑦加强利用和直接发展现有社区；⑧提供多样化的交通方式；⑨发展决策应可预期、公平并富有效益；⑩鼓励社区和利益主体在发展决策方面的合作。精明增长和新城市主义有着控制城市蔓延、实现土地的集约利用等共同的目标，因此二者之间许多内容都是重叠的。同时二者又是从不同的角度解决相同的问题，具有互补性（图 3-3-14）❶。

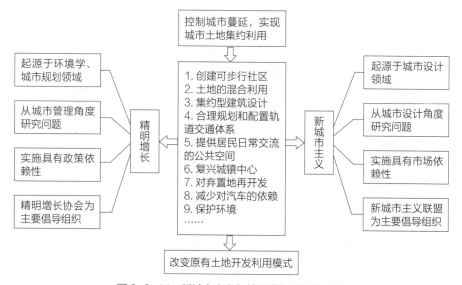

图 3-3-14　新城市主义与精明增长思想的比较

资料来源：王丹、王士君. 美国"新城市主义"与"精明增长"发展观解读 [J]. 国际城市规划，2007（2）：61-66.

美国精明增长的实践行动基于不同层面：①联邦政府层面，主要提出城市美化运动、缓解交通拥挤、减少空气污染、改善空气质量、鼓励家长参与地方学校设计5 项国家拨款。2002 年全美规划师协会（APA）制订的《精明地增长的城市规划立法指南》（APA Growing Smart Legislative Guidebook）是一部城市规划法规的样本，为不同政治、立法状况提供不同的解决办法❷；②州政府层面，已经有超过 30 个州政府下令城市发展部门控制城市用地的蔓延。马里兰州、佐治亚州和俄勒冈州更进一步，已经立法确保在城市发展促进地区以外，不许有任何投资兴建服务设施、道路、

❶ 王丹，王士君. 美国"新城市主义"与"精明增长"发展观解读 [J]. 国际城市规划，2007（2）：61-66.
❷ 张庭伟. 构筑 21 世纪的城市规划法规——介绍当代美国"精明地增长的城市规划立法指南" [J]. 城市规划，2003（3）：49-52.

基础设施或其他设施 ❶；③地方政府层面，如奥斯丁市政府于 1995 年成立了由一批关键性的公民领导者组成的"公民规划委员会"负责修订规划条款和指导土地使用决策，1998 年公布了"奥斯丁市精明增长提案"，主要达到奥斯丁怎样和在哪里增长、改进生活质量和增强税基（tax base）三个目标 ❷。

（4）研究领域扩展

1）计算机的使用以及地区性的信息系统

1940~1950 年代计算机技术和制图学的迅速发展，为 1960 年代地理信息系统技术的飞速发展奠定了坚实的基础。1963 年美国城市和区域信息系统协会成立，1967 年纽约土地利用和自然资源信息系统宣布建立，同年，GIS 被应用于实际操作中。但在早期的地理信息系统技术应用中，由于成本太高并且存在许多技术上的困难，该技术的应用仅仅局限于较大的用户，如联邦和州政府。到 1970~1980 年代以来，随着计算机的普及及数字化空间数据的大量增加，地理信息系统技术的发展进入了一个崭新的阶段，被快速推广至政府规划管理、教学科研以及规划设计领域中来，为城市规划行业带来新的高端技术手段。1980 年代美国联邦政府和地方政府已经在规划和决策过程中广泛应用了地理信息系统技术，如 1988 年联邦公路总署运用地理信息系统技术建立了全国公路数据库，威斯康星州和科罗拉多州建立了路面维护信息系统和交通安全管理信息系统，宾夕法尼亚州、加利福尼亚州、俄亥俄州、堪萨斯州以及北卡罗来纳州等也都在地理信息系统技术应用方面积极拓展并且收效显著。

2）城市管治

地理学界也很关注这一领域，引发了另一个新的理念，即多元化。一个城市应为不同的群体提供多样化的服务，形成马赛克式的拼贴多层次的管理模式。管治涵盖多元化、分散化与网络化的管理，城市管理制度的变革起源于城市建设投资主体不断多元化、城市移民来源渠道多元化、城市管理日益复杂、市民阶层分化的多层次差距拉大、城市外部竞争日益激烈以及市民民主参与热情提高等各方面因素 ❸。随着权力中心的多元、城市各种经营主体的多元等趋势，城市管制主体多元化，并且城市管制的技术手段也逐渐多样化，包括经济、法律、法规等多种物质手段和非物质手段。一般认为管治具有以下四个基本特征：①管治不是一套规章制度，而是一种综合的社会过程；②管治的建立不以"支配"、"控制"为基础，而以"调和"为基础；

---

❶ 百度百科：精明增长．
　 http://baike.baidu.com/link?url=Wd1x9kBCz7YFY8RgAsd850WYQPjdyTVH5kPqxBiSfdCOInjNw4QnhETY
　 5o5Vx4Lf0KVPkI0d_XGCvit8aMOZqa

❷ 参见百度百科：精明增长。

❸ 仇保兴．城市经营、管治和城市规划的变革 [J]．城市规划，2004（2）：8-22.

③管治同时涉及广泛的公司部门及多种利益单元；④管治虽然并不意味着一种固定的制度，但确实有赖于社会各组成间的持续相互作用**❶**。

3）生态规划

1987年可持续发展思想的提出对城市规划产生了深远的影响，"生态城市"理论、"生态脚印"和"紧凑城市"（Compact City）等被提上议程，并在新时期的城市可持续发展探索中发挥着至关重要的作用。在城市规划实践领域，"生态城市"思想主要是在三个层面上展开的：①在城市—区域层面上，生态城市强调对区域、流域甚至全国系统的影响，考虑区域、国家甚至全球生态系统的极限问题；②在城市内部层面上，提出应按照生态原则建立合理的城市结构，扩大自然生态容量，形成城市开敞空间；③生态城市的最基本实现层次是建立具有长期发展和自我调节能力的城市社区**❷**。生态脚印是指按今天的生产条件，一个人在各种生活要求得到满足的情况下所需要的地球（陆地和海洋）面积，单位为公顷。紧凑城市则倡导高密度的城市开发、混合的土地利用和优先发展公共交通。

4）大都市区规划

经济全球化以来，世界已进入区域革命时代，城市规划必须从区域战略高度上重新适应全球经济的新发展阶段，"新区域主义"（New Regionalis）应运而生。新区域主义开始于1980年代末，较（旧）区域主义而言更加具有"外向型、兼容型、复合型"等新的特点，通过资本、制度、特别伙伴关系以及各层级政府的授权体系的渐进式发展来实现。不同于旧区域主义自上而下的实施过程，更加强调横向协商合作中的自发性与开放性，具有过程的动态性。新区域主义认为，区域是以一定的地理界限为基础，根据某个或多个特定的经济、社会、政治关系方面的多种因素进行建构，主要形成自然空间、物质空间、社会关系空间。新区域主义提供一种多层治理的决策方式、多方参与的协调合作机制，并追求多重价值目标的综合平衡。

3. 代表性城市规划建设

（1）圣地亚哥 Horton 广场的开发

圣地亚哥荷顿广场（Horton Plaza）位于圣地亚哥一街及四街，建于1980年代，仅隔百老汇大道一条街，是圣地亚哥市再开发的焦点之一。荷顿广场总占地面积46538m²，营业面积83484m²，出租店铺165个，停车位2800个，共有三个主要的百货公司和一个连锁超市，是利用圣地亚哥城市中心6个废弃街区进行更新改造而来的。项目由美国捷得建筑师事务所进行规划设计，第一次运用了"场所创造"的

❶ 张京祥. 西方城市规划思想史纲 [M]. 南京：东南大学出版社，2005：219.

❷ A Blowers.Planning for A Sustainable Environment：A Report by the Town and Country Planning Association. Earthscan，1993.

设计理念。建成后第一年就吸引了 2500 万人到访，流量剧增给这个正在衰败的市区带来了新生，也刺激了周边地区发展，带动区域投资达 24 亿美元，荷顿广场的出现使传统意义上的购物中心增加了新的内涵，令购物中心不再只是购物者光顾的地方，为都市零售业的兴建赋予了新的涵义，被视为是零售业建筑设计的经典之作。

（2）波特兰综合案例

波特兰区域政府（Metro）由 1978 年 5 月选举产生，1979 年开始实施《城市增长边界规划》，并以此成功振兴了波特兰市中心和老城区 **❶**，成为全美精明增长与公交导向发展的典型模范。

1）精明增长政策

Metro 在波特兰的精明增长、TOD 与生态城市建设方面作出了巨大贡献，制定了诸多公共政策，并且其推行也非常重视公众参与。1989 年 Metro 成立了"城市增长管理政策咨询委员会"（Urban Growth Management Policy Advisory Committee），负责提出供议会采纳的发展目标以及监督目标的实施。1990 年代 Metro 在区域规划方面先后颁布了《区域城市成长目标和目的》（Regional Urban Growth Goals and Objectives）和《区域结构规划》（Regional Framework Plan）。1994 年在 Metro 的指引下，参与者们提出制订的《2040 增长概念规划》终于被议会接受，对土地使用与交通规划的融合提供了新的指导。其相关建议由"都市区技术咨询委员会"（Metropolitan Technical Advisory Committee）向 Metro 提出，该委员会由地方政府官员、州机构首脑和公众利益代表组成，另外还成立了"区域公众参与协调委员会"（Regional Citizens Involvement Coordinating Committee）。Metro 信息服务人员率先开发了国际公认的区域土地信息系统（Regional Land Information System，RLIS），极大地支持了现行的与新兴的区域规划行动 **❷**。

2）区域规划行政

《2040 增长概念规划》是 1990 年代制定的为期 50 年的长期计划，对中心城市、主要街道、区域中心、城镇中心、站点社区、邻里社区、交通走廊、工业区和货运终端、乡村与开敞空间保护以及毗邻城市与绿色走廊等方面都作出了详细的规划。其主要倡导鼓励以下六个方面：①安全稳定的邻里社区；②能够实现土地与资金使用效率提高的紧凑式发展；③能够提供更多就业与商业机会的健康经济；④保护农田、森林、水域和自然区；⑤均衡的客货运交通系统；⑥每一个社区都为不同收入水平的市民提供住房 **❸**。

---

❶ 董宏伟，王磊．美国新城市主义指导下的公交导向发展：批判与反思 [J]. 国际城市规划，2008（2）：67–72.

❷ [美] 康妮·小泽．生态城市前沿：美国波特兰成长的挑战和经验 [M]. 南京：东南大学出版社，2010：41.

❸ 波特兰区域政府官方网站（http://www.oregonmetro.gov/index.cfm/go/by.web/id=33630）.

3）TOD 实践

波特兰市引入精明增长理念后，将公共交通作为主要交通工具引导城市发展，以轨道交通的站点作为城市发展重心，并以此作为与大规模高速公路建设相抗衡的手段。同时，积极改善步行与自行车交通基础设施条件，营造步行友好空间。其具体策略包括：①增加现有城市中心的居住密度；②投入 1.35 亿美元用于保护面积 137.6km² 的绿化带；③提高轨道交通系统与常规公交系统的服务能力❶。

4）生态城市建设

1992 年第一个《都市区绿色空间总体规划》（Metropolitan Green Spaces Master Plan）被 Metro 议会采纳，规划通过设计一个区域公园和绿色空间相互交融的系统来满足人们居住和休闲需要，并标示出关键场所和区域步行系统中的关键区段，对公众、地方政府、非营利组织和商业利益团体在规划实施中的角色都有明确的规定。规划的实行资金主要来源于国家公债的征收，通过动用大量社会力量促进了投票通过。

3.3.4 21 世纪以来的城市规划（2000 年～迄今）

1. 城市政策发展背景

21 世纪以来，全球化和信息化相互交织，国家之间相互依存程度进一步加深，推动着全球产业分工深化和经济结构调整，重塑着全球经济竞争格局，世界城市体系形成垂直地域分工体系，世界城市与全球城市地位急剧上升，而美国作为世界政治、经济大国，其城市发展受到经济全球化和信息化影响也较大，一种全新的城市区域形态规模出现，需要从更为广阔、宏观而综合系统的视角去寻求这些问题的解决途径。如果说 2001 年的"9·11"事件主要改变美国对外政策，2008 年的金融危机以及跨时代的制造业回归和高新技术产业发展则对国内城市发展产生重要影响。同时，可持续发展思想支撑下的生态城市规划与建设在美国持续开展与推进。

（1）金融危机

2007 年夏季爆发的美国房地产次贷危机持续恶化，2008 年华尔街金融风暴转为全球范围内百年一遇的金融风暴。金融危机已经影响到全球实体经济，美国经济陷入负增长，《经济学家》认为，当今世界遇到了第二次世界大战以来最严重的一次经济衰退，甚至会发展成经济萧条或者经济危机。

（2）制造业回归和高新技术产业

20 世纪末美国已经开始关注先进制造业，1989 年 MIT 工业生产率委员会为了挽救美国制造，向美国政府提交了一份具有历史性意义的研究报告：《美国制造——

❶ [美]康妮·小泽. 生态城市前沿：美国波特兰成长的挑战和经验 [M]. 南京：东南大学出版社，2010：183.

从渐次衰落到重振雄风》。老布什政府于1990年制订了著名的"先进技术计划（ATP）"。2001~2008年小布什多次提出以减税为核心的经济刺激计划，尤其为企业的研究和发展部门提供一定的减税额。2009年奥巴马先后推出了"购买美国货"、制造业促进法案、税收优惠政策等多项措施，旨在振兴美国制造业，强调为美国制造开拓新的市场。现任美国总统特朗普也一直在声称要让制造业回归美国。诺贝尔经济学奖得主、美国哥伦比亚大学经济学教授斯蒂格利茨断言，21世纪对世界影响最大的两大事件是美国高科技产业和中国的城镇化。美国一直大力吸引投资，注意引进新兴高科技工业中的研究、开发、管理部门，甚至生产环节的全球生产基地格局也面临调整，同时全球化条件下的美国高科技移民政策一直奉行始终。制造业的回归和高新技术产业的发展是美国经济转型的核心，以此建立一个多元化和多样化的经济结构，包括现代服务业、传统服务业、新兴产业、现代制造业和传统制造业。技术革新以及全球化的冲击共同改变城市产业的传统布局，也将促进美国城市的转型和城市空间格局的调整。应该说美国也面临着经济全球化、快速的技术、人口、地缘政治学与环境变化等客观因素的诸多重大挑战，包括进一步提升在全球经济中的竞争力、为人口与经济增长提供容量、降低对原油进口的依赖以及解决社会阶层分化与矛盾激化问题等。

2. 城市规划特征

（1）规划理论发展

后现代主义的多种变体出现，包括相对主义、多元主义、生态主义等。后实证主义进一步发展深入。随着经济危机的到来，左派经济界对于新自由主义经济理论的批评声有所增加，引起人们对新自由主义经济的反思。可持续发展思想作为生态主义的重要构成，继续担当城市规划的重要理论基础之一而发挥作用。

除可持续发展思想外，人本主义规划思想也同样深刻影响当前城市规划的思想，其核心"以人为本"将城市建设发展的目的全部归结于"人"，就是要让任何规划手段都服务于人的生产与生活，并以此作为城市规划的根本出发点。具体表现在以下方面：①提倡城市规划与设计多元化、人性化并具有艺术价值；②促进社会文化的多元融合；③营造具有宜人尺度的场所空间，关注人的空间感受；④注重规划制定与实施过程的公众参与等。

规划方法论方面，出现了城市政府、市场、社会三政体协作的混合式规划，Hoch的实用主义沟通性行动规划提供的需求导向理论，为当代城市规划理论发展提供了重要启发。由于联络性规划关注的中心仍然是规划过程而不是规划结果，使人们逐渐意识到这种理论的一些缺失，指出其对外部制约以及规划结果的忽视，并且认识到公众参与本身的局限性。一些学者开始反思被忽视的规划最终目的作为规划的重要成果与社会的重大改善结果的重要性，于是"现实批判主义"应运而生，弥补联络性规划在关注规划目标结果上的不足，重点研究规划如何在实际情境中得以实施并产生结果。

（2）新型交通导向规划

当前美国大部分人都在郊区生活、工作和从事休闲活动，距离市中心有一定的距离。如何使就业与居住在空间形态上到一个新的平衡点，成为美国城市交通研究的首要问题之一。同时交通堵塞一直是美国城市的一个疑难问题，2000年美国城市因为塞车而使人们每月在公路上多停留36小时，智能化交通研究开始在美国许多城市中兴起。在美国重要的TOD地区也多半经常受制于当地的分区控制，较紧凑的集中发展也大多因为当地居民的反对而被禁止或遭到阻挠❶，最终TOD经过高成本的建设却收效甚微，在很大程度上依然对汽车有非常强的依赖性，因此TOD地区还不能算是真正"精明"的增长者。而新开发地区往往人口密度很低，不足以支持任何形式的高效公共交通，只能通过都市轻轨达到目的，其支付资金与财政预算必然将是巨大的，后期收效尚不容乐观。因此，探索新型的适用于美国的交通导向规划成为当下学术界与规划界探讨的热点议题。

（3）城市规划的社会功能

市场经济下城市规划的社会功能，其基本工作内容是公共事务，其主要服务对象是全体市民，其基本出发点是保护全体市民的长期利益，是政府部门的基本职能。美国城市规划的社会功能如下：①通过经济规划，指导经济稳定增长，为经济发展服务；②通过用地规划，在土地使用上保护公共利益，协调利益冲突，防止自发的市场力追求高利润而在用地上影响公共或其他个人的利益。具体做法是编制用地规划，制定规划法、区划法、防止污染法等政府法规；③提供各种公共服务，尤其是在私人投资无意经营的领域内的公共服务，如公共交通、公路桥梁、污水处理和城市防灾等；④用税收收入提供公共补贴，以资助有利于全体市民的建设项目，如污染工业搬迁、污染水体治理、容积率补贴奖励等；⑤调节社会分配，为市场经济的受害者提供公共补贴，以缓和两极分化，如公共住宅、就业辅导、扶助城市衰退区内的企业等。

（4）城市规划体系

美国没有全国性质的城市规划法规，联邦政府和州政府均不参与具体规划的编制及工程审批，但通过政府的有关法令或专门的委员会来对地方规划进行管理与控制。城市规划从编制、审批、实施到立法都由地方政府负责。各州、各城市的规划体系并不完全相同，总体上可分为区域规划、城市总体规划和分区规划，三层次规划的规划重点各有不同（表3-3-2）。

---

❶ Robert Steuteville.We Can't Let NIMBYs Sink Reform. New Urb.News，Jun.2008：2.

美国城市规划体系与规划重点　　　　　　　表 3-3-2

规划名称	规划重点	规划特点
区域规划	（1）区域发展目标、政策、布局以及开发程序； （2）制定优先发展区域的鼓励性政策或限制发展地区的控制性政策； （3）区域土地利用、交通运输、基础设施配置及环境保护	区域规划不需州议会批准，但需要和州政府合作
城市总体规划	（1）未来城市发展策略、城市功能分区、土地利用； （2）交通、公用设施、住房、经济发展、自然灾害； （3）城市特殊地段的发展规划； （4）近期内的具体措施与优先项目	（1）城市的综合发展规划，没有一定的期限； （2）城市土地利用规划是分区规划的基础； （3）5年修改一次，15年进行一次大的修改
分区规划	（1）地段的设计。限制性规定每块土地的使用性质、建筑密度、容积率和密度； （2）建筑物的设计要求。限制高度和层数、建筑面积、建筑占地面积、用途； （3）审批程序	（1）在总体规划和地方政策基础上制定的规划法规； （2）各地根据需要制定区划分类； （3）区划一旦由立法机构通过后，就成为法令，必须严格执行

资料来源：郑明媚，黎韶光，荣西武等．美国城市发展与规划历程对我国的借鉴与启示 [J]. 城市发展研究，2010（10）：67-71.

（5）规划法律法规

美国在规划管理工作中主要依据各种法律法规（表 3-3-3 ）。联邦政府有《宪法》、《标准规划授权法》、《标准区划授权法》、《住宅法》、《地面交通法》等法令。州政府有州法（Constitution）、《规划与区划法》（The Planning and Zoning Law）、《住宅细分法》等，因各州具体情况而有所不同。州层面的城市规划相关法律除针对城市规划本身外，还涉及环境、建筑、住宅、历史城市和街区保护、农业用地开发等领域。以加利福尼亚州为例，主要有《环境保护法》、《社区再开发法》、《土地保护法》、《健康和安全法》、《公共资源法》等多种相关地方法律。

各州各城市均有总体规划（Master Plan，或称 General Plan，Comprehensive Plan），有的城市赋予总体规划以法律地位。总体规划主要是制定未来发展和土地利用的方针、政策导向和公共投资发展战略等，具体的土地利用的形式、强度等规定则是区划的内容。有的州制定了政策性较强的总体规划，而有的州制定了在土地利用方面更有针对性的土地利用总体规划（Land Development Plan）。总体规划中比较常见的内容包括农业发展、城市化、空气与水的质量、自然资源、自然灾害、历史文化景观资源、经济发展、住房、教育、休闲和文化发展、公共安全、交通、社会服务、政府机构、公共参与等❶。

---

❶ APA.Growing Smart Legislative Guidebook.2002：103.

美国城市规划各层级政府相关法律法规　　　表 3-3-3

类别	联邦	加利福尼亚州	旧金山市
基本法	美国宪法（U.S.Constitution）	州法（Constitution）	旧金山市城市宪章（San Francisco Charter）
总体规划（Master Planning）	标准规划授权法（Standard Planning Enabling Act，SPEA）	规划与区划法（The Planning and Zoning Law）	规划条例（Planning Code）
区划（Zoning）	标准区划授权法（Standard Zoning Enabling Act，SZEA）	规划与区划法（The Planning and Zoning Law）	规划条例（Planning Code）
住宅细分控制（Subdivision Control）	标准规划收取法（Standard Planning Enabling Act）	住宅细分法（The Subdivision Map Act）	住宅细分条例（Subdivision Code）
再开发、住宅（Redevelopment，Housing）	住房与社区建设法（Housing and Community Development Act）	社区再开发法（The Community Redevelopment Law）	住房法（Housing Act）
建筑（Building）		健康与安全法（Health & Sagety Code）	建筑条例（Building Code）；住宅条例（Housing Code）
环境保护（Environment）	国家环境政策法（The National Environmental Policy Act）；联邦水污染控制法（The Federal Water Pollution Control Act）；沿岸地区管理法（The Coastal Zone Management Act）	加利福尼亚环境质量法（The California Environment Quality Act）；沿岸法（The Coastal Act）	规划条例（Planning Code）；公园条例（Park Code）
农业用地（Farmland）	农地保护政策法（Farmland Protection Policy Act）	土地保护法（The Land Conservation Act）	
历史建筑与街区的保护（Historical Building）	国家历史保护法（The National Historic Preservation Act）	公共资源条例（Public Resource Code）	规划条例（Planning Code）

资料来源：王郁 . 国际视野下的城市规划管理制度——基于治理理论的比较研究 [M]. 北京：中国建筑工业出版社，2009：59.

　　城市层面的规划法规主要包括城市宪章（City Charter）中的相关部分、城市总体规划、区划、住宅细分条例等内容。城市宪章是城市的基本法，其中对于城市规划行政与立法部门的权力、职责范围、运行方式、规划的编制与决策程序、规划许可的审查与申诉程序等制度性内容进行了详细的规定，其作用和我国城市的"城市规划管理条例"相似。每个城市必有的规划管理最主要的法规是《区划条例》及《住宅细分条例》，由市规划部门提出，市议会通过，再由规划部门执行，靠警察力量做后盾。区划是地方政府影响土地开发的最主要手段。区划法规确定了地方政府辖区内所有地块的土地使用、建筑类型及开发强度。在区划法规批准后，所有建设均须按照其规定内容实施。在实施过程中，若要对区划法规进行调整修正，需要按照法定程序进行，这些程序在州的授权法和区划法规中都有详细的规定。在区划法规实施过程中，由于土地所有者对区划法规修改的内容，或是对规划委员会、区划委员会或立法机构的决定不满，或社区居民对区划调整有意见，都可向法院上诉❶。土地细分是一种对土地地块划分的法律过程，主要是把大的地块划分成较小尺寸的建设地块，使之更有利于地块发展和产权转让。土地细分法律要求，在建设地块出售或改造之前，必须先获得市政当局对土地产权范围的批准。并且强调地块边界、地块内部的街道与公共设施对外通行，满足整个社区的发展要求。美国城市层面的基本法规的制定具有以下特点：①注重对于城市规划的各种程序性的规定；②注重对各相关机构、部门在具体管理事务和管理流程中的职责和权限范围，进行明确清晰的划分；③注重建立公众参与的制度性保障❷。

（6）规划管理手段

在新经济形势下，美国的城市规划管理在构成要素与行政手段上都发生了变化，尤其是城市化的数字化管理广泛应用。大部分城市用地基本都建立了地理信息系统，使城市规划的决策得以建立在多重量化分析的基础之上，并且成立了一些非常先进的"计算机统计系统"（Computer Statistics 或 Comparative Statistics，CompStat），如纽约市警察 CompStat 即为一套犯罪追踪和管理系统，帮助当局更好地监督与管理城市犯罪。对于规划部门的行为管理，美国开创了新的高新技术管理系统，如数据驱动城市管理系统（CitiStat），对规划部门进行系统性地分析和评估，以及政府管理责任与表现系统（Government Management Accountability and Performance，GMAP），可针对议题进行管理考核，从而侧重于跨部门的协作和具体实践问题的解决。

以三权分立的政治体制为基础，美国各级政府的规划活动都体现了三权分立的原则。宪法确定了联邦政府和州政府的权力范围，对于各级政府开发利用土地的内容和范围都有限定。州立法机构颁布州政府与规划实践的内容以及相关指标，州的授权法确定地方政府在规划行为方面的具体内容。在法律上，州政府只能将其拥有的权力分配给地方政府。地方政府的权力、架构与责任一般都是按州宪法、宪章和法律来进行具体规定。城市规划和城市设计法规管理的基本内容和程序为市镇综合

❶ 孙施文. 美国的城市规划体系 [J]. 城市规划，1999（7）：43–46+52.

❷ 王郁. 国际视野下的城市规划管理制度——基于治理理论的比较研究 [M]. 北京：中国建筑工业出版社，2009：56–59.

发展规划、都市主要规划、土地使用区划法规、土地细分规定、重点建设资本投资运作方案、用地配置规划审查的程序及内容要求、历史保护区及地标建筑保护法规、用地规划及建筑设计审查的程序及内容要求、城市设计审议的程序及内容要求、环境卫生质量的规定、城市设计准则的规范以及公用设施的标准十二项。无论是规划的制定还是实施，都必须按照法定的程序，如果由于各种原因需要对区划法规进行调整，调整的程序往往非常复杂，有时甚至与区划法规制定的程序完全一致。

（7）规划管理机构

美国各级政府，从联邦政府、州政府到各城镇均设有立法机构、城市规划机构以及议会。城市规划机构包括的行政部门有规划局、社区发展局、区划管理机构等，议会有规划委员会、上诉委员会。美国宪法确立了联邦政府和州政府的权力范围，但对州与州级以下的各级政府之间的权力分配未予涉及。地方政府的结构以及地方政府的权力与责任是由州宪法、宪章和法律具体规定的。地方政府在执行权力的同时，也受到联邦宪法与州宪法所保障的个人权利的引导和限制。地方规划工作很多情况下受到法庭要求地方政府所做事情的影响 ❶。

1）国家层面

联邦政府的住房和城市发展部（HUD）涵盖比我国的住房和城乡建设部更多的职能，包括经济规划、社会规划、政策设计及物质建设规划四个方面，某些工作和其他部门有重叠，如经济发展规划和商贸部有重叠，社会规划和社会福利部、劳工部、教育部均相关，但侧重点各有不同。HUD 有低收入住房问题、城市社区的经济社会发展问题和城市政策问题三个方面的中心工作，不直接编制城市规划，通过执行"城市规划法"、"住房法"等联邦法规，尤其是利用随同这些法规一起批准的政府拨款来资助城市规划工作的实施。

2）州层面

州规划委员会主要承担协调各城市间的用地矛盾，提供区域发展计划。以北伊利诺伊州规划委员会（NIPC）为例，它为伊州北部六个专区（county）、260 余个各类城市提供区域协调发展规划和政策指导。行政开支中 44% 来自辖区各地方政府，45% 来自州政府，11% 来自中央政府。NIPC 是一个技术咨询机构，其决策机构是董事会，由 33 个成员组成。其中 5 名由州长任命，5 名由芝加哥市长任命（包括芝市规划局长），7 名由北伊州市长联席会议选举产生（代表除芝市外各城市），8 名由专区联席会议主席任命（代表六个专区）,4 名代表四个大的公交机构（芝加哥公交公司、区域交通委员会、郊区公交公司和郊区通勤铁路公司），其余 4 名由区域水资源委员会、伊州森林绿化局、芝加哥市园林局和伊州污水处理局各派 1 名代表。

---

❶ 孙施文 . 美国的城市规划体系 [J]. 城市规划，1999（7）：43–46+52.

3）城市层面

立法机构。在城市中发挥着决策者的作用，对是否成立规划委员会具有决定权，并有权决定规划委员会的成员构成、为规划委员会划拨资金。立法机构对规划委员会的行动予以支持，规划委员会为其提供咨询和建议，使立法机构将规划转变成为政策决定并付诸行动。

规划局。规划局是当今美国使用最多的模式，是隶属于市政府的职能部门。由行政市长直接领导，承担整个城市的规划行政管理职能，并负责规划的实施。其职能还包括制定规划发展战略、市政资金改良和制定经济发展计划以及编制综合规划并依法编制区划法规与土地细分管理条款等。规划局直接受理各种规划申请、核发规划许可证和协调规划与相关部门及企业之间的关系。对于那些不符合规划、需要变更规划以及规划没有明确规定的申请提请规划委员会裁决❶。也有一些城市设立城市重建局，专门负责旧城改造重建工作。

规划委员会。规划委员会对议会负责，而独立于市政府之外，受到政府的行政干预也较少，是与市议会和行政评议会地位相近的、少数几个具有法律效力的决策机构之一，成员人数一般在5~10人，由市政府的最高行政官员任命。《标准城市规划授权法》规定，规划委员会的委员应是无偿的、义务性兼职工作，而且被任命的委员不应在地方政府的其他部门担任职务。这样的委员构成能够及时提供市民公众的意见，对规划内容提供多利益群体之间的协调，保证相对的社会公平性，并对规划机构形成监督。委员会由9名委员组成，包括市长、1名由市长选任的政府行政官员、1名议会推选的代表和6名市长任命的成员。委员任期一般为6年，但最初的5名委员的任期分别为1~5年，这样以后各届委员会每位成员的任期都会相差一年。采取这样的措施主要是为了使市长难以在其任期中决定规划委员会的所有人选，也就难以全面左右规划委员的决策方向❷。规划委员会的基本权力与职责是制定与实施城市物质环境开发的总体规划❸、组织拟定法律法规草案、为市议会决策提供咨询建议以及就规划或法规的变更组织公众听证会等。规划委员会不具备规划行政管理职能，主要是处理公众与行政机关和立法机关之间的关系。规划委员会经费由政府全额拨款，每月至少召开一次定期会议，在规划编制过程中与各相关机构、团体进行协商，在此基础上作出规划决策，同时对城市规划以及相关城市公共政策进行宣传、教育等。根据美国大多数州的规定，一般情况下城市规划委员会的决定就是最终决策，要推翻其决定必须获得议会超过半数的支持才可通过生效。目前传统的独立规划委员会

❶ 刘欣葵，美国的城市规划决策 [J]. 北京规划建设，1998（6）：10–12.

❷ 王郁 . 国际视野下的城市规划管理制度——基于治理理论的比较研究 [M]. 北京 : 中国建筑工业出版社，2009 : 73–74.

❸ 包括规划范围、项目选址、开发强度、用途更改以及其他控制性规定等。

正在减少，而让位于规划局模式，进而演变成职权更大、责任更重的社区发展模式，或再分出一个专门研究长期政策的规划研究机构 ❶。

社区发展局。同规划局一样由市政府管理，是从属于市政府的职能部门。但社区发展局管辖业务更加广泛，它犹如一个"联席会议"，将原来的住宅局、建筑工程局、经济发展局等部门的业务都包揽在内，并且更强调为市民提供直接的服务，规划研究工作较少，更注重近期的项目，从社区发展的角度出发执行各项相关规划政策。

区划管理机构。美国大城市除了设有规划委员会，还有独立的区划管理机构，其职责主要是对具体的申请案提供区划条例的解释，在授权的情况下可对区划条例作出适当的修正调整。如对区划管理机构的决定有意见，可向规划委员会、立法机构、上诉委员会或相应的法庭上诉。

上诉委员会。其控制权力和内部设置与规划委员会类似。主要受理针对规划委员会与区划管理机构所作出的决定的上诉。

（8）规划中的公众参与

为加强规划过程中民主机制建设，呼吁社会公平建设，越来越多地要求规划应在开放、协作、参与以及建设协定的过程中进行设计、运作或参与。目前在美国，公众听证已成为规划决策、审批过程中的法定程序之一，在法律的严格监督下必须执行。以纽约为例，根据《纽约城市宪章》（City Chart of New York City），纽约的城市规划管理部门分为社区发展委员会、城市规划委员会和市规划局三个层次。

1）规划决策过程

规划决策过程包括以下程序（图3-3-15）：①城市总体规划制定程序一般是从设立总体规划咨询委员会与选择专业的规划咨询公司开始，成立市民咨询委员会，由各地区社区代表、各行业代表、规划师、建筑师等专业人士与利益团体代表组成，一般20~30人；②市民咨询委员会一般用数月的时间起草总体规划初稿，由专业咨询公司向委员会提供技术资料或建议，委员会最终决定采取

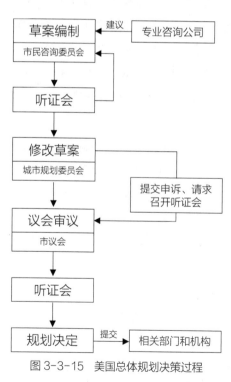

图3-3-15 美国总体规划决策过程

---

❶ 张庭伟 . 美国规划机构的设置模式：分析和借鉴 . 规划师 [J]，1998（3）：9–11.

与否。在草案编制过程中举行多次听证会，听证会的具体时间和场所须经过当地的主要报纸或政府公报予以刊登；③将草案提交给城市规划委员会和市议会，两个组织对草案的修改调整进行讨论。对草案的审议、修改过程中议会要举行多次听证会，听证会的具体时间和场所同样须经过当地的主要报纸或政府公报予以刊登。

2）规划审批程序

规划审批过程包括以下程序（图 3-3-16）：①首先到纽约城市规划局申请立项。城市规划局收到申请后，进行项目预审，初步审查申请内容是否符合法律要求，其依据是总体环境质量分析报告，如果没有总体环境质量分析报告，可以拒收。预审合格的项目，申请材料会在 5 天内送至社区委员会（Community Board）、区行政长官（Borough President）和市议会（City Council），如果项目涉及两个以上社区，还需将材料提交至区委员会（Borough Board）；②社区委员会审查项目的时间限定在 60 天内，需要尽快将规划项目的相关信息通知到全体社区居民，主持召开公众听证会，并将听证会结果立即提交至纽约城市规划委员会和区长，涉及多个社区的项目还要提交至区委员会。社区委员会也可放弃项目审查的权利，自动批准建设项目的申请；③区长对项目的审批时间为 30 天，涉及多个社区的项目须经过区委员会的讨论通过后，再由区长召开听证会，之后将听证会意见送到纽约城市规划委员会。区长也可放弃项目的审查权利，使项目自动通过；④城市规划委员会受理后须在 60 天内召开全市居民参加的市政公听会，规划委员会可以通过公听会批准项目申请，并附上附加条件。委员会需要将通过的项目和修改意见、反对意见一并提交至市议会进行下一步的审议。此外，涉及区划调整、住房建设、城市更新和相关特殊项目即使被驳回，

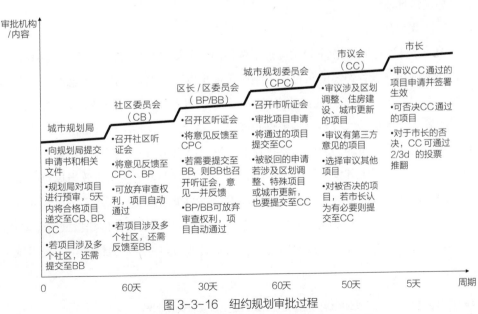

图 3-3-16 纽约规划审批过程

资料来源：根据纽约政府网站（http：//www.nyc.gov）整理

也要提交至市议会；⑤市议会对单个项目的审议期限为 50 天。由于提交的项目申请数量较多，市议会将对项目进行有选择性的审议，但涉及区划调整、住房和城市更新且有反对意见的项目必须经过议会讨论。项目获得议会 2/3 以上的赞成票即通过审议，反之则发回规划委员会重审。对于被规划署驳回的项目，如果市长觉得有必要，也一并提交市议会审议。项目获得议会 2/3 以上的赞成票即通过审议，但城市更新项目必须要获得 3/4 以上的赞成票才能通过审核，对于相邻地区业主有 20% 持反对意见的项目，也必须获得议会 3/4 以上的赞成票方可通过生效；⑥市议会通过后，项目即被送至市长处，市长需在 5 天内签署公文。市长有否决权，如果市长否决，市议会可在 10 天内通过 2/3 的赞成票推翻市长的否决权。

传统的市民公众听证参与虽然在法律程序上是必要的，但也显现出马虎的、形式上的、作出诺言的和潜在操作的各种弊端，作为自上而下组织的并计划好了结果的形式已不能够满足现代城市规划的发展要求。美国 HUD 委员会对地方机构做出了"建议式参与"的规定：对于任何来自大众的抱怨，相关机构必须在 15 个工作日内给予有意义的答复。这种参与是在规划前广泛吸取利益相关人意见的一种常规的参与方式，相当于决策模型中的"投入"（Input）。美国的 CAP 和 MAP 则非常重视"录用式参与"，即在一些特别机构的雇员中，穷人、地区居民和其他组织必须占据适当的比例。美国又创新性地提出"建设协定"概念❶，组织代表不同利益的群体代表聚集研讨当前条件与趋势、确定问题、了解彼此利益并集体探讨共同的解决方案，设定优先和评估选择，并一致同意如何采取行动。通过建立互信机制，在人与人的直接交流中最终达成一致意见，培育一个可塑的互惠协定，这样的方式较传统投票而言更加灵活且公平。

（9）规划师角色

21 世纪规划工作的根本目的出现了两种倾向：①"顾客服务主义"（Clientism）。即让规划师扮演服务顾客的角色，从顾客角度出发、为顾客的需求考虑而制定规划政策，而"顾客"，是指当地市政府争取来的那些投资商，市政当局更关注投资利益带来的城市经济发展；②"对市场敏感的规划"（Market Sensitive Planning）❷。指规划师在规划时体现对市场的敏感，要在规划中反映出市场当前的情况与需求，为其提供良好的配合并促进其发展。可以看出，规划的目的更多地在于市政当局对城市经济发展与财政税收的追求上。随着高新技术产业的快速发展与成熟，城市规划者能够在掌握更多、更全面的信息基础上作出更为科学合理的决策，但如果城市管理者、投资者与大众也都掌握了同样的信息，那么规划师的角色是否会被淘汰是美国城市

❶ 即通过适当手段在一段时间后让利益分歧的人们达成普遍同意的过程。

❷ 张庭伟 . 当前美国规划师面临的挑战——也谈中国规划与国际接轨 [J]. 规划师，2001（1）：10–11.

规划面临的问题。

3. 代表性城市规划实践

这一时期美国最具代表性的城市规划实践是《美国 2050 远景规划》，其中基础设施、巨型区域和城市发展最直接相关。

（1）规划目标

美国林肯土地研究所提出的《美国 2050 战略》（America 2050），是为适应 21 世纪的公共与私人政策和投资构建的框架体系。规划的目标在于将环境可持续与社会公平作为底线，希望产生以下效果：①提供一个促进国家繁荣、增长与竞争力的框架；②一个世界级的多模式交通系统；③受到保护的环境景观与沿岸河口；④社会全体都享有经济和社会机会；⑤具有全球竞争力的巨型区域。该规划充分利用美国最强大的力量——私人商会与城市领导共同和联邦政府合作的力量，来规范经济部门、行政边界与城市功能，采用自下而上的策略指导地方政府、州政府、商业与市政部门的行动。

（2）基础设施

《美国 2050 战略》在基础设施方面作出了重大决策，主要包括对当前能源与气候变化的应对措施、建设高铁、景观规划、交通（图 3-3-17）以及水利发展等策略。为了应对当前国家基础设施系统与可持续的人口、经济容量方面的衰退与不适，发起了"美国重建与更新"运动，呼吁联邦政府制定《国家基础设施投资规划》，该投资规划已经由"美国 2050"国家委员会的市民、商人与社区领袖开始筹措，其中高

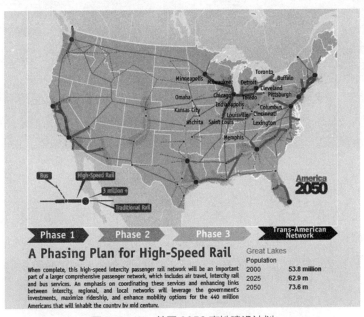

图 3-3-17　美国 2050 高铁建设计划

资料来源：America 2050 官网（http：//www.america2050.org/maps/hsr-phasing/）

铁的建设备受社会各界瞩目。2008 年联邦政府真正承认高铁建设，同年国会通过了《乘客铁路投资改善法案》(Passenger Rail Investment Improvement Act，PRIIA)，为美国铁路公司提供资金，并赋予州政府对 2009~2013 年间的高铁走廊建设的领导权力。2009 年在《美国复兴与再开发法案》(American Recovery and Reinvestment Act，ARRA) 的授权下拨款 80 亿美元。2010 年，美国国会又为高铁拨出 25 亿美元预算。2011 年一些政府撤消了铁路项目，国会没有为高铁建设拨款，引来高铁建设发展的受挫，奥巴马总统提议为为期六年的高铁建设项目提供多达 530 亿美元拨款解决了这一问题❶。

（3）巨型区域

美国已有 10 个新兴的巨型区域，这些区域产生的巨大集聚效应使其成为美国与全球经济联系的重要门户，同时也是《美国 2050 战略》的首要发展对象，分别是五大湖地区、东北沿海地带、山脉—大西洋地区、佛罗里达地区、墨西哥湾岸区、卡斯卡底古陆地区、北加利福尼亚地区、南加利福尼亚地区、亚利桑那阳光走廊、德克萨斯三角（图 3-3-18）。

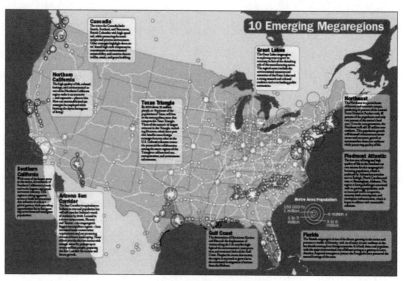

图 3-3-18　美国十大巨型区域

资料来源：A Prospectus–America 2050

针对这 10 个或今后更多的巨型区域，《美国 2050 战略》提出具体目标：①创造增长的容量；②重新建立向上的社会与经济灵活性；③保护并开拓区域自然资源系统；④优化新的财政与决策框架；⑤重塑联邦政府在土地利用政策中的角色。"美

❶ Petra Todorovich，Dan Schned，and Robert Lane.High–Speed Rail：International Lessons for U.S.Policy Makers.Lincoln Institute of Land Policy.2011.

国 2050 国家委员会"在国家层面也制定了一个框架结构来支持巨型区域的增长与经济复苏，其短期目标为：①确立正在形成的巨型区域以及对其相互关系的定义；②制定巨型区域挑战的应对策略；③测试新型管治与财政方法；④培育巨型区域合作；⑤为周边区域的重建提供发展策略；⑥为支持巨型区域协作与规划制定联邦目标与政策。

3.4 芝加哥城市规划的公共政策属性

从 1909 年伯纳姆的《芝加哥规划》这个被誉为美国历史上第一个综合性规划伊始，城市规划的公共政策属性尽显，随后的芝加哥展现了城市规划向公共政策演进的全谱系历程。

3.4.1 芝加哥城市规划（1909）背景与特征

1. 芝加哥城市规划背景

芝加哥城市规划产生主要基于特定历史条件、规划发展水平、城市规划实践和城市现状基础四个方面。

（1）芝加哥城市规划历史背景

美国作为没有集权统治传统、基本按照自由市场经济原则发展起来的大国，其规划的制度背景与英国等有集权背景的欧洲国家以及行政主导体制的社会主义国家有着本质的区别。虽然在 20 世纪初期，美国联邦以及地方政府基本采取放手规划权力的形式让各城市自行依照市场化规律进行发展，大量规划都是由社会团体组织进行编制的，代表资本家及有产阶级利益，政府机构和部门的规划职能以配合执行、管理与财政拨款支持为主。随着工业革命爆发引来的移民大潮，使得芝加哥城市过度拥挤、社会阶层严重分化、贫民窟层出不穷、城市面貌混乱不堪。

（2）其他城市规划经验借鉴

在伯纳姆编制芝加哥规划之前，世界各地已有许多城市进行了先锋式的尝试和探索，芝加哥以此作为榜样加以借鉴：①巴黎在将城市空间要素进行解构后再整合、城市规划追求美学功能以及充分考虑规划能够得到彻底的实施方面，都对《芝加哥规划》有着重大的指导和启示作用，芝加哥人期望着自己的城市也可以成为巴黎那样的城市；②欧洲的伦敦规划因其环境改善不力、建筑设计的失败而被归为消极案例 ❶，是芝加哥在规划实施等政策领域规避的关键；③美国本土上的规划先例以华盛顿规划最为耀眼。在首都的规划设计当中，伯纳姆看到了对角线街道

---

❶ Smith C S.The Plan of Chicago[M].The University of Chicago Press Chicago & London，2006.

与方格网道路体系的优点，并将巴洛克式与古典主义的审美标准继续沿用到了对芝加哥的规划当中。

（3）芝加哥城市规划实践

在芝加哥规划之前的最具有鼓舞性的大型活动——芝加哥博览会，作为伯纳姆自己的一项重要规划实践，对《芝加哥规划》的诞生有着至关重要的影响，这些都在后来的《芝加哥规划》中有所体现和传承：①对物质规划深入阐述。在当时的美国物质与空间至上的规划思想占据主导地位，这决定了芝加哥规划继续采取试图通过物质空间的安排解决所有问题的思维范式；②追求效率与美观。博览会的主要目的在于向世界炫耀芝加哥的财富，以商业利益作为最重要的驱动力量，因此将城市美化的黄金原则充分应用到博览会城市设计当中，力求达到城市的工业资本主义功能与城市和谐并进，在规划的设计与工程实施过程中，对工业发展至今的现代化技术给予了积极的应用，并赋予湖前区以重要的规划地位；③规划编制和实施过程中对公众意见的重视。博览会规划设计能够有效实施得益于社会共识的形成，公众参与起到了至关重要的作用。

（4）芝加哥城市发展现状

自1871年芝加哥经历大火洗劫以后，城市约三分之一被夷为平地，当地政府与民间组织开始了大规模的重建工作。同时，城市规模自1900年以来以前所未有的速度扩张，土地投机现象日益严重，外来人口加剧城市拥挤，经济破产与社会局势紧张导致暴力和骚乱较为频繁，城市问题全面凸显。

1）经济层面。20世纪初芝加哥城市经济处于快速发展期，但依然难以摆脱传统产业的硬性竞争，主要产业包括钢铁、机械制造、印刷、铁路、汽车制造和服务产业、电子器械以及较为传统的产业，如服装业、屠宰和食品加工业等（Carl Smith，2006）。

2）社会层面。芝加哥面临社会问题的挑战层出不穷：①电子器械等劳动密集型产业逐渐减少，芝加哥就业压力面临新一轮紧张局势；②工人阶级的工作环境恶劣，雇佣童工的现象较多；③西部以及西北部分布了大量的贫民窟，公共卫生改造不力，街道肮脏凌乱，城市面貌需要大规模的改善；④巨大的贫富差距导致阶级矛盾激化，社会在暴动与骚乱中显得动荡不安，社会犯罪问题逐渐凸显❶。

3）政治层面。20世纪初芝加哥普通公民的政治权利不足，文化与政治生活停留在中上等阶级中，底层居民的文化与政治权利得不到保障。不同地方政府之间存在分权制问题，权力职能领域存在交叉现象。政府集团在政治游戏中显现出狡诈的一面，导致当地市民对政府的普遍不信任。

---

❶ Smith C S.The Plan of Chicago[M].The University of Chicago Press Chicago & London，2006.

4）环境层面。20世纪初芝加哥城市用水量剧增，水源污染严重，芝加哥河的裁弯取直工程刚刚完工。城市人口拥挤，生产和生活资源逐渐呈现紧张趋势。同时，城市资源结构发生改变，随着工业革命与技术进步，电力等新型能源对原有传统能源进行补充，新的城市运营能源动力系统正在酝酿。

5）基础设施层面。基础设施具有以下特征：①城市快速交通较为分散；②铁路电气化基本完成，但铁路仍由独立的铁路公司组织建设和运营，缺乏一定秩序，在场站布局、路线选择与功能匹配等方面均存在较大问题；③城市道路铺装率过低，且被马车大量占据，道路卫生条件随之恶化；④城市人均公园面积较低，公园因其可达性不足导致公共服务功能发挥欠佳。

2. 城市规划内容

芝加哥规划的核心内容是对芝加哥的现状提出的六大改善措施。

（1）环湖岸线的改善和提升

芝加哥湖滨绿地的构建与当时普遍实施的垃圾填湖处理不同，伯纳姆设想在湖滨防护堤和近城市的湖岸线之间形成一系列狭长的泻湖，泻湖免受风浪冲击，各类船只、游艇穿梭，两侧陆域内布置宜人的餐厅、休闲设施、澡堂，其美感舒适犹如巴黎的塞纳河、伦敦的泰晤士河❶。向湖中对称伸入两处狭长的亲水平台，作为城市纪念性建筑和公共活动场所（图3-4-1）。在大片宜人的湖滨绿地以东规划一条美丽的园林大道，沿路布置连绵的绿茵场和小树林。此外，格兰特公园（Grant Park）的建设尤为重要，其基本设计骨架正是当今这所公园所有景观空间的结构基础。

（2）市区快速路系统的建设与铁路场站的建设和改造

芝加哥规划依托密歇根湖采用同心半圆环路的形式（图3-4-2），最外环的快速路环绕的区域包括威斯康星州东南部地区和印第安纳州的西北部地区。规划提出新站的选址要在运河和第十二大街与当时市区边界的交接地区，场站要建设完善的客货转运系统，包括铁路、运河、高架快线、地铁等多种交通运输工具的驳接和换乘❷，以避免货物的运输穿越芝加哥的中心区，促使客货的集散更加快捷便利。

（3）郊区公园和连接公园的林荫道建设

芝加哥规划依托原有园林绿地、河流水系等自然资源，在城市内部构建三大绿化圈层（图3-4-3），分别位于城市中心区边缘地带、贯穿建成区中部和城市边缘防护带。

（4）市区街道系统的整治

伯纳姆为提高商业中心的通勤效率，大力提倡对角线道路的建设以及拓宽主要干道等，整个城市以格网加放射状路网为基础，延长原作为城市中轴线的国会大道，

❶ 吴之凌、吕维娟. 解读1909年《芝加哥规划》[J]. 国际城市规划，2008（5）：107-114.

❷ Daniel H Burnham E H B.Plan of Chicago[M].Princeton Architectural Press，1993.

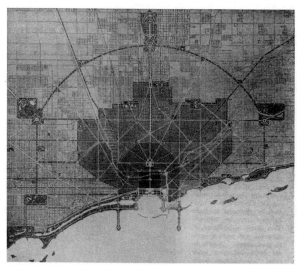

图 3-4-1　芝加哥中心区规划图

以市民中心为城市核心，向北拓展密歇根大道形成主轴线。城市呈环形放射状拓展，平面形态符合古典主义与巴洛克审美标准。

资料来源：Encyclopedia of Chicago

图 3-4-3　芝加哥绿化系统规划

园林绿地规划采用三大圈层（中心区外围，贯穿建成区中部，防护城市边缘）；湖滨绿地开发泻湖休闲空间。

资料来源：Encyclopedia of Chicago

图 3-4-2　芝加哥综合交通系统规划图

综合交通体系规划：协调铁路线形成四条环形路线，合理布置场站，水陆联运，各种交通方式无缝衔接。

资料来源：Encyclopedia of Chicago

并对滨河大道进行双层高差处理，促进交通道路衔接，实现与近水空间、货物仓储等多功能的有序整合。

（5）市民中心的建设

伯纳姆对秩序、有机和文化精神的追求，促使其构想出芝加哥文化中心或市民自治中心，其对芝加哥的作用效果堪比圣彼得广场之于罗马、卫城之于雅典或圣马可广场之于威尼斯，使之成为"市民生活的完全体现"。主要包括：①在格兰特公园的艺术中心附近建设菲尔德博物馆（Field Museum）以及克里勒图书馆（Crerar Library）；②在拓宽后的国会大道和霍尔斯特德大街（Halsted Street）的交叉口兴建政府行政办公楼，其中包括一个大型的市民中心建筑；③中心区遍布办公、商店、银行、旅馆、剧院、铁路终端站等公共设施，并在密歇根大街横断面设计中考虑步行、观光、过境三种类型之间的交通分流。

3.4.2　芝加哥城市规划（1909）公共政策解析

作为公共政策的芝加哥规划（1909）体现了伯纳姆及其商业俱乐部成员的价值观对整个规划过程的导向作用，其在目标制定、价值导向与具体策略方面都有着出乎意料的前瞻性。

1. 规划的政策目标与价值取向

（1）规划的政策目标

芝加哥规划建立在规划主体一致的共同价值观基础之上，目的是留住城市中的有钱人并吸引更多这样的人，因此芝加哥是为中产阶级建造的城市，高效、便捷、美丽、秩序是其系列规划目标，将这四点落实到空间上，表现为工业和交通中心、广泛便捷的交通换乘与公园系统、商业设施完善、城市符合巴洛克式及古典主义审美标准等空间策略。

（2）规划的价值取向

从公共政策角度出发，城市规划具有价值导向性质，在规划的编制过程中，不同的决策者会因其价值观取偏好的不同而作出差异性选择，完全中立的规划是不存在的❶。芝加哥规划的委托者芝加哥商业俱乐部，有着作为商人群体所特有的价值取向，其内部成员经过长期的交流与融合，已形成了较为统一的价值观：①他们支持共和党的政治观点，在政治立场上不存在任何冲突；②他们会因个人成就而产生自豪感，对果断行动的效用坚信不疑，这是自由意志下的美国精神的延续与加强，也正是这一点使这一时代的城市规划都普遍达到了思想与实践全面、完美结合的高度；③他们对芝加哥这座城市抱有强烈的责任感。在城市美化运动盛行的年代，他们深信其内在精神，共同追求科学效率、城市美化、城市艺术与社会公平。这些都印证了公共政策的基本价值取向中对实践检验、发展效率、社会公正等方面的准则要求，使得以社会精英为主体编制的规划得到了社会相当广泛的价值认同，并受到前所未有的关注和尊重；④伯纳姆具有的高尚的情操与英明的睿智，受其自幼年起的宗教信仰影响，有着耶路撒冷新教的同情与天人合一思想，具有将大自然大胆地引入城市各个角落的思想基础，同时他具有自由意志信念与自信、对

---

❶　彭海东. 城市规划的公共政策特征 [J]. 规划师，2007（8）：47–51.

现状的宏观把握的思维模式，对生活的关注、规划的热情以及对普通市民的关怀，与商业俱乐部的价值观达成共识，芝加哥规划即在这样的价值导向下一点点走向登峰造极的辉煌。

2. 规划的共同利益与科学保障

（1）规划的共同利益

《芝加哥规划》最初是由芝加哥商业俱乐部委托伯纳姆，后与伯纳姆共同合作编写制定的，是一部经典的精英规划。作为城市的资本家与有产者团体，商业俱乐部编制这部规划的初衷在于通过对城市面貌的改造，期冀更多的富有人群来到芝加哥，吸引更多的资本和商业，从而获得更多的商业利润与资本效益。也就是说，虽然怀揣市民精神，但他们中的大多数依然立足于利益的驱动因素。伯纳姆在规划编制时也曾表示过这样的担心：芝加哥规划被城市接受只可能在经过一些公益组织为其艰难斗争后发生。然而，没有哪个组织比商业俱乐部更合适了，因为它是最容易受到规划牵累的"财产利益"群体。

从利益角度出发，城市精英团队为城市做出的规划是有着持久的利益作为可观回报的，创造城市秩序对城市经济具有很大推助作用，社会问题的解决也会导致更高的生产效率与经济收益，一座好的城市所提供的良好环境也将如他们所期待的一样具有强大的吸引力，而一个如当前糟糕的城市是无法做到持续收获更多经济利润的。因此，城市对创造秩序的需求与商人对创造利润的需求在这一系列逻辑上找到了共通点，规划主体的利益与城市公共利益得到一定的协调。

对于城市中下层市民而言，这样的规划同样会为其带来长久的利益和价值。因为精英阶层已经逐渐认识到工薪阶层对城市建设发展的巨大贡献，并且看到这个阶层在日益恶化的城市环境中所迫切需要的是什么。虽然不排除精英阶层依然有着想要对城市移民以及工人阶层城市社会进行控制的欲望，但限于当时美国的公选和投票制度，也同样抱着对城市民主的焦虑，相当部分的精英逐渐有了人道主义倾向，在规划中则体现为"市民精神"（civic-minded）。精英阶层就是这样尝试通过对城市整体直接的空间安排，并有意识地通过推动工薪阶层的需求满足，进而促使整个社会的公共利益巨大齿轮开始转动。

因此在将要编制《芝加哥规划》的前夕，芝加哥商业俱乐部会员确定了创办芝加哥手工艺训练学校和其他一些类似的机构为最重要的工作，这些机构将致力于帮助芝加哥的工人阶级、减少雇佣劳动者的贷款利息、改革公立学校、建立芝加哥卫生区、揭露并惩罚不正直的地方官员以及捐款给联邦政府、州政府和城市政府等。而规划本身在文本中则直接明确指出了城市对投资者和土地拥有者进行限制的需要和权利，包括声明芝加哥湖前区（lakefront area）属于全体市民，在需要拓宽街道与根除健康和卫生威胁时保护公共不动产不被挪用 ❶。

（2）编制的科学保障

在规划编制阶段，商人俱乐部组建了质询机构以收集更广泛的意见和采用更多维的视角。这个质询机构邀请了许多杰出人物将自己的智慧和经验贡献到规划工作中，包括伊利诺伊州州长查尔斯丹尼恩、芝加哥市市长弗雷德布斯、众多市议员、区委员会、教育委员会主任、艺术学院、芝加哥商业协会、公园委员会、工程师、西方社会以及美国建筑师协会等组织。规划师们则在咨询过程中细心地听取他们的意见，并对反对意见给予慎重思考，进而调整与完善正在编制的芝加哥规划。

3. 规划实施的制度保障与资金保障

（1）规划实施的执行机构

芝加哥规划在整个编制、实施过程中涉及了许多如上述咨询机构一样的组织机构，但最核心的执行机构还属规划委员会。规划委员会由城市议会于 1909 年 11 月 4 日组建，正是这个机构，将《芝加哥规划》申请成为芝加哥的官方总体规划，并且在主席 Wacker 及执行官 Moody 的带领下，一直积极而努力地推动着《芝加哥规划》的实施。Moody 作为规划实施的执行长官，将规划制作成通俗易懂的附图小册子以低价售给广大市民，广泛联络传媒机构，并成立了演讲局。伯纳姆则亲自深入各种组织、人群中四处游说和演讲，用他富有激情的言辞将实践与理想共存，通过自由意志行动的信念再次赋予广大市民，让市民对伟大芝加哥的信念坚定不移，强调资产价值与市民价值并重，团结社会精英与社会大众民心，并提出立即行动的必要性。Wacker 则撰写了规划教学课本，不仅使芝加哥规划的内容得到广大阶层群众（孩子的父母）的支持，也让芝加哥的规划建设得到今后几代人的支持和为之努力 ❷。1914 年规划委员会还出版了《芝加哥在城市规划方面的全球化影响》，进一步将芝加哥规划推广至全世界，并使芝加哥名声大噪。1916 年规划委员会出版的《无为的五千万美元》则致力于赢得密歇根湖前区改造的社会支持。可以看到，规划委员会为推广和确保规划的实施采取了大量策略行动，并为芝加哥赢得全世界的掌声，对这部规划的成功实施作出了卓越贡献。

（2）规划实施的法律保障

《芝加哥规划》在编制过程中就已考虑了在执行和实施过程中可能遇到的问题和阻碍，因此对后期的法律保障作了明确的说明，这在当时是非常超前的：①拥有独立的法律章节。芝加哥规划文本的最后是由 Walter L·Fisher 起草的附件，题为"规划的法律支持"（Legal Aspects of the Plan of Chicago），对芝加哥规划实施背后的法律

---

❶ Smith C S.The Plan of Chicago[M].The University of Chicago Press Chicago & London，2006.

❷ Robert L W J.The Plan of Chicago：Its Fiftieth Anniversary[J].Journal of the American Institute of Planners，1960，1（26）：31~38.

支撑给予了详细的阐述；②权威专业的制定人员。作为法律章节的编写者，Fisher 的职业是律师，同时是商业俱乐部的成员，曾任"芝加哥地方选民联盟"（Chicago Municipal Voters League）的主席，后任 Taft 总统的内政部长，拥有丰富的法律知识与从政管理经验；③提案细分与合法性争取。在文本最后的附件中，Fisher 详细分析了规划的提案是否违反了当前法律的规定，尤其是对于个人财产的认定和保护方面的规定。他将这些提案分为三类，认为多数提案都可以在当前的法律制度下执行，剩下的提案中有一部分可以经过议会的讨论后通过，多数激进的提案则需要更多的法律支持，最重要的就是要在法权上允许发行债券以突破当时的债权限制 ❶。

（3）规划实施的宣传营销

《芝加哥规划》在 1909 年出版以后，商业俱乐部采取了一系列形式丰富的宣传推广策略，目的是要让《芝加哥规划》不仅得到政府当局和商界的支持，也获得社会大众的广泛认同，以保障规划具有较为坚实的群众基础，确保其得到最大限度和强度的实施，最终实现规划提议的理想目标。而这些行动基本都是商业俱乐部自身亲力亲为去努力实践的，政府几乎只是扮演着配合的角色，如尽量减少制度上的障碍，给予部分财政资金支持等。在这里，规划的编制主体与执行主体得到了完美的统一，规划在落实方面的努力建立在自发性和情感基础之上，加之行之有效的策略手法，规划实施的成功自然在情理之中。

规划的宣传推广工作主要面对商界、民众和政府三类群体：①对商界的宣传主要通过免费分发《芝加哥规划》给俱乐部成员，俱乐部内部交流研讨，将规划制成手册发放给城市的有产者，召开发布会邀请商界精英参与，举办各式演讲等方式实现；②对民众的宣传推广包括利用报纸、新闻等强大的传媒工具进行宣传，将芝加哥规划内容纳入到日常的课程教学中，在教堂、学校、剧院、会堂、私人住宅等所有能够聚集观众的地方进行幻灯片宣传，将规划制成手册以每本 25 美元的价格出售给能够支付得起的市民群体等；③对于政府，俱乐部则将 400 余份《芝加哥规划》免费分发给市议员和其他城市和县官员、公园专员、伊利诺伊州集会的芝加哥议员、其他州任职官员、美国国会议员、地方和联邦法官、区卫生局及芝加哥图书馆和俱乐部等机构。

（4）规划实施的资金保障

《芝加哥规划》主要资金来源于商业俱乐部成员和社会公众的赞助和捐助，最初预计完成规划编制需要的最少成本是 2.5 万美元，而且事实上在规划发布后为了促进其实施还需要更多的资金。在规划得到较好实施之后，结算总费用高达 8 万美元。规划由私人团体赞助的性质也决定了它在推行时必然会缺乏资金和权威，因此规划

---

❶ Smith C S.The Plan of Chicago[M].The University of Chicago Press Chicago & London，2006.

师们积极采取了大量行动策略，如在发布会、演讲会上积极拉动商界巨头进行投资，与政府交涉争取财政拨款，在市民中广泛宣传以获得社会投资和捐款等。

在当时的美国，选民和投票制度已得到广泛实行，规划师们知道如果规划想要实施，就必须得到那些具有投票权的芝加哥市民的支持，尤其是那些有权投票给是否对主要改善工程拨款决议的市民。由于不信任官员向公众推广该规划的主动性，商业俱乐部从立法、监督和公共参与三个方面主动出击，这三方面也正是确保一个规划能够得到自上而下顺利实施的关键所在：①使芝加哥规划正式批准为芝加哥的官方规划文件；②积极组建一个组织来推动政府领导人将规划付诸行动；③向社会说明该规划的整体价值 ❶。

3.4.3　芝加哥城市规划（21世纪）公共政策解析

1. 规划组织机构

芝加哥的规划机构分为两个系统：①经济发展规划局，主要职能是为中小企业提供帮助，促进国际贸易机会，制定城市经济发展政策；②城市建设规划局，主管城市用地规划，制定执行规划法规。1990年芝加哥市政府改组，把经济发展局和城市规划局合为一个局——规划和发展局，下设九个处，涵盖了过去两个局的职能：①社会发展处。提供、管理政府补贴，支持社区小型建设项目，提供市内空地空房，供社区改建为低收入住房，制订社会规划，提供社会福利服务；②区划法规及中心区发展处。负责修订《区划法》，监督执法情况，审批建设项目，颁发用地许可证，编制中心区建设规划；③工业发展处。提供工业用地，提供政府补贴供清除工业污染，重建工业之用地，促进社区中小工业的发展；④政策研究及长期规划处。负责制定战略发展政策，从事专题研究；⑤地图处。负责测绘、编制城市地图，编制修订细分法规地图，管理房屋编号系统；⑥商业发展财政处。为中小企业提供贷款，以增加市区内就业机会，为工商业提供财务、税收咨询；⑦商业服务处。为各企业公司提供业务咨询，包括组织国际贸易交流；⑧历史建筑保护处。以技术服务、税收、贷款资助等方法促进历史地段及著名建筑物的保护；⑨邻里服务处。将全市分为七个分区，协助制订分区规划，提供补贴支持邻里活动项目。

2. 芝加哥大都市区规划（2020）

1996年芝加哥商业协会再次聚集到一起，制定了《2020芝加哥大都市·21世纪芝加哥大都市区的发展》战略纲领，旨在从宏观区域层面为现在芝加哥的一系列交通出行、低收入群体集中和城市蔓延等问题提供综合、系统的解决方案，提供更多的就业机会，持续性地吸引多方投资。其核心内容包括：①规划通过提供区域性

---

❶ Smith C S.The Plan of Chicago[M].The University of Chicago Press Chicago & London，2006.

住房与平衡就业来尽量减少城市的交通需求，强调不同层级的经济中心应实现住房多样与就业混合，并沿主要交通系统节点尽量集中布置；②充分利用现有公路和铁路系统扩展、推动与公共交通系统相协调的土地利用模式，即推行 TOD 模式；③改善现有城市交通系统，提高公交系统便利性，改善步行和自行车环境等；④保护城市绿地不受建设用地扩张的侵害，治理洪水、河流污染，保护湿地等生态环境❶。

在方案模拟规划中，建立的模拟方案有线性外推的模拟方案、社区领袖的模拟方案以及最终的大都市规划模拟方案三个方案，根据各方案的指标评价与结论整理（表 3-4-1），最终选取的大都市规划模拟方案，既实现了社区领袖方案的优点，又基于更现实的可持续的建设与发展理念之上，充分地体现了政府与市场双重调节的职能作用，并鼓励公众参与。

2020 芝加哥大都市规划模拟方案所基于的假设与最终结果 　　　表 3-4-1

要素项目	线性外推模拟方案	社区领袖模拟方案	大都市规划模拟方案
土地利用	根据过去 4.84 人 /ha 的城市发展密度，至 2030 年大约需要 312987ha 土地，只有 14% 的新住宅建设是通过再开发或再内城空地上实现的。	将利用 99217ha 的未利用空地，城市再发展提供 44% 的住房和 57% 的就业发展所需用地。平均土地利用密度比线性外推模拟方案高 11%，节约 9892ha 土地。	36% 的住宅和 52% 的就业发展，通过城市再发展或内城空地开发得到实现。只消耗 120110ha 土地，较线性外推模拟方案减少 62%。
环境	增加了 63300ha 的不可渗透城市地表，减少了 147000ha 的耕地与 83900ha 的草地和森林。	通过高密度、紧凑发展和强化现有中心和车站，降低了敏感土地的损失。比线性外推模拟方案多保护了 82314ha 的农业、森林、草地。	增加 12600ha 不可渗透的城市地表，远小于线性外推模拟方案。
住房	假设住房公积依然以独户住宅为主，租房仅限于原有就业增长的有限地区。	强调多户家庭（公寓式）住房的发展。	增加 285505 个多户家庭住宅，提升住宅土地利用密度，促进土地利用的混合。
就业	商务与轻工业集中在未利用的城市空地、芝加哥中央商务区、飞机场区域和几个郊区中心。	新增就业主要集中在芝加哥市，有一些在公共交通车站附近。	提高区域内就业和住房之间的平衡，其就业—居住平衡是三个方案中最高的。
交通	该模拟方案包括了当前的交通投资和 1997 年公布的芝加哥大都市交通研究关于 2020 年区域交通规划的交通投资，没有其他项目。	强调交通发展与土地利用发展协调，将现有城铁车站作为城市发展或再发展的焦点，并限制公共交通与高速公路向城市郊区外延。	利用公交汽车专用道和城铁连接主要的经济活动中心，将交通投资向市内多交通方式的干道倾斜，不鼓励将高速公路和城铁向郊区延伸。

❶ 丁成日. 芝加哥大都市区规划：方案规划的成功案例 [J]. 国外城市规划，2005（4）：26-33.

续表

要素项目	线性外推模拟方案	社区领袖模拟方案	大都市规划模拟方案
道路与公共交通网络	扩展一些道路网络并上一些新的交通项目。	取消了线性外推模拟方案的两个交通项目，强调公共汽车快速路的发展和使用。	鼓励交通分流以平缓上下班交通高峰，关闭市中心的一些高速公路进出口以使高速公路主要用于长距离交通，实施交通拥挤收费将交通拥挤带来的负面效应"内部化"，建设公交专用道，推动公交技术现代化等。公交专用道长达 400 英里，如经费允许还可扩张。

资料来源：根据丁成日．芝加哥大都市区规划：方案规划的成功案例 [J]．国外城市规划，2005（4）：26–33 整理

本章小结

　　美国作为一个移民国家，其城市发展历史虽然不长，但城市规划体系相对健全，对现代城市规划诞生与发展作出巨大的贡献。自美国现代城市规划诞生之日起，就具有公共政策性传统。工业革命爆发以来，美国进入快速城市化阶段，在第二次世界大战期间经历了短暂的放缓增长之后，于战后重建阶段再次焕发出惊人的生机，1960 年代后更加蓬勃发展。1930 年代与 1970 年代的两次经济危机为城市政策转变提供了尝试的契机，最终促使美国走上新自由主义道路。回顾美国城市规划发展历史，在城市不断发展、政策不断创新的实践过程中，美国的城市规划发展与城市发展背景、城市政策的制定息息相关，但从来没有丢弃其政策性传统，政府部门、企业团体与民间组织以各种形式介入城市建设与管理。

4

其他国家城市规划的
公共政策演进

4.1 欧洲国家"二战"结束前城市规划的政策性演进

本章第 4.1、4.2 节研究的欧洲国家为不涵盖曾经具有社会主义性质的国家，政策分期也主要分为第二次世界大战（以下简称为"二战"）前和第二次世界大战后两个阶段，"二战"前主要以产业革命为起点，细分为三个时期，"二战"后借鉴美国的政策分期分为四个时期。社会主义国家单独在第 3 节阐述，按照各个国家的不同特点划分。

4.1.1 孕育：城市规划发展起步期（1760~1879 年）

1. 城市政策发展背景

自 1760 年起，工业化进程由英国开始推进，随后西方国家相继进入工业革命时期 ❶，并由物质领域逐渐扩展到社会全方位的巨大变革：①工业革命带来的技术进步推动经济大幅增长，促进城市经济建设发展；②人类史上第一次出现死亡率低于出生率的现象，人口开始增长，在德国明显出现人口由乡村向城市流动的迹象，人口密度激增；③农业机械化水平的提高帮助释放大量的农村劳动力，进一步推动城市化进程；④交通技术快速发展，使人们的生产生活空间范围不断扩大。英国于 1760 年开辟了可通航的运河，1825 年修建了铁路。德国第一条铁路由英国引进，1841 年后铁路事业迅猛发展，所谓的"半小时区域"在 1900 年扩大到半径 4km；⑤城市资本与产业要素的重新分布使得城市空间结构得以重组，形成了带状、同心圆等功能

---

❶ 如德国自 1850 年开始。

分区、居住分隔的空间结构，同时也产生了贫民窟，城市问题开始出现；⑥随着工业革命的推进，社会阶层结构逐渐定型，工人阶级与有产阶级矛盾被激化，众多的工人阶层起义与反抗运动使城市规划成为镇压工人阶层的有力工具。伴随工业革命导致的非人性化社会形成，有关城市腐败没落的批评越来越多，引发了住房改革、土地改革以及社会改革运动。

2. 城市规划特征

（1）新城市规划模型

1789 年法国大革命爆发，推翻了具有数百年历史的专制政体，废除贵族特权阶级，倡导建立自由平等的社会。以法国为首，右翼政党在欧洲获得了普遍的胜利，资产阶级也提出了一个新的城市规划模型 ❶：①官方管理机构和私人房地产业主承认他人对有明确边界的私人领域的使用权；②单一地皮的使用权由个人或国家自主决定；③街道正面前方是公共和私人地域的分界线，并以此确定城市的基本框架结构。

（2）公共卫生与住房运动兴起

这一时期城市公共政策的核心是解决城市卫生与住房问题。英国最早于 1848 年颁布了《公共卫生法》（Public Health），政府开始介入贫民区恶劣居住环境、基础设施等物质环境的改造。1875 年的《公共卫生法》建立了为贫困无助者提供居住和工作的济贫制度。1890 年的《公共卫生法》赋予地方政府的有关卫生相关事宜的权力进一步得到加强。这些卫生法与 1866 年的《环境卫生法》成为政府解决环境问题的重要法规。1890 年的《工人阶层住宅法》是第一部针对贫民窟的法令，强调住宅卫生、阳光、通风等条件的满足，旨在弥补公共卫生法令在工人阶层住宅规划方面的不足 ❷，促使很多长条形住宅楼的形成，可以说城市规划脱胎于公共卫生政策。

3. 代表性城市规划实践

（1）巴黎改建规划

19 世纪中叶巴黎开始了改建计划。奥斯曼（Haussmann，1809~1891）于 1852 年受拿破仑三世之命对巴黎进行现代化改造。改进方案的核心思想是通过增进城市道路大交叉（图 4-1-1）和城市旧区的大面积重建，营造安全的街道、通畅的交通、良好的社区环境以及舒适的住房。巴黎首创的市政工程计划极具有现代规划的性质，首都宏伟、壮观的景象影响了美国首都华盛顿规划和城市美化运动，法国里昂、马赛也在 1860 年间进行了类似的改建规划。

（2）柏林扩展规划

随着城市经济发展、人口暴增、面积膨胀，柏林城市向外部发展空间的需求前所未有的迫切。1858 年普鲁士政府指示柏林当局制定大规模的城市扩展计划，詹

---

❶ 迪特马尔·赖因博恩. 19 世纪与 20 世纪的城市规划 [M]. 北京：中国建筑工业出版社，2009：18.

❷ 苏腾，曹珊. 英国城乡规划法的历史演变 [J]. 北京规划建设，2008（2）：86-90.

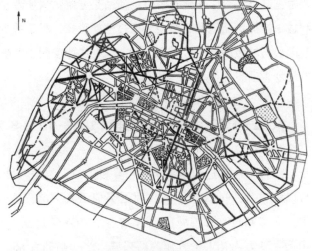

图 4-1-1 奥斯曼的巴黎规划
总图

（图中粗线部分为奥斯曼划定与认
为需要修整的路）

资料来源：http://klio.uoregon.edu

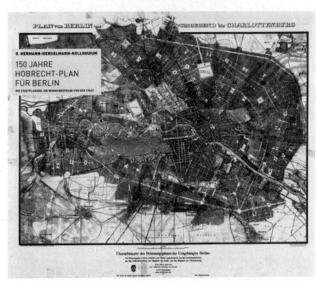

图 4-1-2 柏林扩展规划

资料来源：http://www.baunetz.de

姆斯·霍布雷希特（James Hobrecht，1825~1903）接受委托承担这项工作，成为德国的第一次大规模的城市总体规划。这次规划城市格局非常宏大，所有街道宽度在 25~30m，街区尺度普遍达到 200~300m。对于城墙外的地段，规定不好用的地段用于修建道路与广场，不得修建房屋。1874 年在柏林举办的首届"德国建筑师及工程师联合总会"全体大会上，一致通过了由卡尔斯鲁厄市的建筑工程师赖因哈德·鲍迈斯特（Reinhard Baumeister）提出的"城市扩展的基本特点"主张❶：①城市扩展的本质在于发掘所有交通设施的基本特点，使这些设施系统化，并对其进行相当规模的扩建和改善；②初次描绘城市道路网时只规划交通干线，尽量考虑利用现有道路并按照地形变化设计支路；③对城区用地按照使用性质进行合理分类，

---

❶ 迪特马尔·赖因博恩．19 世纪与 20 世纪的城市规划 [M]．北京：中国建筑工业出版社，2009：22.

并考虑其独特性；④建筑督查的使命是要维护居住者、邻居以及所有非业主必要的利益；⑤征用土地和房屋应当通过法律形式，尽量减少土地浪费；⑥政府规划管理权限要与城市的行政区域相匹配；⑦在法律准则中明确邻接的地产责任和行政区域的规划管理职责等。

4.1.2 启蒙：城市规划萌芽期（1880~1913 年）

1. 城市政策发展背景

随着工业化进程不断推进，乡村人口大量涌入城市，欧洲国家的城市化过程与以移民为主的美国不同，而更类似于我国的内生城镇化。1881 年英格兰和威尔士人口超过 5 万的城市只有 47 座，1901 年达到 77 座，其中 1/3 城市的人口达 10 万 ~25 万人，大伦敦作为新兴城市之一则拥有 660 万人口并位居第一。大量的城市随着中心城区密度饱和开始进行郊区化，推动了郊区空间的发展。与此同时，公共卫生和住房运动持续进行，1900 年英国国家住房改良协会（National Housing Reform Council）成立，20 世纪初在伦敦和英格兰其他城市相继成立了很多租户社团，发起"租户合作"运动。英国与德国间的交流使得英国的住房改革经验流传到并应用于德国，尤其 1896~1903 年位于伦敦的德国大使馆专员建筑师赫尔曼·穆特修斯对英国的住房做了大量研究，并使新的住房建设观点被德国人所接受。

2. 城市规划特征

（1）城市规划开始立法

欧洲 19 世纪后期的公共卫生运动、工人住房运动和环境保护运动发生的深层次原因是，社会现状和社会期望之间的差距而引发的对特定社会问题的解决，社会改良、变革、解决社会问题成为城市规划的核心问题，表现为英国于 19 世纪末颁布的一系列关于城市开发建设的制度性法规，如《住宅改善法》（1875 年、1890 年）。1909 年英国颁布了《住房与城市规划诸法》，成为城市规划史上第一部规划立法。该法授权市政当局制定规划方案，并确定新开发的位置与布局等问题。法令分为"工人阶层的住宅"和"城镇规划"两部分，要求地方当局编制地方规划时必须明确规定住宅、道路、建筑立面、室外场地、给水排水及古建筑的保护等内容。该法案第一次提出了城市居住区的土地开发问题，并标志着从这一时期开始，英国城市法律体系已超越公共卫生领域，将城市问题的综合治理全面纳入法律体系和公共政策的范畴中 ❶，从此开启了英国政府对住宅供应的干预历程。1901 年荷兰工党也颁布了《住宅法》（Housing Act），开始建立物质规划与空间开发控制体系，着力解决底层贫民窟的居

---

❶ 王郁.国际视野下的城市规划管理制度——基于治理理论的比较研究 [M].北京：中国建筑工业出版社，2009：64.

住环境问题。1910 年法国塞纳省议会成立巴黎扩展委员会，统一考虑巴黎及其郊区的土地开发和城市建设问题。

（2）田园城市理论兴起

1889 年埃比尼泽·霍华德发表《明日：一条通往真正改革的和平之路》，提出著名的田园城市理论。理论提出的初期，企业主自发性的建造住宅区成为其实践探索的第一步，如德国 1891 年以英国建筑形式为榜样建造了老人住宅区，1896 年以维也纳住房建设为榜样建造的阿尔弗雷德住宅区，建于 1899~1901 年期间与 1904~1906 年期间的弗里德里希住宅区以及玛格丽特高地住宅区等。法国则尝试了比英国更高居住密度的多层住宅模式，芬兰在赫尔辛基北部凯皮莱规划了一个工人阶级居住郊区。1899 年"田园城市协会"成立，到 1900 年成员由最初的 12 名增加到 325 名，1902 年协会获得 2 万英镑先期注册，成立"先锋田园城市公司"。1902 年更名为《明日的田园城市》的霍华德著作重新出版并取得巨大成功，不仅在英国产生深远而广泛的影响，其思想传播更远至欧洲❶、北美等全球各地，开启了田园式的、带有反城市化倾向的城市建设实践的潮流。1903 年霍华德选择在莱奇沃斯进行大胆的实践试验，1909 年德国在德累斯顿市郊兴建赫勒劳（被誉为德国的莱奇沃斯）等。雷蒙德·昂温在支持田园城市理论的基础上提出"卫星城"模式理论，更加关注解决社会问题❷。

（3）技术艺术方向之争

这一时期在"技术型"与"艺术型"城市规划之间存在着争论，前者背后是知识、技术能力、科学，后者背后是感觉、艺术（德国建筑报 1906 年，第 577、578 页），最后城市规划原则被归纳为两个方向的统一❸：①城市规划中应对技术、美学、健康学、社会和经济的利益加以重视并使之统一；②计划的安排是对整体全局的把握，是总体计划的制定，包括交通设施的计划确定、街道与公共建筑的预留等；③街道的规划布局应当与现有街道衔接，其宽度与设施由交通的重要性以及房屋允许的高度决定；④偏好更多的中等大小的广场，而非少量的大广场；⑤出于对健康、舒适及经济的考虑，应在法律上对建筑密度从水平、垂直方向加以控制；⑥为了公众利益的需要可以优先征用土地，需对临近物主承担的街道建设费用给予补偿。

3. 代表性城市规划实践

这一时期代表性城市规划实践是第一座田园城市莱奇沃斯。1903 年第一田园城市有限公司注册成立，因英国正处于农业萧条期，可供交易的农业用地增加，经多

---

❶ 1909 年开始，德国田园城市建筑委员会多次前往英国交流学习。

❷ 迪特马尔·赖因博恩.19 世纪与 20 世纪的城市规划 [M]. 北京：中国建筑工业出版社，2009：47.

❸ 由卡尔斯鲁厄的莱茵哈德·鲍迈斯特教授为德国建筑师与工程师协会 1906 年曼海姆流动大会制定，参考德国建筑报 1906 年，第 348 页。

方选址，基于对外交通便利、原住民较少、地形相对平坦、地价较为合理等原因，最终确定在莱奇福德庄园建设田园城市。两位霍华德田园城市理论的信徒和忠实的追随者、杰出的规划师贝利·帕克和雷蒙德·昂温的方案被公司采纳。莱奇沃斯规划贯彻了田园城市的精髓，包括中心广场为核心向四周放射状道路和外围环路形成高效便捷的路网结构、房屋低密度朝阳分散布局、工业区和居住区保持一定安全距离、环城绿地和农业用地构成大面积城市开敞空间等。莱奇沃斯田园城市规划人口 3.3 万人，占地面积 3822 英亩，道路、供水、排水、煤气、电力等基础设施完善，住房采用新材料新工艺，1905 年刚一建成就大获好评。作为英国乃至世界第一次现代化城市的尝试，尤其职住平衡、混合居住、保护生态等基本理念的采用和分区制、邻里单位、物业管理思想的萌芽都具有划时代的意义。

4.1.3　繁荣：现代城市规划形成期（1914~1944 年）

1. 城市政策发展背景

（1）独裁政治

在现代城市诞生的 20 世纪初，除美国外，英国和德国等欧洲国家也率先以大规模实践推动国际化城市规划运动。与美国不同，这些国家具有集权统治的传统，城市规划政策中政府扮演着主导的角色。第一次世界大战使国家计划与宏观调控能力得到极大发挥，为后来的凯恩斯主义实行打下一定基础。1929 年美国经济危机迅速传至欧洲，使欧洲全面进入经济大萧条时期，经济衰退进一步激化民族、阶级间的矛盾。集权国家开始了宏观控制与计划的行动，如英国政府制定了全国性的经济规划，德国则将集权主义发挥到极致，试图建立历史上的第三个伟大帝国，新的政治势力民族社会主义工人党——"纳粹"崛起，进入独裁专政时代。

（2）城市解体

随着大萧条时期国家政策的转变，国家主义与种族主义的意识形态获得胜利，并进一步在城市规划建设、建筑设计中表现出来。由于扩散而形成松散的结构，城市以"新城市"、"住宅区单位"等形式开始解体。雅典宪章理论也宣传了城市功能的分离，强调城市是具有居住、工作、休闲及运动等的功能统一体、住宅是所有城市规划努力的中心所在、交通具有连接城市各功能区的服务作用、集体利益优先于个人利益等，这些思想对当时城市规划的发展产生了重要影响。

（3）立足底层

与美国竭力融合移民和美国本土文化，其住房与规划政策立足于中产阶级的利益角度不同的是，欧洲则力求消除社会底层造成的城市发展缺陷，其政策制定具有工人阶级联合政府干预导向的特征 ❶。

---

❶　Hall P.Urban and Regional Planning，4th Ed.London and New York：Routledge.2002：42.

2. 城市规划特征

（1）规划进一步专业化与法制化

与早些时期城市规划依附于公共卫生政策不同的是，这一时期城市规划不断加强法律和制度建设。1919 年英国中央政府颁布《住房与城市规划法》，首次提出有关临时开发的规定和区域性规划的概念，将制订规划方案作为强制性规定，要求拥有 2 万人口地区的地方政府主管部门必须在指定时间内完成规划方案的制订并提交审批。并成立了专门负责城市规划工作的健康部，主要解决第一次世界大战后退伍军人的住房问题。1932 年颁布《城乡规划法》，要求地方政府制定分区制地图，专门划拨土地建设住宅，并规定开发商建设前必须先获得规划许可。其将规划对象由原来的可进行开发土地扩展到已经建满房屋建筑的区域，进一步扩大了规划行政主管部门的权力，并废除 1919 年《住房与城市规划法》规定的必须在一定时期内制订方案的条款，要求制订方案必须事先获得卫生部批准的条款。1935 年针对该法案存在的漏洞出台了《限制带状开发法》。1943 年正式成立了城乡规划部，由于规划管理专门机构的成立，城市规划工作成为政府的重要责任，城市规划的政策性得到确认和强化。1944 年出台了《土地利用控制》白皮书，对详细土地利用开发规划提出控制规定。期间，1925 年通过的《公共卫生法》赋予地方政府的有关卫生相关事宜的权力进一步得到加强，1936 年《公共卫生法》则是一部更全面完整的法令，城乡规划和公共卫生政策制度相互促进、分工协调、相得益彰，专业化、法制化同步加强。

1919 年和 1924 年法国相继颁布城市规划法令，第一次以法律形式确立了城市规划的地位，规定巴黎郊区的相关市镇编制土地开发、城市美化和建设用地扩展计划，并在塞纳省政府内设置相应的规划和研究机构。1921 年荷兰工党修订《住房法》，规定了更加严格的分区规划，地块细分非常详细。1924 年瑞典颁布了适用于城镇的《建筑法》。1931 年瑞典颁布的新版《建设法》和《城市规划法》，将城市规划进行简化，并应用到乡村地区的开发中。1938 年丹麦颁布《城市规划法》，规定人口超过 1000 人的城市需编制总体规划与详细规划，1939 年颁布实施《贫民清理法》。

（2）区域规划开始盛行

19 世纪铁路的发展导致城市外部空间拓展的机动性迅速增加，促使第一次世界大战前区域规划思想开始出现，期间被迫中止。战后随着经济危机的爆发，需要重组整顿的范围更大，可能甚至是整个国家。英国的区域规划理论受格迪斯的区域规划思想影响，1927 年大伦敦区域规划委员会（Greater London Regional Planning Committee）成立，作为委员会成员之一的昂温提出了"绿带"设想，以遏制城市向郊区的过度蔓延。1934 年《特别区域法》（Special Areas Act）出台，提出区域规划的同时也为战后的特别区设立奠定了基础。1937 年成立工业人口地理分布皇家委员会（简称巴罗委员会，Barlow Commission），1940 年出版的《巴罗报告》把全国性和区域性问题与大城市发展问题的解决合二为一。

德国是城市区域规划的实验田，1906 年大柏林发展协会（Ansiedlungsverein Gross-Berlin）成立，1909 年组织的大柏林规划竞赛成为城市区域规划的开端，赫尔曼·詹森等人完成了大柏林区域规划。1911 年普鲁士州政府设置了城际管理委员会，其职能范围涵盖了由市中心向外 20~40km 的地区。1912 年大柏林联合会（Zweckverband Gross=Berlin）成立，在交通、城市规划以及保护和获得休闲用地等方面都有着特殊的权利，但因缺乏合作而于 1920 年宣告解散。

1919 年法国为巴黎大都市地区举行了一次概念性规划竞赛。获胜方案希望将巴黎及其周边地区融合成为一个"统一的经济有机体"，并在扩展地区采用了田园城市理念。1928 年巴黎区域规划委员会成立，1932 年颁布巴黎法令设置巴黎地区，对巴黎市中心向外 35km 范围进行规划，随后这种规划方式推广至全国。1934 年亨利·普罗斯特主持了大巴黎地区国土开发规划，引入区划法等控制管理手段。

3. 代表性城市规划实践

（1）第二个田园城市韦林

图 4-1-3　田园城市韦林规划图

资料来源：http : //www.mediaarchitecture.at

韦林（Welwyn）是霍华德及其追随者进行的第二个田园城市实验地区。1919 年霍华德在距离伦敦约 35km 的地方买下了一块 2378 英亩的高地进行韦林的建设，他认为靠近伦敦是第二个田园城市成功的关键因素，要为伦敦"提供一幅解决工业和人口膨胀问题的蓝图"[1]。韦林以第二田园城市责任有限公司为主要资金运作机构，并请当时声望极高的土地调查员钱伯斯作为筹备负责人，路易·苏瓦松负责编制总体规划。韦林规划人口规模 4 万 ~5 万人，体现紧凑和灵活的设计理念，中间是建设区，充分利用原有的路网结构，中心商业区道路呈棋盘状，外围道路略呈环状并被绿带包围，居民步行 0.75 英里可以到达商

---

[1] Jean Pierre Gaudin. "The Franch Garden City" .in Stephen V.Ward.The Garden City : Past，Before and After. pp.28-48.

业中心（图 4-1-3）。在第一次世界大战后的经济低迷期，公司遇到了资金困难，结合田园城市的理论基础，公司精明地将筹来的资金用于"准市政工程"的投资建设，收效较为可观。此外，根据第一个田园城市的建设经验，霍华德采取了成立商业责任有限公司，提供 600 英亩的农业带等改进措施。1946 年韦林被宣布成为新城，并顺利地得到了扩建，如今拥有居民 5 万人。

（2）巴黎 PROST 规划❶

大巴黎地区国土开发规划（PROST）是在巴黎地区郊区扩散现象日趋严重的情况下出台的，旨在对此加以抑制，从区域高度对城市建成区进行调整和完善。该规划将巴黎地区划定在以巴黎圣母院为中心、方圆 35km 的范围之内，对区域道路结构、绿色空间保护和城市建设范围三方面作出了详细规定：①为迎合当时盛行的汽车交通需求，规划提出放射路和环路相结合的道路结构形态，即以巴黎为中心形成 5 条放射状主要干道向法国腹地辐射，外围环形公路将 5 条放射状道路联系在一起（图 4-1-4）；②针对无序的郊区蔓延毁坏森林的情况，规划提出严格保护现有森林公园等空地和重要历史景观地段，并在城市化地区内开辟新的休闲游乐场所，作为日后建设公共设施的用地储备；③为抑制城市向郊区的无序蔓延，规划限定城市建设用地范围，将巴黎以外各市镇的土地利用划分为城市化地区和非建设区两种类型（图 4-1-5），后者严禁各种与城市直接相关的建设活动。

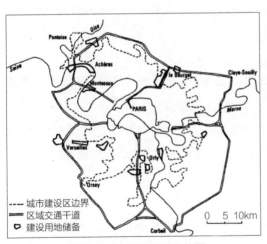

图 4-1-4　道路交通系统图

资料来源："典型城市规划评析——巴黎"

http://wenku.baidu.com/view/
aa9d89ed102de2bd960588af.html.

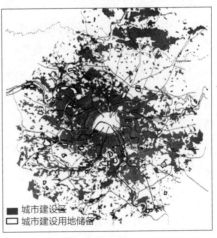

图 4-1-5　城市建设区边界与用地储备范围

资料来源："典型城市规划评析——巴黎"

http://wenku.baidu.com/view/
aa9d89ed102de2bd960588af.html.

❶ 刘健. 巴黎地区区域规划研究 [J]. 北京规划建设，2002（1）：67-71.

4.2 欧洲国家"二战"结束后的城市规划政策性属性

4.2.1 重建：城市规划快速发展期（1945~1959 年）

1. 城市政策发展背景

（1）经济复苏

第二次世界大战后城市满目疮痍，而城市重建的目的就在于经济的重建复苏，城市的生产组织、消费方式以及政治、经济力量的结构都受到福特主义和凯恩斯主义的双重影响：①福特主义主张以大规模生产方式为核心的资本主义积累方式，其主要特征是大规模生产、大量消费和国家福利主义，并将功能、实用与效率等观念深深植入人心；②凯恩斯主义则主张国家采用扩张性的经济政策，鼓励政府扩大财政开支，以刺激经济实现繁荣。二者相互配合，推动欧洲国家中央政府与地方政府共同承担起社会责任，形成了国家干预为主的一系列城市政策，各个国家都努力将本国建设成为福利国家。

随着技术革新，制造业规模扩大、市场活跃与市场需求旺盛等因素作用，战后的欧洲经济得到快速复苏。英国政府虽全身心投入到国内经济的复苏努力中，但恢复的步伐仍相对缓慢，北爱尔兰的独立运动又消耗掉其一部分精力。1957 年西欧各国签订《罗马条约》，以建立共同市场，实现经济一体化。1958 年欧洲经济共同体采取了一系列措施保障经济的发展。经历第二次世界大战之后的传统与新兴工业发展基地重新焕发出巨大的活力，形成了重要的工业发展地区，如英国曼彻斯特、伯明翰，中欧的鲁尔—莱茵河地带等。

（2）居民收入提高

随着战后经济发展与工业加速推进城市化进程，城市经济的第三产业发展带动了生活水平的迅速提高，中产阶级成为社会的主体并拉动社会进入"大消费时期"，个人主义的消费倾向盛行。同时福特发明的大生产模式使汽车变得更加廉价，城市居民收入随经济复苏而有所增加。双重作用下小汽车的使用在欧洲得到大范围普及，城市发展的空间尺度拓展限制得到了很大的释放。

（3）民主进程加快

1945 年后掀起了主张民主政治制度和温和社会改革的民主运动，许多欧洲国家纷纷制定新的民主宪法，民主思想得到普及。英国战后的工党政府建立起"社会民主"的概念，1945~1951 年间艾德礼政府扩大了在社会领域、经济领域的职权，包括国家提供普遍教育、卫生保健、社会保障、失业救济、住房补贴等福利，并积极管理国民经济甚至推进国有化进程 ❶，民主化进程和国家高度干预同步发展。

---

❶ 曹康. 西方现代城市规划简史 [M]. 南京：东南大学出版社，2010：140.

2. 城市规划特征

（1）规划法制化

法制化是这一时期城市规划最重要的特征。英国 1947 年颁布的《城乡规划法》是英格兰和威尔士地区土地使用管理的主要法令，规定土地开发权归国家所有，土地所有者无权开发土地，其以发展规划为核心的城市规划体系为各国所效仿。在同一时期颁布的专项法包括《工业分布法》（The Distribution of Industry Act，1945）、《新城法》（The New Town Act，1946）、《国家公园和乡村通道法》（The National Parks and Access to the Countryside Act，1949）和《城镇发展法》（The Town Development Act，1952），对英国的战后城市规划也都产生了相应的影响 ❶。1951 年住房与地方政府部（Ministry of Housing and Local Government）取代了 1943 年设置的城乡规划部。1954 年新修订的《城乡规划法》规定土地开发权与价值重新归还土地所有者。

（2）构建规划体系

法国的战后城市规划体系比较复杂，分为国家、区域和地方三个层级（图 4-2-1）。瑞典于 1947 年通过了新的建设法案和条例，规定所有的稠密建成区的开发必须做规划，城市规划体系分为总体规划与稠密建成区的详细规划两个层级，并将区划定为法定规划，允许两个及以上的城市共同编制。丹麦的首部现代城市规划立法是 1949 年的《城市规划和城市发展管理法》，先后成立了 42 个跨市的城市开发委员会，负责编制跨市的城市开发规划以及城市边缘地带的开发规划。

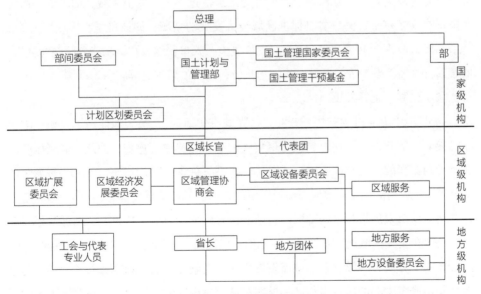

图 4-2-1 法国战后规划体系

资料来源：Hall P.Urban and Regional Planning，4th Ed.London and New York：Routledge.2002：Fig7.4.

---

❶ 唐子来.英国的城市规划体系 [J]. 城市规划，1999（8）：37-41+63.

（3）规划物质属性

战后欧洲国家城市快速发展，城市建设量大，伴随科学技术的突飞猛进，社会文化思潮中主导西方世界的功利、实用和实证主义，也使得相当一段时间内城市规划都留下了实用主义、功能理性的深深烙印。城市规划侧重物质空间的表达和对物质空间环境的设计和改造，是一种物质性规划，较少涉及社会、经济规划，认为建筑和空间的布局形态可以决定社会和经济生活的质量，是一种纯粹中立的技术行为，城市规划是静态的，是城市发展的终极蓝图。这一时期及此前的理论基础是工具理性，城市规划主要依托富有经验的规划师，通过具有科学性的规划工具、分析工具及技术方法，提出适宜于城市发展的最优方案。规划师在城市规划中呈现出绝对的主导作用，通过个人理性克服集体不理性，指导城市的发展和建设。

3. 代表性城市规划实践

（1）英国新城建设

二战后大城市人口骤增，城市分散被进一步推进，昂温的卫星城模式理论被推广实施，英国开始了著名的新城建设运动。1945 年英国政府成立了新城委员会（New Town Committee），成员由政府官员与专家组成，其职责主要是制定新城规划的基本原则，提出建设的可行方法。1946 年英国通过《新城法》（The New Town Act），成立了新城建设公司，开始了新城的选址与规划建设，这一期间建设了两代新城：①第一代新城建于 1946~1955 年间，总体规模较小，人口密度较低，功能分区较为明确，分为两类。一类是依附于伦敦并为之疏散过多人口的卫星城，如哈罗、斯蒂文里奇、汉默尔等。另一类是促进区域经济发展的新城，如彼得里、埃克里夫等；②第二代新城建于 1955~1966 年间，规模更大，人口密度较高，功能分区极为灵活，依靠其自身经济发展成为区域经济的增长极，如坎伯诺尔德等。

（2）巴黎国土开发规划

1958 年法国通过颁布法令开辟"优先城市化地区"，极大地促进了大型住宅区在巴黎郊区的建设，致使巴黎城市聚集区的蔓延趋势愈演愈烈。为此，戴高乐政府提出了制定新的《巴黎地区国土开发与空间组织总体计划》（简称 PADOG 规划）的要求 ❶。该规划沿用了限定城市建设区范围来遏制郊区蔓延的理念，试图通过改造和建立新的城市发展极核重构郊区，追求地区整体均衡发展，这也是"新城"概念第一次出现在正式区域规划文件里。规划倡导以区域交通结构为依托，在巴黎东、南、西、北四个方向分别设立新的城市发展极核，集就业、居住和服务等于一体，与巴黎共同构成多中心的城市聚集区。规划对城市建设区的限制则由于违背了当时法国城市正加速发展的客观规律而遭遇失败，同时对于城市区域的概念理解仍较为狭隘，

---

❶ 曾刚，王琛．巴黎地区的发展与规划 [J]．国外城市规划，2004（5）：44–49．

局限于城市建设区，并未清楚认识到城市广大腹地的重要作用。

4.2.2　反思：城市规划逐步成熟期（1960~1979年）

1. 城市政策发展背景

这一时期，对重建时期的快速建设进行了反思，使得城市发展政策出现了巨大的转变。

（1）政治环境变迁

1960年代在经历战后近20年的发展和繁荣之后，欧洲国家普遍面临着结构性经济危机和低速发展的困扰，出现了严重的政治动荡和发展迟缓，人口增长率持续下降，反主流文化、反正统价值观的思潮交相激荡，新左派占据上风。尤其在1973~1975年发生的以滞胀为特征的严重世界性经济危及以及战后国家高度干预带来的追求最大限度利润和社会严重不公矛盾的加剧，对经济发展和社会稳定带来影响，促使各国政府寻求新的调整对策。撒切尔夫人上台后英国在保守党内出现了一股占统治地位的"新右派"势力的意识形态，即撒切尔主义。作为当代西方"新自由主义"与"保守主义"的混血儿，它反对建立在凯恩斯经济学和对福利国家支持至上的"共识政治"，在英国的城市政策制定与城市建设实践中发挥着至关重要的作用。

（2）社会问题显现

这一时期家庭、经济、合法权益、毒品等社会问题与内城衰败、环境恶化、城市交通拥堵等现实问题同时出现，人们开始反思城市发展对技术的过分依赖，小汽车的普及伴随道路设施的改善形成恶性循环，通勤交通问题日益严重，并由简·雅各布斯点燃导火线开启了后现代主义思潮引领的城市改革运动。尤其在经历石油危机和环境危机后，人们开始对住房政策进行批评与反思，即花费巨大的住宅建设推动经济发展，却收效甚微，居住隔离与阶级矛盾进一步恶化。人们发现仅从物质空间设计的角度考虑问题，并不能面对社会的真实需求，环境理论为城市规划提供了观察自然与人类社会关系的新视角。

（3）技术进步推广

由美国亨利·福特在20世纪初为美国汽车工业发明的、主要在二战后传到欧洲产业领域的工业组织原则，启发了欧洲地区"福特主义"新生产模式，技术进步导致功能间的分裂，使得低技术劳动力的大量使用成为可能，大规模生产继而成为可能❶。同时，工业布局不再需要像以往那样集中，出现了工业在地理纬度上布局相对分散的现象。

---

❶ 米歇尔·萨维著. 法国区域规划50年 [J]. 罗震东，周扬，甄峰译. 国际城市规划，2009（4）：3–13.

2. 城市规划特征

基于上述变化，城市规划基本脱离了原本传统教育体系中的建筑科学范畴，逐步走上了综合学科的轨道，而且由于其政策性的进一步加强，成为一项高度政治化运动。

（1）规划思想转变

伴随城市规模大幅度增长，过去侧重物质空间建设的发展模式对社会经济出现的新趋势和新问题的解决逐渐力不从心，甚至加剧了问题的严重程度，人们逐渐对过去的精英式城市规划提出质疑和挑战，城市规划的重点开始从"物质空间"向"社会经济"转变。1968 年英国颁布的《城乡规划法》中引入"结构规划"的概念，将社会规划、经济规划与物质规划充分融合，作为城市的发展战略规划。随后产生了两个规划理论，即系统规划理论❶ 和理性过程规划理论❷，强调价值理性和程序理性，开始注重规划及其过程的公平性，考虑弱势阶层利益诉求，体现人文关怀，注重环境保护。可见，这个阶段的规划已经不仅仅是服务于社会上流阶层，而是步入将社会公共利益囊括于城市决策中的规划理论阶段。

（2）规划法律体系进一步完善

在经历了战后恢复重建和高速城市化进程后，欧美的城市规划发展始终没有丢弃政策传统，政府部门以与以往不同的方式介入城市管理。城乡规划方面，1971 年英国颁布的《城乡规划法》作为核心法，建立了更加明确中央政府与地方政府事权的规划体系，中央政府和郡政府负责战略性的结构性规划，区级政府与地方政府则负责实施性的地方规划。1977 年颁布关于内城建设政策，关注城市再生，强调城市人口与就业的平衡，对城市副中心建设、居住工作平衡、历史地段保护、城市边缘区开发、城市环境改进等提出要求。此外，英国政府及议会还不定期颁布城乡规划规则、城乡规划通告、城乡规划条例、城乡规划指令、规划政策指引书❸ 和战略规划指导书❹，以完善城乡规划管理制度体系❺。英国是最早通过规划立法限制土地开发的国家，在土地征用方面，先后颁布了《土地委员会法》（1967 年）、《土地公有化法》（1975 年），重视保护土地的动态利用。

联邦德国在 1960 年颁布的《联邦建设法》建立了城乡规划中央政府宏观调控管理模式。1965 年颁布的《空间规划法》超越了城市范围，试图构建综合性、系统性

---

❶ 系统规划理论的核心是把城市和区域看作一个相互关联的功能活动系统，为了了解城市是如何运行的，规划师必须从物质空间、经济环境和社会环境的不同角度来考察城市，重视城市局部和整体之间的互动，以及城市发展的动态性。

❷ 理性过程规划理论把规划看作一个理性行动的过程，强调城市的可控性，将城市规划的过程不再止于规划编制，还包括规划的实施和反馈，是关于规划程序的理论。

❸ 规划政策指导书提出特定地区范围内的土地开发政策和原则。

❹ 战略规划指导书具体阐述中央政府对某一特定地区的开发政策。

❺ 郝娟. 英国城市规划法规体系 [J]. 城市规划汇刊.1994（4）：59~63.

以及各层次的国土空间秩序。1971 年出台的《城市建设促进法》补充了《联邦建设法》缺失的有关旧城更新和新城开发的内容。1967 年法国颁布的《土地和城市规划法》建立了沿用至今的发展规划体系，为了保证在一些重要的开发和再发展项目中政府与私人进行合作而制定了并不太严厉的土地政策手段。1976 年依据土地使用规划（Plan d'Occupation des Sols，简称 POS）进行的控制得到了加强，并且赋予环境团体和市民参与规划以及对违法行为采取法律行动的权力。

（3）规划决策过程与公众参与

1971 年英国修订后颁布的《城乡规划法》首次明确了公众参与的规定，要求在规划制定阶段，郡议会必须有 5 周的时间将其公示，提交给有关部门和个人进行评价，在吸纳公众意见的基础上才能形成最终规划。地方规划局则必须将规划的政策条款、开发计划、规划内容全部公之于众，民间团体、个人及相关政府部门都可在 6 周内发表意见，并提交正式意见书。在规划审批阶段，由中央环境事务大臣审核批复规划也要征求公众意见，一般要留出 4 周时间，接受公众质询❶。1969 年斯凯菲因顿报告（Skefington Report）提出采用"社区论坛"的形式建立地方规划机构间的联系，通过任命"社区建设官员"联络不太倾向于公众参与的利益群体❷。英国地方规划编制过程中，公众参与（包括一般民众、土地业主和开发商等）成为磋商、质询和修改三个阶段的法定环节（图 4-2-2）。

（4）规划行政监督机制不断健全

英国历来重视行政体系内部的自我监督机制建设，1971 年英国以《城乡规划法》为依据建立了城乡规划督察员制度，在英国副首相办公室下设城乡规划督察员组织作为其执行机构，向地方派驻督察员，代表中央政府对城乡规划实施情况进行监督。英国规划督察制度是英国规划申述制度下的特殊产物，是一种政府主导的规划救济手段，有严格的职业规划和工作程序，是保证开发过程公平、公正、公开的有力工具。规划督察机构的设置为行政裁决提供了一种救济渠道：如果开发方、公众等各种利益群体对审批结果不满意，可以向规划督察提出申诉，要求改变结果。裁决后如果当事人仍有异议，可以上诉至最高法院，但最高法院仅对程序的合法性进行审查，而不对裁决结果本身下结论，因此规划督察的裁决可以看作是最终结论。

3. 代表性城市规划实践

（1）英国第三代新城——密尔顿·凯恩斯

密尔顿·凯恩斯是 1967 年以后建设的英国第三代新城的典型代表，也是英国规模最大和最晚开发建设的新城。新城距伦敦 78.4km，在伦敦地区的 9 个新城中

❶ 高毅存. 英国早期的城市规划法与民主参与 [J]. 北京规划建设，2004（5）：83–84.

❷ Ministry of Housing and Local Government.Report of the Public Participation in Planning（Skefington Report），1969.

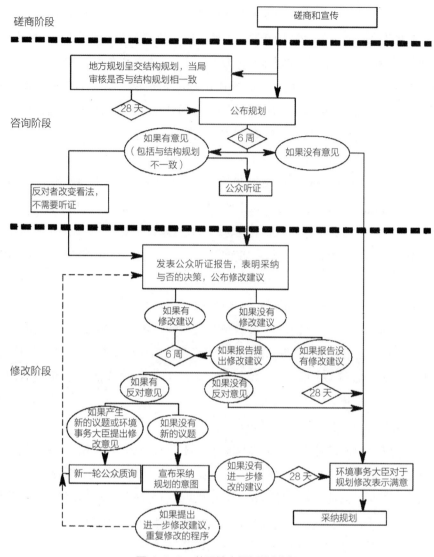

图 4-2-2 英国地方规划编制过程

图片来源：唐子来. 英国的城市规划体系 [J]. 城市规划，1999（8）：37–41+63.

距离母城中心最远。密尔顿·凯恩斯开发公司作为建设主体是开展所有工作的焦点和重要推手，而地方和区域机构独立于公司，在全国性的政策框架下制定医疗、教育和社会服务等配套政策。新城规划具有较大灵活性并且可以根据经济发展变化进行相应调整，公司为新城规划设立了选择的机会和自由度、便利的出行与优质的交通、均衡与多样、有吸引力的城市、公众意识和参与以及高效而富有想象力地利用资源 6 个目标，新城规划具有以下特点：①采取疏松分散的城市布局模式；②居住区与工业区平均分布于城市各处；③城市主干道采用网格状模式，城市交通实行机非分流；④能够容纳 25 万人口，约 60 个居住区活动中心可以提供便利的公共服务设施；⑤城市中心采取集中紧凑的土地利用模式；⑥大面积连贯成片、

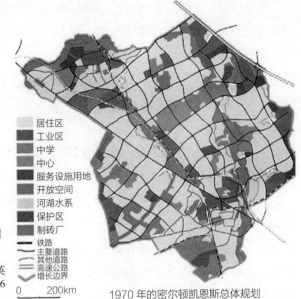

图 4-2-3　密尔顿·凯恩斯总体规划
用地图

图片来源：师武军，王学斌，周艺怡．英
国新城建设的经验与启示 [J]．城市，2006
（5）：36-38.

1970 年的密尔顿凯恩斯总体规划

平衡分布的开放空间。

　　密尔顿·凯恩斯规划初期人口仅4万人，1981年达到12万人，2005年为21.9万人，基本达到了规划的人口规模，并发展成为次级区域中心城市 ❶。新城经济、社会都相对独立、设施与功能较为齐全以及提供充足的就业与良好的居住环境等方面较为成功，也存在过度依赖小汽车交通、社区相似性导致城市识别度不高等问题。

　　（2）法国国土开发规划 ❷

　　1964 年巴黎作为一级行政建制正式成立，辖区面积扩大到约 1.2 万 km²。1965年法国政府出台了《巴黎地区国土开发与城市规划指导纲要（1965—2000）》（简称SDAURP 规划），成为巴黎区域规划思想的重要转折点，开始有意识地在巴黎外围地区为新的城市化提供可能的发展空间，从追求城市发展质量转变为兼顾城市质量和数量。该规划从逆向角度思考选择区域空间布局模式：①反对继续维持当时的中心放射状布局，以遏制城市蔓延；②反对将所有新的城市建设集中在一起形成"第二个巴黎"，因为新的单中心很难在短期内发展到能与巴黎相抗衡的水平；③反对简单模仿英国大伦敦地区的新城模式，以免阻碍城市建设在巴黎地区以外的发展；④反对城市建设以巴黎为单一中心过度集聚，避免城市交通陷入恶性循环。最终该规划选择在塞纳、马恩和卢瓦兹河谷划定两条平行的城市发展轴线，从现状城市建设区的南北两侧相切而过。并在轴线上设立 8 座新城作为新的地区城市中心，将巴黎和巴黎地区与位于巴黎盆地、法国及西欧的其他重要经济城市联系起来。每座新城都

❶ 谢鹏飞．伦敦新城规划建设的经验教训和对北京的启示 [J]．经济地理，2010（1）：47-52.

❷ 刘健．巴黎地区区域规划研究 [J]．北京规划建设，2002（1）：67-71.

是区域城市整体发展的组成部分，而非独立于现状城市建成区以外的孤立城市个体。1976 年经过对 SDAURP 规划的修编，颁布了《法兰西岛地区国土开发与城市规划指导纲要（1975—2000）》（简称 SDAURIF 规划），在顺应和继续强调对巴黎区域城市群的相关要求外，更侧重改造和完善现状建成区、加强保护自然空间以及在城市化地区内部开辟更多的公共绿色空间。

4.2.3 改革：规划向公共政策全面转变期（1980~2000 年）

1. 城市政策发展背景

1980 年代左右，西方世界开始盛行"新自由主义"政治经济思潮，出现了所谓撒切尔主义及里根经济学。新自由主义提倡经济和贸易自由化，包括国企的私有化及市场（包括金融市场）的自由化。撒切尔夫人在哈耶克自由市场的理论指导下，采用了紧缩性需求管理以控制通胀，通过私有化、减税、放松管制以鼓励竞争、削弱工会力量、改善供给。英国撒切尔率先推行私有化进程，法国最终也走向了私有化道路。在撒切尔时代末期，东欧、印度和苏联等也开始竞相实行自由市场改革。这一时期新自由主义"后遗症"现象出现，撒切尔主义明显地表现出对不平等现象的漠视，认为平等主义的政策只能创造出一个单一的社会，而且这些政策只能借助专制力量来推行。这些导致了经济不平等问题加剧，从而使社会不平等也更加严重。同时在欧洲，左派思想则站在阶级立场方面看待"不平等问题"，如 1975 年的韦斯特加德和赖斯勒、1977 年的米利班德等人。随后在 1980~1990 年期间，对这些问题的新观念开始流行，如种族、性别、残疾和年龄等方面的不平等问题，规划也开始着力解决上述问题。

同时，随着危机过后经济复苏、人民生活水平不断提高，人们开始对城市品质产生更多的需求，这个阶段城市更新的主导思想在于生活空间的营造，城市发展开始追求转变。在 1970 年代改造的基础上，欧洲各国继续加强城市的内涵式发展，恢复已建城区的活力，维护和更新已有建筑物，旨在通过持续连贯的城市更新运动，不断提高城市空间场所和居住的品质，进一步增强城市中心的吸引力。到了 1990 年代，城市更加注重其自身发展的可持续性，特别是 1992 年在里约热内卢召开的全球环境会议，对全球范围的城市发展都产生了巨大影响，如丹麦奥尔堡实施可持续环境规划。城市公共交通特别是轨道交通的相关研究和实践如春笋般纷纷开展，如荷兰格罗宁根城镇规划与交通政策的整合等。

2. 城市规划特征

（1）规划思想向公共政策领域转变

随着西方城市化稳定发展和社会民主进程推进，城市规划成为一种真正的公共政策文件。撒切尔夫人执政时期，英国城市规划运行机制改革确立了三个发展导向，使城市规划从城市发展的终极技术蓝图转变为具有公共政策属性的政治过程：①精简规划程序。对于规划制定和实施中的重大事项和非重大事项采取不同的程序，使规划运行的效率更快；②尊重市场的积极作用。对规划许可的申请采取更积极的态度；③普及与加强公共参与。随着社会民主进程的推进，公众参与规划的能力和程度都明显加强。城市规划采用帮助社会各利益团体更好地沟通协调来表达各自利益诉求的方式，开始扮演协调公共利益的角色。这一时期的理论基础是新的机制理性——集体理性，注重规划的调停功能，提出"规划由人民来制定"的理念，通过将规划师的角色从决策者转换为交流的组织者、共识的协调者和沟通的推动者的方式，建立社会公众共识，促进新型规划的落实。

（2）建立沿用至今的法律体系

英国目前使用的是 1990 年的《城乡规划法》，基本上继承了 1947 年和 1971 年法案的主要内容，综合了其他的专项法规（表 4-2-1）。1990 年的《城乡规划法》主要有以下特点：①发展规划的主导性地位得到确立；②有关环境保护的内容得到强化，明确规定结构性规划、地区规划等规划中必须包括环境保护的相关政策内容；③加强中央政府干预的同时，也使得中央政府的权限范围和干预程序更加透明公开；④推动了规划程序的简便化，尤其是发展规划以及简易规划地区（Simplified Planning Zone，SPZ）的规划制定程序 ❶。

英国 1990 年《城乡规划法》的条款内容　　　　　表 4-2-1

章节	条款	内容
第一部分	第 1-9 条	规划机构（Planning Authorities）
第二部分	第 10-54 条	发展规划（Development Plans）
第三部分	第 55-106 条	规划控制（Controls Over Development）
第四部分	第 107-118 条	法令影响的赔偿（Compensation for Effects of Certain Orders, Notices, etc.）
第五部分	第 119-136 条	优先条件下新开发规划的赔偿（Compensation for Restrictions on New Development in Limited Cases）
第六部分	第 137-171 条	业主等的权利（Tights of Owners etc.to Require Purchase of Interests）
第七部分	第 172-196 条	规划执行（Enforcement）
第八部分	第 197-225 条	特殊控制（Special Controls）
第九部分	第 226-246 条	规划用地的申请与合理性审查（Acquisition and Appropriation of Land for Planning Purpose, etc.）

---

❶ 王郁.国际视野下的城市规划管理制度——基于治理理论的比较研究 [M]. 北京：中国建筑工业出版社，2009：65.

续表

章节	条款	内容
第十部分	第 247-261 条	高速公路（Highway）
第十一部分	第 262-283 条	法定执行者（Statutory Undertakers）
第十二部分	第 284-292 条	法律效力（Validity）
第十三部分	第 293-302 条	王室土地的法律适用（Application of Act to Crown Land）
第十四部分	第 303-314 条	财政经费（Financial Provisions）
第十五部分	第 315-337 条	补充内容（Miscellaneous and General Provisions）

资料来源：根据 "Town and Country Planning Act，1990"（http：//www.legislation.gov.uk）整理。

1982~1983 年间法国议会颁布了一系列有关调整国家与地方政府职权分工的法律，统称《地方分权法》，使得城市规划权力部分下放到市镇和市镇联合体。2000 年法国为推进规划、交通和住宅三个领域的改革深入，完善开发建设过程，促进地区可持续发展，颁布了《社会团结与城市更新法》等相关法律法规（表4-2-2），其中涉及城市政策、交通、住宅等多个领域，致力于推动城市更新、协调发展和社会团结。

法国《社会团结与城市更新法》后的规划体系简表　　　　表 4-2-2

地域尺度	规划文件	编审人
全国	公共服务纲要（SSC）	国家政府（Etat）
大区	城市规划地域指令（DTA） 大区国土规划纲要（SRADT）	国家政府（Etat） 大区议会（Conseil Reglonal）
城市群或聚居区	地域协调发展纲要（SCOT）	市际合作管理公共机构（EPCI）
城市	地方城市规划（PLU）	市镇（Commune）

资料来源：卓健，刘玉民.法国城市规划的地方分权——1919~2000 年法国城市规划体系发展演变综述 [J].国外城市规划，2004（5）：7-15+6.

（3）政府行政管理体制变革

英国行政管理一直实行中央政府、郡政府和区政府三级体系，1985 年根据《地方政府法》（The Local Government Act，1985）解散了大伦敦和其他六个大都会地区的郡政府。1990 年代开始中央政府将城市规划的行政机构权力进一步集中，撤消一些地方政府机构并将权力移交给区级政府，由区级政府负责编制单一发展规划。2000 年《地方政府法》（Local Government Act）在法律上重新建立了新的地方政府构成规则，允许地方政府在三种模式中选择一种新的结构方式：①由一个选举出来的市长和一个内阁组成的地方政府，内阁有一个领导者；②由一个选举出来的市长和由市长任命的一名议会经理领导地方政府的工作；③将相当大的责任赋予最资深的地方政府官员（首席执行官）❶。无论哪种方式,规划决策权力都进一步集中在市长、议会经理、首席执行官这些核心人物的身上。同年，伦敦政府进行了改革，重新设立了大伦敦委员会（the Great London Assembly），由伦敦市长扮演着核心战略领导角色，其经济发展战略由伦敦发展机构（The London Development Agency）执行实施。

3. 代表性城市规划实践

这一时期代表性城市规划实践案例是瑞典亚斯塔特的生态循环项目❷。亚斯塔特市（Ystad）位于瑞典最南端，是瑞典的中等规模城市，约 2.5 万居民，其中 1 万人居住在小型城镇及乡村，1.5 万人居住在城市。亚斯塔特的生态循环项目旨在重建城市的市区与腹地间土地和资源使用的自然循环，具有以下特点：①采用整合的方法，强调在地方之上的区域性解决方案，但确信空间环境问题必须在地方层面处理；②在付诸实施之前，所有的措施都基于充分的科学基础和细致的分析；③科研机构开发的理论方法在具体的地方应用下受到检验；④主要创新属于地方政府和地方志愿者机构，外部参与充当顾问角色，必须让尽可能多的市民参与到其中来，促进环境保护意识的培养和行为方式的改变。该项目最重要的成就是启动一个学习的过程，整合生态和环境问题并具有更宏观观点的新型思维方式在政府官员和大部分民众中日渐形成。

4.2.4　创新：城市规划的当前与未来（2000 年～迄今）

1. 城市政策发展背景

21 世纪以来欧洲完成后工业化、全球化进程，欧盟国家的城镇化率达到 70% 以上，约 3.5 亿人为城市居民。全球化推广范围不断扩大以及资本流动地位上升、国家作用下降等因素促使世界经济生产不断走向一体化，城市与区域经济、政治秩序发生持续变化，社会权力系统也发生重构，出现了经济一体化与文化多元化格局并存、城市内部空间差异大、地区发展差距难以均衡、劳动力市场严峻、城市蔓延导致环境持续恶化❸等一系列问题,迫使城市政府角色从被动的地方职能部门转变为引导、激励、改革、创新与合作过程的促进者。同时，欧盟国家的城、镇及同级别地方行政单位享有很大的自主权，9 万个城镇行政机构每年的开支占欧盟所有公共支出的 1/3，城市政府在城市规划、吸引投资等方面有很大的发言权，能够调动、利用地方各种社会资源和社会力量，通过协商、合作过程改变城市面貌，改善社区经济和社会生活状况。

---

❶　孙施文. 英国城市规划近年来的发展动态 [J]. 国外城市规划，2005（6）：11–15.

❷　国内外城市发展的经验教训及其案例分析. http://doc.mbalib.com/view/dd10091d3b2bbf61b9d95d04a5798370.html.

❸　如英国面临着大面积住宅空置或被废弃，开发建设吞噬农村用地引发了如"不要在我的后院"（Not in My Backyard，NIMB）运动。

2. 城市规划特征

（1）可持续发展理念深入

21 世纪以来持续的城市蔓延、城市不均衡发展以及城市内部交通拥堵、社会分化现象加剧等问题凸显，可持续发展理念发展在理论上更深入，低碳城市、绿色城市、生态城市、智慧城市、数字城市等概念被广泛研究和实践。同时，乡村地区的角色和功能开始变化，城市与乡村地区之间的相互依赖性日益增强，乡村地区探索出不同的各具特色的发展路线。

（2）空间战略性规划得到重视

随着 1999 年以实现经济和社会和谐、可持续发展以及地区之间竞争力平衡为目标的《欧洲空间发展战略》（ESDP）的颁布实施，空间战略性规划重新得到重视，在欧洲各个层面地域上的空间战略性规划迅速复苏，不同空间尺度、跨越部门和区域的政策融合构想基本形成，地方对该战略的理念与方法也加以积极实践与发展。新的欧洲空间战略规划带来全新的思想浪潮，包括对传统地理学意义上的部分概念的质疑，也引发了对规划中体制性机制，尤其是规划主体对空间变化管理角色的关注。

（3）地方政府改革应对

出于加强规划灵活性、社区和利益相关者的参与以及地方当局能够更早做出关键决定、可持续发展评估、利于计划管理与保障地方发展的稳健性等多方面的考虑，2001 年英国政府决定以"地方发展框架"（Local Development Framework）取代结构规划、地方规划与单一发展规划。该框架由发展目标与实施策略的行动规划构成，这也体现了 20 世纪后期城市规划过程由最终蓝图式描述向目标制定、多种行动方案的制定的重大转变。2004 年英国颁布《规划和强制性收购法》赋予征地机构权力采取强制购买方式，在未获得该权力时可通过协议方式收购土地。此外该法案尝试结合地方政府架构的变化，在一定程度上减少了政府制定规划政策的总量，并且更强调公众参与和可持续发展的理念。

3. 代表性城市规划实践

（1）伦敦低碳城市建设与低碳社区

英国是最早提出"低碳"概念并积极倡导低碳经济的国家，伦敦在低碳城市建设方面起到了领跑者的作用 ❶，主要从三个方面采取行动：①法律支撑。2004 年颁布《伦敦能源策略》确认了通过发展新的清洁技术实现可持续发展能源框架，促进了 2006 年《伦敦能源、氢与气候变化合作伙伴关系》的诞生。2007 年颁布《今天行动，守候明天》（Action Today to Protect Tomorrow），宣布到 2025 年将二氧化碳减排降至 1990 年的 60%。2008 年通过《气候变化法案》，这使英国成为世界上第一个为减少

❶ 陈柳钦. 低碳城市发展的国外实践 [J]. 环境经济，2010（9）：31-37.

温室气体排放、适应气候变化而建立具有法律约束性长期框架的国家。2009 年英国商业、企业和管制改革部（BERR）委托独立研究机构 Innovas Solutions 出台《低碳和环境产业报告》，此后公布了详尽的《英国低碳转型》国家战略方案，同时出台《英国可再生能源战略》、《英国低碳工业业战略》、《低碳交通战略》等配套方案；②制度保障。为保障低碳城市建设的实施，英国各级政府成立专门部门并制定保障性政策标准，如 2006 年伦敦成立气候变化署，为市政府直属官方机构，专门负责落实市长在气候变化方面的政策和战略，2009 年英国政府专门成立能源和气候变化部。2007 年颁布《可持续住宅标准》，实施引进碳价格制度和政府绿色采购等；③实践行动。始建于 2002 年的伯丁顿低碳社区是世界自然基金会（WWF）和英国生态区域发展集团倡导建设的首个"零能耗"社区，是引领英国城市可持续发展建设的典范。伯丁顿社区零能源发展设想在于最大限度地利用自然能源、减少环境破坏与污染、实现零矿物能源使用，在能源需求与废物处理方面基本实现循环利用。

为了促进低碳社区的发展，英国政府 2008 年专门构建了低碳社区能源规划框架，主要包括两部分内容：①发展设想与战略。将城市划分为城市中心区、中心边缘区、内城区、工业区、郊区和乡村地区六大区域，针对每个区域制订社区能源发展的中远期规划方案和确定能源规划组合资源配置方式；②规划机制。从区域、次区域、地区三个层面来界定社区能源规划的范围和定位，整合国家、城市、地区相关的能源发展战略，构建社区能源发展的框架。

（2）欧洲空间发展战略（ESDP）

1999 年 5 月欧洲委员会于波茨坦正式发布《欧洲空间发展战略》（以下简称 ESDP），这是寻求欧盟地域范围内平衡和可持续发展的政策文件。通过 ESDP 的制定，成员国和欧洲委员会形成了有关欧盟地域未来发展的共同目标和概念，为此设定了经济和社会协调、自然资源和文化遗产保护、欧洲地域范围内更加平衡的竞争力分布三个基本政策[❶]。作为一个不具有法律约束力的文件，ESDP 是一种政策框架，用来促进欧盟内部可能带来重大空间影响的部门政策之间以及成员国及其区域和城市之间的更好合作。其中，具有空间影响的欧盟政策包括竞争政策、泛欧网络（图 4-2-4）、结构基金、共同农业政策、环境政策、研究和技术开发（RTD）、欧洲投资银行的贷款活动等多个方面。推进空间整合的共同体政策强调改善基础设施，划分不同的空间类型，发展功能的协同作用，采取整合性的空间开发模式。

ESDP 空间发展政策指导方针包括：①发展多中心与均衡的城市体系，强化城乡地区之间的合作伙伴关系；②倡导交通与通信整体发展的概念，以支持欧盟区域多中心发展策略，并作为欧洲各城市和地区继续获准加入经济货币组织的一个重要

---

❶ 谷海洪，诸大建. 公共政策视角的欧洲空间一体化规划及其借鉴 [J]. 城市规划，2006（2）：60-63.

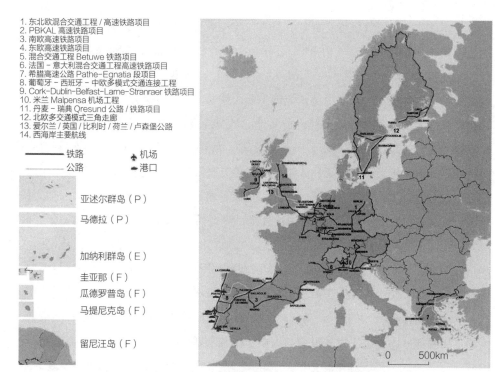

1. 东北欧混合交通工程 / 高速铁路项目
2. PBKAL 高速铁路项目
3. 南欧高速铁路项目
4. 东欧高速铁路项目
5. 混合交通工程 Betuwe 铁路项目
6. 法国 - 意大利混合交通工程高速铁路项目
7. 希腊高速公路 Pathe-Egnatia 段项目
8. 葡萄牙 - 西班牙 - 中欧多模式交通连接工程
9. Cork-Dublin-Belfast-Larne-Stranraer 铁路项目
10. 米兰 Malpensa 机场工程
11. 丹麦 - 瑞典 Qresund 公路 / 铁路项目
12. 北欧多交通模式三角走廊
13. 爱尔兰 / 英国 / 比利时 / 荷兰 / 卢森堡公路
14. 西海岸主要航线

铁路　　　　✈ 机场
公路　　　　⚓ 港口

亚述尔群岛（P）

马德拉（P）

加纳利群岛（E）

圭亚那（F）

瓜德罗普岛（F）

马提尼克岛（F）

留尼汪岛（F）

图 4-2-4　泛欧交通网络的 14 个优先项目

图片来源：http://www.upi-planning.org/Files/hjcsgh/Files/663b6ee8-392c-4d5b-86016-5f9f926aed3f.pdf.

先决条件；③以明智的管理手段开发和保护自然与文化遗产。ESDP 提倡开展共同体层面、跨国 / 国家层面和区域 / 地方层面三个层次合作，全面促进城市区域网络的形成，实现更高的可达性作为多中心空间发展的前提，发展欧洲走廊、强化位于欧盟边界的城市和区域、保护和发展欧盟地区的物种多样性、发扬欧洲的文化传统以及海岸地区整体管理。

4.3　社会主义国家城市规划的公共政策演进

4.3.1　沙俄城市规划建设（1721~1917 年）

1. 城市政策发展背景 ❶

俄国长期是一个经济落后的农业国，城市产生的较晚，发展缓慢。公元六七世纪，在国土欧洲部分的中部形成诸如基辅、诺夫哥诺德、斯摩陵斯克等军事城堡，内有一定的手工业和商业，并非完全意义的城市。1586 年俄国人在乌拉尔地区一个小城的旧址上建立了秋明镇，这是俄国人在乌拉尔之外建立的第一个定居地。1587 年托波尔斯克建立，从此俄国在乌拉尔之外站住了脚跟。1604 年和 1628 年分别建立托

---

❶ 冯春萍 . 俄罗斯城市发展及其在区域经济中的作用 [J]. 世界地理研究，2014（6）：59-68.

木斯克和克拉斯诺亚尔斯克，1637 年在雅库茨克设立了一个堡寨，1652 年伊尔库茨克建成。1703 年圣彼得堡开始建设，1712 年彼得大帝迁都到彼得堡，直到 1918 年的 200 多年一直是沙俄的文化、政治和经济中心。

沙俄时期的大部分城市产生于 18 世纪下半叶，沙皇镇压普加乔夫起义后，为了加强对各地区的统治，强行推进行政改革和行政区划调整，相应建立了行政中心，这些县以上的行政中心被确定为城市，仅在叶卡捷琳娜统治时期的 1755~1785 年，就以行政改革的方式建立了 162 座新城市，其中 146 座位于欧洲部分。1860 年建立了符拉迪沃斯托克。1861 年废除农奴制后，随着资本主义的快速发展，以工业为主体的城市、城镇和工人新村的数量快速增加，这一时期城市建设是经济自然发展的结果。到 1897 年沙俄百万人口以上的大城市有彼得堡市（126.5 万人）和莫斯科市（103.9 万人），10 万人口以上城市有 19 个，城市人口规模达到 1460 万人，占总人口的比重为 13%。欧洲部分共有城市 377 座，其中 140 座分布在中央经济区，占 37.1%。沙俄城市间距离较远，其中欧洲部分城市间平均距离为 107km，最近的是在中央经济区，为 59km，最远的是欧洲北部地区，达 221km，乌拉尔地区城市间平均距离为 150km，西伯利亚地区达 500km[1]。到 1900 年沙俄全国 15% 的人口居住在城市，仅为同期欧洲城市化水平的 1/3~1/2。1901~1916 年间，欧洲部分约每两年建成一座新城市。到十月革命前，沙俄共有 720 座城市，人口规模达到 2800 万，约占总人口的 18%。

2. 城市规划特征

（1）高度重视城市规划与管理

沙俄城市建设极为重视规划和建筑设计，具有先规划设计、后建设开发的传统，从圣彼得堡、莫斯科直至全国其他所有城市。圣彼得堡是 18 世纪城市建设的典范，为了使圣彼得堡城市建设的经验应用于整个沙俄，1761 年专门成立了以别茨基为首的圣彼得堡和莫斯科城市建设委员会，1763 年为特韦里城制定了城市改建方案，随后又开始为沙俄的所有城市设计新方案。到 18 世纪末沙俄所有的 497 个城市中，有 416 个制定出改造方案[2]。

沙俄重视城市规划管理，形成了相对完善的管理制度，城市规划具有公共政策传统：①设有专门的城市规划管理部门，实行分区管理制度；②具有相对完善的法律法规，对城市的基础设施、审批文件、城市垃圾收集以及建筑要求都有明确的规定；③充分利用经济手段进行调整；④重视建设时序的安排。在圣彼得堡城市建设过程中，彼得一世有意识地在较次要的地段上进行集中建设，而保留下涅瓦河的黄

❶ 高际香. 俄罗斯城市化与城市发展 [J]. 俄罗斯东欧中亚研究，2014（1）：38–45.
❷ 吕富珣. 十八世纪的两座名城——圣彼得堡与华盛顿 [J]. 国际城市规划，1995（1）：34–40.

金地带暂不开发。

（2）规划采用形体化手段并注重河流水系的利用

18世纪沙俄从意大利和法国引进形体化规划理论和方法，其中最重要的是"干道广场体系"，即广场与放射性道路系统作为城市发展的整体构架，广场中心一般设置雕塑。城市规划强调功能分区，配置必需的城市基础设施。沙俄城市规划极为重视绿地系统的布局，依据自然地形布置公园和绿地，不会轻易改变地形，并通过放射形道路两侧的林荫大道连接绿地，形成完整的绿地系统。

沙俄极其重视城市水系的保护和治理，莫斯科河、涅瓦河、伏尔加河的城市段，都是城市中最美的景区。涅瓦河是彼得堡的兴盛之源，建设伊始，彼得大帝把大小涅瓦河交汇处作为城市门户建设，彼得保罗要塞的教堂、华西里岛的交易所和南岸造船厂（19世纪改为海军部大厦）均在彼得大帝授意之下建设❶。

（3）精心营造标志性建筑和雕塑

俄罗斯民族传统建筑以木造为主，10世纪末接受基督教后受拜占庭影响开始石造建筑，多用于公共设施。沙俄时代伊始，城市标志性建筑的营造成为传统并传承至今，标志性建筑主要包括瓦西里教堂（莫斯科，1555~1561）、克里姆林宫塔楼群（莫斯科，1600~1624）、彼得保罗教堂（圣彼得堡，1712~1733）、冬宫（圣彼得堡，1754~1764）、交易所（圣彼得堡，1804~1825）、大剧院（莫斯科，1821~1824）。优越的选址、优美的环境、优秀的设计和精美的施工是这些标志性建筑共同的特点。

沙俄时期城市建设极其重视雕塑的设置，成为城市公共空间中文化精神的重要体现。这一时期的城市雕塑主要集中在圣彼得堡，包括青铜骑士、亚历山大纪念柱、罗斯特拉灯塔、库图佐夫像、尼古拉一世像、凯瑟琳二世像，莫斯科有米宁及波扎尔斯基、普希金像等。

3. 代表性城市规划案例

（1）圣彼得堡

圣彼得堡起源于彼得大帝在涅瓦河三角洲的兔子岛上修建的彼得保罗要塞，驻重兵把守，以防御瑞典军队的进攻。圣彼得堡建城之初，先行确定了彼得堡罗堡垒、海军部大厦、华西里岛上的彼得保罗教堂及钟塔作为中心。正式建城从1703年开始，当年征集2万多名建设人员，首先建设的是彼得一世的住宅。1704年又增派了4万多人，由于建设活动的大规模展开，石料和建设人员明显不足，彼得一世下令，除圣彼得堡外，任何地方不得使用石料建造房屋。圣彼得堡是有设计的城市，宫廷建筑师耶罗普金、科罗博夫、泽姆措夫以及后起之秀切瓦金斯基、斯塔列夫等一直左右着重要建筑物的方案。彼得一世还邀请了法国建筑师列布隆参加城市规划

---

❶ 张锦秋. 俄罗斯城市文化环境一瞥 [J]. 建筑学报，2001（10）：60-64.

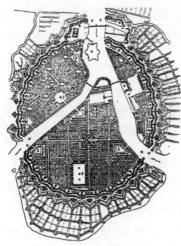

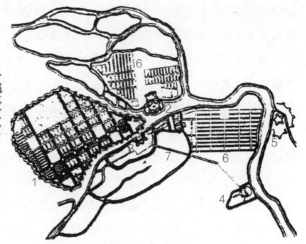

图 4-3-1　圣彼得堡列布隆方案
图片来源：吕富珣．十八世纪的两座名
城——圣彼得堡与华盛顿 [J]．国际城市
规划，1995（1）：34-40.

图 4-3-2　圣彼得堡特列金方案
图片来源：吕富珣．十八世纪的两座名城——圣彼得堡与华盛顿
[J]．国际城市规划，1995（1）：34-40.

方案设计，1717 年列布隆提出了著名的"理想方案"，因停留在 17 世纪的城堡形式（图 4-3-1）被否决。同年特列金完成了华西里岛的规划方案（图 4-3-2），方案采用方形街道与运河网相结合的方式，并实现居住分隔，住宅分为三类：第一类给手工业者和商人，采用双户联排形式；第二类给富人，采用独院式；第三类给名门望族，采用双层类似法国城市府邸。到 1725 年圣彼得堡基本形成以海军部大厦为中心的三面放射形状的城市空间形态，标志性建筑布置在海军部东西两侧，东部有冬宫和总司令部办公楼围成的冬宫广场，西部则有青铜骑士像为主体的开放式广场，北侧面向涅瓦河。19 世纪古典主义建筑备受推崇，圣彼得堡停止了普通街区的建设，确保城市的每一个部分都具有严整、和谐的面貌。

（2）莫斯科

莫斯科于 1147 年建城，早期的城市建设活动处于自发状态。13 世纪初莫斯科成为莫斯科公国都城。伊凡三世时期（1440~1505 年），莫斯科首次建立警察机构，制定法律、开采金矿和铜矿、发展制造业，并聘请希腊和意大利的建筑师帮助进行建设。15、16 世纪欧洲先进的科技文化和城市管理理念随着大量外国人迁居而引入，西方规划思想传入沙俄。莫斯科最早的规划设计是 1596~1597 年间完成的，设计原稿没有保存下来，但为莫斯科早期规划设计奠定了基础。1604~1605 年，皇太子参与绘制俄罗斯公国地图，地图的右下角为莫斯科的总平面图，是莫斯科最早的总图。

彼得大帝时代莫斯科城市面貌发生根本变化，所有的建设项目必须有建筑师的设计图纸才能实施。1669 年莫斯科即实行城市自治管理制度，1670 年彼得大帝发布命令建立城市自治管理机构布尔斯特院（城市议会）❶。莫斯科分为克里姆林宫区（教皇贵族区）和工商区（平民百姓区）两个政策分区，赋予工商区居民选举自己代表的权利，从而摆脱贵族阶层的专制通知，赋予城市自由发展的空间。1714年迁都圣彼得堡后，彼得大帝的主要精力放在新首都的建设，虽然莫斯科作为"陪都"仍然受到一定的重视，但新项目的实施和旧建筑的维修受到限制。这一时期，莫斯科脱离中央政府的管辖，成为城市最自由的管理阶段。彼得大帝死后，有人建议首都重新迁回莫斯科，枢密会开始着手莫斯科新的街道规划方案的设计。

1731年政府颁布了"关于测定莫斯科城市平面图"的命令，利用8年时间，第一次全面、准确测绘全城，确定了莫斯科城市空间边界，并用于规整城市街道和建筑师进行建筑设计及城市设计的依据。1762年沙俄成立了"彼得堡与莫斯科建设委员会"专门规划建设管理机构，1763年参议院通过了"关于全国所有城市编制建设、街道等专门规划图"的法令。海军上将伊凡谢夫绘制了莫斯科市区及其近郊总图，在此基础上1767年工程师兼少将戈里赫·沃斯托夫组织编制了新的莫斯科总体规划。

1774年沙俄专门成立一个新的特别办公机构负责城市总体规划方案的修改工作，1775年叶卡捷琳娜二世正式批准该机构完成的"莫斯科设计规划平面图"。莫斯科效仿西方建立慈善机构，在克里姆林宫设立政府参议员，组建了土地测量机构和档案馆，从莫斯科上游引入优质水源，铲平土城围墙，建设林荫道和人行道。叶卡捷琳娜二世率先为莫斯科的城市自治立法，出台《城市管理条例》，规定全体市民结合成城市公社，公社内设各种机构以管理城市，并设置莫斯科全社杜马（议会机构）和6人杜马管理城市，两个机构均由市长领导。随后，为更好地平衡各阶层的利益，城市政权的选举范围不断扩大，从工商业主延伸到科学界、银行界和种植业的代表，每个阶层代表增加为2人，城市管理主体得以扩大。

由于1775年城市规划与当时的实际情况存在较大差距，1782年总司令普罗佐罗夫组织了一个专门的委员会编制新的莫斯科总体规划方案，1789年莫斯科第二个较为正式的规划总平面图完成。1812年莫斯科遭受火灾破坏，沙皇政府成立了莫斯科城市建设委员会（1813~1843）负责城市重建，1818年完成的城市规划将城市改造作为重点。

19世纪莫斯科实行城市自治管理带来城市财政收入的迅速增长，使得城市杜马有大量的资金投入城市基础设施建设和经济建设。莫斯科确立城市预算制度，预算支出包括教育、医疗、公共安全、桥梁道路建设等方面。设立城市治理委员会，负责治理河流、修建排水管道、安装街道照明设备等，奠定了城市发展的坚实基础。1864年莫斯科开始招商引资，利用私人资金和外资实施城市规划，建设了天然气工

---

❶ 李晨鸣. 区位与规划：浅析城市发展的要素——以莫斯科为例 [J]. 行政管理，2011（1）：1-5.

厂、电气化工程和电车线路等市政基础设施，并大量投入医疗保险和园林经济的建设，直到 1917 年莫斯科一直按照古典主义的精神和理想进行城市结构的调整和改造工作 ❶。

4.3.2 苏俄苏联城市规划建设（1917~1991 年）

苏联建国初始就特别重视城市规划、建筑和市政建设等方面的工作，沿袭了沙俄时期的城市规划传统。

1. 城市政策发展背景

（1）全面社会主义改造

十月社会主义革命后，改变了生产资料所有制，建立了无产阶级专政的社会主义社会，从而从根本上改变了城市的性质。由于社会主义城市的建设和发展是建立在社会主义计划经济的基础之上，因此能够按照社会主义的原则，根据国民经济发展计划，有计划有步骤地建立和改造符合生产力发展和劳动人民利益的新旧城市。与此同时，城市和乡村不再是统治与剥削的关系，而是建立在工农联盟基础上的城市支援农村、农业支援工业的相互支援、相互结合的关系，为缩小城乡差别创造了条件。1922 年苏联正式成立，废除私有房产的概念，所有工业、商业和公共建筑归国家所有。1961 年初国家下令 10 万人口以上城市不允许修建独户住房，全部拆除此类住房，因此莫斯科独立住房绝迹，圣彼得堡的独立住房仅占全部住房总量的 1.3%❷。

（2）生产力均衡布局

社会主义生产力的均衡分布，要求社会主义的人口分布与之相适应，苏联人口分布的基本原则是实现社会主义生产方式、计划经济、生产力的均衡配置，最大限度地利用国家一切天然资源以及开发落后地区、改造农业和消灭城乡差别。因为人口均匀分布，可以将城市与乡村的生活优点结合起来，符合社会主义基本理论，遵循马克思、恩格斯理论思想的要求："只有把人口尽可能地平均分布于全国，把工业生产和农业生产密切结合起来，并使交通工具随着需要扩充起来，才能把农业人口从他们几千年来几乎没有变化地生长在里面的那种孤立和蒙昧的状态中摆脱出来" ❸。

苏联大规模的生产力布局主要依托资源进行，因此催生了大量产业结构单一的城市和城镇。新城建设大致经历建立企业、项目投产、工程竣工、城市建设四个阶段，形成"一厂一城"的发展模式。苏联侧重采矿、军工、能源、冶金、化工、木材加工、

---

❶ 吕富珣. 莫斯科城市规划理念的变迁 [J]. 国外城市规划，2000（4）：13-16.

❷ 高健译. 迈向市场经济的俄罗斯城市房地产业 [J]. 中外房地产导报，1995（12）：33-34.

❸ 恩格斯. 论住宅问题. 中共中央马克思恩格斯列宁斯大林编译局. 马克思恩格斯全集（第十八卷）[M]. 北京：人民出版社，2007.

机械制造、食品等产业，如莫斯科东北部的伊凡诺沃州及周边地区是传统的纺织工业区，云集大量的纺织业市镇，北方和西北及至中央区北部形成了大量的木材加工和纸浆制造业市镇，在乌拉尔地区则集中冶金行业和军工企业的市镇。

（3）城市建设速度加快

大规模的生产力布局要求城市建设同步，加快城市建设政策陆续出台。苏联理论界主张城市均衡分布发展，认为社会主义国家不应沿袭早期工业化国家的城市设计理念，以免重蹈早期工业化国家城市人口过度集中的覆辙，因此城市数量扩张极快。1917~1926 年期间，每年建成 7 座新城市。工业化开始后，城市建设速度更快，1927~1940 年平均每年建成 8 座城市。城市建设速度最快的时期是 1941~1945 年，平均每年增加 9~10 座新城市，1946~1958 年基本保持每年建造 9 座新城市的速度，1959 年以后城市建设速度放缓。1959~1991 年平均每年建造 4 座城市。高速的城市建设使城市数量大增，到 1989 年现俄罗斯联邦社会主义共和国境内共有 10 万人以上的城市 168 座，其中 50 万人口以上的城市 19 座，百万人口以上的城市 13 座❶。

（4）贯彻住宅建设政策

苏维埃政府为了根本改善劳动人民的生活条件，首先批准了废除城市不动产房屋私有权的法令，使广大工人有计划地从地窖和贫民窟中迁到市中心的资产阶级的住宅和大楼中去，从而改变了城市中心区和边缘区、富贵区和贫困区的对立现象。城市中的一切文化、艺术成就和福利设施成为广大劳动人民共享的财富，并且力求符合劳动人民的需要❷。苏联居民住宅具有房间多、过道大、保暖和隔音设备好、电梯和清除垃圾的设备齐全等特点，每套住房的房间数比家庭人数少一个。1989 年底苏联已有 83% 的城市人口拥有单独的住宅或独立的住房。城市人均居住面积达到 14m²，住宅设备完善，91% 的住房有自来水，99% 的住房有排水设置，88.4% 的住房有供暖设备，78.5% 的住房有煤气，71% 的住房有热水供应，82% 的住房有浴室❸。

（5）推行身份制度

苏联受工业化主导的急速城市化影响，人口迅猛涌向大城市，造成城市生活设施严重不足，同时工业化急需大量资金投入，国家再无余力扩建和维修城市生活设施。为贯彻"控制大城市"的城市发展方针，控制居民迁入莫斯科市、列宁格勒市或加盟共和国首都等特大城市，1932 年 12 月苏联开始实行"身份"制度，规定 16 岁以上公民必须领取身份证，并在以后定期更换。大多数集体农庄的农民在较长一段时期没有资格领取身份证（赫鲁晓夫时期才发放），而没有身份证就不得迁入城市。苏

❶ 高际香. 俄罗斯城市化与城市发展 [J]. 俄罗斯东欧中亚研究，2014（1）：38–45.

❷ "城乡规划"教材选编小组. 城乡规划 [M]. 北京：中国建筑工业出版社，2013：40–46.

❸ 纪晓岚. 俄罗斯城市建设点滴 [J]. 城市开发，1994（5）：46–47.

联实行身份证制度同时起到了控制农村人口外流的作用。集体农庄庄员离开农庄时，必须从所在村苏维埃获得证明，而苏维埃证明是申请临时居住许可证和申请盖有许可居住印章的身份证的前提条件。在村苏维埃主席严格限制发放这种证明的情况下，农民迁入城市受到了限制。1970 年代以前限制大城市增长的目的是限制城市面积的扩大和居民人数的增长，其后控制的目的则是保障城市的生态平衡。

2. 城市规划历程

1919 年国内战争时期，联共（布）党中央第八次代表大会发布决议，用全力来争取改善劳动群众的居住条件，消灭旧街坊拥挤和不卫生的现象，拆除不宜住人的房屋，改造旧的，兴建新的、适合工人群众新的生活条件的房屋，合理地分布劳动人民 ❶。1920 年代初，经过第一次世界大战和国内战争的洗礼，俄罗斯损失了大量的人口和城市。1920 年苏联城市人口的比重为 15.3%，1922 年为 16.2%，直到 1926 年才恢复到战前水平。由于将一些工矿城镇列为城市，所以城市数量增长较快，每年建成 7 座新城市，到 1926 年全国拥有 952 座城市。1920 年莫斯科苏维埃决定编制莫斯科城市规划，近郊开始建设设施完备的工人住宅区，其他城市相继开始修复旧住房和新房建设工作。1928 年苏联开始执行以工业化为主要目标的国民经济发展五年计划，随后的几个五年计划成为决定苏维埃城市面貌的主要因素。

（1）第一个五年计划时期（1928~1933 年）

第一个五年计划时期，苏联开始大规模的工业化运动，原有城市因兴建、改建、扩建工业企业而规模迅速扩展，同时随着新工业基地的建设，形成一大批新的城市和城镇，使得苏联城市建设突飞猛进。1931 年 6 月联共（布）党中央全会通过了"关于莫斯科城市经济和关于发展苏联城市经济"的重要决议，提出当时城市建设的三大基本任务：①为生活习惯的改造创造条件；②必须大力开展城市规划工作；③组织扩建和新建城市的建设。决议中指出要在农业区建立新工业基地和城市，适当地分布生产力，充分利用全国自然资源和动力、原料，开发落后地区，发展现代化工业，创造社会主义的城市文化，消灭城乡差别，为建立社会主义的生活创造条件。这一决议在随后的许多年一直作为苏联社会主义城市建设的纲领。决议反对大城市的"虚幻计划"和城市分散主义。这一时期苏联共建设了 60 个新城市和规模巨大的工人居住区，改造了 30 个大城市，建成了许多文化生活和公共建筑，有 2350 万 m² 新住宅交付使用。

（2）第二个五年计划时期（1933~1937 年）

延续第一个五年计划时期确定的城市建设基本方针，第二个五年计划时期苏联完成了 400 多个城市的新建、改建计划，在列宁格勒、基辅、哈尔科夫、车里雅宾斯克、

---

❶ 《联共（布）党决议案汇编》（上卷）. 俄文六版，1941：294.

喀山、诺沃希比尔斯克以及高加索、中亚细亚、乌拉尔等旧城市中进行大规模改建工作，新建马格尼托哥尔斯克、斯大林格勒、青年城等城市，有 6600 万 m^2 的住宅交付使用。由于大规模城市建设，1939 年城市居民数量比 1926 年增加近一倍。

（3）卫国战争前后时期（1937~1954 年）

第三个五年计划在城市建设方面的工作预想远远超过第二个五年计划，因受二战的影响而未能全面完成，但也取得可观的成就，1940 年苏联城市化水平达到 33%，超过了世界城市化的平均水平，人均住宅面积达到 6.2m^2。

卫国战争时期（1941~1945 年），虽然苏联西部地区的城镇遭到战争的严重破坏，但全国城市建设工作并未停止。随着工厂企业的东迁，大量的建设工作在东部的乌拉尔、西伯利亚、中亚细亚一带地区进行，旧工业中心得到迅速的发展，出现了很多新的城市，平均每年新增 9~10 座。战争的破坏也使得城市建设的工作重点转向被破坏的城市和乡村的恢复工作，1943 年成立了隶属苏联人民委员会的建设事业委员会，1944 年开始大规模的城市规划工作，实施有计划、有步骤、有组织地重建。卫国战争后在极短的时间内恢复了斯大林格勒、塞瓦斯托波尔、基辅、明斯克、诺夫哥罗德、沃龙涅什、加里宁、罗斯托夫、斯摩棱斯克、库尔斯克、奥廖尔等数百座城市，莫斯科和列宁格勒等大城市开始建设卫星城，到 1951 年苏联共有 1451 个城市和 2300 个工人镇。为了保障居民的物质生活和文化需求，政府高度重视居民住宅和文化福利设施的建设，从战后到 1954 年，仅住宅就建造了 2 亿 m^2，为集体农庄建造了 490 万栋住宅。

（4）社会主义稳步发展时期（1954~1988 年）

1954 年和 1955 年苏联召开的全国建筑工作者会议和第二次建筑师代表大会，在肯定建筑工作者的巨大成就的同时，指出当时建设工作中出现的三大问题：①忽视实用经济而片面强调建筑的豪华装饰；②轻视标准设计和工业化施工问题；③忽视住宅建设中的文化生活服务、交通、绿化和公用设施等问题。认为解决上述问题的关键是建筑的工业化，因此要求大力推广居住建筑和公共建筑的定型设计，发展建筑工业和建筑材料工业，并提出城市建设的新方向：①加强区域规划工作，限制大城市继续扩展，建立卫星城，对大城市进行疏散改建；②扩大居住街坊，布置完善的生活福利设施、绿化和现代化的市政工程设施；③发展综合成套的规划和建筑设计；④充分考虑街坊规划中的卫生条件，采用混合多层的自由式规划布局方式；⑤进一步改善城市道路系统和交通组织。

1960 年代初苏联城市化率超过 50%，完成了从农业社会向工业社会的过渡。1960 年城市建设工作者会议提出城市建设的新要求：①现代苏联城市的规划结构应反映社会制度，有助于发展家庭、住宅和整个城市生活中的共产主义要素；②居民点的发展规模应有所限制，控制特大城市的扩展和建立卫星城；③节约用地和合理的用地分区，考虑城市分散布局，合理分布和组织城市公共中心，对城市道路应进行明确分工；④建设配置文化福利设施齐全的完整居住小区；⑤注重城市美观，在城市规划和建筑艺术中反映时代、人民的理想和国家文化水平。在标准设计的前提下通过规划取得丰富美观的城市风貌。1960~1980年间苏联的城市化水平提高了14.3个百分点，成为发达国家中城市化速度最快的国家。

（5）动荡时期（1981~1992年）

进入1980年代苏联经济状况全面衰退和恶化，1980年代末苏联开始推行激进的改革政策，全国的城市规划管理工作基本陷入瘫痪状态，城市发展进入最缓慢的十年，如1981年人均住宅面积为16.4m²，1991年为17.8m²，10年间仅增加了1.4m²。

3. 城市规划特征

（1）强调规划体现计划综合思想

苏联的城市规划强调以下基本思想：①城市建设的计划性。社会主义条件下的城市规划是整个国民经济计划工作的继续和具体化，是国民经济不可分割的组成部分。城市规划建设根据国民经济发展的年度计划、五年计划和远景计划进行。全国范围内按照合理、均衡地布局工业、动力资源，按照经济区划规划的任务进行新城市选址；②城市规划的科学性。城市规划工作在科学的调查研究基础上进行，即在编制城市总体规划和详细规划前，对城市人口、用地规模、城市发展的技术经济依据、工程地质状况、工程准备工作、房屋拆除改建的合理性和可能性等进行细致地调查研究工作；③规划设计的综合性。苏联城市规划体系包括城市总体规划、城市经济与社会发展规划和城市区域规划，各项规划统一在城市发展的总图上，综合均衡地布置城市各种要素，体现各要素的有机联系，保证城市建设在物质技术和建筑艺术方面的协调发展，综合解决社会生活、技术经济、公共卫生和建筑设计的问题；④城市建设的整体性。整个城市及其组成部分均按照建筑物群体布置的原则进行规划，使得城市具有完整的建筑艺术形式和独特的风貌，用以体现社会主义国家的精神风貌、物质生活的空前繁荣和建设共产主义的理想；⑤历史遗产的传承性。苏联城市建设和建筑行业强调研究和批判地学习、运用苏联各民族以及世界文化宝库中的城市建设和建筑的优秀遗产，兼收并蓄，传承历史文脉。

（2）强调规划服务生产生活目的

苏联《城市规划与修建法规（CH41-58）》第9条规定城市规划与建设的目的是："根据不断改善的物质福利、发展国民经济和提高社会主义文化的总任务，保证为城市居民创造良好的生活条件，为城市工业生产创造必须的条件" ❶。为均衡配置生

---

❶ 苏联部长会议国家建设委员会. 城市规划与修建法规（CH41-58）. 北京：中国建筑工业出版社，1960：2.

产力，苏联通过建设新城市、重新分布企业和人口，使城市承担为工厂服务的功能。1960 年代中期，苏联计委生产力研究委员会、苏联建委民用建筑局以及各加盟共和国的计委共同编制了建设 500 个中小城市的计划，列入该建设计划的城市都具有劳动力、建设用地、水资源和交通资源优势，可以有效布局工业企业。城市作为比企业更高一级的部门或地区组成要素而被纳入国家规划体系，城市规划在某种程度上成为国家调节城市化进程的一个重要组成部分❶。苏联城市建设强调人本关怀，都市计划专家穆欣反复提到建筑设计和建造要时时刻刻表现出对于使用房屋的人的关怀。建筑科学院通信院士阿谢普可夫教授也指出，苏维埃建筑的创作是为人民服务的，革命人道主义就是苏维埃建筑创作的基础，人就是苏维埃建筑的最基本的服务对象。

（3）强调建设用地分类保护环境

苏联城市用地主要划分为 2 大类 19 小类，实施分类管理：①生活居住用地。包括居住街坊和小区、公共机构地段（包括全市性的、市分区的、居住区的）、公共绿地（公园、花园、小游园、林荫路）、街道和广场、生活居住区内的其他用地（工业用地、仓库用地、对外交通用地、城市道路、没动用的土地、不适用其他建筑的用地、其他用地）等 5 小类；②生活居住区以外的用地。包括工业用地、卫生防护带、仓库用地、对外运输用地、生活居住区以外的道路、公用事业企业和构筑物地段、公墓、水面、特殊用地、其他用地等 14 小类。苏联城市规划法律规定新建或扩建现有城市地区必须选择非农业用地或不适合作为农田的土地，工业用地或交通设施用地只允许在未覆盖森林或灌木丛地及价值低的林地进行，工业区的职工人数不超过 2.5 万人，面积不大于 $4km^2$。城市用地分类管理的宗旨是保持自然环境的完好状态，确保人工环境对自然生态环境的影响降低到最低程度。

（4）强调规划尊重自然历史文化

苏联城市规划和建筑设计体现对自然、历史、文化和艺术的尊重：①自然与历史。苏联城市规划极其重视绿化，保护自然环境。伏尔加格勒是沿河而建的南北 87km，东西 6~10km 的带状城市。整个城市沿河设有 500m 宽的绿带，市中心规划布局东西向的绿带群，从阵亡战士广场直达伏尔加河河岸。在调整规划时，曾有将一些工业企业迁到伏尔加河对岸森林和湖泊保护区的动议，因为专家们提出"不能卖掉自然"而被否决。《苏联沦陷区解放后重建》一书中苏联建筑史家 N·窝罗宁教授指出，计划一个城市的建筑时必须考虑到他所计划的地区生活的历史传统和建筑的传统，城市和村庄必须成为自然环境的一部分。斯大林也曾提醒建筑师，我们虽然不修教堂，但是我们绝不拒绝俄罗斯传统；②文化与艺术。苏联建筑科学院院长莫尔德维诺夫

---

❶ 高际香. 俄罗斯城市化与城市发展 [J]. 俄罗斯东欧中亚研究，2014（1）：38-45.

指出，建筑作品必须同时完成两个任务，即实用的和美丽的 ❶。城市建设的艺术性在苏联国家最高文件中也有明确的指示，如 1935 年 7 月 10 日联共中央批准莫斯科改建五年计划明确指出，城市建设工作应全部达成艺术形态，不论是住宅、公园、广场、公共建筑都如此。

（5）注重建筑艺术设置城市雕塑

苏联传承帝俄时期的重视建筑艺术和设置雕塑的传统，建筑艺术的群体性表现在城市结构上的统一性，艺术思想上的统一性和布局上的和谐性，诞生了一些重要的标志性建筑，如列宁墓（莫斯科，1924~1930）、地铁站（莫斯科，1930~1954）、莫斯科大学（莫斯科，1949~1955）、新阿尔巴特大街群体（莫斯科，1963~1968）、奥林匹克体育中心（莫斯科，1977~1980）、联邦会议大厦（莫斯科，1980~1987）、科学院主席团大楼（莫斯科，1980~1991）。雕塑主要包括莫斯科的马克思像、马雅可夫斯基像、集体农庄庄员像、加加林纪念柱、朱可夫像等，伏尔加格勒的列宁像，下诺夫哥罗德的高尔基像，圣彼得堡的普希金像，伏尔加格勒（斯大林格勒）的马马耶夫高地苏军战士像等。

4. 城市管理 ❷

随着十月革命的成功，沙俄城市自治的传统就此终结，苏联计划经济体制下城市建设以政府为主导。

（1）高度重视城市规划

苏联各城市必设 1 名主管城市规划和建设管理的副市长和 1 名总建筑师，总建筑师负责协助市长进行城市规划建设与管理工作。对于重大工程项目，市政府组织专门的委员会，负责协调各部门之间的关系。苏联城市建设的权力是极为集中的，这种管理格局（图 4-3-3）也为城市大规模快速改建带来便利。

（2）城市规划管理融合

苏联强调城市规划管理统一于城市规划编制、审批和实施的全过程。城市规划管理部门与相应的城市规划编制设计部门相对应，如莫斯科、圣彼得堡等城市设计院的各研究室分别与城市的各个规划区挂钩 ❸，各室做各自规划区的规划及详规方案，由总体规划室综合各室的工作，最后通过市一级或区一级的总建筑师进行协调。规划设计部门为管理部门提供政策参考和建议，并由规划管理部门通过一定的程序文件化或法律化，依靠行政强制手段执行 ❹。

---

❶ 梁思成 . 苏联专家帮助我们端正了建筑设计的思想 [N]. 人民日报，1952.12.22.

❷ 韩林飞，霍小平 . 转轨时期俄罗斯城市规划管理体制 [J]. 国外城市规划，1999（4）：19–21.

❸ 还需全面负责规划区的建筑风貌管控。

❹ 韩林飞，张圣海，高萌 . 回顾与反思：20 世纪 50 年代前苏联城市规划对北京城市规划的影响 [J]. 北京规划建设，2009（5）：15–20.

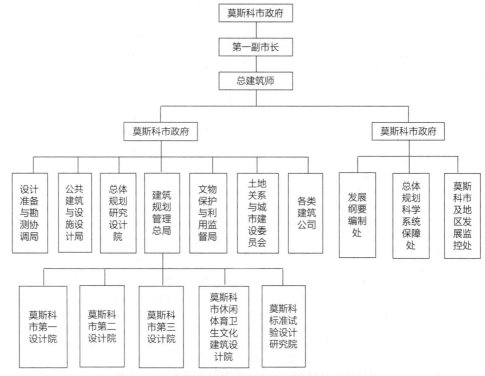

图 4-3-3 莫斯科市城市规划与建设管理部门机构设置

图片来源：根据韩林飞，霍小平.转轨时期俄罗斯城市规划管理体制.国外城市规划，1999（4）：20 绘制

（3）实施总建筑师责任制

苏联和俄罗斯一直采取总建筑师负责制，并在实践中不断予以完善和加强。1972 年苏联国家建委民用建筑委员会批准的《城市总建筑师工作条例》中规定，城市总建筑师要领导城市的规划与建设工作，并对下列工作承担全部责任：①提高建筑艺术水平；②制定和实施城市总体规划；③负责居住区和工业区的规划和建设；④选择正确的住宅与公共建筑设计方案；⑤做好郊区规划与建设。城市总建筑师不仅领导和组织城市规划和建设，而且需要直接参与城市规划及重要建筑的规划、设计工作，其工作的完成既依靠其较高的专业技术水平和极强的组织能力，还依靠总建筑师所领导的建筑规划管理总局、区级总建筑师、各个区相对应挂钩的负责建筑师及外部专家的集体力量。

（4）重视规划人才培养

苏联城市规划管理极为重视人才的培养：①培养人才的地域性。如莫斯科建筑学院的学生基本上都是莫斯科人，经过 6 年培养后进入莫斯科市的各类城市规划、建筑设计和城市规划管理部门。土生土长的专业人才对于本地的城市和建筑发展相当熟悉，地域精神、对城市的深刻了解成为城市健康发展的重要支撑；②管理人才的乡土性。高级管理人才一般都在本地区生活多年，对城市有着深刻的理解与感受，在具体的实践过程中不仅十分了解情况，而且倾注感情，规划决策因为容不得对自己感情的丝毫亵渎而更具长远性。

（5）注重规划资料积累

苏联十分重视规划资料的积累，莫斯科城市建设博物馆、舒舍夫建筑博物馆、莫斯科建筑与城市规划展览馆收藏、保存大量城市规划的历史文献，在一些城市详细规划设计中对该地块建筑历史的发展过程都有详尽的图纸资料及文献研究，反映了城市及城市规划发展的过程和规律，为城市规划管理代理便利。莫斯科建筑与城市规划展览馆中有 30m×30m、1：1000 比例的莫斯科城市模型。重大项目论证时需以同样比例的建筑模型插入城市详细规划模型中，为城市规划决策者和管理者提供形象展示，便于决策者从整体城市环境与形象中对该项目进行论证。

（6）城乡土地管理协调

苏联土地管理机构分为两个层次：第一层次是土地管理的最高权力机构，是加盟共和国部长会议、自治共和国部长会议以及地方人民代表苏维埃执委会，拥有土地的调拨权，从而解决征地问题；第二层次是农业用地以及城市用地管理机构。1970 年代后加设了土地使用与土地规划管理总局，隶属农业部。各大中城市设置了城市建筑总局或城市公用事业局，基本职能包括：①分配与征收土地；②规划新的和调整现有土地使用范围，在区域规划方案的基础上变更用地界限；③确定与变更城市、居民区及乡村居民点之间的土地界限；④进行土地规划，依靠国家投资进行土地资源的设计、勘测与考察工作；⑤监督、协调、综合土地资源的合理利用问题；⑥协调、解决土地纠纷问题。苏联城乡土地管理基本协调，但农业用地及城市用地管理机构的分设也出现一些城乡用地无法统一管理的问题。

5. 代表城市规划实践

（1）莫斯科市

1917 年十月革命后，莫斯科开始新的规划建设阶段。1918 年莫斯科重新成为国家首都，同年沙库林 ❶ 完成了 "莫斯科技术经济组织发展战略及三环居住结构体系" 的制定工作，将莫斯科市区以及一环、二环共同构成达莫斯科地区，两道环线之间设置 "绿环"。莫斯科市及周边地区规划设计建筑工作室也相应成立，并完成了莫斯科城市改造方案的第一批设计草图。1923 年在若尔托夫斯基和舒舍夫领导下完成的苏维埃时代第一个较为详尽的莫斯科改造规划方案正式出台，因不能满足发展需要而未得到官方正式批准。1921~1925 年谢斯塔科夫制定《大莫斯科发展规划》❷，范围从莫斯科城市边界向外放射 120km，此后苏联莫斯科城市建设分为四个阶段 ❸：

---

❶ 第一位以综合的观点对待莫斯科大城市规划设计的规划师。

❷ 相当于规划区规划。

❸ 吕富珣. 莫斯科城市规划理念的变迁 [J]. 国外城市规划，2000（4）：13–16.

1）第一阶段（1931~1941年）

1931年6月苏共中央全会通过了加快发展苏联城市经济的决议，工作重点放在莫斯科。在这个决议的基础上，苏联历史上第一次对莫斯科实施全面综合改造的城市总体规划的编制工作启动，并于1935年完成。1935年7月联共（布）党中央和苏联人民委员会批准了《莫斯科城市总体规划》：①保留历史形成的城市基础，形成放射线加环线的城市道路系统，扩建旧的和开辟新的街道，发展包括地下铁道在内的公共交通，实现市郊铁路电气化；②在现状人口规模366万人（1935年）基础上规划控制人口规模为500万人，城市建设用地从285km²扩大到600km²，规划人均建设用地120m²，城市建设向西南部和北部方向发展；③保存历史形成的城市结构，合理布置住宅、工业、铁路运输和仓储用地，搬迁居住区的工业企业，在条件最好的地方建设居住区，为居民创造良好的生活条件；④在市区周围建立10km宽的森林公园带，实现全市绿化；⑤完善城市基础设施，疏通莫斯科—伏尔加运河，引水入城满足供水，引进天然气改善城市燃料结构，发展热电联产为主的集中供热。

1930年代莫斯科进行了大规模的社会主义改建工作。1933年开始发展无轨电车线路，1935年5月第1条地铁线路开始施工，到1941年地铁通车里程达到23.3km。1937年全长128km的莫斯科运河引水工程开始建造，从根本上改变城市供水状况，并使莫斯科成为大型水运港口城市。1939年莫斯科特维尔大街（高尔基大街）改造完成，其他一些主要街道的整治改造工作也得到很好的实施，大型公共建筑陆续投入使用，住宅和文化生活服务设施逐步改善。1935年的城市总体规划是当时世界上惟一的社会主义国家在生产资料公有制和计划经济的条件下，对于大城市如何合理地发展和建设所作的一次重要尝试，对莫斯科的改建和发展起了积极的作用。由于改造过分强调政治目的，即把莫斯科建成世界上第一个无产阶级专政的社会主义国家的首都，实现1937年5月1日前"让上帝的名字从苏联领土上消失"的目标，先后对修道院、教堂、礼拜堂等宗教基础设施进行了改造、拆除，中心城区一些有价值的建筑物遭到灭顶之灾，如凯旋门、红门、苏哈列夫塔楼等，城市历史文脉遭到不同程度的破坏。

2）第二阶段（1942~1950年）

卫国战争期间，1935年城市总体规划实施被迫中断，但地铁的建设工作始终没有停止。到1945年底地铁通车历程增加了15km。战后立即开展了城市恢复和重建工作，有计划地对城市进行改造。改造工作从莫斯科特维尔大街（高尔基大街）为发端，重点是恢复城市经济和改善居民生活条件。

3）第三阶段（1951~1960年）

1951年莫斯科总体规划研究院成立**❶**，同年建筑师切丘林主持完成的《莫斯科发

---

❶ 1966年改为莫斯科城市规划设计研究院。

展 10 年规划》（1951~1960 年）获得通过，该规划方案继承了 1935 年总体规划的主要思想，提出了城市主要干道改造、城市储备用地开发和禁止在莫斯科及其森林保护带建设工业企业等改善城市环境问题方面的新建议。这一阶段是以工业化基础上的大规模住宅和文化生活服务设施建设为实践特征，莫斯科完成了一系列住宅和文化生活服务设施的标准设计，组建了大规模施工单位——莫斯科建设总局，创建了专门的工业化生产基地，城市建设活动逐步转向全装配式施工方法。该阶段莫斯科大型居住区不断涌现，其中 7 座著名的高层建筑造型华贵、施工精良，代表了当时苏联建设活动的最高水平。城市规划实施过程中，对在莫斯科和森林保护地带工业建设的管理控制并未完全实现。1959 年城市人口已达 504.6 万人，1960 年不得不全面扩大市区范围，总面积达到 878.7km²。

4）第四阶段（1961~1990 年）

1960 年起莫斯科开始制订新一轮的长远发展总体规划，规划期 25~30 年（1961—1985 年或 1990 年）。规划设计工作在当时的莫斯科总建筑师波索欣领导下，吸收了当时最著名的城市规划专家。在新一轮总体规划方案编制期间，政府同意把城市边界扩展到莫斯科环形公路以及相应扩大森林保护地带的建议，1966 年政府批准"莫斯科发展总体规划的经济技术基础"，1971 年城市总体规划获得通过，有以下要点：①继续控制城市规模，将莫斯科的发展限定在环形公路以内总计 875km² 的用地范围内，市区人口规模 620 万人，远景控制规模不超过 800 万人；②把莫斯科建设成为共产主义样板城市。城市结构从单一中心演变成多中心，并相应地划分为八个规划分区❶和更小的规划单元❷。每个规划分区被设计成相对独立的自治单元，配有专门的改造方案和社会经济发展指标，拥有各自相对独立的市级公共服务设施。通过调整工业，把 66 个生产区均匀地安排到八个规划分区中，实现职住平衡。每个规划分区之间通过大面积的绿化分隔，城市外围的森林公园呈楔形深入城市中心。历史中心区被设定为保护区，呈星形放射状结构，与环绕它的其他七个规划分区有机联系。规划在原有"环形＋放射线"道路网的基础上增加"脊柱式"干道，并兴建包括环绕市中心的井字形高速道路和穿越市中心的地下通道的道路系统。规划预测1990 年每个居民享有的居住面积达到 20m²，争取做到每户一套住宅，每人一间住房；③制订了莫斯科地区和郊区规划。在城市郊区的森林保护带沿城市边界专门设定了一个半径为 50~60km 的自然保护区，并预留 100km² 的发展用地，强调其作为莫斯科的清洁空气存贮器的重要作用。规划规定，除了为居民生活提供直接服务的企业，莫斯科市区禁止生产型企业的建设，发展工业的主要地区应距市中心 100~200km，

---

❶ 相当于现北京市的区，人口规模 60 万 ~100 万人。
❷ 后成为 1990 年代莫斯科行政区划调整的基本单位，类似于现中国的街道。

使首都地区形成一个互相联系、协调发展的人口（城镇）分布体系。

1971 年城市总体规划的基本出发点是要综合全面地解决首都的城市建设以及同社会、经济和技术发展有关的各种问题。在其指导下，莫斯科城市建设取得了显著进展：①市中心区的人口趋于减少；②居住水平提高。市区周围兴建了几十片大型居住区，1984 年人均居住建筑面积达到 16.8m²，全市住宅中 99.5% 有集中供热，74.0% 有煤气，25.6% 有电灶，97.3% 有浴室，88.2% 有热水供应；③环境得到改善；④公共交通便利。1984 年地下铁道总长度达 203.5km；⑤市政设施完善。

1984 年莫斯科城市人口已达到 858 万人，为适应城市今后发展的需要，1985 年政府决定将市区面积扩大到 994km²，人口相应增加到 870 万人。1991 年初《莫斯科总体规划方案》（1991—2010 年）经政府审议通过，本轮规划针对 1980 年代末莫斯科城市出现的高度集中的城市化倾向、生态环境出现恶化趋势等问题，提出调整功能的三项原则：①严格控制城区和近郊区的扩展；②合理改造现有功能分区；③建立新型的城市发展管理体制。此轮规划更为强调生态环境的重要性，提出建设"生态优越的莫斯科地区"的发展目标。为了保证规划实施的资金问题，提出利用外资进行城市开发的设想。虽然不久苏联即宣告解体，但此轮规划所确定的发展纲领和规划原则因具有重要的现实意义而被俄罗斯新政府继续采用。

（2）诺夫哥罗德城

诺夫哥罗德位于圣彼得堡南部，原是彼得堡州的一个区，历史上曾是一个侯国的首府。诺夫哥罗德城被称为"俄罗斯的博物馆"，原有建筑物多是 18 世纪初彼得大帝实行欧化时期，仿效法国建筑建造的砖石楼房，称为"地方拿破仑式"建筑，是苏联历史性建筑最多的城市。该城在二战中遭严重破坏，重建计划由建筑院院士舒舍夫（A.B.Шусев）负责，采取遵照俄国古代都市计划制度，加之对城市进行现代化改造的原则，规定"在最卓越的历史文物建筑周围的空地布置成为花园，以便取得文物建筑的景观，若干组的文物建筑群被保留为国宝"。城市的新建筑形式采用俄罗斯帝国式建筑，旧有建筑基本按原样复建，恢复重建的重点是诺夫哥罗德市沃尔霍夫河左岸的"克里姆林"内城。1983 年整个诺夫哥罗德人口在二战结束近 40 年才达到 21 万人。

4.3.3　俄罗斯城市规划建设（1991 年～迄今）

1. 城市政策发展背景

1991 年全世界最大的社会主义国家宣布解体，俄罗斯联邦成为独立国家，拥有原苏联 51% 的人口、57% 的城市人口、60% 的国民财富，66% 的工业产值和 46% 的农业产值，生活水平指数是苏联平均水平的 114%。

（1）经济政策优先

苏联的解体使得俄罗斯以及苏联的其他加盟共和国进入起伏不定的政治、经济体制的大变革时期，经济改革采用休克疗法，全面推行私有化，持续了约 10 年时间❶。2000 年普京上任后，开始实施新经济政策，包括发展多元化经济、鼓励现代工业发展、发展创新经济、加强基础设施和农业建设以及发展改善投资环境、减少资本流出等，俄罗斯经济社会发展整体趋向平稳。

（2）商业快速发展

由于苏联严重的轻、重工业比例失调以及僵化的计划经济导致了商品经济的极度萎缩，因此在苏联城市中各种商业服务设施极为缺乏。经济改革以来，俄罗斯激进的经济政策迫切追求经济利益，促使城市商业迅速发展，大致分为三个时期：①第一阶段（1990~1994 年）。由于城市规划管理缺乏必要的预测与准备，城市迅速出现许多大型批发、零售商业设施，给城市局部交通、城市环境、城市面貌带来巨大的冲击，昔日生活的安静、环境的舒适以及秩序井然的空间和熟悉的城市风貌都受到影响和破坏；②第二阶段（1994~1997 年）。随着城市规划管理手段的加强，行政管理手段、经济管理手段、法律管理手段的出台，使城市规划逐渐适应了市场经济的发展，许多商业设施被重建或改造，城市居住区中增加布局合理的商业设施，城市形象和城市功能逐渐秩序化、合理化；③第三阶段（1998 年 ~ 迄今）。随着市场经济的发展，莫斯科中心的一些大型商业设施经改造后重新成为新的商业中心，传统城市商业格局得到强化。

（3）住房私有化与住房保障

1990 年国有住房占城市住宅量的 79%，这一年苏联财产法允许人和一个自然人或法人（合伙人）包括外国公民拥有各类建筑物及构筑物的使用权和租用权。1990~1991 年改革初期，大约 80%~90% 的土地使用者并不享有土地的使用权。俄罗斯 1991 年颁布《土地法》允许自然人对独户住房或花园住房拥有权，但限制宅地的出售权，所有自然人和法人可以向市政府租用土地，租用期最长为 50 年。1992 年颁布法令规定已私有化的国有财产可获得其土地的全部使用权，俄罗斯开始大规模的住房私有化，到 1994 年全俄罗斯有 950 万套单元住房变为私人住房，占全部标准住房的 30%，2/3 的城市家庭在郊区拥有居所，但乡间居所大多被当成季节性第二居所使用。为了促进郊区化发展，2006 年俄罗斯开始实施"住房"优先项目，但由于土地市场高度垄断，该计划并未得到有效执行。普京总统上任后，强调住房的保障功能，制定住房发展目标，即优先解决老兵、军官和年轻家庭的住房问题，针对低收入人群实施非商业廉租房计划。到 2020 年，60% 的人解决住

---

❶ 韩林飞，霍小平. 转轨时期俄罗斯城市规划管理体制 [J]. 国外城市规划，1999（4）：19-21.

房问题,到2030年将彻底解决俄罗斯的住房问题。为此政府陆续采取降低建设成本、简化审批程序、取缔建筑材料垄断、提供充足的建设用地和免费提供保障性住房用地、扩大城市圈、建设道路和基础设施网络、收回国有机关拥有的闲置地块等措施。

2. 城市规划特征

（1）城市化陷入停滞

这一时期俄罗斯城市化发展出现了三大特点：①城市数量减少。1990~2008年，全俄城镇减少了885个，城市化的比重基本维持在73%左右，2002~2010年的8年间城市化率仅上升了0.4个百分点。2010年底俄罗斯总人口为1.43亿，城市化水平为73.7%；②大城市的发展滞后于中小城市，出现人口向中小城市倒流现象。俄罗斯共有城市1100座，其中10万人以下的小城市936座，100万以上的特大城市仅有12座，千万人以上的巨型城市只有莫斯科市1座（1151.43万人），圣彼得堡人口规模484.87万人，其余特大城市人口规模均不足150万人；③城市人口流向农村。1992~1994年的三年中，俄罗斯农村人口增加了90万。而且在经济萧条的几年中，人口死亡率大幅攀升，其中1994年为15.7%，达到顶峰，甚至高于战争年代。1995年起随着俄罗斯经济复苏，逐渐恢复了正常的城市化进程，出现了农村人口向城市地区的净转移，但规模有限❶。

（2）城市发生分异

苏联传承下来大量的工业市镇在转轨时期全面分化，产品具有竞争力的城市得到外资的青睐和国家政策的支持，大多数城市因人口日益减少、缺乏活力日渐衰落。2000年后首府周边地区的城市和离其他大城市不远的小城市颇具活力，石油天然气城市、能源中心等能够吸引外资或者生产出口产品的城市发展状况较好，能够保持活力的城市不足一半，预算拨款成为居民收支的主要来源，2008年金融危机爆发后衰退情况更为严重。2009年俄罗斯地区发展部数据显示，单一产业结构的城市共有335个，其中5%的城市危机状况比较严重，15%处于濒临危机的高风险状态，其余80%的城市则阻挠对经济和社会发展状况进行定期监控。为此俄罗斯地区发展部2009年开始制定专项规划支持单一产业结构的城市转型发展。

（3）重视城市景观

俄罗斯政府成立后，为迅速树立新政形象，弥补苏联解体而造成的信仰危机，下功夫改造城市形象：①恢复宗教建筑。帝俄时期的建筑存在去宗教化现象，俄罗斯政府通过帝俄时期东正教最大的教堂——救世主大教堂的重建（1994~1997）入手，从城市尺度重塑俄罗斯教堂建筑的辉煌，使古迹建筑重建运动达到了顶峰，也

---

❶ 冯春萍. 俄罗斯城市发展及其在区域经济中的作用 [J]. 世界地理研究，2014（6）：59–68.

为政府树立开明民主新形象找到文化基础。时至今日莫斯科仍盛行这样的做法❶，并迅速蔓延到地方各州区，下诺夫格罗德、萨马、拉萨拉托夫等城市相继重建、修复和新建了一批教堂，成为俄罗斯新建筑中的最重要的景观；②建设广场雕塑。俄罗斯政府沿袭了城市建设重视广场、雕塑的历史传统，以纪念性事件和人物为题材设置大量雕塑，主要建设了莫斯科胜利广场纪念碑、马涅什奔马像、彼得大帝与出征帆船雕塑；③商业建筑凸显。俄罗斯商业建筑发展迅速，为特殊阶层服务的高档住宅、集合住宅、高级商住楼、别墅、办公楼成为新建筑的主流。俄罗斯建筑师承袭苏联后期建筑追求个性化的传统，注重地方风格的营造，一改苏联时期工业化、标准化、平均化的缺乏个性特征和帝俄、苏联时期宗教及公共建筑作为城市标志性建筑的特点，大型商业设施开始跻身于城市的标志性建筑，如新建的小巴克罗夫斯卡娅街银行（下诺夫哥罗德，1993~1995）、石油天然气公司总部（莫斯科，1989~2000）、国际商贸中心（莫斯科，1996~2000）。

  3. 城市管理特征

  俄罗斯政府成立以来，在政治与经济改革的过程中，沿袭了部分苏联时代的城市规划管理体制，并采取一些改革措施以适应市场经济的发展，具有如下主要特征：

  （1）权力相对集中

  俄罗斯的各项改革处于不断的探索过程中，新形势下城市发展缺乏足够的预测，市场经济带来的问题缺乏必要的准备，因此新的城市规划管理体制不可避免地采用计划经济时期的做法，沿袭苏联的管理体制，以人治为主，权力极为集中，虽然缺乏必要的法制性审批制度，出现了一些违反城市规划的状况和政绩工程，但由于苏联时期遗留下来的城市管理基础极为扎实深厚，以及政府以人为本的城市可持续发展理念的贯彻和城市规划管理决策的日渐民主，并没有因为个人权力的过分夸大而给城市带来太多的负面影响。

  （2）鼓励居民参与

  鼓励居民参与是俄罗斯城市规划管理重要的变革。俄罗斯城市规划编制过程中，市政府广泛听取各方面意见，同时聘请大量专家和科研人员进行方案评估，力图实现规划编制的科学性和合理性。由于俄罗斯人民具有较高的文化素养和艺术修养，他们对自己的城市建设十分关心，经常参与城市规划管理的讨论和实际项目的运作，而政府管理部门也真诚地接受居民的合理意见，将其纳入规划方案与管理决策。

  （3）倡导宗教作用

  苏联解体带来的居民信仰危机一度较为严重，而俄罗斯又是一个具有悠久宗教

---

❶ 重建伊维尔斯拱门及小礼拜堂、红场喀山圣母像教堂。

传统的国家，因此俄罗斯新政府开始通过宗教重新培育普通平民新的信仰。为适应这种变化，俄罗斯各地重建或修复了一大批文物性宗教建筑，不仅赋予其宗教功能，而且加入一定的历史、文化、博览功能，使历史街区重新焕发活力。这种倾向的出现使得城市管理任务中，由单纯的文物建筑保护转向历史街区、甚至历史文化城市的整体保护，莫斯科第二设计研究院被要求专门负责旧城区的更新和保护设计，从整体上恢复莫斯科旧城。

（4）明确管理目标

俄罗斯城市规划具有明确的发展方向、实施方案和具体措施。如21届国际建协（UIA）大会上，莫斯科市副市长谈及城市管理方向提出，在支持莫斯科市经济稳定增长的前提下，寻求公众利益与城市利益的均衡，保障居民的身心健康，保护良好的自然生态环境，探寻保护利用自然资源潜能的平衡与合理，追求持续稳定健康发展。在新的市场经济条件下，加强城市规划管理的调控作用，避免市场对利益的过分追求过程中出现城市服务配置的比例失衡现象。相应的城市管理手段由行政手段向法律手段、经济手段转化，以形成新的城市规划管理秩序，更好地适应和引导市场经济提出的需求。

4.代表性城市规划实践

这一时期代表性城市实践是莫斯科城市规划管理变革。1992年公众选举卢日科夫任莫斯科市长，连任18年，直至2010年被时任总统梅德韦杰夫提前解职。为应对俄罗斯局势和社会转型期间出现的问题，卢日科夫提出城市发展系列政策❶，确保城市发展始终稳步前行。

（1）审慎推行私有化，出台城市经济政策

鉴于俄罗斯激进改革派休克疗法的弊端，卢日科夫放缓莫斯科私有化进程，专门成立市长和经济专家为核心的经济委员会策划和设计莫斯科的私有化，以防止被中央的私有化政策左右，使莫斯科实现了向市场经济的平稳过渡，并为莫斯科带来大量的私有化收入。

由于经济体制的转型，以往的城市建设经验失灵，莫斯科制定了一系列的创新措施：①宽松的投资政策。通过政府优惠政策、广阔的市场前景、稳定的城市建设和社会发展吸引外部投资，加强公共服务设施和市政基础设施的建设；②直接的房地产业。市政府建立土地委员会负责城市土地的相关管理、城市土地出租和个别土地出售，增加城市财政收入；③有效的企业管理政策。政府直接通过购买企业的部分股票参与市属企业的运营和改革，并从企业资产中获得大量财政收入。同时大力整顿市场，打击非法竞争，促进城市商业健康发展。

❶ 李晨鸣.区位与规划：浅析城市发展的要素——以莫斯科为例[J].行政管理，2011（1）：1-5.

（2）创新城市管理理念，推进城区个性化

1998 年金融危机后，作为与国际开放接轨的城市，外部环境的变化对城市发展造成巨大影响。为实现现代化、科学化管理，金融危机平息后，莫斯科立即着手建立与服务管理决策结合的"情况分析中心"，作为城市管理机构预测城市发展，制定城市未来规划，提高城市管理效率。

莫斯科进行行政区划调整，将原有的 33 个区域合并或删减为 10 个行政区，推行新的管理体制，根据各区不同的区位特征制订不同的发展规划，使每个区均具有不同的特色，如东区是工业和自然景观兼容的绿色区，保护自然的同时推进现代化；南区是工业改造和社会保障的结合区，致力于改造污染严重的旧工业区，推行一系列社会保障措施。城区个性化为莫斯科保留了大量的历史遗迹和自然景观，调动了各区的积极性，共同推动了莫斯科的全面发展。

（3）加强城市交通管理，出台生态保护政策

莫斯科继续投入大量资金建设地铁，新动工的地铁线路连接重点区域并与原有地铁有效结合，利用现代化的科技手段管理调度地铁，提高地铁运行效率。通过发展公共交通、鼓励小排量汽车、增设停车场、广设立交桥和地下通道、完善交通规则等措施解决城市拥堵问题。

莫斯科是典型的工业城市，环境问题极为突出。1994 年莫斯科通过了《生态综合规划》，加大环境整治力度：①出台法律，利用经济手段限制垃圾的生产，并建立多个垃圾填埋场和焚烧厂对生活垃圾进行无害化处理；②建立水资源质量定期监控制度，同时建设和改造排水设施和污水处理厂，实现水处理达标排放；③通过全市公交系统车辆以及一半的其他各类车辆换装尾气净化装置和建立自然保护区制度，实现大气污染的治理。莫斯科市自然保护区面积 72km^2，绿地面积 240km^2，人均绿地面积 30m^2，是世界上绿化最好的城市之一。

（4）全面实施城市总体规划

苏联解体后，新的莫斯科政府继续执行 1991 年苏联时期的莫斯科总体城市规划。在莫斯科城市规划建设委员会的直接领导下，由莫斯科市政府和莫斯科总体规划设计研究院共同制定的面向 2020 年的莫斯科城市发展总体规划 1998 年编制完成。1999 年底莫斯科市议会（杜马）审定正式颁布的《莫斯科城市发展总体规划》法律文件，由《城市建设发展的基本方向》（期限 25 年）、《城市建设的规划分区》（期限 12~16 年）、《当前的首要措施（期限 4~8 年）》三个部分组成。总体规划从莫斯科地区（大都市区）、莫斯科市（市域）和城市中心区（规划建成区）三个层次分析和看待城市发展面临的问题，提出城市建设分区的具体建议。预测 2020 年莫斯科的人口规模（包括常住人口和流动人口）将达到 1130 万 ~1230 万人，其中常住人口规模 800 万 ~900 万人，流动人口规模 200 万 ~300 万人。总体规划体现了以人

为本的规划思想，主要目标是提高莫斯科城市居民和外来流动人口的生活质量，保障城市经济增长，促进人均收入提高，增加基础设施投资，保护自然环境和文化遗产，维持生态平衡，建设宜居城市，完善城市用地布局和规划组织体系，协调各经济部门与其他社会组织之间的利益，宗旨是方便市民生活。具体措施包括增加道路密度达到 8km/km^2，人均居住面积增加到 35m^2，增加 30 万个就业岗位，人均绿地面积增加一半等。

1999 版的城市总体规划不再是指令性的计划，而是调节性、目标性的规划，具有完全意义的公共政策属性：①明确指出每个具体地段和用地范围内所有禁止建设的项目类型（功能限制），文字表达通俗易懂；②非禁止项目为允许建设的，城市规划发挥协调作用，促进参与者的积极性，但通过层数、密度、建筑类型、居住和公共建筑的相互关系等指标限制进行控制引导；③通过立法确定城市规划的法律地位，使得 1999 版城市总体规划成为俄罗斯第一部经过国家机构正式认定的官方城市规划文件。2010 年 10 月索比亚宁接任莫斯科市市长，在与中央保持高度一致的前提下，致力于解决交通问题和改造市政基础设施，包括新建和改造停车场、发展公共交通等，2011 年开始实施新的建筑标准，倡导绿色建筑。

4.3.4　其他社会主义国家城市规划建设

1. 波兰

波兰的城市规划在战前就已经存在，代表性作品是 1934 年出版的《起作用的华沙》。二战期间波兰的首都华沙几乎全部遭到破坏，战后很短的时间内波兰继承了以往的良好传统，进行了三次全国性的城市发展规划 ❶，并以惊人的速度进行恢复和改建工作。

（1）第一次城市空间规划（1940 年代末 ~1950 年代末）

1945 年波兰政府颁布了空间规划的法令，城市空间规划包含全国、区域和城市三个层级。同年下属于重建部的的物质环境空间规划总协会做出第一个城市空间规划，提出波兰发展的三个阶段任务 ❷：① 1950 年前，重点恢复和重建国家；② 1950~1965 年，完成全国的工业化；③ 1965~1985 年，实现波兰的城市化，预计到 20 世纪 80 年代末，波兰总人口达到 3200 万人，城市人口 2000 万人，城市化水平达到 62%。

第一次城市空间规划的重点地区是沿重要交通道路的主要大城市和毗邻煤、铁以及有色金属的南部工业城市。如华沙重点发展生活用品、食品、制造、纺织和陶

---

❶　类似于中国的《全国城镇体系规划》。
❷　虞蔚.波兰城市发展计划与预测 [J]. 国外城市规划，1987（3）：44–48.

瓷业等，波兹南、弗罗茨瓦夫新建机械制造和塑料工业，在罗兹建设纺织中心，在格坦斯克、什切青发展造船业，在卡托维兹、霍苏夫、诺瓦胡塔、琴希托霍瓦和斯塔洛瓦—沃利亚建设钢铁中心，在格拉科夫建设大型钢铁企业。由于国家工业化的迅速发展，波兰城市化率从 1946 年的 32% 增长到 1955 年的 43%，格拉科夫钢铁厂成为欧洲最大的钢铁企业之一。与此同时建筑事业获得迅速发展，1951 年起华沙开始修筑地铁，按照 1949 年 6 月颁布的《华沙重建规划》（图 4-3-4）原样重建科学文化宫等重要建筑，形成特有的"华沙模式"。到 1954 年已对华沙、罗兹、革但斯克、波兹南、克拉科夫等城市进行改建工作，出现了诺瓦胡塔、诺瓦提赫等依托大型工业的城市。第一次城市空间规划曾设想将工业从集中的中心城市地区向外扩散，在落后地区建设三个新的工业区，实施均衡发展战略。当时虽然波兰从德国收回了资源丰富、经济发达、工业城市集中的南部西里西亚地区，但整个国家的绝大部分地区仍然非常落后，不具备发展条件，集中力量发展重点地区成为必然的选择，迫使均衡发展战略于 1950 年不得不停止。

（2）第二次城市空间规划（1960 年代）

1950 年代后期波兰制定了未来 15~20 年全国经济发展总纲领，同时第一个城市发展规划暴露出来的问题得到重视。1961 年政府发布法令，要求今后的地区开发及城市空间规划必须同国家经济发展长期计划相协调。1967 年以城市结节点的地带模式为理论基础的第二次城市发展计划完成，由两部分组成：①第一部分是1966~1986 年的全国城市空间规划，对全国不同类型的地区提出不同的发展政策，如对发达地区的华沙、卡托维兹降低就业增加率，对落后地区大量增加就业机会，以平衡地区间的生活标准差异。以此为原则，将新的工业布置在 67 个工业化地区中心和 22 个适度工业化地区中心，实现国家的均衡布局；②第二部分是对波兰城市发

图 4-3-4　波兰华沙重建
规划总图

图片来源：ВОЛЕСЛАВ
ВЕРУТ ШЕСТИЛЕТНИЙ
ПЛАН ВОССТАНОВЛЕНИЯ
ВАРШДВЫ，1955.

展进行预测，认为城市组团和连接结节点的城市地带将会有很大发展，城市分为首都级、第二位城市级（大工业聚集体和港口城市聚集体）、区域性城市级、省区性城市级、亚区性城市级和小区城镇级六级。

（3）第三次城市空间规划（1970年代）

1970年代全国城市空间规划进一步受到重视，1971年波兰政府要求完成面向1990年的全国开发长远计划，全国城市空间规划作为重要的组成部分开始制定，以实现合理利用空间、提高社会服务水平、保护生态环境的目的。

第三个城市空间规划确立了多中心、适度集中和强化中心的城市空间发展原则，极为重视城市聚集体的发展并分为三类：①第一类是已形成的9个城市聚集体（卡托维兹、华沙、罗兹、格坦斯克、格拉科夫、瓦夫布日赫、波兹南、什切青、苏台德），规模较大，但发展速度最低；②第二类是形成过程中的7个城市聚集体（维耶利奇卡、别尔斯克—比亚瓦、琴斯托霍瓦、卢布林、奥波莱、比亚威斯托克、热舒夫），已具有一定规模，而且仍有发展潜力；③第三类是潜在的6个聚集体（莱格尼查—格沃古夫、科沙林、卡利什—奥斯特鲁夫、奥尔兹丁、塔尔努夫、盐洛纳—胡背），尚未完全形成，但发展潜力巨大。

2. 朝鲜

朝鲜民主主义人民共和国（以下简称朝鲜）于1948年9月9日成立，领土面积约12.3万km²，2015年全国人口2515.5万人，其城市建设分为两个阶段。

（1）恢复重建阶段（1948~1950年代末）

战争期间朝鲜城市的80%~90%被破坏，1953年8月召开的二届六中全会，确定了恢复重建和发展战后国民经济的总路线，克服过去城市和工厂带有殖民地性质的不平衡与落后，发展重工业。平壤的城市总体规划工作早于1951年就已经开始，1953年几乎与朝鲜停战的同时由内阁批准（图4-3-5）。战后还编制了57个城市的总体规划，并以苏联专家帮助为主，清津的规划由波兰专家制定，咸兴和兴南市的

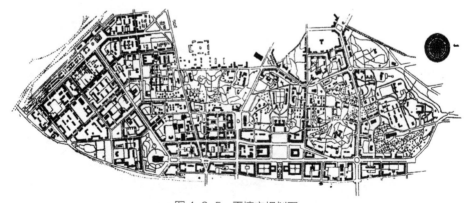

图4-3-5 平壤市规划图

图片来源：金正熙.朝鲜城市的恢复与建设[J].建筑学报，1958（1）：31-35.

规划由德国专家帮助完成❶，中国则派出大量建设者帮助建设。咸兴、兴南地区和清津、江界、南浦等城市均开展了大规模的城市建设活动。

朝鲜战后城市建设主要是医治战争创伤、解决群众的食宿问题，因此针对战后住宅严重困难的情况，建设了大量多层住宅，其中大城市中心区 4~5 层，城市周边 2~3 层，中小城市中心区 2~3 层，城市周边为单层。住宅建设取得巨大的成就，到 1961 年人均建筑面积达到 7.5m²，其中一室户占住宅总量的 50%~60%，二室户占 30%。为适应居民生活习惯，多层住宅除了供应暖气外还保留了火炕。少量大城市拓宽马路，整理、铺设雨水和污水管网，建设大量的广场和公园，建筑形式强调朴素和民族风格的创新。战后城市人口快速增加，平壤由战后初期的 40 万人很快增加到 100 万人。

（2）有序发展阶段（1960 年初~迄今）

1）编制城市长远规划

1950 年代末朝鲜开始制订城市建设的长远规划，平壤从 1959 年开始制订了 15~20 年的长远规划，许多大中小城市甚至村镇均陆续制订了长达 20~30 年的总体建设规划，确定了建设方向和总体布局。城市规划遵循三个基本原则：①利于生活，方便群众；②美观大方，具有规模；③清洁卫生，整齐文明。❷各城市在长远规划的指导下，分别制定了与国家发展计划相吻合的中期规划和年度计划，确定并实施各个建设项目。规划和计划由国家以文件形式下达，具有法律效力，不得随意修改。

2）确定城市发展方向

朝鲜北方共有 180 座城市，其中道首府（省会）以及较大城市 12 座，郡城或郡级城市 168 座。各城市按照自己的特点确定城市性质和发展方向：平壤是首都；南浦为港口城市；元山是修养和文化城市；开城曾是高丽王朝的首都，为"古建筑保留城市"；清津、咸兴和大安是工业城市；沙里院是农业城市；新义州是轻工业城市，新浦是水产业城市。朝鲜把郡城作为联结城市和乡村的桥梁，为发展地方工业和郡内群众服务。

3）贯彻城市发展方针

朝鲜长期贯彻"不建大城市"的方针，严格控制大城市规模。平壤行政区划曾多次扩大，总人口达到 160 万人，但市区人口一直保持在 100 万人左右。清津和咸兴是朝鲜北方两个最大城市，人口均控制在 60 万人，其余城市人口控制在 35 万人以下。控制大城市人口的重要措施是建立卫星城，平壤市郊区有十几个卫星城，其中距离平壤 20km 的平城原为普通村庄，1964 年开始作为卫星城规划和建设，目前

---

❶ 金正熙. 朝鲜城市的恢复与建设 [J]. 建筑学报，1958（1）：31–35.

❷ 张锦芳. 风姿各异的朝鲜城市建设 [J]. 瞭望，1983（3）：32–33.

已集中了全国最重要的科研单位，成为拥有十多万人口的科学城。距离平壤10km的大安市1980年代建设成为卫星城。黄海钢铁厂所在的松林市成为平壤的卫星城后，人口规模由战后的2万~3万人增加到10万人。为均衡发展城市，防止工业企业过分集中，新建企业有意识地布置在中小城市，促进了龟城、熙川、会宁、吉州、端川和江界等新城市的兴起。

4）发展生活服务设施

朝鲜采取快速、集中、成片建设住宅，要求商业、服务业和学校建设同步实施，主管部门不批准也不接受没有商业、服务网点和学校设施的住宅区。到1980年代城市居民人均居住面积已经达到12~14m^2，而且降低成本，统筹解决水、电和煤气以及服务设施和交通问题。朝鲜极为重视公园和绿地建设，规定新建住宅区建筑密度不超过25%，开辟大小公园、游艺场所和儿童游戏场所，采取国家、集体和个人相结合的方式植树造林，分工明确。目前城市人均公园和游艺场所面积达到20m^2，平壤市区城市绿地面积占城市总面积的25%，人均绿地面积达到48m^2。

本章小结

在现代城市诞生过程中，世界各国不断进行着理论的探索和实践的尝试。城市规划的理论发展是在发现问题的基础上解决问题，继而又产生问题并寻求解决的过程中不断向前推进的。英国当属推动现代城市规划诞生和发展的领军角色，作为具有集权主义传统的国家代表，在城市规划的探索中体现出更强的自上而下的公共政策属性和明显的国家干预倾向，其经典理论与实践对欧洲其他国家乃至世界产生了深远的影响。社会主义国家的城市规划理论与实践具有明显的计划经济色彩，国家干预的全国空间规划和区域综合统筹的历史更早、范围更广、手段更强，有别于市场经济国家最近才得到重视。沙俄、苏联乃至俄罗斯一直都有重视城市规划的传统，随着国家制度的转型和市场经济的转轨，城市规划的公共政策属性增强。城市规划具有理论的世界通用性和实践的相互借鉴性，市场经济国家城市规划的公共政策属性持续增强与计划经济国家城市规划向公共政策不断转化可能路径存在差异，但最终会殊途同归。

5

土地征用制度与
失地农民利益保障

农民失地是我国工业化和城市化发展的必然结果，研究土地征用制度的目的是建立一种有效的土地收益分配和分享机制，让失地农民享受到经济、社会发展的成果。

5.1 土地征用制度概念特征

5.1.1 土地征用制度的概念解析与法律基础

土地征用制度存在合理性和合法性的基础在于农民失地有其正面的作用和解决的办法：①整体获益。包括解放被束缚在土地上的剩余劳动力、更加合理高效地运用土地资源和提供城市化发展空间以推进我国工业化和城市化进程三个方面；②总体获利。如果农民失地会导致社会总体利益的增加 ❶，那么必定存在一种合理的解决方法公平地分配这部分增加的社会利益，最终使得利益相关的各方都受益 ❷。

1. 土地征用制度的概念解析

（1）土地征用制度概念

土地征用制度诞生于 19 世纪西方资本主义国家，主要目的是为了解决城市快速发展、土地的社会性需求增加和土地私有制的绝对排他性之间的矛盾。土地征用是指国家或政府基于多数人的公共利益目的的考虑，将土地所有权强制收为国有，并

---

❶ 经济学角度，当征用农民土地所产生的经济利益大于征用农民土地形成的成本时，政府才会有动力去征收农民土地，因此农民失地一定会使社会的总体利益增加。

❷ 邻艳丽，韩柯子. 土地流转制度和失地农民利益分析 [J]. 管理观察，2010（28）：44—45.

给予失地人员补偿的一种行为。各国的宪法中都对土地征用作出了相应的规定，并将其作为一种强制性的公权力服务于国家和政府，因此土地征用制度是为了实现公共利益而需要动用国家土地征用权的一种制度安排。

我国土地征用制度主要是指农地征用制度，是发生在国家和农民集体之间的所有权转移，是保证国家公共设施和公共事业建设所需土地的一项重要措施[1]，我国土地征用制度不仅涉及农业用地向非农用地转化的问题，还伴随着土地所有制的改变，因此有广义和狭义之分，狭义的土地征用制度仅指代土地征用制度本身，广义的土地征用制度不仅包括制度本身还包括制度的构建及其运行[2]。

（2）土地征用和土地征收的区别

土地征用和土地征收是一对既有区别又有联系的概念。土地征用是指国家或政府基于特殊情形而使用他人的土地且给予合理的补偿，不改变土地所有权的性质，使用完毕后，仍将土地归还所有人或使用人[3]。土地征收是指国家或政府为了公共目的依法强制取得他人土地所有权并给予补偿的一种行为[4]。两者存在以下差异：①法律效果不同。土地征用意味着土地使用权的暂时被占用，土地征收意味着土地所有权的消灭[5]；②补偿标准不同。由于土地征用不存在所有权的转移，而土地征收意味着土地所有权的转移，因此补偿的标准应当更高一些；③适用条件不同。土地征用适用临时性的紧急状态，也适用于公共用途[6]。土地征收适用于为了公共利益的所有状态之下；④适用程序不同。土地征收需要发生土地所有权的转移，实施程序要比土地征用更为严格[7]。通过概念辨析可以发现，长期以来我国的有关法律条文中混淆了土地征用和土地征收的概念，提到的土地征用实际上是土地征收。2004年《宪法》（修正案）规定，国家为了公共利益的需要，可以依照法律规定对土地实行征收或者征用并给予补偿，首次明确提出了土地征用和土地征收概念差异，为我国土地法和物权法明确区分土地征收和土地征用奠定了基础。

2. 土地征用制度法律基础

按照《宪法》规定[8]，我国土地分为两种所有形式：①国家所有，大部分以城市

❶ 郭晓莉. 完善我国农地征用制度研究 [D]. 华中科技大学，2008.

❷ 高娜，万兴亚. 我国农地征用制度：沿革、现状问题与健全对策 [J]. 古今农业，2005（3）：1–10.

❸ 慎先进，董伟. 完善我国农村土地征收法律制度的思考 [J]. 三峡大学学报（人文社会科学版），2006（2）：74–77.

❹ 孙善龙. 关于土地征收的法律问题研究 [D]. 贵州大学，2010.

❺ 张红，于楠，谭峻. 对完善中国现行征地制度的思考 [J]. 中国土地科学，2005（1）：38–43.

❻ 王维. 土地征收补偿法律问题研究 [D]. 华中科技大学，2006.

❼ 张文府. 中国土地征收制度研究 [D]. 复旦大学，2006.

❽ 《宪法》第十条规定，城市的土地属于国家所有。农村和城市郊区的土地，除由法律规定属于国家所有的以外，属于集体所有；宅基地和自留地、自留山，也属于集体所有。任何组织或者个人不得侵占、买卖、出租或者以其他形式非法转让土地。一切使用土地的组织和个人必须合理地利用土地。

土地的形式存在；②集体所有，大部分以农村土地形式存在。按照《物权法》规定，针对国有土地进行建设，会形成建设用地使用权。针对集体所有土地进行建设，如果建造住宅等会形成宅基地使用权，如果进行农业耕作会形成土地承包经营权。从《宪法》和《物权法》的规定可以看出，我国所有的土地全部由国家所有或集体所有，而所有的个人或单位在利用土地（包括建设用地、农业用地）时，仅仅拥有土地一定期限的使用权或是承包经营权，都没有土地的处分权，只有国家和集体有处分土地的权利。

5.1.2 现行土地征用制度特点与制度弊端

1. 现行土地征用制度特点

我国现行的土地征用制度主要依据 2004 年《土地管理法》（第二次修正）以及其后国土部门和各级政府据此陆续出台并下发的一系列配套的政策法规，如《招标拍卖挂牌出让国有土地使用权的规定》（国土资源部令 [2002]11 号）、《招标拍卖挂牌出让国有建设用地使用权的规定》（国土资源部令 [2007]39 号）、《国有土地上房屋征收与补偿条例》（国务院令 [2011]590 号）等。土地征用政策框架的核心可概括为六个方面：①以土地权属登记为基础；②以土地利用规划为依据；③以土地用途管制为手段；④以保障国家建设为目标；⑤以耕地占补平衡为前提；⑥以保护耕地资源为核心。土地征用制度主要由土地征用的前提、审批权限、审批与实施程序、补偿安置四个方面构成。

（1）土地征用的唯一主体是国家

按照 2004 年《宪法》（修正案）规定，国家是土地征用的唯一的合法主体。在实际的社会生活中，国家的土地征用权由地方人民政府代表国家行使，城市政府代表国家垄断了建设用地使用权的供应，农村集体无权出让或转让其所拥有的土地。同时，我国实施严格的土地用途管制制度，农用地转为建设用地受到严格限制。有土地需求的具体的国家机关、事业单位、企业和个人须根据自己的土地需求，依照严格的法定程序向国家土地管理机关提出申请，待申请获得批准后才可以获得土地的使用权。

（2）土地征用行为具有强制性

土地征用行为是国家为了防止个人利益的排他性阻碍公共利益的实现，而以国家公权力为依据，采取具有强制性的行政行为。基于"自利人"的假设，为了防止得到社会认同"公共利益"因为个人因素的阻挠而无法实现，在土地征用过程中赋予政府一定的强制性是十分必要的。需要指出的是，强制性需要建立在符合法律规范和对个人私有财产的尊重和保护之上，农村集体土地的所有者、使用者和政府是平等的主体，这是土地征用行为强制性实施的前提。

（3）土地征用补偿政策标准

我国土地征用和房屋拆迁按照法律法规规定和实际操作一般采取三种标准：①法律的适当补偿标准。我国《宪法》和《土地管理法》都明确规定了国家在行使土地征用权时，需要对土地被征用者作出相应的补偿。《土地法》规定，补偿费用主要包括土地补偿费、安置补助费、地上附着物和青苗补偿费三个部分，其中土地补偿费和安置补偿费是根据被征用农业用地前 3 年平均产值的一定倍数计算的，如征用耕地的土地补偿费为该耕地被征用前 3 年平均年产值的 6~10 倍，安置补偿费为该耕地被征用前 3 年平均年产值的 4~6 倍，即补偿费用采用是"农业产值倍数"为基础的计算方法，是一种与市场无关的、极低的政策性价格；②法规的市场补偿标准。我国的房屋征收补偿标准法律规章采用市场价值补偿标准。2001 年颁布的《城市房屋拆迁管理条例》（国务院令 [2001]305 号）❶、2003 年颁布的《城市房屋拆迁估价指导意见》（建住房 [2003]234 号）❷、2011 年颁布的《国有土地上房屋征收与补偿条例》（国务院令 [2011]590 号）❸和《国有土地上房屋征收评估办法》建房 [2011]77 号）❹均规定以房地产市场评估价格确定补偿标准；③实际的成本补偿标准。实际执行过程中，很多地方按照被拆迁房屋的成本价格进行补偿，即按照房屋重置成新价和区位补偿价进行补偿。房屋重置成新价是指重新建造房屋所需要的价格，区位补偿价是指房屋所处区位的价格。房屋的重置成新价和区位补偿价大都是由地方政府部门制定和发布的价格，政府的定价越低，估价结果离真正的市场价格就越远❺。

（4）土地征用制度具有计划经济特征

我国的土地征用制度始于计划经济时期，一切生产要素及产品供给都是依靠国家行政手段来完成的。我国 1988 年宪法修正案规定,任何组织和个人不得侵占、买卖、出租或者以其他形式非法转让土地，因此土地征用成为土地流转的唯一形式。进入1990 年代后期，我国的市场经济发展及法制建设取得了长足的进步，但由于实行严格土地用途管理制度，土地征用依然是土地流转的唯一途径，在行政审批、土地补偿、征地程序等方面并未得以更新，仍然呈现出计划经济时期的特征。

---

❶《城市房屋拆迁管理条例》第二十四条规定，货币补偿的金额，根据被拆迁房屋的区位、用途、建筑面积等因素，以房地产市场评估价格确定，具体办法由省、自治区、直辖市人民政府制定。

❷《城市房屋拆迁估价指导意见》第三条规定，本意见所称城市房屋拆迁估价，是指为确定被拆迁房屋货币补偿金额，根据被拆迁房屋的区位、用途、建筑面积等因素，对其房地产市场价格进行的评估。

❸《国有土地上房屋征收与补偿条例》第十九条规定，对被征收房屋价值的补偿，不得低于房屋征收决定公告之日被征收房屋类似房地产的市场价格。

❹《国有土地上房屋征收评估办法》第十一条规定，被征收房屋价值是指被征收房屋及其占用范围内的土地使用权在正常交易情况下，由熟悉情况的交易双方以公平交易方式在评估时点自愿进行交易的金额。第十三条规定，注册房地产估价师应当根据评估对象和当地房地产市场状况，对市场法、收益法、成本法、假设开发法等评估方法进行适用性分析后，选用其中一种或者多种方法对被征收房屋价值进行评估。被征收房屋的类似房地产有交易的，应当选用市场法评估。

❺ 王克稳 . 改革我国拆迁补偿制度的立法建议 [J]. 行政法学研究，2008（3）：3-8.

2. 现行土地征用制度弊端

（1）"公共利益"范围界定过宽

土地征用是以保障公共利益为目的而采取的强制行为，《宪法》明确规定"公共利益的需要"是土地征用的前提条件。《国有土地上房屋征收与补偿条例》规定了房屋征收的六种情形：①国防和外交的需要；②由政府组织实施的能源、交通、水利等基础设施建设的需要；③由政府组织实施的科技、教育、文化、卫生、体育、环境和资源保护、防灾减灾、文物保护、社会福利、市政公用等公共事业的需要；④由政府组织实施的保障性安居工程建设的需要；⑤由政府依照城乡规划法有关规定组织实施的对危房集中、基础设施落后等地段进行旧城区改建的需要；⑥法律、行政法规规定的其他公共利益的需要，确需征收房屋的，由市、县级人民政府作出房屋征收决定。除此之外，现行其他法律法规并未对公共利益作出明确的界定，说明《宪法》与其下位法在公共利益界定上存在脱节，同时《国有土地上房屋征收与补偿条例》中关于公共利益界定第六种情形隐含的内容使得在实际土地征用过程中对公共利益的解释权掌握在地方政府的手中。按照《土地管理法》第四十三条的规定，任何单位在建设时使用的土地必须是国有土地，《城乡规划法》等相关法律中也有类似表述，因此新增的建设用地无论是用于何种性质的建设项目，都需要采取土地征用的方式，将集体土地转变为国有土地。然而建设项目中既有公益性的建设项目，又有经营性建设项目，不同利益机制的土地征用行为，由于制度的约束，采用的手段和方式却是相同的，这无形当中导致了土地征用目的即"公共利益"的范围被扩大，致使土地征用权被滥用，超越了"公共利益"的前置条件❶。

（2）缺少利益公平分配机制

土地征用缺少利益公平分配机制主要体现在两个方面：①补偿标准过低。《土地管理法》所确定的"原用途"补偿原则造成了目前农用土地征用补偿中"剪刀差"，相当于农民完全没有享受到土地被征收之后增值而产生的价值，与市场经济的原则相违背。同时补偿范围窄，土地所承担的保障功能并未在补偿中得到体现，忽视了土地为农民提供就业机会、为后代提供继承等土地效用。而且低价征用土地难以体现农用地作为稀缺资源的价值，土地征用价格和土地出让价格巨大的利润空间，极大地激发了政府征用土地的热情，刺激了土地浪费，既不利于耕地的保护，也进一步损害了更多农户的利益；②补偿费用分配不合理。我国法律对土地征用补偿费用的分配使用做了限定，规定土地补偿费归农村集体经济组织所有，土地安置补助费交付农村集体经济组织或安置单位，专款专用，不得挪作他用，被征土地的地上附着物及青苗补偿费用给农民。虽然这种补偿分配方式基本符合我国的用地制度，但

---

❶ 秦守勤. 我国土地征用的缺陷及其完善 [J]. 农业经济，2008（2）：26–29.

由于农民是土地利益的实际享有者，土地征用行为对农民利益影响最大，农民理应得到土地征用补偿费用的绝大部分，而不是虚化的农村集体。

（3）政策法规不完善

土地征用政策法规不完善体现在以下两个方面：①土地征用无法可依。我国目前没有一部完整的土地征用法规，《国有土地上房屋征收与补偿条例》主要针对国有土地，关于集体土地征用的法规散见于《土地管理法》等法律法规之中，对于土地征用的概念、原则、审批程序、补偿标准、人员安置办法、土地补偿费用分配等问题散见于各个单行的法律文件中❶，很多规范层次不高，甚至有些规定还存在相互矛盾等问题，缺乏法律执行的可操作性，行政机关自由裁量权极大，客观上造成了行政机关土地征用权的无限制滥用，难以保证农民的合法权益；②农村土地产权不明晰。《宪法》规定农村集体土地归集体所有，《土地管理法》、《土地承包法》等我国现行的与土地相关的五部法律，均明确规定农村土地属于乡、村、组三级集体经济组织所有，即以村为单位的农民共同所有，其代表是村集体经济组织或村民委员会。在现实生活中，一些地区的集体经济组织实际上早已解体或不存在，村民小组不是一级独立法人机构，不具备处置农村土地的权力，也意味着农民没有实质意义的处置权，因此农民集体所有实质上是一种所有权主体缺位的所有制❷。而《物权法》规定土地承包经营权属于用益物权，这也意味着法律承认了土地承包经营人对所承包土地具有的支配权，也即其占有、使用、收益和处分的权利，这与宪法对农村集体土地产权的规定是矛盾的，导致农民无权抵抗所拥有的集体土地被征收。

（4）程序不透明

我国《土地管理法》及其实施条例为规范行政主体行使土地征收权规定了标准化程序六步骤❸，从程序公正性角度还存在以下问题：①土地征用过程中农民的参与权无法体现。征用补偿安置方案的公告时间是在征用土地依法批准之后，农民作为土地征用的主要利害关系人，被排除在土地征用调查、方案制定、补偿分配的过程之外，这种"征用先行、争议后决"的做法，实际上剥夺了被征用土地农民的知情权、参与权和申诉权❹；②土地征用过程中农民的谈判权无法体现。在现行的土地征用制度条件下，有权参与土地征用补偿谈判的是农村集体经济组织，最终的协议也是与村集体组织签订，农民无法以独立权利主体参与征用协商谈判❺，村集体组织也受制于各种约束，并不能完全代表农民的利益。

---

❶ 李霞．征地引发的群体性事件之分析及对策．中国法学网，http://www.iolaw.org.cn/showarticle.asp?id=2308
❷ 陈平．土地征用法律制度的完善 [J]．安徽大学学报，2004（3）：76-82．
❸ 六步骤：一是拟定征用土地方案；二是审查报批；三是征用土地方案公告；四是制定土地征用补偿、安置方案；五是公告土地征用补偿安置方案并组织实施；六是清理土地和实施征用土地。
❹ 胡同泽，文晓波．城市化中农地征用制度的残缺与创新研究 [J]．重庆建筑大学学报，2006（3）：24-28．
❺ 罗杰文．土地征用制度研究 [D]．四川师范大学，2006．

（5）土地征用安置办法有待改进

对我国农民而言，土地作为一种生产资料，不仅有着生产功能，在一定意义上还有着保障就业、保障养老等一系列社会保障功能。土地征用转变了土地所有权以及农民对土地的使用权，因此附着在土地上的社会保障功能也随之瓦解。劳动安置补偿是计划经济时代产物，当时出于消除农户对低价土地征用的顾虑，政府通过就业安置、转为非农业户口等优厚的条件安排，为被土地征用农民的就业和未来生活提供保障，因而得到了农户的支持。随着市场经济的发展，企业用工制度发生了很大的转变，在市场竞争的条件下，企业存在优胜劣汰的危险，因而也就无法再为就业人员提供永久性的就业保障，原有劳动安置办法无法再兑现其设计目标❶。

随着市场经济的进一步推进，各地方政府在土地征用过程中便选择了以货币安置为主的安置补偿办法，让农民自谋职业。虽然《土地管理法》（2004）规定对失地农民可通过农业安置、货币安置、土地整理安置、保险安置、招工安置等途径进行有效安置，但是在实际操作中出于降低成本和简化操作流程的考虑，以及人力、物力、财力的限制，多数地方政府选择了货币安置的方式❷。这种安置办法在失地农民就业、养老和医疗方面存在着很多隐患，尤其对于年纪较大、文化程度不高、没有一技之长的农民，虽然发放货币能够解决一时的生活问题，但是随着这笔费用被消耗殆尽，由于缺乏其他生活来源和就业技能，这批农民有可能陷入赤贫状态。而且货币安置着重于考虑农民当前的生活水平，对未来生活水平如何保持并未做过多打算。大量失地农民就业于城镇的非正规部门，存在极高的失业风险，一旦失业未来的生活将难以为继。

（6）土地审批、征用、救济、监管和惩处规定不明确

1）现行的土地征用制度中审批环节繁复

征用土地的审批权限根据被土地征用的类型、面积不同，分别由国务院或省、自治区、直辖市人民政府审批❸。程序性规定见于《土地管理法》、《土地管理法实施条例》、《建设用地审查报批管理办法》等法律法规，存在如下问题：①种类繁多，交叉复杂；②流程冗长，步骤繁多；③程序混杂，搭车收费；④资料量大，报件复杂❹。按照此程序办理土地征用，一个项目从审批到开工建设需要巨大的时间和人力，既增加了建设项目的风险，也增加了交易成本。

❶ 刘新. 城乡结合部土地征用问题研究 [D]. 天津商业大学，2007.

❷ 王放. 中国城市化过程中的农村征地问题 [J]. 中国青年政治学院学报，2005（6）：70-74.

❸ 《土地管理法》第四十五条规定，征用下列土地的，由国务院批准：一、基本农田；二、基本农田以外的耕地超过三十五公顷的；三、其他土地超过七十公顷的；四、征用前款规定以外的土地的，由省、自治区、直辖市人民政府批准，并报国务院备案。

❹ 赵宇琳. 中日土地征收制度对比研究 [J]. 现代商贸工业，2009（16）：63-64.

2）现行的土地征用制度未对土地征用主体、受偿主体进行法律界定

《土地管理法》虽然规定了国家土地征用权，但未对"国家"这个行使土地征用权的主体的内涵和外延作出明确的立法规定。《土地管理法》第十条同时规定了农民集体土地的所有者（农民集体）和经营管理者（乡村组织等），而在其后的土地征用补偿条款中又未对土地征用受偿主体在这两者之间进行明确区分，使得实际上处于弱势群体的农民集体难以与实际上处于支配地位的乡、村干部争夺应该属于农民集体所有的土地补偿费的分配权和使用权。

3）现行的土地征用制度缺少司法救济

《土地管理法实施条例》第二十五条规定，土地征用补偿、安置争议不影响征用土地方案的实施。第三款规定，农村集体经济组织和农民对补偿标准有争议的，由县级以上地方人民政府协调；协调不成的，由批准征用土地的人民政府裁决。此种司法救济角度存在如下问题：①规定中的"县级以上人民政府"实际上就是实施具体土地征用行为的主体，其作为当事的一方来协调当事的另一方质疑的行政行为，不符合一般法理的基本原则；②规定中的"批准征用土地的人民政府"在现行土地征用审批制度下实际上为省级人民政府或国务院，对被征用土地的农村集体经济组织或农民来说，救济的实际门槛显然太高；③对纠纷的仲裁设置缺位，而且未对农村集体经济组织或农民规定足够的诉讼救济途径。

4）现行的土地征用制度缺乏监管机制

《征用土地公告办法》第十三条规定，市、县人民政府土地行政主管部门应当受理对征用土地公告内容和土地征用补偿、安置方案公告内容的查询或者实施中问题的举报，接受社会监督。按照现在的行政系列，我国土地管理部门只是各级人民政府的职能部门，在重大决策上需听从于政府，然而，市、县人民政府往往是征用土地的管理者和使用者，致使土地行政主管部门接到政府部门实施大量违法征占土地行为的举报却没有能力受理 ❶。

5）现行的土地征用制度惩处措施不完善

违规土地征用的行政、刑事处罚在相关法律中有所提及，如《刑法》第四百一十条规定，非法批准征用、占用土地，或者非法低价出让国有土地使用权，情节严重的，处三年以下有期徒刑或者拘役。《土地管理法》第七十八条规定，对违法批准土地征用的责任人员追究其行政、刑事责任。但是量刑的标准不明确，量刑过轻，在实际中很容易存在逃避罪责的现象。

---

❶ 尤琳，陈世伟.论我国农地征用制度的不足及完善 [J]. 重庆工商大学学报.西部论坛，2004（3）：18–21+80.

5.2 失地过程与失地农民

5.2.1 利益主体与失地农民

在土地征用过程中，存在着地方政府、开发商和被征收人（村委会和农民个体）等多个利益群体，不同的利益群体在土地征用过程中不断进行利益博弈。土地征用过程代表着农民失地的过程，实质是土地收益在不同主体之间再分配。

1. 参与主体与角色分析

（1）地方政府

各级地方政府既是国土资源（包括集体土地）的宏观管理者，又是国有土地所有权的实际行使者，管理者和所有者职能的重叠安排，使地方政府（其实质是地方政府管理者的集合）具有了政治利益和经济利益最大化的双重目标，而这种目标在短期内又体现出相互促进的特质。在这种双重目标的驱动下，政府行为会不可避免地出现偏差，土地征用中的与民争利是政府利益本位观的外化和表现，从而使政策制定和执行中存在政府利益本位趋向。虽然当前土地征用制度对地方政府形成了一定的监督和约束，但是由于现行土地政策还存一定的不完全性，地方政府以此会理性利用政策漏洞谋取自身的最大利益作为执行中央土地征用政策的出发点。同时，地方政府事权和财权的不对称导致的财政压力加大，为了维持财务运转，政府不得不在税收之外寻找其他收入来源。放宽土地征用政策，通过土地征用不仅为城市发展提供了新的土地资源，而且通过土地使用权出让，多征用、多卖地，以低价买进、高价卖出来实现自身利益的最大化，弥补城市财政的拮据。

（2）村委会

农村土地所有者的"集体"是个含义模糊的术语，对于农村集体土地所有权主体村委会而言，其作为土地管理者和经营者享有广泛的自由裁量权，在整个土地征用过程中实际上是扮演了双重角色：①他们履行着国家利益代理人的义务，是国家深入基层农村社会的中坚力量，对基层政府有强烈的人身依附性；②他们生长在农村，以土地谋生，是地地道道的农民。因此，他们既是广大农民利益的代表者，又是国家利益和政治要求的代理人。村委在土地征用过程中基于以下几个原因，他们往往会站在地方政府的角度：①村委的表现直接影响其在上级政府领导心目中的形象，接受征收有利于他们的政治和经济利益；②征用土地是既定事实，受制于行政科层的压力，既然已取得市镇（乡）政府的同意，不可能否决土地征收的意见，只能被动接受，或就补偿标准进行些许的讨价还价；③从经济利益方面考察，随着土地征用面积的扩大，村提留逐渐增多，村干部的工资及福利也跟着水涨船高。因此，村干部往往基于自身政绩及利益的考虑，充当地方政府的帮手，忽视了村民的参与权和知情权，利用掌握的权力资源，说服被征用土地农民，促成了土地征用工作的顺利完成，甚至成为少数人寻租的机会。

（3）农民

土地开发的目的在于维护和促进公共利益，农民个体是公共利益的享有者，他们期望借助于土地开发和房屋征收提升自身福利水平，改善自身的居住环境，因此土地征用过程中农民处于矛盾角色：①面对土地征用，农民处于被动地位，土地征用后可以获得一些经济补偿，对此他们持欢迎态度；②失去土地就意味着失去基本的社会保障，这又使他们排斥土地征用。这种矛盾心理使农民进退两难，土地所有权与使用权的分离使单个农民无法作为集体的承载者来表达自己的利益，所以在土地征用中往往持观望态度。一旦得知自己的土地将被占用，大部分会接受这种事实并服从政府开发商的补偿方案，但会通过大量种树和建房以求多获得一些补偿，来扭转自身在土地征用中的弱势地位。在征收拆迁过程中，很难针对农民住房的差异给予不同的且相对公平的补偿，一旦拆迁补偿有谈判的空间，被拆迁户肯定希望从中获取最大的利益，少部分农民会乐于当"钉子户"，以便从中获取更多的好处。

（4）开发商

开发商是城市发展的投资建设者和财富创造者，他们利用资本优势提升自己在城市发展中的影响力。由于政府和开发商能真正决定一块土地开发的形式和程度，土地开发异化成典型的政治博弈和经济较量，一些开发商以利益回报作为诱饵，游说某些政府官员为开发商利益服务，直接影响并损害公共利益。开发商与政府的联合有时可能会直接造成利益分配的不公平，而被拆迁者有时为了获取更多利益，可能会采取一些违法的或极端的行为来与政府和开发商做抗争❶。开发商与被征地拆迁者之间的博弈有时会造成较恶劣的后果。

2. 失地农民概念与趋势

（1）失地农民概念

失地农民是指因土地被征用等各种原因而失去大部分或全部土地的农民❷。一般认为，农民的土地被依法征收后，农业户口的家庭人均耕种面积少于0.3亩的统称为失地农民，按照其后果分为以下几类：①贫困型失地农民。多为职业型农户，失地对其具有致命影响；②稳定型失地农民，兼业型、名义型农户，失地对其影响较小，稳定发展；③失地致富型农民，此为少数个例❸。2003年九三学社的一项调查显示，土地被征用后，仅有10%左右的农民提高了生活水平，30%左右的失地农民

❶ 万璐. 城市化与征地拆迁中的利益冲突和行为分析 [D]. 河南大学，2014.
❷ 潘光辉. 失地农民社会保障和就业问题研究 [M]. 广州：暨南大学出版社，2009：29.
❸ 王婷琳. 城市化过程中的失地农民安置问题研究 [C]. 2012 中国城市规划年会，2012.

能够维持之前的生活水平，而有 60% 以上的失地农民生活处于极其困难的境地[1]。另据我国社科院的一份研究报告表明，西南某省 20% 的失地农民仅靠土地征用补偿金生活，25.6% 的失地农民最急需解决的是吃饭问题，24.8% 的失地农民人均年纯收入低于 625 元[2]，处于绝对贫困状态。本书研究的失地农民实际上是第一类，是我国城市化进程中所形成的一个新的弱势群体。

（2）失地农民趋势

关于失地农民总量，有学者认为，1987~2001 年，全国至少有 3500 万农民因土地征用失去或减少了土地[3]。2004 年有学者估计我国的失地农民总量在 4000 万左右，并且以 200 万 / 年的速度增长[4]。有的专家认为实际情况远非如此，因为国土资源部公布的数字是根据各地报国务院审批后由农业用地转变为非农业建设用地项目统计出来的，这些仅是依法审批的土地征用数，还没有把那些违法侵占、突破指标和一些农村私下卖地包括在内[5]。针对这部分法外占地，也有统计认为约占合法土地征用总量的 20%~30%，有的甚至更高到 80%[6]。这意味着 1987~2001 年实际征占耕地数为 4080~4420 万亩左右，按人均占有土地 0.8 亩计算，失地农民数在 5100 万 ~5525 万人。如果加上因农村超生等原因没有分到田地的"黑户口"劳动力，这个数目则逾 6000 万[7]。

2012 年我国城市化率首次突破 50%，2015 年城镇化水平达到 56.1%，从发达工业国家的发展经验来看，未来 5~10 年仍将是我国经济和社会发展的极为重要的时期，虽然中央三令五申要求地方减少占用耕地的规模，保持城市外延式扩张和内涵式发展相互协调，强调城市化的质量，但由于我国交通、水利、能源等基础设施还存在着较大建设需求，国家的一系列重大战略的实施也需要土地的支撑，同时地方政府对"土地财政"强依赖性还缺少制度性的解决方案，因此短时间内经济发展对耕地的占用量难以有明显的下降，失地农民的数量可能还将快速增加。根据国务院批准的《2006~2020 年全国土地利用总体规划纲要》要求，至 2020 年全国共安排非农建设占用耕地 4500 万亩，其中 90% 以上需征用农村集体土地。按照目前全国人均耕地水平测算，届时将增加约 3000 万左右的失地农民[8]。民进中央预测到 2020 年全国失地农民总数将达到 1 亿人[9]。

---

[1] 刘宝亮. 征地莫断了农民生路 [N]. 中国经济导报，2004-02-27.

[2] 王艳娇. 城市化进程中失地农民就业问题研究 [D]. 燕山大学，2012.

[3] 崔砺金等. 护佑浙江失地农民 [J]. 半月谈（内部版），2003（9）.

[4] 高勇. 失去土地的农民如何生活——关于失地农民问题的理论探讨 [N]. 人民日报，2004-02-02.

[5] 杨涛，施国庆. 我国失地农民问题研究综述 [J]. 南京社会科学，2006（7）：85-88.

[6] 甘保华，任中平. 我国失地农民权益的流失与保障 [J]. 内蒙古农业大学学报（社会科学版），2009（5）：58-59.

[7] 廖小军. 中国失地农民研究 [M]. 北京：社会科学文献出版社，2005.

[8] 杜冰. 解决失地农民问题的理性思考 [J]. 沈阳建筑大学学报（社会科学版），2007（1）：56-59.

[9] 杨傲多. 民进中央建议出台失地农民社会保险条例 [N]. 法制日报，2009-03-09.

5.2.2 失地过程与失地后果

农民失地的发生是瞬间的，失地后的影响则是长远的。

1. 农民失地过程

（1）失地过程演进

1949 年新中国成立后，因城市及基础设施建设的需要我国曾征收了大量农地，但由于当时实行的是计划经济，通过劳动力定向安置等方式的配合，没有产生大量的失地农民。1978 年改革开放至今，伴随着市场经济的快速发展，城镇化的加速推进，我国曾发生过三次"圈地热"。前两次"圈地热"发生于 1980 年代中期和 1990 年代中期，当时已经出现失地农民问题，但由于失地农民规模不是很大，且政府采取了有效的就业安置方式，失地农民问题和矛盾并没有激化。2000 年以后发生了第三次"圈地热"，这次"圈地热"以开发区、工业区、科技园、城市基础设施建设快速增长、规模剧增为特点，大量农地被以合法的或非法的、公开的或隐蔽的形式征用成为城市建设用地，导致了失地农民数量剧增[1]。

（2）失地过程类型

农民失地过程有以下几种（图 5-2-1）：①征用。主要指土地所有权被征收，是由城市扩张导致的，即通过行政手段转用、征收农用地，使得农地改变性质，成为国有土地。按照《土地管理法》规定，依照法定程序批准后，由县级以上地方人民政府予以公告并组织实施；②占用。指土地使用权被占用，只是在名义上保持土地集体所有权，被占用土地主要为绿化隔离带等生态规划区域内的农地。按照《土地管理法》规定，涉及农用地转为建设用地的，应当办理农用地转用审批手续；③占有。集体建设用地所有权为乡镇和村两级所有，乡镇兴办集体企业，往往侵占

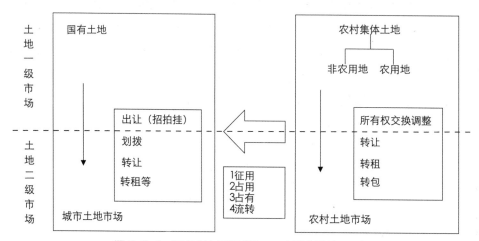

图 5-2-1 国家土地征用过程——农民失地过程图解

❶ 杨涛，施国庆. 我国失地农民问题研究综述 [J]. 南京社会科学，2006（7）：102–109.

共有土地，即使是农村土地也补偿甚微，《城乡规划法》仅规定履行规划审批手续 ❶；
④流转。包括两种，一种是拥有土地承包经营权的农户将土地经营权（使用权）转
让给其他农户或经济组织，保留承包权，转让使用权。另一种是集体建设用地通过
土地使用权的合作、入股、联营、转换等方式进行的流转，国家鼓励集体建设用地
向城镇和工业园区集中。

2. 农民失地后果

农民权利主要体现在生存权和发展权、人格尊严权、土地财产权及其附属权、
社会保障权利。我国由于经济基础薄弱、人多地少等现实条件的存在，使得农民所
承包的土地负载了生活、就业、保障等多项功能，失地必然产生农民失业、失去生
活来源及保障等连锁反应。

（1）失地农民经济权利的渐进性丧失

土地是农民安身立命之本，是农民生活最基本的保障，是农民赖以生存的基础 ❷。
失去土地等同于失去生存权和发展权，也就失去低成本的生产方式、生活方式和发展
方式，成为城镇化和工业化的最大受损者，他们既没有享受到城镇化的红利，又在城
镇化进程中失去宝贵的生产资料——土地。许多农民失去土地以后，生活水平明显下
降，主要表现在两个方面：①收入水平下降。土地征用后，农户种养业及经济林果收
入急剧下降，由于历史和社会原因，许多农民存在着就业观念陈旧、文化素质和劳动
技能低下等问题，在具有较强竞争性的非农工作岗位上处于劣势地位，失去土地对于
他们也就意味着失去了最基本的工作岗位，失去了一项稳定的收入来源。而相应的务
工、个体经营收入的增长不足，导致总体收入水平下降。由于补偿费用较低，加之补
偿费在分发过程中还受到乡、村两级基层组织的截留和盘剥，到达农民手里的费用仅
为很少的一部分；②生活成本上升。在我国广大农村地区生活中，由于食物来自土地
赋予，衣住行有的可以节省，有的可以替代，日常的生活开销很小，相对于城市生活
而言生活成本要低得多。农民一旦失去土地来到城市，也就意味着失去了这种低成本
的生活方式，需要支付远高于农村的各种生活费用，尤其是购房费用。

（2）失地农民社会权利的弱化性丧失

失地农民在土地被征用后，还存在着社会权利的丧失：①缺乏社会保障。社会
保障是每一位公民应该享有的基本权利。由于我国农村地区社会保障不健全，土地
便具有了保障农民生存和发展的功能：一是土地为农民提供基本的生活保障；二是
土地为农民提供就业机会；三是土地为农民的后代提供土地继承权；四是土地对农

❶ 《城乡规划法》第四十一条规定，在乡、村庄规划区内进行乡镇企业、乡村公共设施和公益事业建设的，
建设单位或者个人应当向乡、镇人民政府提出申请，由乡、镇人民政府报城市、县人民政府城乡规
划主管部门核发乡村建设规划许可证。
❷ 易国锋 . 城市化进程中失地农民问题研究述评 [J]. 改革与战略，2009（7）：178–182.

民有资产增值的功效；五是土地对农民有直接收益功效；六是土地还具有免得重新获取时掏大笔费用的效用 ❶。当前农村的医疗、养老、低保各项基本社会保障尚处于起步阶段，失地农民也未被纳入城市社会保障体系的范围。一旦失去土地，农民便失去了依附在土地上的各种保障。许多失地农户家庭靠土地征用补偿款来维持生计，如果失地农民未能在补偿款花光之前获得新的就业岗位或其他收入来源，他们往往会很快陷入既无收入、又无社会保障的赤贫状态；②再就业困难。随着市场经济的发展，企业的劳动用工制度发生了很大变化，传统的"土地征用招工"的方式失去了现实的土壤。现代的企业劳动用工制度对求职者的知识、技能和市场竞争意识有着较高的要求，对于失地农民而言，他们较低的文化水平和劳动技能水平，势必使其在劳动就业中处于劣势地位 ❷，主要有三类群体：一是 45 岁以上大龄农民，由于年龄、文化、技能的限制，他们中的大多数很难找到适合的工作；二是纯农民，对他们来说农业生产是仅有的生产技能，失去土地就意味着失业；三是生活偏远地区的农民，由于远离城市，这一类人通常难以像城市近郊的农民那样获得较多就业机会。即便是已实现"招工安置"或"就业安置"的失地农民，他们中的许多人因劳动用工制度的改革和企业的转制、兼并和倒闭转而又处于失业状态 ❸。

（3）失地农民政治权利的剥夺性丧失

农民失去土地意味着政治权利和依附在土地当中的各种"隐性权利"的同时丧失 ❹：①政府对农民的技术、资金、农资等方面的支持都是以土地为基础的，失去了土地，也就失去了获得这种支持的机会；②农民作为产权主体，需要通过村民自治的民主投票和监督行动来制衡村级公共权力，失去土地的农民也就自然失去了对村民自治的热情，也就失去了对民主政治权利的追求 ❺。隐性权力的流失又进一步加剧了对失地农民群体利益的侵害，大量无土地、无保障、无固定岗位、无一技之长的农民成为新市民后问题丛生，也是目前我国群体化事件多发的重要原因，为社会发展留下了诸多安全隐患。

5.3 土地征用理论与借鉴

5.3.1 土地征用补偿的理论基础与安置方式

土地征用补偿似乎天经地义，但确立何种补偿标准则需要理论的支撑，而安置方式作为补偿政策的一种对我国失地农民的稳定和发展具有重要的作用。

---

❶ 吴瑞君. 城市化过程中征地农民社会保障安置的难点及对策思考 [J]. 人口学刊，2004（3）：22–25.
❷ 唐玉英. 失地农民问题产生的原因及对策 [J]. 现代农业科技，2012（14）：298–300.
❸ 赫思远，南向斌. 失地农民生存状况研究及对策探析 [J]. 安徽农业科学，2013（14）：6528–6531.
❹ 王臻. 失地农民安置存在的问题及对策 [D]. 湘潭大学，2008.
❺ 庞文. 失地农民的权益保护研究 [J]. 安徽农业科学，2012（23）：11852–11854.

1. 土地征用补偿的理论基础

（1）产权理论

著名经济学家 H·Demsetz 界定产权意指使自己或他人受损和受益的权利，它是界定人们如何受损，因而谁必须向谁提供补偿以修正人们所采取的行动[1]。这是在西方最广为接受的产权定义，它指出产权是一种权力行为。我国对产权普遍的理解是人们对某种生产资料的权利，包括所有权、占有权、使用权和收益权等，具有排他性、有限性、分割性和可收益性等属性，其中收益权是产权的核心，即能为产权所有者带来利益和满足其需要，因此产权清晰是实现资源配置的重要前提。土地征用的实质是土地产权的转移，根据产权理论，产权的转移必定伴随着相应的补偿行为。我国《宪法》、《土地管理法》均规定，农村集体土地依法属于全体村民共同所有。国家不拥有农村集体土地的所有权，所以政府在征收农村集体土地时必须给予相应的补偿。

（2）地租理论

地租是指土地所有者凭借土地所有权从土地使用者处获得收益[2]。马克思按照地租产生的原因将地租分为级差地租、绝对地租和垄断地租三类，其中前两种地租是地租的普遍形式，后者在特殊情况下才会发生。①级差地租根据形成的条件不同分为两种：一种级差地租是由土地的肥沃程度和地理位置的优劣程度而导致的土地价值差异而引起的；另一种是在同一块土地上连续投入等量资本，各等量资本之间的生产率不同而引起的[3]。②绝对地租是由于土地私有权的存在，租种任何土地都必须缴纳的地租，其实质是农产品价值超过社会生产价格以上的那部分超额利润，即土地所有者凭借土地私有权的垄断所取得的地租[4]。③垄断地租并不常见，是资本主义地租的一种特殊形式，指从具有独特自然条件的土地上所获得的超额利润转化而来的地租。我国的土地征用补偿制度是以绝对地租为理论依据的，即在土地流转中，获得土地产权的一方必须向出让方缴纳与绝对地租价值相等货币或者实物来进行补偿。

（3）效用价值论

效用是指商品满足人的欲望的能力，指消费者在消费商品时所感受到的满足程度[5]，这种满意程度的评判标准是主观的，与劳动价值论相对。我国人多地少，土地资源稀缺，工业化带来了城市与农村的巨大不平等，农民在就业市场中处于劣势，此时土地作为基本生产资料能为农民带来直接的经济效益产出，为农民提供生活保

---

[1] 邝新亮. 我国征地补偿机制研究 [D]. 中国海洋大学，2009.

[2] 周猛. 分配、经营和市场：土地所有权分割的三个层面——马克思土地所有权分割理论续探 [J]. 湖南行政学院学报，2015（4）：79-83.

[3] 陆远权，钟兰祥，贾玉婷. 马克思地租理论视角下的城市土地利益分配机制研究 [J]. 生产力研究，2008（17）：17-18.

[4] 李琳璐. 西安市地价房价关系研究 [D]. 长安大学，2014.

[5] 刘沙. 消费者购买决策中的心理场及作用机制研究 [D]. 山东大学，2010.

障。在社会保障不完善的农村地区，土地对农民具有重要意义，政府通过行政手段征收土地，理应向土地被征用农民予以补偿。

（4）补偿理论

征收补偿是各个国家所普遍确认的征收基本构成要件，其本身也是对国家征收权的一种限制和对私权的一种保护。对于其理论基础的探讨，法学界有既得权说、公用征收说、无过错责任说、公共负担平等说、特别牺牲说等不同补偿理论学说，居主流地位的是特别牺牲说和公平负担说❶。特别牺牲说是19世纪末德国学者奥托梅耶提出的，他认为任何财产权的行使都要受到一定的内在的、社会的限制，只有当财产的征用或限制超出这些内在的限制时，才产生补偿问题❷。公平负担说是近代产生的公法理论，认为被土地征用者失去土地而遭受的"特别牺牲"超出了应担负的普通社会义务，国家理应承担补偿责任，并采取全体社会成员平均分担的方式，由国家以全体纳税人缴纳的金钱来补偿受害人所蒙受的损失，以达到实现社会公平的目的❸。公平负担理论和特别牺牲理论是相通的，前者是结果，后者是原因，二者共同强调了平等、公平补偿的根本精神。从公益征收的实质而言，只是限制了被征收人的自由处置权而并没有限制被征收人的财产价值。既然被征收主体的财产为了公共利益而付出，则其自然应该得到公正的补偿，这同样是法律上公平精神的体现，从而使社会公众之间负担的平等机制得以恢复❹。

2. 土地征用安置的方式演进

新中国成立后，安置方式经历了四个阶段的变迁过程，特定时代产生的安置模式的特点存在差异。

（1）区别对待补偿安置方式（1949~1956年左右）

1950年的《土地改革法》规定补偿安置方式主要包括两种强制形式：①没收。对地主的土地采取没收的方式，没有任何补偿；②征收。对祠堂、庙宇、寺院、教堂、学校和团体在农村的土地及其公地采取强制收取的方式，采取不予补偿或仅提供少量补偿两种方式。1950年11月政务院颁布的《城市郊区土地改革条例》规定对失地农民的征地实施补偿❺。1953年11月中央人民政府、政务院颁布的《国家建设征用土地办法》是新中国第一部关于土地征用比较完整的法规，要求对失地农民予以

---

❶ 张玉东，程晓娜. 我国公益征收补偿制度的不足与完善 [J]. 法制研究，2007（11）：3-8.

❷ 孙博伟. 行政补偿法律制度研究 [D]. 东北大学，2012.

❸ 井柏年. 行政补偿范围研究 [D]. 郑州大学，2006.

❹ 张玉东. 公益征收若干法律问题研究——以土地征收为主要考察对象 [D]. 烟台大学，2007.

❺《城市郊区土地改革条例》第十三条规定，国家为市政建设及其他需要收回由农民耕种的国有土地时，应给耕种该项土地的农民以适当的安置，并对其在该项土地上的生产投资（如凿井、植树等）及其他损失，予以公平合理的补偿。第十四条规定，国家为市政建设及其他需要征用私人所有的农业土地时，须给以适当代价，或以相等之国有土地调换之。对耕种该项土地的农民亦应给以适当的安置，并对其在该项土地上的生产投资（如凿井、植树等）及其他损失，予以公平合理的补偿。

补偿❶，并具体规定了征用土地的基本原则及对失地农民的补偿标准和安置办法。

（2）农业安置方式为主（1956~1986年左右）

1956年底社会主义改造基本完成，生产资料所有制性质发生了根本改变，为适应新形势下社会主义国家建设的需求，1958年1月国务院公布《国家建设征用土地办法》（修订案），根据农村土地已由原来的农民私有变为农业生产合作社所有，土地所有权发生变化重新做出规定，要求土地征用必须在保障失地农民的生产和生活有妥善安置的情况下才能进行❷。

"文革"期间，由于国内社会环境的影响，各项立法工作基本处于停顿状态，对于征地补偿安置制度的相关法律法规也处于停滞阶段。随着我国改革开放政策的贯彻执行，国民经济建设全面复苏，建设用地大幅度增长，国家建设征用土地出现了一些新情况和新问题，为适应新形势需要，1982年5月国务院颁布《国家建设征用土地条例》❸。这是第三次颁布国家建设征用土地规定，沿用了1958年《国家建设征用土地办法》，指出征用土地应当由用地单位支付补偿费。由于新中国成立后我国经济发展水平和人口超速增长，人地关系紧张程度加剧，特别是劳动力安置日益困难，《国家建设征用土地条例》首次提出了安置补助费❹和农业安置为主的方式❺，主要包括发展农业生产、发展社队工副业生产、迁队或并队、集体所有制企业吸收、用地单位吸收、农转非后招工安置等多项安置途径。

（3）就业安置方式为主（1986~1998年左右）

1986年实施的《土地管理法》采纳了《国家建设征用土地条例》中的土地补偿费、安置补助费等大部分规定，并根据当时的社会发展情况，在安置途径上增加了

❶ 《国家建设征用土地办法》第三条规定，国家建设征用土地既应根据国家建设的确实需要，保证国家建设所必需的土地，又应照顾当地人民的切身利益，必须对土地被征用者的生产和生活有妥善的安置。

❷ 《国家建设征用土地办法》（修订案）第三条规定，国家建设征用土地，既应该根据国家建设的实际需要，保证国家建设所必需的土地，又应该照顾当地人民的切身利益，必须对被征用土地者的生产和生活有妥善的安置。如果对被征用土地者一时无法安置，应该等待安置妥善后再行征用，或者另行择地征用。第十三条规定，对因土地被征用而需要安置的农民，当地乡、镇或者县级人民委员会应该负责尽量就地在农业上予以安置；对在农业上确实无法安置的，当地县级以上人民委员会劳动、民政等部门应该会同用地单位设法就地在其他方面予以安置；对就地在农业上和在其他方面都无法安置的，可以组织移民。组织移民应该由迁出和迁入地区的县级以上人民委员会共同负责。移民经费由用地单位负责支付。

❸ 张伟.失地农民安置问题研究——以南通市崇川区为例[D].东南大学，2010.

❹ 《国家建设征用土地条例》第十条规定，为了妥善安排被征地单位的生产和群众生活，用地单位除付给补偿费外，还应当付给安置补助费。每一个农业人口的安置补助费标准，为该耕地的每亩年产值的2至3倍，但是，每亩耕地的安置补助费，最高不得超过其年产值的10倍。同时还规定，按照上述补偿和安置补助标准，尚不能保证维持群众原有生产和生活水平的，经审查批准，可以适当增加安置补助费，但土地补偿费和安置补助费的总和不得超过被征土地年产值的20倍。

❺ 《国家建设征用土地条例》第十二条规定，因征地造成的农业剩余劳动力由县、市土地管理机关组织被征地单位、用地单位和有关单位分别负责安置。

举办乡（镇）村企业和安排到全民所有制单位工作 ❶。即政府征用农村土地后，应组织失地农民就业，并安排一定指标将符合条件的失地农民招收为国有企业或集体企业的固定工，享受国家职工的各种待遇，对于未被招工的失地农民，发给安置补助费，并将失地农民的户口"农转非"，使之成为城市居民。这种非农就业安置方式因增加了失地农民农转工的机会而得到极大欢迎，土地征用工作进行顺利，没有出现因为国家大量土地征用而引发较大社会矛盾的情况。

（4）货币补偿安置方式为主（1998年~迄今）

1998年修订的《土地管理法》，除了规定政府在土地征用后应支付土地补偿费、安置补助费以及地上附着物和青苗补偿费外，对土地征用农民的就业、社会保障等问题几乎没有涉及。2004年的《土地管理法》规定被征收土地按照原用途给予货币补偿。目前的货币补偿安置方式多为一次性安置，难以维持失地农民的可持续生计。

5.3.2 国内外土地征用补偿制度经验借鉴

1. 国内土地征用安置方式经验探索

随着失地农民问题的出现和不断解决，全国很多地区成功创新了失地农民安置模式，有效解决了失地农民边缘化、贫困化和发展问题，顺利解决了农民失地和城镇化的难题，实现了失地农民和各级政府的双赢。

（1）土地换保障型安置模式

土地换保障型安置模式以上海浦东新区、江苏省和浙江杭州、嘉庆地区为代表，是在规划范围内的农户，将自己所有的土地使用权一次性流转给政府委托的土地置换机构，土地置换机构根据土地管理部门规定的失地农民的安置费、土地补偿费、水利设施费、撤组转户费等费用进行补偿，并按照政府部门制定的以及开发单位和失地农民都可以接受的、合理的社会保障标准，为符合条件的失地农户现有家庭成员统一办理各项社会保障。

（2）土地入股型安置模式

土地入股型安置模式以广东南海地区为代表，是将土地征用补偿费或者是土地按使用权折合为股份，通过被土地征用农村集体经济组织与用地单位协商，农村集体经济组织和农户通过合同约定以优先股的方式获取收益。具体办法是保证农民土

---

❶《土地管理法》第三十一条规定，因国家建设征用土地造成的多余劳动力，由县级以上地方人民政府土地管理部门组织被征地单位、用地单位和有关单位，通过发展农副业生产和举办乡（镇）村企业等途径，加以安置；安置不完的，可以安排符合条件的人员到用地单位或者其他集体所有制单位、全民所有制单位就业，并将相应的安置补助费转拨给吸收劳动力的单位。被征地单位的土地被全部征用的，经省、自治区、直辖市人民政府审查批准，原有的农业户口可以转为非农业户口。原有的集体所有的财产和所得的补偿费、安置补助费，由县级以上地方人民政府与有关乡（镇）村商定处理，用于组织生产和不能就业人员的生活补助，不得私分。

地集体所有制不变的前提下，将被征用土地按政府规定的土地征用价或经营土地的效益折算为股份，也可按农民的经济组织关系、土地承包关系、劳动贡献及土地状况等综合因素折股，实行参股合作经营或失地农民带土地股进入土地征用者所办企业的就业转岗、合作经营，分享被征用土地深度开发带来的利益成果。这种办法将集体土地作为生产资料，通过股份形式配置给每户农民，明确了农民以承包经营权参与入股，产权明晰。农民以经营承包权入股，每年按照企业的经营利润享受一定的分红，并且土地征用企业每年从经营纯利润中抽入规定的利润作为失地农民的社保基金。同时按照一定比例安置失地农民进入土地征用企业就业，这些人员进入企业后不但可以得到保底工资，还可以享受股份分红和基本社会保障。这种方式是土地承包经营制度的创新，不仅解决了失地农民永久性的保障问题，还有效地促进了农村工业化和农业产业化。

（3）集中开发式安置模式

集中开发式安置模式以河北省唐山市开平区半壁店和石家庄市槐底村为代表。这种安置模式是将土地征用款交由村集体统一使用，作为村集体的创业基金，通过村集体统一进行拆迁补偿集中安置农民住宅，统一进行综合开发。村集体集中使用土地补偿安置费，统一安排农民生产生活，并通过创办企业实现资金的增值和资本积累❶。

（4）留地和就业相结合的综合安置模式

留地和就业相结合的综合安置模式以湖南省咸嘉市为代表。这种安置方式是在土地征用过程中，为了保障失地农民的生产生活，政府按照规划规定的用途，给被土地征用的农民集体和农户留出一定数量的土地，由其自主开发经营。留地补偿安置通常发生在土地资源较为紧张的城市郊区，有利于降低土地征用成本、减轻政府一次性支付巨额土地征用费用的负担，也为农村集体经济发展提供了必要的场所和发展空间。留用地的比例一般不超过土地征用面积的20%，留用地的用途需要符合城市规划的要求。目前主要有三种留地方式：①留用国有土地。即批转完成土地征用的国有土地范围内留出一定比例的土地，由被土地征用农民集体按照规划用途和城市建设要求进行自主经营，这种做法保证了城市扩展范围内土地都属于国有土地，便于城市土地实行统一管理；②留用集体土地，即在已经批准的农转非但不作为国有土地的范围，留出一定比例，由被土地征用农民集体按照规划用途和城市建设要求进行自主经营。这种方式保留了城市扩展范围内土地的集体所有权，强化了农民的权力，但是需要完善相关法律和制度，才能保证农民集体的土地权力和土地保值增值；③留用建设用地指标。即按照土地征用面积留出一定比例的建设土地指标由

❶ 刘海云，刘吉云．失地农民安置模式选择研究 [J]．商业研究，2009（10）：11-15.

被土地征用农民集体占有和自主开发。这种方式增加了土地使用的灵活性，集体经济组织既可以自主开发也可上市流转❶。留用补偿的方式，通过留用地的经营开发和城镇化过程中土地保值增值，既保证了农民享受到城镇化带来的收益，也为失地农民的未来生计提供了强有力保障。

（5）安置模式的对比和评价

我国土地征用安置模式各地特点不同，既有优势，也存在不足（表5-3-1）。

典型安置模式的对比和评价一览表　　　　表5-3-1

分类	模式	特点	适合地区	优势	不足
稳定型	土地换保障模式	平稳，把土地征用补偿同解决土地被征用农民的社会保障有机结合起来，将土地征用补偿费直接转变为社会保障基金	适合地区范围较广，上海、江苏、浙江等地已实施	平稳过渡，保障了失地农民的合法权益，有效化解了他们的生活风险，保障了社会稳定	农民无法分享城镇化利益，失地农民的市民化、脱贫致富、子女的就业和入学问题、住房问题未根本解决
发展型	土地入股模式	分享收益，将土地征用补偿费或者是土地按使用权折合为股份，通过协商，农村集体经济组织和农户通过合同约定获取收益	适合经济发达地区，广东佛山的顺德、南海及浙江温州的龙港镇等已采用这种方式	农民与企业之间建立了利益与风险共存的关系，如果企业效益好，能解决农民生活保障和发展问题，农民能够享受土地未来的收益，减轻了企业的资金负担	现实的补偿费用折合成股票进行发放，难以解决失地农民现实的生活困难
	集中开发模式	将土地征用款由村集体统一使用，作为村集体的创业基金，通过村集体创办企业，实现资金的增值和资本积累	适合城市近郊等发展机会较好的区域	解决了失地农民的生产和生活，又解决了村集体创业资金不足的难题；如果资金运用得当增值，可解决失地农民的发展问题	存在产权不明晰的情况，风险较大，若投资失利，集体经济将受损，对离开本地农民无保障
	综合安置模式	将农业安置、就业安置和集中开发安置等多种安置方式结合在一起	适合地区范围较广	留地集中安置是安居乐业的基础，综合开发建设促进失地农民就业	留地集中起来的财产部分产权不够明晰，资产风险不可避免

2. 国外土地征用补偿制度与借鉴

（1）美国土地征用补偿制度

在奉私有财产神圣不可侵犯为圭臬的美国，联邦宪法对国家征收土地（land expropriation）行为规定了极其严格的审查条件❷，但没有独立的财产权条款和关于土地征收补偿的规定，只用"合理补偿"来概括补偿标准。美国作为判例法国家的典

---

❶ 刘晓霞. 我国城镇化进程中的失地农民问题研究 [D]. 东北师范大学，2009.

❷ 美国联邦《宪法》修正案第5条规定，非依正当程序，不得剥夺任何人的生命、自由或财产；非有合理补偿，不得因公共使用为由征用私有财产。第14条规定，任何一州不得制定或实施限制合众国公民的特权或豁免权的任何法律；不经正当法律程序，不得剥夺任何人的生命、自由或财产。

型代表，在两百多年的司法实践中发展出了一套系统的土地征用审查标准和土地补偿标准，"合理补偿"的标准可以概括为征收土地时不以土地原用途而以土地的市场价格（土地的"公平市场价"）作为补偿标准。"公平市场价格"是指在通常情况下，对于一个出卖物，一个善意理性人自愿支付给卖方的价值，但是土地征收并不是在"自愿买卖"的场合，被强制征收的土地的价值不仅包括现有价值，也包括被征收土地的预期收益和未来盈利的价值。征收机关和被土地征用人均有权聘请土地评估机构，双方意见不一致时可协商解决或者交由相应的法院或者仲裁机构裁决。土地评估机构一般按照售价比较法、总体收入法、重置资本法等方法来确定土地价格❶，如果三种方法所确定的土地价格差别过大，则由法院来裁决选出最可信的一种方式，法院通常以被征收人的损失而不是征收人的可期利益作为公平补偿的标准。值得一提的是，在美国被土地征用人得到的补偿往往大于被土地征用的实际市场价值，包括市场价值、土地未来收益。因此在美国关于土地征收补偿的司法实践中，这一部分的价值也应当纳入计算赔偿范围之中。

（2）日本土地征用补偿制度

日本的土地补偿制度是一套包括补偿原则、补偿范围、补偿标准、补偿方式、补偿方案确定程序和补偿争议的救济等内容在内的完整制度体系。日本宪法将正当补偿原则作为土地征收的基本原则❷，以此为基础存在两派观点：①完全补偿说。认为对于被土地征用农民的补偿必须是完全的，变不平等为平等；②相当补偿说。认为只要参照补偿时社会的一般观念，按照客观、公正、妥当的补偿计算基准为合理补偿金额即可❸。在实际的司法实践中，法院倾向于按照完全补偿说确定补偿金额，认为除非是农地改革等针对全国地区或者大片区域的特殊改革，其他针对特定事项（即便是以公共用途为目的）的土地征用，都应当对失地农民进行完全的补偿。

日本法律对土地征用补偿的范围规定极为细致：①对土地本身的补偿。是指对被征收的土地、房屋等及其他财产性权利的补偿，也称为权利补偿，严格按照完全补偿的标准进行，即以房屋的市场价格和物价变动率确定补偿的数额；②剩余土地的补偿。是指一部分土地被征之后，剩下一部分土地必然因碎片化而价值下降，土地征用者对被土地征用者的这一部分损失也应当予以补偿；③通常损失补偿。是指由于征收而通常导致权利人蒙受的附带性损失，如地租费、搬迁费等❹。

---

❶ 理论上这三种方法计算出来的土地价值应该基本一致，但实际上由于市场因素多变，这三种方法所计算出来的结果往往相去甚远。

❷ 卢晓峰. 国外土地征收补偿法律制度的经验与启示 [J]. 经济管理（文摘版），2016（5）：25.

❸ 何书中. 论集体土地征收补偿范围 [D]. 苏州大学，2014.

❹ 常凯. 完善我国土地征收补偿制度研究 [J]. 商界论坛，2013（3）：143–144.

（3）德国土地征用补偿制度

德国是对私有财产进行严格保护的国家，法律规定土地征用必须符合三个基本条件：①土地征用的目的是出于公共利益；②土地征用主体必须在与被土地征用者多次协商未果之后才能申请使用土地征用权；③必须是法定的具有合法土地征用权的机构（地方政府和依法取得公益建设的单位）才能使用土地征用权 ❶。德国对土地征用补偿采取相当严格的标准，采用征用机关申请征用当天的土地市场价格，且土地征用机关必须将各类补偿费在一个月之内支付给被土地征用单位，否则征用决议将无效。土地征用补偿费包括三个方面：①土地或者其他征用标的物由于被征收而产生的直接损失；②营业损失补偿，即由于土地被征收，权利人所失去的可预期的原本对该土地的投资经营而产生的损失；③征用标的物上其他附带损失的补偿。

上述三个国家在政治制度、法律传统上存在较大差异，但土地征用补偿制度则具有共性特征：①产权明晰。美国、德国对居民私有财产保护作为最基本的宪法权利之一，因此土地征用补偿直接由最高效力的法律进行保障；②土地征用范围明确。明确的土地征用范围可以有效减少土地征用者与被土地征用者之间的博弈与冲突，降低双方的交易成本以及在双方对于补偿标准不一致而诉诸法院的时候，降低司法成本；③标准科学合理且可计算。三个国家对补偿标准、计算方式、多种标准之间如何权衡等问题均做出明确的发生率规定，土地征用补偿争议较少。

5.4 失地农民利益保障制度

保障失地农民利益的实质是保证农民分享城镇化成果、满足构建和谐社会的客观要求，因此完善失地农民利益保障制度事关改革发展稳定的大局，具有重要的意义。

5.4.1 改革现行土地管理制度

1. 重构农地产权制度

切实保障农民土地权益，必须改变农民的土地所有权残缺的现状，主要从以下几个方面入手：①在坚持现有土地集体所有制基础上，完善农地产权制度。农地产权改革大概有土地私有制、农民永佃制 ❷、完善土地承包制三种取向。土地私有制面临多种约束，不具备现实可行性，"永佃制"实际上是一种变相的私有制，国家所有权实质上被虚置，相比较而言，农地集体所有制是较为理性的制度安排 ❸，在此框架

---

❶ 王倩 . 失地农民权益保障研究 [D]. 西南财经大学，2008.

❷ 土地所有权收回国家所有，农民向国家租赁土地，租赁期限可延长到 999 年，并享有除所有权以外的其他权能。

❸ 刘宗劲 . 征地制度的研究：对中国城市化进程的追问 [M]. 北京：中国财政经济出版社，2008.

之下有很多可以改进的空间，如明确集体经济组织的法律地位、赋予农村集体经济组织完整的产权等都可作为现行土地制度的完善和补充；②修改现行法律中关于农地所有权主体的模糊身份规定，明确将土地所有权的主体界定为村级集体经济组织，没有集体经济组织的可将所有权主体界定为行政村。在明确土地村级集体经济组织所有的前提下，进一步明确农户承包土地的区域范围，建立健全统分结合的农业双层经营体制，以集体经济组织来保护承包农户的土地占有权利 [1]；③还原集体土地所有权的各项权能。集体土地所有制要真正获得体现，必须还原集体土地所有权的占有权、使用权、收益权和处分权等各项权能，使集体土地所有制名副其实。

2. 完善农地流转机制

建立土地使用权流转市场，允许土地使用权流转，是推进农业产业化，加快农村工业化和城镇化的基础，主要从以下几个角度完善：①强化土地流转的引导，建立规范有效的土地承包使用权管理体制。国家层面需要完善相关法律法规，出台《土地流转法》，对土地流转过程中涉及的内容加以约束和规范。地方层面需要加强对土地使用权流转工作的指导，做好土地规划，保证土地质量，实现土地可持续发展；②积极探索土地流转市场的价格形成机制、运行机制和补偿机制。土地流转价格的形成要以市场为主导，充分考虑区位条件、经济价值、社会效益等因素，实现土地合理定价。规范土地流转程序，严格遵守相关法律法规，建立有效的内外监督机制，完善土地市场的运行机制；③加强土地流转市场管理。健全土地使用权市场交易的立法、执法和仲裁制度，保护土地市场正常运行，规范交易行为。培育和发展各种类型的为土地使用权流转提供服务的中介组织，建立土地使用权市场信息、咨询、预测和评估等服务系统，使服务更加专业化。

3. 尊重农民土地权利

保护失地农民的权益，关键在于尊重失地农民在土地征用时的主体地位：①要充分尊重失地农民的知情权。政府需要公布与土地被征用农民利益相关的信息，使他们明白自己的地位和权力。制定涉及失地农民切身利益的方案时，必须通过一定方式告知失地农民，使其充分了解政府的政策和措施 [2]；②要充分保障失地农民的参与权和自主选择权 [3]。确立政府、集体、农民在土地征用过程的平等地位，在土地征用方案制定、实施、监督的全过程要保证失地农民的代表参与，通过听证会、论证会等方式，充分听取失地农民的意见，允许农民在土地征用政策绩效成本和收益之间自由选择；③要充分满足农民的意见和要求。土地征用的政策需要充分考虑农民的利益，使农民等经济主体从土地征用中分享更多的收益。这样不仅能够调动农民

❶ 穆鑫. 失地农民保障问题研究 [D]. 苏州大学，2011.

❷ 张登国. 构建新时期失地农民利益表达机制 [J]. 中共云南省委党校学报，2007（4）：106-108.

❸ 毛雅萍. 太仓失地农民利益补偿机制研究 [D]. 同济大学，2006.

的积极性，也可大大降低土地征用的社会成本，保证土地征用工作顺利进行。

4. 改革土地征用制度

（1）明确界定"公共利益"范围

公共利益的需要是土地征用合法的前提，明确限定公共利益的范围有两种形式：①公共利益的具体列举。由于公共利益是一个动态的概念，列举的项目应因时制宜，随着改革的逐步深化，市场经济体制更加发育成熟，一些公共利益事业项目由于其赢利性原因也要逐步退出土地征用范畴而进入土地市场；②公共利益的程序认定。程序认定的核心是民主和公正，判别程序包括预先通知程序、专家参与论证的制衡制度、项目立项规划前的听证制度以及结果公布制度四个步骤。对于在公共利益以外的建设项目，应收回政府强制征用的权力。土地征用涉及的各方主体，应遵循市场化的原则，在平等协商的基础上，达成土地使用权的转让协议，转让价格应以土地本身的市场价格为依据。

（2）完善土地征用法律法规

尽快制定《土地征用法》、修改《土地管理法》、实施《就业促进法》，构建科学合理的农地征收制度、明晰确定的农地产权制度、城乡一体的土地转用制度和公平合理的社会保障制度，完善土地征用程序和监督程序，建立行之有效的补偿制度和违法责任的追偿制度，限制政府权力滥用，实现依法行政、严格执法，维护法律尊严。

（3）完善土地征用补偿机制

废除现行按土地原用途年产值为基础的补偿做法，以土地市场价格为基础建立合理的土地征用补偿标准，综合考虑农民的土地投入、土地的自身价值、近期的农业收益、农转非的产业收益、土地当前的价格、农转非后土地的增值、农民失地造成的损失、物价上涨的影响以及农民土地被征用后维持基本生活的需求、再就业和社会保障的基本需要等多因素，建立公平合理的补偿标准，为农民当前和长远生计提供保障。由于我国地域辽阔，各地经济发展的差距明显，对待土地征用也存在不同的理解和认识，应采取多样化补偿措施以适应失地农民不同的需求，为失地农民提供更多的选择机会 ❶。

5.4.2 完善失地农民社会保障体系

从社会保障体系入手，为失地农民建立一个可为其提供生存和发展基本保障的社会保障体系，是解决失地农民问题的基础 ❷。

---

❶ 胡崇仪. 制度视野下的中国失地农民问题研究 [D]. 华东师范大学，2006.

❷ 周萍. 我国城乡结合部失地农民社会保障问题研究 [D]. 湖南大学，2012.

1. 完善社会保障制度

失地农民的社会保障制度涵盖三个方面：①最低生活保障制度。建立失地农民最低生活保障制度，需要明确失地农民作为基本生活保障对象，根据各地经济发展水平不同，因地制宜确立不同的低保标准；②养老保险制度。建立失地农民养老保险制度，需要将尚未就业、未纳入城镇职工养老保障的失地农民纳入社会养老保险对象，并针对不同对象采取不同的支付方式。对于已达到养老年龄线以上的农民，可直接实行养老保险。对于劳动年龄段内的失地农民，为其建立个人专用账户，按年龄段不同一次性或分批缴足基本养老保障费用，一并纳入个人专用账户❶。对土地征用时未达到劳动年龄段或在校学生，可按土地征用补偿规定一次性发给安置净补助费，当其进入劳动年龄或学校毕业后，即作为城镇新生劳动力直接参加城镇职工基本养老保险❷；③大病医疗保险制度。为失地农民建立大病医疗合作保险，确保农民能病有所医，避免因病返贫。

2. 加强保障资金的筹集、运营和管理

加强失地农民保障基金的筹集、运营和管理是做好失地农民社会保障的基础和保证，国内目前比较通行的方式是采取"政府补贴一部分、集体出资大部分、个人负担小部分"的原则筹集。加强社会保障资金运行过程的监督管理，尽快健全社会保障法律法规体系，并以此为基础，分开设置失地农民社会保障资金的管理机构和经营机构，前者负责后者的监管和对社会保障市场的调控，后者负责基金的筹集、投资运营和保险金的发放等，应保证监督管理机构的权威性、公正性、独立性和科学性❸。

3. 完善失地农民再就业机制

对于失地农民而言，社会保障只能解决其基本需求问题，就业则解决其发展问题，各级政府应建立城乡一体的就业保障制度，包括前期改进征地制度、就业服务、就业保护和就业保险制度❹：①多渠道为失地农民提供再就业岗位。努力拓宽农民再就业空间，采取"留地安置"的方式，通过集体经济组织发展二、三产业，解决一部分失地农民就业。加大劳务输出工作力度，加强对外联系，有组织、有计划地输出失地农民外出就业。完善就业服务市场，尽可能多地收集用工信息，定期举办失地农民专场招聘洽谈会，为每一位渴望就业失地农民提供免费的就业服务❺；②通过培训提高失地农民职业技术水平和能力。建立培训制度，定期举办针对失地农民的

---

❶ 赵国庆. 土地征收中失地农民权益保障问题研究 [D]. 山东农业大学，2010.

❷ 徐鼎亚等. 论失地农民利益保障机制的构建 [J]. 社会科学论坛，2006（12）：27–31.

❸ 杨涛，施国庆. 我国失地农民问题研究综述 [J]. 南京社会科学，2006（7）：102–109.

❹ 赵爽. 论失地农民市民化的制度障碍与途径——基于就业保障城乡一体化视角. 中州学刊，2007（3）：121–124.

❺ 王亚峰. 我国集体土地征收问题研究 [D]. 郑州大学，2012.

免费培训，帮助其掌握一到两项实用的技术，增强就业竞争力；③努力为失地农民创业搭建平台。政府要降低创业门槛，提供优惠政策，支持失地农民中有一技之长者大胆创业，并做好为失地农民创业的服务工作，采取多种方法为创业过程中遇到的信用担保、信息咨询、科技服务、法律保障等方面的问题提供支持 ❶。

5.4.3 推进失地农民市民化

市民化目前有三种递进的方式：①身份认同。即农民获得作为城市居民的合法身份，相应享受同等的社会权利；②身份认同 + 自身认同。即在身份认同的基础上，通过主动学习基础城市文化、城市生活方式，培养城市意识和主动融入城市生活；③身份认同 + 自身认同 + 社会认同。即在身份和自身认同的基础上，建立给予信任的城市社会网络，得到社会认同。市民化的本质是社会阶层的结构性调整和层级跃升，包括素质化、产业化、城镇化和渐进化四个路径。

1. 素质化是失地农民身份转换的基础

针对失地农民按照年龄特点实施素质化教育，提升人力资本：①针对少年儿童全面实施九年制义务教育，使失地农民家庭的子女能有机会接受优质的教育，为失地农民市民化奠定坚实的基础；②针对青少年，大力发展职业技术教育，建立职业技工技师制度，提升这一层级的农村青年的专业能力和技术水平；③针对中青年失地农民建立贴合失地失业农民特殊需求的非农劳动培训制度，设立专门为失地农民再就业服务的职业介绍机构和培训机构，鼓励企业进行岗位培训和民办培训机构参与培训，给予职业技能培训补贴专项基金支持，培养和提高失地农民的职业能力。

2. 产业化是失地农民身份转换的出路

地方政府加大就业产业重点培育工程的建设，发展种植养殖基地，大力促进地方第二、第三等非农产业发展，对失地农民自主创业产业项目由政府牵头进行扶助扶持或重点支持，给予吸纳较多失地农民的劳动密集型企业优惠政策。农村集体土地的征用促进了集体经济的发展，新社区要承担农民就业和社保等方面的责任和义务，大力发展乡镇企业和社区服务业，增加新的就业安置渠道。

3. 城镇化是失地农民身份转换的载体

新型城镇化是人的社会集聚、产业的有效分布和空间的高效利用及三者的高度融合过程，必然伴生失地农民的市民化过程。失地农民的差异性较大，有效安置还应包括不同层级的空间选择：①扩大失地农民安置的统筹地域范围（如县域），促进一部分具有更多社会资源和社会资本的居民进入大中城市；②提高中小城镇的基本

---

❶ 王艳成 . 建构和谐社会视野下的失地农民社会保障制度 [J]. 河南师范大学学报（哲学社会科学版），2007（3）：60-63.

公共服务水平，通过降低城镇化成本，实现近域近距离安置，促进失地农民按照自己的意愿进行城镇化的空间选择。

4. 渐进化是失地农民身份转换的必然

高速度、大规模的城镇化使得失地农民无所适从，缺乏自身认同，失地农民身份转换需要时间，需要采用渐进化的手段，具体体现两个内涵：①适当降低城镇化速度，减少新增失地农民的数量。即审慎有序征地，任何城市公共利益的保护和乡村农民利益的侵害都必须有充分的理由和法理逻辑；②将城镇化重点放在城市更新改造上面，提升城市质量，渐进地解决原有失地农民的历史遗留问题。以失地农民所聚居的城市社区为载体，积极组织和引导其与原有居民间的人际交流，不断建构和累积两者之间的社会关系网络，增强失地农民的身份认同感和长期归属感，循序渐进地推进其市民化进程 ❶。

本章小结

我国土地制度的基础是国家集体二元公有制，土地征用实施国家征用制度，大规模、高速度的城镇化使我国失地农民的数目不断增加，失地农民问题成为"三农"问题中最值得关注的问题之一，土地征用补偿是解决失地农民问题的关键环节。传统安置方式具有时代背景，现代安置方式具有地域特征。我国土地征用补偿制度应以产权理论、地租理论、效用价值论以及补偿理论为理论基础，借鉴国内外土地征用补偿制度的经验，通过改革现行土地制度、完善农民社会保障体系和推进失地农民市民化，切实保障失地农民利益，实现乡村社会的稳定祥和、失地农民的富裕安康。

---

❶ 于宏，周升起. 社会资本对失地农民市民化进程的影响 [J]. 城市问题，2016（7）：4–11.

6

流动人口公平性与
城市社会规划

随着我国工业化、城市化的快速推进，大量的外来人口涌入城市形成庞大的流动人口大军，城市人口结构发生了新的变化，城市空间、经济规模都呈现持续高速增长态势。然而城市社会发展却相对滞后，突出表现为城市公共物品和公共服务的结构性短缺问题。城市规划作为政府公共职能的延伸，以公共政策的形式相当程度上承担着促进城市经济社会协调发展、平衡不同利益需求、维护公共利益为核心的重任，理应在解决流动人口问题上有所作为。

6.1 流动人口的内涵

6.1.1 流动人口基本概念与总体特征

1. 流动人口概念

流动人口，又被称为外来人口、外来流动人口、外来暂住人口、短期迁移人口等，这些词汇从不同的角度反映了流动人口的某些特征。流动人口的概念目前还没有明确、准确和统一的定义，不同的学科和学者的看法都有所不同。人口地理学的研究观点强调流动人口在地理空间上的位置变化，主要集中在人口数量、分布、构成和迁移等方面的空间变化和规律特征。由于不同地区之间存在着人口和生产生活资料分布上的不均衡，而人口在地理空间上的位置移动正是调节该平衡的重要杠杆之一。社会学强调人口在发展过程中社会地位的变迁，从一个社会集团转入另一个社会集团，引起自身社会地位变迁和社会结构变动的个体和群体亦应划归流动人口的范畴。

广义的流动人口根据其在流入地停留时间的长短分为长久性迁移人口、临时性暂住人口和差旅类过往人口三类，狭义的流动人口则只包括那些在某一地域作短暂逗留的差旅类过往人口 ❶。《流动人口计划生育工作条例》（国务院令 [2009]555 号）第二条规定，流动人口是指离开户籍所在地县、市或者市辖区，以工作、生活为目的异地居住的成年育龄人员，但不包括因出差、就医、上学、旅游、探亲、访友等事由异地居住、预期将返回户籍所在地居住的人员和在直辖市、设区的市行政区域内区与区之间异地居住的人员。衡量流动人口的基本尺度是流动所带来的空间及其持续时间的变化：①空间尺度上，根据流动距离，尤其多以社会政治经济活动的空间组织形式——区域，将人口划分为省际、省内跨市、省内跨县、乡际流动人口等形式；②时间尺度上，划分为每日流动、季节性流动和周期性流动。在我国户籍制度背景下，流动人口是指离开户籍所在地到其他地方工作和生活的人口。

与流动人口相关的概念主要有常住人口、户籍人口、暂住人口和外来人口，《北京市统计年鉴》及《北京市区域统计年鉴》中对这四个概念进行了说明：①常住人口，指在本市实际居住半年以上的人口；②户籍人口，指根据户籍登记情况统计的人口；③暂住人口，指不具有本市常住户口，来自北京市行政区划以外的省、自治区、直辖市，在京暂住 3 日以上，并向公安机关申报暂住登记以及领取暂住证件的人员；④外来人口，指在一定的标准时间，在京居住或停留一天以上、非北京户口的来京人员 ❷。2004 年起北京统一将外来人口改称为流动人口。

考虑到差旅过往人口对城市空间的生长、城市住宅的需求量、城市社会设施的供给影响不大，本书的流动人口专指在一定时期内（以人口普查标准为依据，通常在半年以上）离开户籍所在地且未变更户籍，而在另一行政区域暂时工作、生活的人口。

2. 流动人口特征

（1）流动人口规模特征

我国向各级城市流动并在城市中务工经商的农村剩余劳动力占据了流动人口的主导比重和地位，多以外来农民工或进城农民的身份出现，并已演化成为城市中一种新生的社会群体，其流动具有经济性、无序性、季节性和群体性特点，流动量大，流动面广，构成复杂 ❸。第六次全国人口普查公报显示，2010 年我国总人口中人户分离人口 ❹ 已达到 26139 万，与 2000 年第五次全国人口普查数据相比增加了 11700 万，增幅高达 81.03%。2010 年我国流动人口 ❺ 为 22143 万，与 2000 年相比增加了 11968 万，增长了 1.17 倍，占全国总人口的比例为 16.53%，与 2000 年相比上升了 8.34 个

---

❶ 刘亚歌. 城市流动人口服务式管理研究 [D]. 扬州大学，2014.

❷ 不包括在京的外籍和港澳台人员、驻京中国人民解放军现役军人和中国人民武装警察。

❸ 于英. 武汉市流动人口聚居区空间分布研究 [D]. 湖北大学，2007.

❹ 人户分离人口是指居住地与户口登记地所在的乡镇街道不一致且离开户口登记地半年以上的人口，包括市内人户分离人口和流动人口。

❺ 人户分离人口减去市内人户分离人口。

百分点 ❶。根据国家统计局发布的 2012~2015 年全国农民工监测抽样调查报告，2015 年全国农民工总量 27747 万人，外出农民工 16884 万人，本地农民工 10863 万人（表 6-1-1）。2011 年以来农民工总量增速持续回落，2012~2015 年分别比上年回落 0.5、1.5、0.5 和 0.6 个百分点。

2008~2015 年农民工规模统计一览表（单位：万人）　　　表 6-1-1

类别	2008年	2009年	2010年	2011年	2012年	2013年	2014年	2015年
农民工总量	22542	22978	24223	25278	26261	26894	27395	27747
1. 外出农民工	14041	14533	15335	15863	16336	16610	16821	16884
（1）住户中外出农民工	11182	11567	12264	12584	12961	13085	13243	
（2）举家外出农民工	2859	2966	3071	3279	3375	3525	3578	
2. 本地农民工	8501	8445	8888	9415	9925	10284	10574	10863

数据来源：国家统计局发布的 2012~2015 年全国农民工监测调查报告

空间角度，从输出地看，2012 年东部、中部和西部地区农民工分别为 10760 万人、9609 万人和 7378 万人，占农民工总量的 38.8%、34.6% 和 26.6%。中部地区农民工增长速度分别比东部、西部地区高 0.8 和 0.4 个百分点。从输入地看，在东部、中部和西部地区务工农民工分别为 16489 万人、5977 万人和 5209 万人，占农民工总量的 59.4%、21.5% 和 18.8%。外出农民工中，跨省流动农民工 7745 万人，其中东部、中部和西部地区外出农民工跨省流动的比例分别为 17.3%、61.1% 和 53.5%。性别角度，在全部农民工中，男性占 66.4%，女性占 33.6%。其中，外出农民工中男性占 68.8%，女性占 31.2%；本地农民工中男性占 64.1%，女性占 35.9%。文化程度角度，农民工以初中文化程度为主，青年农民工和外出农民工文化程度相对较高（表 6-1-2）。

2012 年农民工的文化程度构成（单位：%）　　　表 6-1-2

	非农民工	全部农民工	本地农民工	外出农民工	30 岁以下青年农民工
不识字或识字很少	8.3	1.5	2.0	1.0	0.3
小学	33.8	14.3	18.4	10.5	5.5
初中	47.0	60.5	58.9	62.0	57.8
高中	8.0	13.3	13.8	12.8	14.7
中专	1.5	4.7	3.3	5.9	9.1
大专及以上	1.4	5.7	3.6	7.8	12.6

❶ 邹湘江. 基于"六普"数据的我国人口流动与分布分析 [J]. 人口与经济，2011（6）：23-27.

（2）流动人口生存特征

1）社会环境方面

当前我国已经从传统的二元社会结构转变为三元结构：真正的农村社会、真正的城市社会和夹在两者之间的农民工社会。农民工流动实质上是农村社会向城市社会的跨越，即不同文明的社会跨越，其跨越过程具有如下特征：①农民工流动发生在两个时代之间，教育水平的差异导致在农村只完成了初中或小学教育的他们进入城市完全是进入另一种社会和文化氛围，甚至另一个时代，另一种社会、另一类文明所需要的技能、知识甚至是修养是他们基本不具备的；②农民工融入社会的障碍不仅在户籍制度上，也体现在农转工的不适应。即使是将农民进入城市的制度性障碍完全破除，处于从边缘位置观察、接触城市文化和生活方式的他们想要真正进入城市也是相当困难的；③农民工进入城市，是在城市中进行另一个时代的再社会化，转移不彻底将造成农民工回乡之后的不适应，回流往往是被动选择而不是主动选择的结果；④城市越进步，农民工融入城市社会的可能性越小，目前的教育体制在加剧城乡差距的扩大，"乡下人"进入城市的路途变得越来越长。

2）生存环境方面

目前流动人口生存、发展环境不容乐观，他们所从事的都是城市人所不愿从事的工作，社会地位普遍低下，绝大多数流动人口收入水平较低，生活水平和消费水平都处在较低层次。工资劳务收入经常被拖欠，基本的人身权利得不到保障。我国社会现有的城乡二元管理体制将流动人口排斥在社会主流群体之外，如不能享受社会保险和其他城市人能享受的社会福利，孩子不能在城里的学校念书，居住在狭小拥挤、秩序乱和卫生差的城乡结合部等，使之成为城市中事实上的"二等公民"，其应当享受的权利及制度保障始终处于落后的不完善状态。同时他们还要为取得在城里居住和工作的资格而支付多种费用，缺乏有效的组织，也没有政治资源和舆论支持，整体上属于相对弱势的社会群体。

3）空间分布方面

流动人口在流入地多聚集在"城中村"、城市边缘、近郊农村等地，作为大量流动人口进城的源生地，其所代表的传统文化往往依附于中心地区的现代文化而存在。从社区构成和组织来看，流动人口聚居区分为两大类：①单一型聚居区。以同乡、同村、同业或同族为群体聚集，以亲缘、地缘、业缘等为基本纽带，如北京的浙江村、新疆村以及南京的安徽村和深圳的的士村等❶；②混居型聚居区。居民来源混杂，彼此缺乏广泛的联系和必要的交流，深圳、广州等地的"城中村"大部分属于此类。流动人口所从事的行业多以服务业、零售业、建筑业为主，聚居区具有自发性、异

---

❶ 于英.武汉市流动人口聚居区空间分布研究 [D]. 湖北大学，2007.

质性和固定性。

借助于聚居区这一特定形式，进城农民可以在两者之间实现微妙的连接：①在文化背景、观念意识、生活习惯等方面延续了边缘地区农业社会状态下的许多特征；②通过自身生产方式、阶层构成等的变革，同中心地区的城市建立了各种形式的经济联系。借助于这种跨越城乡的双重性和游走于城乡文化交叉地带的边缘性，我国的流动人口聚居区实际上已经成为传统和现代、农村与城市、边缘和中心之间的特殊的"联结体"❶。随着"城中村"改造，流动人口不断由近郊区向远郊区延伸，特别是随着交通等基础设施的完善，流动人口聚集区延伸的越来越远，一个"城中村"的改造往往意味着另一个"城中村"的形成。

3. 流动人口流动特征

（1）流动人口规模庞大，农业转移人口成为主力，城镇间人口流动日趋活跃

根据国家卫生和计划生育委员会发布的《中国流动人口发展报告2015》数据显示，"十二五"期间我国流动人口年均增长约800万人，2014年末达到2.53亿人。全国农村中的劳动力大约有6~7亿人，按照每个劳动力耕种8亩土地，大约需要2.5亿个农村劳动力，农村中大约有4.5亿剩余劳动力。乡镇企业可以吸纳1.3亿劳动力，林牧渔业就业人员0.6亿人，还有2.5亿的剩余劳动力。目前已经有1亿劳动力进入城市，意味着未来的若干年中，还有1.5亿农村剩余劳动力以各种形式流入城市。根据城镇化、工业化进程和城乡人口变动趋势预测，2020年我国流动迁移人口（含预期在城镇落户的人口）将逐步增加到2.91亿人，年均增长600万人左右，其中农业转移人口约2.2亿人，约占流动人口总数的76%，人口将继续向沿江、沿海、铁路沿线地区聚集。

（2）流动儿童和流动老人规模不断增长，流动人口中劳动年龄人口比重不断下降

2010年六普数据显示，新生代流动人口（1980年及以上出生的）占流动人口总量的一半以上。根据《中国流动人口发展报告2015》数据显示，近9成的已婚新生代流动人口是夫妻双方一起流动，与配偶、子女共同流动的约占60%。越来越多流动家庭开始携带老人流动，老龄化比例提高（表6-1-3）。2014年15~59岁劳动年龄人口约占流动人口总量的78%，较2010年下降2个百分点。流动人口的平均年龄不断上升，45岁以上的流动人口占全部流动人口的比重由2010年的9.7%上升到2014年的12.9%。大专及以上文化程度的流动人口比例不断提高，由2010年的7.6%上升到2014年的12.1%。流动所呈现出来的家庭性流动带来儿童和老人随迁流动，对流入地教育、养老、医疗的需求随之上升。

---

❶ 李冠杰. 宁波市城镇流动人口服务研究[D]. 同济大学，2008.

2012~2015 年流动人口年龄结构统计表（单位：%）　　表 6-1-3

	2008 年	2009 年	2010 年	2011 年	2012 年	2013 年	2014 年	2015 年
16~20 岁	10.7	8.5	6.5	6.3	4.9	4.7	3.5	3.7
21~30 岁	35.3	35.8	35.9	32.7	31.9	30.8	30.2	29.2
31~40 岁	24.0	23.6	23.5	22.7	22.5	22.9	22.8	22.3
41~50 岁	18.6	19.9	21.2	24.0	25.6	26.4	26.4	26.9
50 岁以上	11.4	12.2	12.9	14.3	15.1	15.2	17.1	17.9

数据来源：国家统计局发布的 2012~2015 年全国农民工监测报告。

（3）流动人口的居留稳定性增强，融入城市的愿望强烈

《中国流动人口发展报告 2015》数据显示，2014 年流动人口在现居住地居住的平均时间超过 3 年，在现居住地居住 3 年及以上的占 55%，居住 5 年及以上的占 37%。半数以上流动人口有今后在现居住地长期居留的意愿，打算在现居住地继续居住 5 年及以上的占 56%。随着在现居住地居住时间的增长，流动人口在本地长期居住的意愿增强。其中很多年轻人出生或者成长在城市，更渴望融入城市。作为社会人融入城市而产生教育、医疗、工作、住房、社会保障、社会人际交往等需求，无一不对流入地城市产业发展、建设用地布局、市政基础设施保障和社会公共服务供给提出更高的挑战和要求。

6.1.2　流动人口产生背景与利弊分析

1. 流动人口产生背景

流动人口产生受社会、经济、环境的影响，是历史的必然，也是时代的需求。

（1）经济背景

自晚明以来，中国就一直存在人地关系的高度紧张，农村劳动力严重过剩[1]。大量农业人口被束缚在土地上，劳动边际生产率几乎为零，农村经济增长缓慢，农民收入微薄。1949~1970 年代末期，面对复杂的世界和国内形势我国决定实行重工业超前发展政策，呈现典型的外延式增长特征，城市发展始终缓慢甚至发生过停滞、倒退，这种有工业化无城市化的局面直到改革开放初期仍然存在，始终没有解决城镇化问题。

改革开放以后，尤其是进入 1980 年代联产承包责任制的实行使得人民公社时期缺少劳动积极性的社员成为自主经营的农民，加之鼓励农民实行多种经营，农村经济出现了明显的增长[2]。广大农民将自主经营之余的时间和精力投入家庭副业

---

[1] 黄宗智. 中国农村的过密化与现代化、规范认识危机及出路 [M]. 上海：上海社会科学院出版社，1992.
[2] 石华灵. 制度转型与中国社会分层的变化 [D]. 河南大学，2006.

生产，生活水平短时期得到较大提升，但由于家庭生产起点低、规模小、收益差，再加之农村人口膨胀、人多地少，大量劳动力剩余，越来越多的农民尤其是青壮年劳动力愿意选择外出打工谋生，从而引发了改革开放后第一批流动人口的迁移浪潮。

1990 年代以后，随着城市经济体制改革的推进，各种资源重新集聚的趋势发生变异，尤其进入 21 世纪，经济全球化和信息化促使城市经济快速发展，而乡村农业已经基本上成为一个无利可图的产业，在家务农农民的收入基本停滞不前，而外出务工、经商甚至从事非正当职业的收入却不断增长，这些变化再一次提升了农民外出成为流动人口的热情。

目前中国工业生产从外延式增长向内涵式增长过渡阶段，也就意味着中国现在带着外延式增长的人口结构向内涵式增长阶段过渡。当农村大量劳动力向城市中涌来的时候，工业对劳动力的需求已经由于其本身开始进入内涵发展阶段并主要依靠技术进步来实现增长而下降了 ❶。生活必需品时代，城市对农村是依赖的，城里人的大部分收入通过购买生活必需品而流入农村的过程，而在耐用消费品时代，农村和城市之间造成断裂，是市场强化甚至固化了的城乡二元结构。

（2）社会背景

从新中国成立到"文革"结束的近 30 年，我国的城镇化进程和人口流动状况除了 1949~1957 年间的正常上升期外，无论是城市建设的大起期（1958~1960 年）和大落期（1961~1965 年），还是十年的动乱停滞期（1966~1976 年），均呈现出了一种行政力量和政策计划强有力干预之下的不正常状态和非自然特征。户籍制度成为城乡之间的闸门，限制了任何方式的流动（大规模的人口流动、自发的个人迁移和个体暂时性的流动），城乡人口比例、人口流动及城市规模从根本上来看都要受制于商品粮的供应状况。

1980 年代是一个资源扩散的年代，社会中的绝大部分人口都是改革的受益者，正是在这样的背景下，出现了所谓共同富裕的局面，社会的边缘地带出现了兴旺的气象和发展的生机。农村体制改革和家庭联产承包责任制的实行、农民价值观念的转变成为大量被城乡二元结构强制束缚的土地之上的农村剩余劳动力向外寻找出路的内生条件，而乡镇企业的崛起、沿海地区经济的快速发展等为流动人口到来创造了前所未有的外部条件，逐步放松的流动人口管制政策（收容遣送制度、暂住证管理）也为大量流动人口的存在提供了可能。

1990 年代以来资源重新集聚的趋势发生变异，群体间的收入和财富差距越拉越

❶ 谭桂娟，卫小将 . 社会排斥视野中的中国农村富余劳动力转移 [J]. 科技情报开发与经济，2006（17）：127-129.

大，由于资源配置机制的变化，社会中的一些人迅速暴富起来，而原来在改革初期得到一些利益的边缘和困难群体日益成为改革代价的承担者，经济的增长在很大程度上已经不能促使社会状况的改善。

2000年以后我国经济增长速度一直保持在8%以上，但贫富状况没有发生明显的改善。目前依靠从事小规模的农业生产而获得一份与城市居民大致相当的收入是根本不可能的，大量劳动力剩余而造成的普遍贫困化导致每个农村劳动力都是潜在的流出者，但城市工业对劳动力的需求已经由于其本身开始主要依靠技术进步来实现增长而下降，因此绝大多数文化水平不高又无一技之长的进城务工农民被迫成为流动人口，从事一些零散务工或小商贩等非正式就业，有些甚至组成、加入犯罪团伙，成为城市治安隐患。

2. 流动人口作用

流动人口在我国经济社会发展中起到了不可替代的作用：①为快速发展的城市提供大量较为廉价的劳动力，促进城市经济发展。改革开放以后城市经济发展迅速，个别劳动辛苦、繁重又收入低下的行业出现劳动力短缺，而农村富余劳动力的大量流入恰好弥补了这些空白。随着城市经济结构的优化，流动人口参与第三产业的比例也越来越高，为城市发展作出了巨大贡献；②缓解广大农村地区的人口承载压力。农村改革之前，大量农村劳动力被束缚在乡间土地里，单位土地上的农业劳动力存在大量富余。改革开放之后，随着农村旧经济体制的瓦解和限制人口流动政策的放松，农村剩余劳动力得到释放，缓解了农村的人口承载压力和土地利用压力。此外，这些流动人口在异乡取得收入后很少在当地消费，将收入大半以上寄回老家原籍，为家乡增加了收入。一些流动人口在外地获得知识、经验和技能后返回原籍，也能在一定程度上加快农村地区的发展；③加快人力资源优化配置。农村剩余劳动力构成流动人口的"主力军"，这些人离开农村进入城镇，缓解了农村的人口压力的同时，也给城市带来了相当数量的人口规模和产业劳动力基础。流动人口的存在增强了城乡间的人口流动性，优化了人力资源配置，提升了社会的经济活力和文化活力；④提高城市化水平，促进社会现代化。进入城市的流动人口通过自发或有组织的学习培训，并接受政府和社会提供的各项保障（医疗、工伤、生育保险等），可以增强人力资本积累，成为有知识、技能、经验并且身心健康的新型劳动力，进而从事城市的工业生产，融入城市市民生活，这不仅加快了社会的城镇化速度，更从根本上提升了中国城镇化水平和质量，极大地促进了社会现代化。

3. 流动人口问题

庞大的流动人口流出农村也使得城乡发展出现严重的经济社会问题：①流出地发展面临困境。大批青壮年劳动力离开乡村，妇女、老人甚至青少年儿童成为务农的主力军，劳动力整体素质降低，导致农业劳动力主体弱质、农业生产率偏低、农业劳动收入难以提升和农民生活水平低下。同时，他们在生产生活方面存在诸多困难，长期得不到应有的照顾、关怀和扶持，容易产生严重的社会问题。而且农村青壮年的离开带走了乡村发展的人力、知识、技术，使得城乡间差距越来越大；②流入地公共服务压力加大。当前我国城市处于快速发展的上升阶段，城市规模急速扩张，城市人口急剧增加，尤其在一些一线大城市中，流动人口聚集于城乡结合部地区。庞大的外来人口涌入城市不仅消耗城市的水、土地、能源等自然资源，同时也存在着廉价住房、子女教育、医疗卫生等诸多需求，远远超过了当地公共基础设施的承载能力，给原本就已经欠账供给不足的社会公共服务资源带来巨大压力；③流入地社会管理出现问题。我国城市中的流动人口通常保持聚居习惯，大量有着同乡同村等地缘关系的流动人口在城市的边缘聚集，形成事实上的贫民窟。由于社会管理不到位，各种人群杂居，对社区安全乃至城市管理产生了不和谐因素。尽管流动人口为城乡结合部地区的居民带来了部分房租收入，促进了当地瓦片经济的繁荣，但长远来看，流动人口聚集区由于各种社会问题突出，制约了城市经济的提升，限制了高层次产业发展，降低了城市生活的品质。

6.1.3 流动人口社会保障与需求分析

流动人口对公共设施的需求从社会服务角度就其自身主要是医疗卫生服务，其子女主要是基础教育，本节主要从流动人口医疗卫生服务方面分析其特征和原因。

1.流动人口社会保障基本特征

我国社会管理体制的很多方面实际上是排斥流动人口的：①制度排斥。我国的户籍制度、社会保障制度、住房制度等方面都表现排斥特征，而《劳动法》等对流动人口的就业保护基本名存实亡，导致流动人口无法享受与普通市民同等的失业救济、最低生活保障等基本权利，在子女教育、医疗卫生、劳动就业等方面的歧视和不公正待遇时有发生；②社会排斥。城市居民对流动人口的排斥意识比较强烈，片面地认为这些外地人给自己生活环境增添了负担，他们的生活习惯、行为方式、文化价值与城市社会环境格格不入，再加上流动人口的盲目性、集中性及素质相对低下等客观问题，进一步强化了城市公共政策中对流动人口的歧视性限制，导致流动人口的公共福利大幅缺失。

2.流动人口社会需求总体特征

（1）流动人口社会需求明显偏低

流动人口社会需求仅仅停留在最低的层次（表6-1-4），是其在异地生活、收入和能力极其有限的情况下不得不做出的选择。

不同类型人口对公共基础设施需求差异对比　　表 6-1-4

项目	类型		
	务工人员	经商	户籍人员
水	户籍人口的 1/3	与户籍人口相当	1
电	户籍人口的 3/5	与户籍人口相当	1
交通	公共交通	60% 购买私车	私车为主
月均出行次数	3 次		10 次
在虎门就学子女比	23%	93%	100%
在职教育培训	70% 培训企业提供	无	无
休闲娱乐	中低档公共娱乐设施	在家庭娱乐和高档公共娱乐设施	以家庭娱乐为主
在当地消费水平	较低，一半寄回家	较高，寄回家乡的少	当地消费水平

资料来源：黄婧，刘胜和. 城市基础设施如何适应不同类型流动人口的需求分析 [J]. 武汉理工大学学报（交通科学与工程版），2005（2）：284-287.

（2）公共卫生领域需求明显增加

公共卫生领域，流动人口需求主要体现在流动人口妇女保健、流动儿童保健与计划免疫和流动人口传染病管理三个方面。根据国家卫生和计划生育委员会所发布《中国流动人口发展报告 2015》调查数据显示，流动育龄妇女在流入地怀孕、流动人口子女在现居住地出生的比例均有所提高，2013 年流动人口子女在现居住地出生的比例比 2010 年上升了 23%。这一特征在跨省（区、市）和省（区、市）内流动人群都保持了同样的趋势，这就对流动人口妇女，尤其是孕产妇保健和婴幼儿童保健等基本公共服务提出了新的要求。

（3）医疗卫生领域需求明显不足

医疗卫生领域，流动人口与户籍人口相比需求明显较低。以广州市为例，流动人口两周患病率和过去一年住院率均低于户籍人口，尤其是应就诊而未就诊率、应住院而未住院率分别高于户籍人口 11.1 和 10.7 个百分点，与户籍人口之间存在较大差异（表 6-1-5）。

广州市流动人口与常住居民医疗卫生服务需求与利用比较　　表 6-1-5

人群	两周患病率（%）	两周就诊率（%）	应就诊而未就诊率（%）	过去一年住院率（%）	应住院而未住院率（%）	每人每年住院日数（d）	每人每年就诊次数	平均住院日数（d）
流动人口	78.0	54.5	57.3	15.1	28	0.1	1.4	7.8
户籍人口	92.8	178	46.2	31.2	17.3	0.6	2.2	17.4

资料来源：凌莉，刘军等. 广州市农村流动人口卫生服务需求与利用分析. 华南预防医学 [J]，2006（2）：1-4.

（4）流动人口医疗服务行为倾向

当流动人口患有疾病，需要卫生医疗服务时，往往呈现两种类型（表6-1-6）：①自力更生型。此类医疗行为的主体为青年和中年农民工，典型特征是依靠经验处理疾病；②社会资本依赖型。此类医疗行为的主体为中年女性，行为特征是患病时能够从社会网络中获得帮助，及时有效地做出反应，在解决农民工疾病问题中扮演着重要角色 ❶。

流动人口不同类型就医行为特征　　　　　　　　表6-1-6

类型	自力更生型		社会资本依赖型
主体	青年农民工	中年男性	中年女性
行为特征	自认为身体健康，不主动求医	就医态度消极，医疗行为有明显的乡村习惯，光顾游医	向亲戚、老乡、邻居等寻求帮助，获得药物和金钱帮助
特点	身体素质较好节约医疗费用	利用经验处理病情，节省费用	就医效率高，成本低
问题	有可能加重病情，影响身体健康	潜在疾病未及时治疗，导致病情加重，就医成本增加	诊断失误的可能性增大

3. 流动人口社会保障制度问题

流动人口医疗卫生方面存在如下问题和系统性障碍（图6-1-1）：①医疗服务设施供给短缺。由于对医疗卫生设施规划、建设的考虑不足，导致医疗卫生服务设施的短缺；②可用于医疗卫生的收入极少。在现有的流动人口中，有很大比例是来自于农村地区的农民工，这类人群经济收入较低，同时担负着整个家庭经济来源的重要角色，可用于医疗卫生的收入极少；③医疗费用超出流动人口承受范围。医疗体制改革进一步深化之后，医疗服务市场化不断加强，医疗费用价格逐年攀升。而且供需双方信息不对称，医疗服务市场失灵，导致看病贵、以药养医等一系列社会问题；④流动人口医疗保障不完善。部分地区尚未出台专门针对流动人口的医疗保障政策，尤其是在地级以下城市存在较大空白，而且跨地域流动人口医疗保险转移接续问题尚未解决，那么对于这类人群来说，相当于没有医疗保障。虽然一些城市政府已经推出关于农民工或流动人口的医疗保障制度，但大多数医疗保险均与用人单位建立关系，没有用人单位的保障，这些人口的医疗保险则无法进行，农民工中有大量人口在非正规部门就业，其医疗保障问题无法得到实质解决。而现有的城镇职工医疗保障只适用于与城镇用人单位建立劳动关系的农民工，生产企业为降低劳工成本，往往选择规避社会保险。这就使得流动人口对于医疗费用的承担多以自费为主，

---

❶ 薛德升，蔡静珊，李志刚. 广州市城中村农民工医疗行为及其空间特征——以新凤凰村为例 [J]. 地理研究，2009（5）：1341-1351.

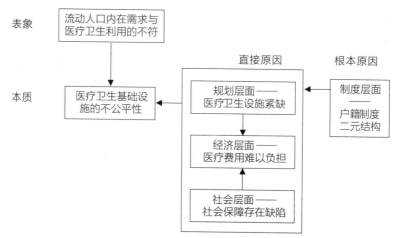

图 6-1-1 流动人口医疗卫生问题原因示意图

医疗保障制度有名无实、有始无终，大大削减了流动人口的就医积极性；⑤户籍制度限制产生"非市民化"根本障碍。改革开放以来，随着一系列控制城乡人口迁移制度的弱化和松动，大量农村劳动力在城市更高收入和更多就业机会的诱导下从农村流向城镇非农产业，完成了人口迁移的第一个过程。但是户籍制度以及基于户籍制度建立的城市偏向的劳动就业制度、社会保障制度却为乡城迁移者在城市定居设置了障碍，迁移的第二个过程无法完成。社会保险供给模式在一定程度上体现了城市的"本位主义"，不能从根本上解决农民工的社会保障问题。

6.2 城市社会规划的内涵

城市社会规划是基于城市不断出现的社会问题产生的。我国城镇化进程中伴生出现的环境污染、交通拥堵等问题与西方国家具有共性，而社会问题的覆盖面之广、严重程度之大是西方国家所没有的，城市社会规划尤为重要。

6.2.1 城市社会规划基本概念

1. 基础设施概念

"基础设施"一词起源于第二次世界大战后的经济学研究领域。其结构由 infra-（基础的、下部的）和 structure（结构）两部分组合而成。由于"基础结构"这个中文名词对其应包含的复杂内容较难理解，故现在一般用"基础设施"来包括其中更多的实质性内容。《韦氏辞典》（Webster's Dictionary）将基础设施定义为由基地、服务训练设施等构成的整个系统，用于部队的军事行动。而《RANDOM HOUSE 全文辞典》（RANDOM HOUSE Unabridged Dictionary）则将其定义为服务于国家、城市或区域的基本的设施和系统，如交通运输、发电站和学校。《美国传统词典》（The

American Heritage Dictionary）解释基础设施是一个社会或团体发挥作用所必不可少的基本的设备、服务和装置，如交通和运输系统、水和能源管道以及学校、邮局、监狱等公共机构。McGraw-Hill 图书公司 1982 年出版的《经济百科全书》对基础设施的解释则相对详细，是指那些对产出水平或生产效率有直接或间接的提高作用的经济项目，主要包括交通运输系统、发电设施、通信设施、金融设施、教育和卫生设施。中国《辞海》（1999）界定基础设施是为工业、农业等生产部门提供服务的各种基本设施，包括铁路、桥梁、机场、仓库、动力、通信、供水以及教育、科研卫生等部门的建设❶。

与规划联系最密切的是英国学者威迪克（Arnold Whittick）主编的《城市规划大百科全书》定义基础设施是一个广泛用于规划的概念，指与城市社区的生活联系在一起的设施和服务。在一个健康的城市社区中，这样的一些基础设施有助于经济的发展和社会生活的进步。主要包括交通设施、通信设施、能源动力设施、商业设施、住宅、学校、文化休闲娱乐设施等❷。可以看出，许多辞典和著作在解释"基础设施"所包含的内容时都采用不完全列举法，并涉及教育、邮政、文体休闲、卫生等"公共服务设施"领域内的内容。我国城乡建设环境保护部与国家计委、财政部等单位在北京召开的首次"城市基础设施学术讨论会"（1985 年 7 月）上将城市基础设施定义为既为物质生产又为人民生活提供一般条件的公共设施，是城市赖以生存和发展的基础。

基础设施有广义和狭义之分：狭义的基础设施专指提供有形产品的部门，如交通部门和动力部门；广义的基础设施还包括文教体卫等提供无形产品的部门，以及一个组织有序的政府和政治体制。此外，基础设施还可以分为生产性基础设施和非生产性基础设施：生产性基础设施是指直接为物质生产部门服务的铁路、公路、供水等部门；非生产性基础设施是指与生产过程发生间接联系的教育、科研和卫生等部门。目前普遍认同和广泛接受的是《1994 年世界银行发展报告》中的分类方式：①经济基础设施。为永久性的工程构筑、设备、设施和它们所提供的为居民所用和用于经济生产的服务，包括公用事业❸、公共工程❹以及其他交通部门❺；②社会基础设施。包括文教、医疗保健等方面❻。

---

❶ 《辞海》（1999）：基础设施（基础结构）作为经济术语 20 世纪 40 年代开始出现于西方，后为世界各国广泛采用。

❷ Encyclopedia of urban planning，1974.p.553.

❸ 包括电力、管道煤气、电信、供水、环境卫生设施和排污系统、固体废弃物的收集和处理系统。

❹ 包括大坝、灌渠和道路。

❺ 包括铁路、城市交通、海港、水运和机场。

❻ 世界银行 . 1994 年世界银行发展报告：为发展提供基础设施 [M]. 北京：中国财政经济出版社，1994：13.

2. 社会基础设施概念

（1）社会基础设施概念

社会基础设施是"社会性基础设施"（social infrastructure）的简称，我国最早出现于《城市规划基本术语标准》（GB/T 502080—98），其中将城市基础设施（urban infrastructure）定义为城市生存和发展所必须具备的工程性基础设施和社会性基础设施的总称。社会基础设施是指为人民提供公共服务产品的各种公共性、服务性设施。公共服务（public service），包括教育、科技、文化、卫生、体育等公共事业，是社会公众参与社会经济、政治、文化活动的场所，是提供公共服务、体现社会公平的物质载体。我国管理实践中有很多相似的提法，如较多被提及的是"公共建筑"，这在《辞海》和《汉语大词典》中有专门的条目❶，在《村镇规划标准》中也有所体现❷。也有用公共服务设施替代社会基础设施，如《城市居住区规划设计规范》（GB 50180—2002）第 6.0.1 条规定，公共服务设施是居住区配建设施的总称，包括教育、医疗卫生、文化体育、商业服务、金融邮电、社区服务、市政公用、行政管理及其他八类。一些学者认为"社会性基础设施"能更好地概括公共服务领域的设施及内容，其理论具有更强的历史延续性。

不同领域对公共服务设施的界定有较大差异，《土地管理法》称为公共设施，《土地利用现状分类标准》（GB/T 21010—2007）将公共服务设施用地称为"公共管理与公共服务用地"，在其亚类中包括公共设施用地，其内容在城市规划管理中指的是"市政用地"。即使同一部门，对公共服务设施的表述也有很多。以城市规划管理部门为例，除了前面所提的公共建筑，还有《城市规划法》的公共设施，《城乡规划法》则统一成"公共服务设施"，在涉及乡村的部分仍沿用公共设施的称谓。常见的还有公用设施、公共事业设施（public utilities）以及生活服务设施等提法，在实际工作中，因经常与民政部门管理的社会事业和社会服务等概念发生交叉，有时也称社会事业与公共服务设施。

西方国家对公共服务设施也没有明确的定义，更多采用"社区设施"（community facilities）等社会性、福利性基础设施的说法，并指明了包括居民住宅、医疗卫生、文化教育、幼儿保健等设施。世界银行称其为社会基础设施，而在日文中又称生活基本设施❸。

---

❶ 《辞海》（1980，p281），《汉语大词典》（1998，vol2，p60）中公共建筑：进行社会活动的非生产性建筑物。

❷ 《村镇规划标准》（GB 50188—93）（已废止）公共建筑用地：各类公共建筑物及其附属设施、内部道路、场地、绿化等用地。包括行政管理用地、教育机构用地、文体科技用地、医疗保健用地、商业金融用地、集贸设施用地。

❸ 毛其智（2008）："基础设施"一词的起源之一，曾见于 1950 年代初北大西洋公约组织对一个国家发动和应付战争能力的研究，之后成为发展经济学的研究内容。

（2）社会基础设施属性

对事物基本属性的探究有利于深刻了解事物的本质及内涵。从构词及功能分析方面对公共服务设施的基本属性进行还原：公共服务设施可拆解为公共（的）、服务和设施三个词语或者是公共服务与设施两个词语，从拆分中可以看出，公共性与服务性是公共服务设施的最基本属性，而服务的指向是大众并非私人，这说明公共服务具有非排他性和非竞争性属性。随着技术和社会的进步，公共服务设施的范畴和属性也在发生变化，比如因特网即可以认为同时具备了"生产性"和"非生产性"。

城市规划中公共基础设施规划对象包含了两类：①纯公共产品。即向全体社会成员共同提供的且在消费上不具竞争性、受益上不具排他性及效用的不可分割性的物品或劳务。典型的纯公共产品有国防、公安、司法、政府行政管理部门、环境保护等；②准公共物品。包括能源、交通、通信、邮政、教育、广播电视、市政公用基础设施（给排水、环卫、公交）、医疗保健、信息服务等。介于公共产品与私人产品之间的混合产物，既具有私人物品或劳务的特性，又具有公共产品的特性，这种物品或劳务的效用虽为整个社会成员所共享，但在消费上具有一定程度的竞争性，其效用名义上是向全社会提供的，即谁都可以享用，但在受益上却可以排他，即谁花钱谁受益。市场机制在其供给过程中发挥越来越大的作用，然而它不同于私人产品的特性又使得政府补贴或其他方式的政策供给是必要的，而这一过程正是政府与市场相互配合的过程。因此，在进行准公共物品的规划配置时，公平、公正仍然是规划的核心准则，同时，市场效率以及需求层次也是需要纳入考虑范围的❶。强调各种公共服务设施在供给机制层面上的不同之处，目的是对设施的公益性或经营性的细化，可以直观地反映不同公共服务设施规划、建设、经营管理的状况。

（3）社会基础设施分类

尽管对基础设施的内容、性质、职能和分类方式等有不同的观点和认识❷，但从城乡规划角度出发，城市基础设施分为城市工程性基础设施和城市社会性基础设施两大类。几乎所有涉及公共服务设施具体内容的规范和文献，都采用不完全列举法，这也侧面说明了随着技术和社会的进步，公共服务设施所涉及的内容是不断发生变化的。

从城市居住区公用设施用地分类的演变来看，配套的公共服务设施趋于逐渐完

---

❶ 彭阳. 中国城市规划中的社会规划初探 [D]. 华中科技大学，2006.

❷ 毛其智（2008）：德国（R.Jochimsen，《基础设施的理论》，1966）分为物质性的基础设施（material infrastructure）、制度体制方面的基础设施（institutional infrastructure）和个人方面的基础设施（personal infrastructure）；美国分为服务性和生产性基础设施；苏联（B.H. 马列斯等，《城市和地区经济社会发展的综合计划》，1978）分为生产基础设施、社会生活基础设、社会事业基础设施。

善,金融邮电、市政公用设施体现在 1980 年代到 1990 年代居住区用地分类的变迁中。2002 年版《城市居住区规划设计规范》把居委会、社区服务中心、老年设施等称为社区服务类,把其他类与行政管理合称为行政管理及其他类,调整后分成八类,镇公共服务设施则趋于简单（表 6-2-1）。

各类规范中公共服务设施分类　　　　　　表 6-2-1

规程规范	城市规划定额指标暂行规定	城市居住区规划设计规范	城市居住区规划设计规范	镇规划规范
发布时间	1980 年	1993 年	2002 年	2007 年
一级类	教育 医卫 文体 商业服务 经济 行政管理 其他	教育 医疗卫生 文体 商业服务 金融邮电 行政管理 市政公用 其他	教育 医疗卫生 文化体育 商业服务 金融邮电 社区服务 市政公用 行政管理及其他	教育机构 医疗保健 文体科技 商业金融 集贸设施 行政管理

公共服务设施一般按照服务范围和使用频率设置,这两种划分方式虽然划分标准的内涵不一样,但在划分结果的外延上有很大的相似之处。按照服务范围城市公共服务设施分为三级:①市级或副市级,包括各类行政管理和公共机关团体、大型文化娱乐、体育、旅游设施等;②地区或居住区级,包括教育、卫生、邮政、商业饮食服务业等;③小区或街坊级,包括日常生活所必需的小学校和托幼园所、蔬菜和油盐杂货店、小吃店等。不同级别配置内容存在差异,级别越低,服务范围越小,但使用频率也越高。按照使用频率城市公共服务设施可分为日常型(每天或每一两天就要使用的)、经常型(每三五天或每一两周要光顾的)和偶然型(一般要一到数月或更长时间才有接触的)三类。从其数量和空间分布可以发现,使用频率高的配置多,相隔距离小,使用频率低的,空间距离大,这在一定程度上反映了服务设施符合"中心地"配置。

3. 城市社会规划内涵作用

（1）城市社会规划内涵

社会规划关心非经济的发展,着力于实现人固有的权利和目标,是一种依靠于人、服务于人的实践形式,是一种人们主动参与的政策制定过程。中国社会的剧烈变动与城市规划的社会关注不足成为城市规划引入社会规划的必要性原因,城市规划领域试图通过社会规划（公共服务的空间提供）解决流动人口社会公平问题以适应新的形势。而城市规划与社会规划的深厚渊源以及它们在研究内容和实践领域的交叠为将社会规划引入城市规划提供了可能性。

社会规划与城市规划相结合的社会规划或者说"城市社会规划"，具有社会规划与城市规划的双重属性。社会规划引入机制的最根本内容是社会关注与社会发展的价值观对于规划人员的渗透，它研究的社会问题更具有空间属性，是在充分的社会调查研究基础之上，明确了突出的社会问题和矛盾，确定社会目标，通过空间规划来回应社会问题。但是，社会规划对于空间的研究并不能取代城市规划关于土地利用和空间布局的研究，而是解读空间形态形成背后的社会渊源和机制，同时为空间布局方案提供社会角度的建议，为规划决策提供依据。总之，当前城市规划中的社会规划或者说"城市社会规划"是以改善城市生活环境和生活质量为最终目标，强调规划者应关注其工作对于社会福利和社会整体发展的影响，并确保社会目标在规划工作中的核心地位 ❶。

（2）城市社会规划作用

当前城市规划体系中社会规划应作为专项规划形式存在，并起到两个方面的作用：①借社会规划的研究方法与核心理念来解析权力与空间资源分配背后的社会机制，将以人为中心的社会关注作为对规划中规范理论的补充，在新的时代背景下对社会经济、居民需求、生活方式、现有设施使用等因素进行深入研究，使城市规划的空间资源配置更加有效；②借空间安排对社会需求作出有效的回应，提升规划策略的社会适宜性，并在一定程度上缓解社会矛盾，解决社会问题。因此城市规划和建设的对象不仅仅是城市本身，还应包括掩盖在更广泛城市环境概念下的社会生活，因而需要在规划中纳入对空间社会属性和权力维度的关注 ❷。

6.2.2 城市社会规划基本理论

城市社会规划的理论来源是社会学理论（主要是应用社会学）和规划学理论：①社会公平理论是解决城市社会规划的核心价值观及必要性这一前置性问题，来阐释城市社会规划的"目的作用"问题；②社会—空间辩证法理论解释各种社会现象及其与物质空间的关系，在城市规划解决空间问题时，其空间上承载的社会是决定空间发展的重要因素，是城市规划必须考量的内容和关注的重点，回答"机制过程"的问题；③次优理论是阐释公共服务配给的基本原则，回答"程度"的问题；④社会需求范畴理论在阐释人的需求的基础上用规划学理论指导决策和规划的制定、实施，回答"手段方法"的问题。

1. 社会公平、可持续发展与效率理论

一种经济体制具有公平、发展与效率三个特征，公平即社会公平，是制度选

❶ 刘佳燕. 我国城市规划工作中的社会规划策略研究 [C]// 和谐城市规划——2007 中国城市规划年会论文集. 中国城市规划学会，2007：8.

❷ 刘佳燕. 构建我国城市规划中的社会规划研究框架 [J]. 北京规划建设，2008（5）：94–101.

择主体权利的实现状况，发展是制度的实施给制度选择主体带来的稳定、长期的收益，效率指在短期内资源的配置状况，其中社会公平是经济体制基本的、能够反映其本质的特征。由于我国在经济的高速增长中，效率优先的观念被过度强化，市场经济逻辑也被泛化，结果导致在政治、社会、文化等诸多领域出现了日益严重的问题 ❶。

（1）社会公平理论

社会公平是就人们在社会中的地位而言的，体现人们之间一种平等的社会关系。社会公平是公共制度的本质要求，是市场经济体制的基本内容，是检验经济体制的根本标准，是一种社会理性。哲学层面，公平并不单纯是一种不同社会成员之间利益的增减，它还具有理性的内在"善"的要求，表达的是社会的良知。现代市场经济的公平可以大体概括为生存公平、产权公平和发展公平三个方面，又可分为基础公平与发展公平两个层阶，基础公平是社会的起点公平，是最基本的公平要求，生存权与公共制度的选择权属于此类。发展公平是由机会均等而发展条件不平衡所产生的社会公平，在这种条件下，机会可能是平等的，但由于对机会的利用与把握上存在着差异，因此作为发展公平中的公平与平等并不具有相似的内容，结果也存在着差异。公平的这两个层阶相互依存，基础公平是发展公平形成和发展的基础，而发展公平则是社会公平不断向新的高度发展的条件。如果一个社会实现了生存权与发展权的公平，那么这个社会的有效需求就得到了实现，人们的消费不存在外部性，而有效需求的实现程度则是考察社会福利的可靠指标。如果一个社会实现了制度的公平选择、公共品的公平分配和社会财富的公平分配，那么这个社会必定是一个和谐稳定的社会。社会公平的物化载体是社会基础设施和保障性住房，在一个相对公平的环境下，一个人的需求与利用应该是保持平衡的。

（2）可持续发展理论

可持续发展理论是指既满足当代人的需要，又不对后代人满足其需要的能力构成危害的发展。可持续发展理论基础来自于经济学的增长的极限理论、生态学的生态承载力理论、地理学的人地关系理论和社会学的公平发展理论等，核心理论包括资源有序利用理论、外部性理论、三次生产理论、财富代际公平分配理论，从对于 GNP 的修正、自然资源账户、可持续收入、产品价格与投资评估、环境资源价值公式等方面对传统经济学进行修正。可持续发展强调共同、协调、公平、高效、多维发展，除了经济、环境可持续发展外，强调社会的可持续发展，认为发展的本质应包括改善人类生活质量，提高人类健康水平，创造一个保障人们平等、自由、教育、人权和免受暴力的社会环境。在人类可持续发展系统中，经济发展是基础，

---

❶ 周福安 . 社会公平是现代市场经济体制的根本特征 [J]. 东方企业文化，2007（11）：118–119.

自然生态（环境）保护是条件，社会公平是经济健康发展、环境保护得以实现的机制和目标。

（3）效率理论

传统微观经济学效率理论的核心是利益最大化，但从企业决策角度非理性的效率市场假说、企业外部运行过程中的动态性和企业内部运行过程中的效率低下等方面引申，市场配置并不能完全满足社会需求。效率市场假说（Efficient-market hypothesis）是尤金·法马（Eugene Fama）于 1970 年提出并深化的经济学假说，是金融学最重要的七个理念之一 ❶。其对有效市场的定义是，如果在一个证券市场中，价格完全反映了所有可以获得的信息，那么就称这样的市场为有效市场。此假说并不意味着投资者的投资行为是理性的，其唯一的宗旨是保证在这种投资人随机投资的模式下，不会出现任何人在市场里牟取暴利。"动态效率理论"由德国索托教授提出，他认为动态效率原则可以解释人类社会延续下来的传统伦理，在同等条件下，个人的道德原则越是稳固和持久，就越能激发人们的尊严。

（4）新公共服务理论

以罗伯特·登哈特（Robert B.Dehardt）为代表的一批公共行政学者基于对新公共管理理论的反思，特别是针对企业家政府理论的批判而建立了一种新公共服务理论，它的基本思想是，公共行政人员承担为公民提供公共服务的责任，强调有成效的公民参与应该不以牺牲政府的效率和效能为代价。政府还有一个重要的道德责任，就是确保和证实这些决策产生的过程充分考虑到了社会公平和正义。西方新公共管理学者普遍认为正义是社会制度的首要价值，正像真理是思想体系的首要价值一样 ❷。

2. 公共服务配置理论

（1）社会—空间辩证法理论

传统城市空间研究中，技术传统的天然局限是空间被视为与社会截然独立的客观系统，但事实上空间不仅是社会经济社会活动的物质载体，同时具有特定的社会文化价值和文化精神。社会—空间辩证法（social-spatial dialecits）理论阐释了空间的社会再生产功能，即空间不只作为社会活动的产物，同时具有建构社会的能动性。现实中的城市既非社会经济活动在地理空间的简单投影，也不是完全沿袭规划的理性设计愿景发展，而是社会和空间相互作用的产物。

---

❶ 七个理念：净现值（NET PRESENT value）、资本资产定价模型（The Capital Asset Pricing Model）、有效市场假说（Efficient Markets Hypothesis）、价值可加性和价值守恒原理（value Additivity and the Law of Conservation of value）、资本结构理论（Capital Structure Theory）、期权理论（Option Theory）、代理理论（Agency Theory）。

❷ 王丽娟. 城市公共服务设施的空间公平研究——以重庆市主城区为例 [D]. 重庆大学，2014：33.

（2）公共服务设施区位理论

1968 年 Teitz 发表了《走向城市公共设施区位理论》，讨论在效率与公平的前提下如何最优地布局城市公共设施。他注意到了公共设施与私人设施区位决策的根本差异，并将新古典福利经济学中的公共设施区位分布平衡模型假设纳入一个标准化和数量化的理论框架中，揭示将政治变量纳入区位理论汇总的潜在价值。以 Teitz 最初的系统理论构架为基础，随后数量地理学家和区域科学家根据距离、模型、易接近性、影响和外部效益等区位因素，将研究重点集中在公共设施运行效率和公平上，运用创新的数量统计技巧和标准化的假设来解决福利地理和公共产品分布的问题 ❶。

（3）次优理论

次优理论假设达到帕累托最优状态需要满足十个假设条件，当这些条件至少有一个不能被满足时，满足全部余下的九个条件而得到的次优状态，未必比满足余下九个条件中一部分而得到的次优状态更加接近于十个条件都得到满足的最优效果。所以，当存在一定的约束条件导致最优无法实现时，所得到的次优点不必是最有效率的点。从次优理论可以看出，城市规划作为政府干预市场的形式之一，其最终目的不应该也不可能使城市空间资源配置达到理想的帕累托最优。相反，在政府寻求资源配置次优状态的过程中，城市规划的核心作用应该是保障一定的社会福利水平，城市空间资源配置的次优点不一定是最有效率的点，但一定是社会福利水平相对较高的点 ❷。

（4）需求范畴理论

马斯洛需求层次理论（Maslow's hierarchy of needs），亦称"基本需求层次理论"，是行为科学的理论之一，由美国心理学家亚伯拉罕·马斯洛于 1943 年在《人类激励理论》论文中提出，它将人类需求分成生理、安全、社交、尊重和自我实现五类，依次由较低层次到较高层次。需求层次理论的基础是马斯洛的人本主义心理学，人的内在力量不同于动物的本能，人要求内在价值和内在潜能的实现乃是人的本性，人的行为是受意识支配的，是有目的性和创造性的。由于社会变迁，目前人的需求已没有明确的层次感，该理论于 1982 年被推翻，而是将人的需求进行分类，包括生理范畴（吃、喝、拉、睡、玩、性、衣、住、行，完全出于生理需求）、心理范畴（安全、信任、自尊、自我实现、求知）、社会范畴（隶属、群性、社会强化、社会认同、社会承认、社会赞许），以人的心理范畴为中心，生理需求、心理需求、社会需求三者是同时存在的。

---

❶ 王丽娟. 城市公共服务设施的空间公平研究——以重庆市主城区为例 [D]. 重庆大学，2014：33.
❷ 李迎成，赵虎. 理性包容：新型城镇化背景下中国城市规划价值的再探讨——基于经济学"次优理论"的视角 [J]. 城市规划，2013（8）：30.

6.2.3 西方城市社会规划发展

1. 城市社会规划演进

现代城市规划理论经历了重大变化，甚至是范式的革命与社会性紧密相连，也出现"三代规划理论"的说法。针对规划的结果和手段加州伯克利大学的里特尔（Rittel）教授认为❶，第一代规划理论希望解决的是科学地处理物质性规划问题，使不利因素变得有用，可以成为驯化问题（tame problems），它们一般是可以解决的；第二代规划理论希望解决的是社会性规划问题，这些问题是"恶性"问题（wicked problems），其原因和后果往往互相联系、互为因果而难以区分，又缺乏评价标准，往往无解；西班牙熊旺特（Schonwandt）教授提出第三代规划理论的中心仍然是规划过程，试图把当代欧美规划理论中的三大主流即协作性规划理论、后现代主义规划（post-modemn planning）理论、后实证主义规划（post-positivistic planning）理论进行整合。张庭伟教授解释的"规划工作中的理论"可以理解为应对社会发展出现问题过程中城市规划的处理手段和方式。基于上述城市规划演进的目的、结果、手段和方式将西方城市社会规划分为三个时期❷：

（1）发展起源期：社会福利服务为主导（19世纪末~1930年代）

作为现代意义的社会规划，其起源可以追溯到19世纪末20世纪初，旨在解决城市贫困问题的社会福利服务。当时对于贫困问题的认识分为两派观点：①将其视为个人、群体或阶层的不幸遭遇；②归结于政治体制下的社会剥夺。由此产生两种解决方式。较长一段时间内，以社会福利为基础的规划思想一直是西方国家解决城市贫困、种族隔离等社会问题的主要手段。社会规划这一特定的诞生背景，致使"社会福利规划"在西方国家常常视其为代名词，并直至今日仍在很大程度上主导了社会规划的主要职能。这一现象反映出西方社会两大特征：①国家在此类服务供给中的角色旨在对竞争性的、以个体服务为主导的工业社会中的浪费和破坏现象进行弥补；②西欧和北美发达国家通常没有发展规划，没有整合各部门或领域规划活动全面综合规划，而更多地致力于通过广泛而持续的努力适应社会和经济特征的变化。

（2）发展繁荣期：国家推动下的福利干预（1930年代~1980年代）

1930年代之前，以美国联邦政府为代表的国家政府一直没有过多干预规划领域或社会问题，而当经济大萧条来临、慈善家和政府机构面对迅速蔓延的失业和贫困问题都无能为力时，人们开始突破传统社区范围的社会福利工作，通过大力推行社会政策和社会规划，强化国家和州一级政府的规划职能和行动能力。在此大背景下，

❶ 张庭伟.20世纪规划理论指导下的21世纪城市建设[J].城市规划学刊，2011（3）.

❷ 刘佳燕.国外城市社会规划的发展回顾及启示[J].国外城市规划，2006（2）：51-55.

以美国为首的西方国家开展了青少年动员计划、灰色区域项目、社区行动计划、"模范城市计划"等大规模示范项目，由此西方国家进入福利国家阶段。1960年代似乎所有的城市问题瞬间爆发，促使政府的关注重心从环境建设和土地问题转向城市贫困、种族隔离、弱势群体等社会问题的解决。城市规划也开始对舒适度、经济效率和美学效果这些传统工作重心进行反思，寻求与社会学、社会工作、社会福利、行政管理学等学科领域的结合，从崇尚"技术价值"的技术性工作转向结合政治背景与社会、行为科学支撑的技术和评估。这一时期政府职能和规划专业发展出现重大转折，也成为社会规划研究发展最为迅速、鼎盛时期。

（3）发展转型期：职责下放和地方发展（1980年代～迄今）

进入1980年代，"福利国家"陷入危机，社会规划逐渐淡出国家层面的政治舞台。随着全球化进程的加速，城市社会的多元化发展趋势、土地利用规划的日益复杂以及中央政府社会服务职能的下放，社会规划的中心开始转向地方城市和社区，并在各国特定的政治经济和社会背景下体现出不同的侧重点，如美国的社区组织、英国的社会服务规划、发展中国家的全面社会改革和社会发展规划等。当前社会规划活动开展主要有两种途径：①地方政府通过专门设立社会规划部门或社会规划顾问委员会，负责相关规划的制定和实施；②鼓励并倡导各级社会志愿者和非营利机构积极参与。社会规划发展主要有五种趋势：①从规划组织的职权主体而言，城市社会规划总的趋势是从联邦/国家向地方的发展，1980年后联邦/国家更多负责宏观社会发展政策，由地方城市/社区承担具体的规划事务；②从规划编制的内容体系而言，从综合理性的福利政策和服务规划向注重个体选择和需求多样化的协同参与计划转变；③从规划的职能定位而言，城市社会规划从防御性的单一导向式规划，向强调主观价值认同和需求多样化的协同参与计划转变；④从规划管理的组织模式而言，城市社会规划由集权化的层级制管理体系向分权化的网络合作模式转变；⑤从规划者的学科背景而言，城市社会规划从服务性的社会福利工作向城市规划、社会工作、行政管理等多学科交叉发展。

2. 城市社会规划功能分类

（1）城市社会规划功能

西方发达国家规划界对城市规划的普遍共识是：规划是通过把专业知识应用于实践行动中来改良社会，根本目的是促进社会发展。理查德·克罗斯特曼（Richard Klosterman，1985）在《规划正悖论》（Arguments for and against Planning）一文中对于城市规划的社会功能作了更为精辟地概述，他认为规划具有四项重大社会功能：①为公共和私人领域的决策提供所必需的信息；②倡导公共利益或集体利益；③尽可能弥补市场行为的负面影响；④关注公共与私人行为的分布效果，努力弥补基本物品分布上的不公平。

（2）城市社会规划分类

西方国家社会规划分为三种模式❶：①以福利政策为核心的防御式社会规划。应用于西方国家，通过社会政策手段影响社会福利领域优先权的决策，类似于社会政策规划，包括社会服务规划、公共服务协调规划、地方福利活动规划、社区组织规划等领域。这种规划模式继承了英美等国传统防御性的福利规划和服务规划，并在其基础上扩展到社会体制改革等宏观领域；②以社会发展为核心的综合式社会规划。普遍应用于发展中国家，自 1960 年代起得到联合国的广泛推广。该规划源自对城市作为复杂社会系统的认识，强调通过空间、经济、社会等综合规划引导手段，关注社会的全面发展，并推动社会公正和公民参与。规划实施需要强大的政治意志推动力和民主政治机制以及规划、决策和资金权力的下放、地方自治组织的发展、发展能力和规划技术的升级等背景条件；③以地方协作为核心的新型社会规划。近年来在北美、澳洲等地出现的社会 / 社区规划为代表，重心多集中在地方城市和社区层面，强调通过地方政府、社会团体和公众的协商谈判，实现社区生活品质的提升。这些新型模式的发展依托于这些发达国家中城市建设已相对平稳的时代背景，更来源于当地特有的哲学基础和社会动力机制，包括倡导式实用主义哲学的广泛普及以及拥有雄厚社会参与基础的城市管制结构。地方协作式规划的实施需要从城市整体发展角度进行资源配置和协调的上位规划予以指导，与土地利用、经济发展等其他手段共同实施。

3. 社会基础设施的供给模式

当今世界各国都十分重视加强公共服务，按照公共基础设施供给主体划分为三种模式。

（1）传统供给模式

城市公共基础设施的供给主体是政府，其理论基础主要基于萨缪尔森的公共物品理论和凯恩斯的市场失灵理论❷。一些特殊类型公共设施，包括垄断倾向设施、投资巨大或受益不确定设施、外部效应及生产者和消费者知识信息不对称设施，其市场供给低效率，可能导致市场失灵。基于社会公平的考虑，作为公民，不论居民是否有能力或付费意愿，都有权利享有由政府主导供给的某些基本公共产品和服务，如教育和医疗健康服务设施。

（2）市场化供给模式

新自由主义兴起后，提倡自由价值观，反对国家干预，如新古典经济理论和政府失灵理论都强调市场竞争机制的效率，提倡在公共服务供给领域引入市场机制。

---

❶ 刘佳燕. 转型背景下城市规划中的社会规划定位研究 [J]. 北京规划建设，2008（4）：101-105.

❷ 陈共. 财政学（第七版）[M]. 北京：中国人民大学出版社，2012：31.

市场化供给模式的理论基础是新公共管理理论，涉及政府职能边界的转变，强调政府角色应侧重于效率管理而非直接控制，强调利用社会资源而非垄断资源。政府主导的公共服务的非竞争提供将导致分配低效和生产低效，政府有责任保证公共服务供给，但应该实现政府角色由实际生产者向提供者的转变，更多关注公共服务供给的政策标准制定、组织安排、融资及生产者规范 ❶。

（3）第三部门供给模式

第三部门也称非营利组织，指不以营利为目的的社会组织。新公共管理运动的发展使政府权力和功能被不断分解、下放和取代，产生了大量具有管理和供给公共服务职能的民间机构，如第三类组织、NGO 和中介代理机构等。第三部门的出现是公共设施服务的市场和政府供给不足以及公共设施或服务提供者与购买者之间的合同关系难以确立的结果。非营利组织出于对名声的关注而保证服务提供质量，不会为了追求利润而降低品质，公共物品和服务若由非营利组织的第三部门完成，生产者的欺诈行为便会得到有力的遏制。现实中非营利组织服务提供高度集中在一些具有一定的公共物品性质的服务领域。

6.3　城市社会规划研究

6.3.1　城市规划社会性考量

1. 我国城市规划的经济传统

与西方城市规划的社会传统不同，创建于计划经济时代并继承了苏联模式的中国城市规划的经济发展依据是由国家计划经济部门制定的，国家计划和城市规划作为一个整体，城市规划部门的责任是对国民经济计划的继续和具体化，社会矛盾的解决主要依赖于民政部门，这时的城市规划工作者不用为寻求社会经济发展依据操心 ❷。虽然城市规划目标是在上述工作的基础上进行物质环境规划，更多定位于技术工程领域，以保证经济发展目标的顺利实现，但工作对象是城市社区，规划对具体项目厂区的布局和职工生活居住设施给予全面的考虑，封闭地解决企业职工的生产生活的全部需求，因此其社会性属性彰显，较好地解决了当时的社会生活问题。

自 1958 年起我国的计划经济遭受到冲击，"大跃进"及其随后的天灾人祸造成物质供应的严重不足，"文化大革命"使许多国营企业生产失控、停顿，国家计划部门已经不可能提供指导城市发展的国民经济发展计划，这时对规划工作真正起权威作用的是城市主管领导按照主观愿望提出的人口规模，而所有社会设施的布局也按

---

❶　周春山，高军波 . 转型期中国城市公共服务设施供给模式及其形成机制研究 [J]. 地理科学，2011（3）：272–279.

❷　金经元 . 社会、人和城市规划的理性思维 [M]. 北京：中国城市出版社，1993：78.

照这样凭空设想的数据进行布局，缺乏令人信服的社会基础。改革开放后规划理论和方法有很大发展，从依靠国家计划变为适应市场经济，经济为中心使得城市规划听从社会的强势群体（官员、老板、开发商）的摆布，忽略了社会底层居民的基本需求和发展需要。

2. 城市社会规划阶段确认

根据西方理论阶段划分，结合我国发展实际的判断"对号入座"，我国城市规划发展应处于西方城市规划"纯理论"角度的第二代规划理论阶段和"规划工作中的理论"角度的第三阶段，类似于美国 1970 年代面临社会和经济的双重转型，城市生活中各种社会问题复杂多变，互为因果，演变为社会"恶性"问题。社会问题的矛盾直接或间接地影响城市空间的变化，现有规划体系、方法使得城市空间与社会发展的纽带存在断裂，社会的复杂性与多变性也往往使规划师无所适从，有意无意地忽视了其对提高城市发展、社会绩效应具有的角色和作用。城市规划的社会责任感先天不足的前提下又后天失调，使得规划界运用传统城市规划理论与方法应对目前复杂的社会变化显得力不从心。

6.3.2　社会基础设施的供给

1. 社会基础设施的供给演进

我国的社会基础设施供给大致分为五个阶段：①完全政府主导阶段（1949~1977年）。我国实行计划经济，公共基础设施完全由政府主导建设，几乎完全没有市场的参与；②改革探索阶段（1978~1984年）。主要针对以前长时间的发展停滞进行恢复和整顿，重点集中在对科技、教育和医疗卫生等领域的改革探索，但基本上还在沿用计划经济时代的管理体制；③全面改革阶段（1985~1992年）。我国先后公布和执行了对科学技术、教育、文艺、体育以及医疗卫生体制等一系列的改革决定等纲领性文件；④结构性调整阶段（1993~2000年）。十四大后公共事业部门改革进入了以转变政府职能为核心的行政机构改革，在此背景下公共服务体制进行结构性调整，公共服务领域引入了市场招标投标的竞争机制，公共服务体系逐步从政府主导向市场化转变；⑤多元化发展阶段（2001年~迄今），2001年底国家计委颁布的《关于促进和引导民间投资的若干意见》（计投资[2001]2653号）提出鼓励和引导民间投资参与经营性基础设施和公益事业项目建设，随后出现多项政策文件，极大地刺激了非公有资本投资公用事业的积极性，公共服务市场化改革全面实施，开启了政府公共基础设施供给主体地位与民营企业、外资企业等服务主体相互融合的多元化发展模式。

2. 社会基础设施供给的困境

无论是由政府主导的模式，还是引入市场机制、第三部门的供给模式，虽然各国都对融资、建设、运营各个方面的合作机制做了多方探讨和尝试，也提出了不少行之有效的模式，但是在实践过程中依然存在着各种困境。

（1）政府供给模式困境

社会基础设施建设的政府供给模式面临如下困境：①行政人员的有限理性。政府行政人员不可能获得决策所需的全部信息，获取全部信息也是不经济的，同时他们没有时间和精力设计出可供选择的全部方案，决策者也不能保证选择出最优的方案，因此最后的结果只能是在信息和能力限制下一个比较满意的方案；②政府利益对公共利益的偏离。无论是在学术上，还是在实践过程中，公共利益的界定都是个难题。政府并非天然追求公共利益，更多的是追求政府利益和部门利益。因此，只通过政府来供给体现公共利益的公共基础设施显然不能保证公平；③垄断引发的效率、效益低下。社会基础设施供给中的政府垄断同时体现在生产、销售和价格方面。政府供给公共基础设施所需的经费具有非价格来源，即来自政府的税收、捐赠或其他提供给政府的非价格收入来源，这使得非市场产出的价值同生产它的成本割裂开来，政府机构通常缺少成本效益分析的动力，而且由于纳税人、立法机构无法获得对称的信息，所以对垄断的控制力难以保障。

（2）市场供给模式困境

社会基础设施建设中引入市场机制也面临困境：①公共物品的非排他性。按照谁受益谁负担的原则，社会基础设施的成本理应由受益者共同负担，但是对于非排他性的公共物品而言，无法排除有人免费使用，当免费使用的人数增加到一定程度时，私营部门供给就无法盈利，导致其丧失供给的积极性；②寻租行为造成的契约失灵。市场以契约为约束机制，但是人们会为了寻得直接非生产性利润而从事非生产性的追求利益的活动，即寻租。直接非生产性的超额利润主要通过创新、承担风险和垄断产生。公共基础设施中的寻租是由特权造成的垄断的结果，如某些私营部门可能通过行贿方式获得特别生产许可权或销售权，这种寻租行为破坏了市场的契约基础，因而造成了低效率；③公共基础设施的质量低下。由于私人机构的力量有限，同时缺乏长远的视野和统筹的观念，在没有统一规划而单靠利润指引的供给下，容易造成浪费和不均衡，使得基础设施的整体质量低下。

（3）多主体供应机制下的合作困境

在引入私人机构参与公共基础设施建设的项目中，参与主体可以分为项目所在国政府或有关机构、私人机构、项目组织机构三类，然而各个参与方的目标并不是完全一致的，这就造成了代理问题：①项目所在国政府或有关机构参与项目的目标总的来说可以分为两个层次，低层次目标是特定项目的短期目标，即改善公用设施的服务。高层次目标是引入私人机构参与公共基础设施建设的综合的长期目标，即使政府的支出体现为资金的价值。如果风险与报酬达到平衡的话，那么引进私人机构可以使短期目标得到有效地实现；②私人机构参与者的短期目标是获得利润，长期目标是在公共基础设施建设的市场中保持竞争优势，增加市场份额；③项目组织机构总的目标就是建设公共基础设施，提供有效、高质量的服务❶。因此协调和制衡三类主体的组织机构设置是影响项目实施的关键因素，也是多元主体公共基础设施建设模式探讨的重点。

6.3.3 流动人口的政策研究

1. 公共服务总体政策

2006 年党的十六届六中全会提出基本公共服务均等化，此后我国相继出台多个以保障农民工基本权益为主的政策文件（表 6-3-1），从转变流动人口管理观念、流动人口权益保障，扩大流动人口融合范围，将流动人口纳入城市公共服务体系等方面作出政策规定。

2. 教育政策制度分析

流动人口的家庭流动趋势出现，子女教育成为对城市公共设施最首要的需求，纵观北京市乃至东南沿海省市近几年的清理整顿流动人口政策，首当其冲的就是教育政策，流动儿童的教育值得全社会关注。

（1）国家层面政策解读

国家层面关于流动儿童入学的规定主要有四个法律文件：① 1998 年 3 月原国家教育委员会、公安部发布的《流动儿童少年就学暂行办法》（教基 [1998]2 号）第七条规定，流动儿童少年就学，以在流入地全日制公办中小学借读为主，也可入民办学校、全日制公办中小学附属教学班（组）以及专门招收流动儿童少年的简易学校接受义务教育；② 2001 年 5 月国务院发布的《关于基础教育改革与发展的决定》（国发 [2001]21 号）第二条规定，要重视解决流动人口子女接受义务教育问题，以流入地区政府管理为主，以全日制公办中小学为主，采取多种形式，依法保障流动人口子女接受义务教育的权利；③ 2003 年 8 月国务院办公厅转发教育部等六部门的《关于进一步做好进城务工就业农民子女义务教育工作的意见》（国发 [2003]78 号）第二条规定，进城务工就业农民流入地政府负责进城务工就业农民子女接受义务教育工作，以全日制公办中小学为主；④ 2006 年 9 月 1 日施行的《义务教育法》第四十三条规定，父母或者其他法定监护人在非户籍所在地工作或者居住的适龄儿童、少年，在其父母或者其他法定监护人工作或者居住地接受义务教育的，当地人民政府应当为其提供平等接受义务教育的条件。

上述四个重要法律政策都明确规定了"两为主"的原则，即以流入地区政府管理为主，以全日制公办中小学为主。从政策轨迹分析出现三大跨越：① 1998 年发布

---

❶ 张晓波. 对城市轨道交通投融资模式的认识与实践 [D]. 重庆大学，2005.

关于农民工问题的政策文件梳理　　　　　表 6-3-1

时间	领域	政策文件	内容
2006 年	关注农民工就业	《关于推进社会主义新农村建设的若干意见》	加快建立有利于逐步改变城乡二元结构的体制，实行城乡劳动者平等就业的制度
	扩大流动人口融合的范围	《关于解决农民工问题的若干意见》	要求中小城市和小城镇要适当放宽农民工落户条件，大城市要积极稳妥地解决符合条件的农民工户籍问题
2007 年	流动人口纳入城市公共服务体系	《关于进一步加强流动人口服务和管理工作的意见》	有条件的地区要逐步实行居住证制度，把流动人口服务和管理工作纳入本地区国民经济和社会发展规划，在制定公共政策、建设公共设施时，统筹考虑长期生活在本地的流动人口对公共服务的需求，逐步建立健全覆盖流动人口的公共服务体系
	转变流动人口服务理念	《关于进一步加强流动人口服务和管理工作的意见》	提出"公平对待、搞好服务、合理引导、完善管理"的工作方针
2008 年	关注农民工外出就业保障、生活质量和社会地位	《关于切实加强农业基础建设进一步促进农业发展农民增收的若干意见》*	进一步完善农民外出就业的制度保障，切实提高农民工的生活质量和社会地位
	关注农民工就业培训和城乡权益保障	《关于切实做好当前农民工工作的通知》	采取多种措施促进农民工就业；加强农民工技能培训和职业教育；大力支持农民工返乡创业和投身新农村建设；确保农民工工资按时足额发放；做好农民工社会保障和公共服务；做好农民工社会保障和公共服务；切实保障返乡农民工土地承包权益
2009 年	鼓励农民工就业创业	《关于 2009 年促进农业稳定发展农民持续增收的若干意见》*	积极扩大农村劳动力就业；城乡基础设施建设和新增公益性就业岗位尽量多使用农民工；落实农民工返乡创业扶持政策
2010 年	鼓励农民工就近就业创业	《关于加大统筹城乡发展力度进一步夯实农业农村发展基础的若干意见》*	建立覆盖城乡的公共就业服务体系，将农民工返乡创业和农民就地就近创业纳入政策扶持范围
	关注农民工培训	《关于进一步做好农民工培训工作的指导意见》	按照培养合格技能型劳动者的要求，逐步建立统一的农民工培训项目和资金统筹管理体制，使培训总量、培训结构与经济社会发展和农村劳动力转移就业相适应
	关注农民工工资保障	《关于切实解决企业拖欠农民工工资问题的紧急通知》	深入开展农民工工资支付情况专项检查，切实维护农民工的合法权益；督促企业落实清偿被拖欠农民工工资的主体责任；加大力度解决建设领域拖欠工程款问题；加快完善预防和解决拖欠农民工工资工作的长效机制；地方各级人民政府要进一步健全应急工作机制，完善应急预案，及时妥善处置因拖欠农民工工资问题引发的群体性事件

续表

时间	领域	政策文件	内容
2010年	农民工在家庭服务业就业	《关于发展家庭服务业的指导意见》	鼓励农村富余劳动力、就业困难人员和高校毕业生到家庭服务业就业、创业
	关注农民工权益保障	《社会保险法》	进城务工的农村居民依照本法依照规定参加社会保险
	关注农民工基本公共服务制度及输入地基本公共服务	《"十二五"规划》	以输入地政府管理为主，加快建立农民工等流动人口基本公共服务制度，逐步实现基本公共服务由户籍人口向常住人口扩展。结合户籍管理制度改革和完善农村土地管理制度，逐步将基本公共服务领域各项法律法规和政策与户口性质相脱离，保障符合条件的外来人口与本地居民平等享有基本公共服务。积极探索多种有效方式，对符合条件的农民工及其子女分阶段、有重点地纳入居住地基本公共服务保障范围
2011年	关注农民工户口迁移问题及权益保障	《关于积极稳妥推进户籍管理制度改革的通知》	分类明确户口迁移政策；依法保障农民土地权益；着力解决农民工实际问题；切实加强组织领导
2012年	关注农村人才培训及鼓励农民工返乡创业	《关于加快推进农业科技创新持续增强农产品供给保障能力的若干意见》*	大力培训农村实用人才，对符合条件的农村青年务农创业和农民工返乡创业项目给予补助和贷款支持
2013年	关注户籍制度改革及农民工城镇化	《关于加快发展现代农业，进一步增强农村发展活力的若干意见》*	把推进人口城镇化特别是农民工在城镇落户作为城镇化的重要任务；加快改革户籍制度，落实放宽中小城市和小城镇落户条件的政策
	关注农民工工作的组织领导工作	《关于成立国务院农民工工作领导小组的通知》	主要职责为组织拟订和审议农民工工作的重大方针、政策、措施，组织推动农民工工作，督促检查各地区、各部门相关政策落实情况和任务完成情况，统筹协调解决政策落实中的重点难点问题；组成人员为各部委领导人员
2014年	关注农民工市民化及公共服务均等化	《关于全面深化农村改革加快推进农业现代化的若干意见》*	加快推动农业转移人口市民化；积极推进户籍制度改革，建立城乡统一的户口登记制度，促进有能力在城镇合法稳定就业和生活的常住人口有序实现市民化；全面实行流动人口居住证制度，逐步推进居住证持有人享有与居住地居民相同的基本公共服务，保障农民工同工同酬；鼓励各地从实际出发制定相关政策，解决好辖区内农业转移人口在本地城镇的落户问题
	关注农民工创业就业及农民工市民化	《关于进一步做好为农民工服务工作的意见》	积极探索中国特色农业劳动力转移道路，着力稳定和扩大农民工就业创业，着力维护农民工的劳动保障权益，着力推动农民工逐步实现平等享受城镇基本公共服务和在城镇落户，着力促进农民工社会融合，有序推进、逐步实现有条件有意愿的农民工市民化

时间	领域	政策文件	内容
2015 年	鼓励农民工返乡创业及输出地城镇化	《关于支持农民工等人员返乡创业的意见》	加快建立多层次、多样化的返乡创业格局，全面激发农民工等人员返乡创业热情，创造更多就地就近就业机会，加快输出地新型工业化、城镇化进程，全面汇入大众创业、万众创新热潮，加快培育经济社会发展新动力，催生民生改善、经济结构调整和社会和谐稳定新动能
2016 年	推进农村劳动力转移就业创业和农民工市民化	《关于落实发展新理念加快农业现代化实现全面小康目标的若干意见》*	进一步推进户籍制度改革，落实 1 亿左右农民工和其他常住人口在城镇定居落户的目标，保障进城落户农民工与城镇居民有同等权利和义务，加快提高户籍人口城镇化率；全面实施居住证制度，建立健全与居住年限等条件相挂钩的基本公共服务提供机制，努力实现基本公共服务常住人口全覆盖
	解决农民工工资拖欠	《关于全面治理拖欠农民工工资问题的意见》	要落实各类企业包括建设领域施工企业依法按月足额支付工资的主体责任；健全工资支付监控和保障制度；完善企业守法诚信管理制度，建立拖欠工资企业"黑名单"制度，建立健全企业失信联合惩戒机制；加强建设资金监管、规范工程款支付和结算行为、改革工程建设领域用工方式等政策措施，从源头上预防和减少拖欠工资问题
2017 年	关注农民工就业创业及权益保障	《关于深入推进农业供给侧结构性改革加快培育农业农村发展新动能的若干意见》*	健全农业劳动力转移就业和农村创业创新体制。完善城乡劳动者平等就业制度，健全农业劳动力转移就业服务体系，鼓励多渠道就业，切实保障农民工合法权益，着力解决新生代、身患职业病等农民工群体面临的突出问题；支持进城农民工返乡创业，带动现代农业和农村新产业新业态发展

了《流动儿童少年就学暂行办法》后，进入公办中小学以借读为主，流入地政府一般收取借读费，但经济的原因还是阻却了相当数量的农民工子女入学；② 2003 年 8 月国务院办公厅转发的意见明文废止借读费，一半以上的农民工子女得以进入公办中小学；③ 2006 年 9 月《义务教育法》确立了流入地人民政府应当提供平等接受义务教育的条件，明确流动人口本身就是流入地的建设者，其子女的义务教育理应由流入地政府承担，在流入地政府的财政状况相对宽裕的情况下满足流动少年儿童就近入学的客观需要，便于流动少年儿童更好地融入当地社会❶。

（2）地方层面政策分析

在国家教育政策的大背景下，地方政策并未实现上传下达。以北京市为例，2005 年之前北京市对于打工子弟学校的工作思路是"扶持一批，审批一批，淘汰一批"，对待打工子弟学校的态度在 2006 年之前是属于比较温和的，以引导为主，

---

❶ 李方平、胡星斗：关于慎重处理打工子弟学校问题的公民建议书。
http://www.ccwlawyer.cn/ShowArticle.asp?ArticleID=1254

成为全国流动人口管理的典范。2006 年之后政策和政府相关态度急转直下，7 月中旬北京市政府办公厅下发通知要求对未经批准流动人员自办学校"分流一批，规范一批，取缔一批"。按照这一思路北京市进行了大规模的治理，一批未经批准的、窝棚式的学校被取缔（约 20 余所）。2011 年 8 月北京市对打工子弟学校实施新一轮的治理，约 30 所学校被关停，涉及学生 1.4 万人。2012 年 6 月北京市大兴、朝阳、海淀区近 30 所打工子弟学校相继收到关停通知，主要针对没有办学许可证、房产证以及校舍为违法建筑存有安全隐患等问题，涉及近 3 万学生。2015 年疏解非首都功能又关停了大量打工子弟学校，学校数量明显减少。其政策变化逻辑具有如下特征：①政治行动。对待学校的清理整顿操之过急，没有完整的规划布局和实施保障措施，限期整改的期限越来越短，学校往往很难做出适当回应，导致打工子弟学校出现了"野火烧不尽，春风吹又生"的局面，出现"拆迁—易址—由小到大—再次拆迁—再次易址"的模式。每一次拆迁关停伴生的是打工子弟学校上学的农民工子女受教育条件的同步下降；②违反程序正义原则。关停过程中，政府未对关停学校的办学人、学生家长和学生本人等利益相关者举行相应的听证程序，仅仅下发单向的自上而下的行政决议，完全属于政府单方面的作为。同时，没有做好相应的学生安置即对学校实施关停和拆迁，造成了多数学生无校可上、无书可读的局面。

3. 教育政策空间应对

（1）基本特征

打工子弟学校是流动人口子女教育的主要承载空间，具有以下特征：①需求前提下的市场行为，大部分学校处于生源饱和状态，多是私人承办，办学随意，在创立初期是没有任何办学手续的，随着办学规模的扩大，才会慢慢补齐相应手续，缺乏财政支持和社会监管；②学校多位于城乡结合部的流动人口聚集区，选址以房租低廉为前提，分布不均衡，服务半径过大，规模较小，条件简陋并且日趋恶化；③办学人员文化程度普遍不高，招收对象是流动人口子女，尤其是那些低收入群体的子女。教师普遍是半路出家，过半数没有教学经验❶，流动性大。

（2）存在逻辑

打工子弟学校在过去及现在一段时间内解决了低收入流动人口子女的教育问题，是对现行教育体制的补充，其存在有如下原因：①政府门槛。公立学校的入读

---

❶ 北京青少年法律援助与研究中心的《2012 年北京打工子弟学校老师生存状况调查报告》显示，经过对 2012 年北京市打工子弟学校的现任教师的从业经历做了调研，他们发现这些老师除了"以前在外地教书，辞职后到北京教书"（占 31.5%）和"以前在公办学校教书，退休后被返聘到现在学校"（3.6%）这两部分约占比 35% 的人有教学经验外，其余的全部没有任何教学经验，包括"毕业后直接到北京教书"（26.8%）、"以前在北京从事其他工作"（11.3%）和其他（26.8%）。

条件苛刻，除了经济上的要求外，还要出示学生家长或监护人的在京暂住证、在京实际住所居住证明、在京务工就业证明、户口所在地乡镇政府出具的在当地没有监护条件的证明、全家户口簿等证明、证件"五证"。就读于打工子弟学校的孩子的父母，通常都是从事一些比较底层的非正式工作，大多是菜农、商贩、临时工，甚至不少靠拾荒为生，难以达到上述要求，这些"政府门槛"也成为打工子弟学校赖以生存的社会基础；②退次选择。家长选择此类学校主要是出于经济的考虑，如2012年北京市公立学校的择校费高达万元，这是处于社会底层的低收入群体所难以承受的，同时由于学籍和户籍挂钩，在公立学校借读的孩子，因为成绩不计入教学考评，普遍被另眼相看，并且无机会评三好、参竞赛，打工子弟学校实际上是给那些被排斥在现行教育体制之外的流动儿童提供了一个受教育的场所。

打工子弟学校出现是中国社会急剧变迁过程中，现行教育体制无法适应社会转型及变迁的必然结果，映射出社会体制的失灵：①分税制改革之后，财权上移，相应的事权却未同步，造成地方政府财权和事权的不对等，基础教育首当其冲；②教育资源作为一种准公共物品，提供方不仅仅包括政府，同时政府本身具有自利性，在教育资源的投入不足的情况下，忽略处于中下层的流动人口子女的义务教育问题；③学校的办学标准制度和审批办法制度建设的缺失，直接导致政府对打工子弟学校的监督缺乏依据，促使打工子弟学校作为一门产业，并以体制外的形式解决体制内的问题。

（3）解决思路

流动人口儿童教育问题解决的核心是理念的改变，即城市政府和市民如何看待和是否接纳流动人口，具体的解决办法如下：①国家层面实施基础教育的转移支付制度，制定流动儿童的义务教育的生均经费标准，对接纳留守儿童入学的城市进行财政补贴。加强对地方政府基础教育的监管，有效保障教师的劳动权益，改善教育条件；②地方层面，出台规范打工子弟学校的政策，对办学标准、教师资格、教学活动给予规划指导，达标的合法化，不达标的予以取缔。取消公立学校的赞助，利用闲置的教育资源解决流动儿童教育问题。

6.4 城市社会规划编制

6.4.1 城市社会规划基本框架

1. 基本逻辑

城市社会规划的基本逻辑（图6-4-1）是在社会分析和社会需求的基础上，通过社会问题的发现与判别，依据社会预测和社会规划策略形成社会目标，并通过社会影响和过程监控不断修正社会目标，形成社会共识。

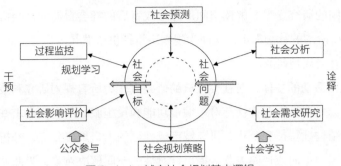

图 6-4-1 城市社会规划基本逻辑

图片来源：刘佳燕.构建我国城市规划中的社会规划研究框架 [J].北京城市规划，2008（5）：94–101.

2. 基本目标

城市建设是为更多的人提供一种可以在其中生存和生活的家园，其中很重要的任务是促进流动人口市民化，摆脱政治边缘人的困境。作为城市规划组成部分的城市社会规划应达到以下基本目标：①可达性与机动性。为享有服务、设施、就业、培训和休闲等活动，通过提供多种可选择的、安全、有效的交通模式，提供平等、便利的可达性；②文化遗产保护与文化发展。尊重并反映社区的文化价值、内涵、习俗和信仰，制订保护和发展规划，支持社区发展地方艺术和培育文化认同感；③经济发展与就业。通过发展多样化的地方产业，增加参与地方经济发展的机会，促进就业和培训，提高地方劳动力素质和自我实现；④健康、安全与住房。通过消除疾病和环境压力，促进环境、物质、社会和情感的健康。通过空间规划，促进社区安全，避免各种环境危险，提高社区应对暴力行为和犯罪的能力。确保在适当的地点提供可支付和适宜的住房选择；⑤公众参与与社会融合。支持公众参与规划过程和建成环境的决策过程，强调社会多元需求；⑥休闲娱乐与公共事业。规划提供充分适宜的、可达的休闲机会以及支撑休闲娱乐活动的设施，为个体、家庭和群体的社会功能提供支持，并协助提高他们自我帮助的能力和福利水平；⑦社区设施规划与社区发展。规划布局具有良好可达性的社区设施，提升社区内部的认同感和社会整合；⑧场所感和认同感。提高地区品质，使其能反映人们与地区之间的认同感和相互联系；⑨社会评价影响。评价潜在的社会影响，制定缓解措施，确保社会影响评价成为规划和决策过程的组成部分 ❶。

6.4.2 城市社会规划研究内容

如果认为物质空间规划的设计成果是"潜在环境"，那么社会系统和使用者的文化将决定其成为"有效环境"的程度。为促进两种环境之间的相互契合，城市社会

---

❶ 刘佳燕.转型背景下城市规划中的社会规划定位研究 [J].北京规划建设，2008（4）：101–105.

规划对于空间的研究立足于解读空间形态形成背后的社会根源和社会机制，了解来自于社会各个阶层的社会需求，从而为规划决策提供依据 ❶。

1. 空间社会属性研究

人是城市活动的主体，对社会人口的研究应作为所有规划研究和策略制定的基础。城市社会规划是在调查社会对于城市功能和设施服务的真实需求基础上，总结社会人口的结构性特征和变化，研究城市或社区的人口聚集效应，分析其形成与城市土地和空间的正向或逆向关联，提出针对性的空间解决对策，为此城市社会规划应主要考察以下内容 ❷：

（1）社会人口结构

社会特定群体的高度聚集或规模突变，可能带来相应服务设施规模需求和种类增减的变化，因而需要研究社会结构并预测其发展趋势，以评估设施供应结构是否合理，并为预期变化制定充分、灵活的应对措施。当前应重点关注老龄化问题，老龄化对我国现行社会保障体系、家庭养老方式、医疗保障制度甚至城市建设模式和标准都带来巨大挑战和发展机遇。《欧盟空间发展战略》（ESDP，1999）中提出，未来老年人将呈现与前辈不同的特点，会更富有、更有活力和更爱移动，由此带来"退休金城镇"（pensioner town）在欧洲的风景优美、气候适宜地区的快速发展。我国海南、威海、珠海等滨海省市由于城市完善的配套设施和优美宜人的居住环境，吸引内地老年人异地置业也反映了这种趋势。同时，我国老年人对于养老方式的选择与欧美"养老院模式"不同，大部分居民选择居家养老，因此规划中适当增加面向老年消费市场的公共养老设施、老年社区、老年活动场地和医疗服务设施，根据老年人的活动特征调整规划和建设标准势在必行。

（2）社会流动结构

传统规划中的社会人口研究偏重静态研究，缺乏对人口迁移行为的关注。随着户籍制度的开放、城镇化进程的高速推进和房地产业的快速发展，城市中外来人口的大量涌入和内部人口迁移现象的加速，既折射出城市资源和机会的空间分布差异，又进一步强化了城市社会空间的分异现象，并对当地的服务共享、子女就学、文化融合等方面带来新的挑战。城市中来自移民家庭的儿童和青少年比重不断增加，他们往往容易为地方文化的差异所困扰，或被排斥于传统体制之外。虽然 2006 年《教育法》明确强调了居住地政府承担流动人口子女入学责任，但大部分城市的公办学校尚难以承担全部责任，城市规划需要对学龄儿童的规模计算和学校资源配置规模进行相应调整，按照流动人口的分布特点引导民办学校的合理选址。

---

❶ 罗吉等 . 我国城市规划中的社会规划初探 [J]. 华中科技大学学报（城市科学版），2009（9）：86–89.

❷ 刘佳燕 . 构建我国城市规划中的社会规划研究框架 [J]. 北京规划建设，2008（5）：94–101.

（3）社会需求结构

社会的变化导致了家庭小型化的发展趋势。虽然户均人口在减少，但由于家庭数量和人均居住面积的增加，居住设施和建筑用地需求仍在不断增长。越来越多的单身、单亲家庭和无子女家庭、毕业大学生（"蚁族"）等形成对于中小户型和租赁型住房、各种休闲娱乐设施和公共交往空间的强烈需求：①休闲时间的增加和对于生活品质要求的提高，促进休闲度假场所乃至第二居所市场的发展，这些相对富裕的间歇性人口产生的脉冲式高端需求，以及与本地居民在经济水平和文化背景上的极大差异，可能形成对当地服务的需求分化；②大量农民工流动人口集中在"城中村"，由于缺乏对当地场所的归属感，容易造成环境破坏和秩序混乱的局面，对公共服务的低端和便利需求、基本住房需求以及城市管理模式等都与传统城市用地规划和设施配套标准都存在较大的差异，增加弹性和灵活性同样势在必行。

（4）社会空间结构

上述结构性的社会因素的空间投影形成社会发展在城市空间维度的真实展示，各种社会变量与空间区位的关联反映了其相互作用机制。早期我国长期计划经济体制和住房分配制度的影响下，我国社会空间过多体现出"单位制"社会的特点，影响因素主要体现在职业和行业特征上。随着住房商品化制度和住房保障制度的实施，不同社会群体在城市特定区域聚集形成的空间分异将促使某些特定社会需求集中和放大，社会问题如贫困问题凸显，而过度的空间分异可能造成社会排斥和冲突。

2. 空间隐性价值研究

隐性价值要素主要指附着于特定场所的文化系统。场所被海德格尔誉为人类与物质世界之间实现精神统一的基本单元，呈现出不同于一般日用品的特殊使用价值。物质空间对于所有人类日常活动来说是必需的生存需求和生活体验，与其他日用品相比具有特殊的价值派生功能，与时间的积累成相关函数。空间价值的体现在于满足日常的生活循环，作为非正式的支持网络，提供安全、信任以及身份的界定，具有聚集效应和社会再生产能力，有利于维持文化习俗和生活方式。因此对空间质量的评价不能仅局限于某建成环境作为单一研究对象的物质性要素（如建筑质量、美学特征等）和经济成分分析，还应充分考虑整体空间网络的社会使用价值。

空间使用价值的形成往往需要更为长久的日常生活积累，反过来有助于维持场所的社会归属感和稳定性。城市边缘区快速的圈层扩张侵占形成频繁的邻里迁移和重组，导致社会文化价值由于缺乏稳定的空间附着体和长久的时间积淀而消失 ❶，出现原有社会网络的全面瓦解和社会诚信缺失。社会中高阶层对于场所的依

---

❶ 刘佳燕. 论"社会性"之重返空间规划 [C]// 规划 50 年——2006 中国城市规划年会论文集（中册）. 中国城市规划学会. 中国城市规划学会，2006：8.

赖程度远远低于社会中低收入阶层，他们拥有更多的迁移机会，而不会受到家庭情感联系、学校和工作地的可达性等因素的制约，而市场机制面前最脆弱的群体是拥有较少选择的老年人、贫困群体，他们对于场所拥有更为长久和强烈的依赖度。城市规划回应城市贫困可以通过混合社区创造就业机会，安排居住和就业相结合减少交通成本 ❶。

3. 空间权力维度研究

城市规划研究最主要的驱动力来自城市空间布局外部性的平衡，土地区位及其人造环境的不可移动性特点，使得空间体现出很强的外部性效应。体现在空间布局中，尤其涉及社会领域活动的公共性特征，外部性所带来的效用增加或损失，并不完全等同于经济学意义的效益和成本，还包含很多无形的非物质要素。各种外部性通过相互叠加或抵消，最终形成影响社会群体的两个相对区位的重要概念：资源的可获取性和不利影响的接近度。城市中大部分冲突可以视为不同社会群体对正外部性的追逐和对负外部性的拒绝的整体体现。在市场竞争机制下，通常由内部拥有较高社会经济地位、财富或权利的强势群体占据最有利的优势区位和资源，导致在社会与空间的相互生产作用中社会分化被不断延续和加剧。一个蓝领劳动力在蓝领社区内被再生产出来，尤其对教育资源获取度的差异，将可能导致社会群体在市场竞争中的能力差异性在其内部代际间不断传递下去。富人越富，穷人越穷，居民上升的通道和空间被割裂，从而失去希望。

面对上述竞争中的利益分化趋势，影响人们生活质量和社会再生产能力并具有显著外部性特征的社会性公共要素（体现在空间上即为公共设施），成为政府实现社会整体基本利益保障和利益协调的重要工具。公共设施布局是土地利用规划的核心内容，现有的公共设施标准配置的出发点主要拘泥于技术理性，而公共设施对改善地区经济、就业的冲击影响巨大，城市社会规划应对公共设施布局的影响进行公平性和社会影响评估，建立需求角度的规划方案，尤其是弱势群体，如贫困人口、流动人口的公共需求特质，实现社会性公共要素空间分配的地域公正性。

4. 现实问题的规划解决

城市规划的核心是空间资源的有效分配，使其只能局限于研究的社会问题或具有的空间特性，或对城市土地利用和空间形成具有较强的塑造和影响作用，因此城市社会规划基于流动人口主要在住房、医疗卫生和教育服务三个方面可能有所作为：①将流动人口纳入城市住房保障体系。把在城市稳定就业并居住一定年限的住房困难的流动人口优先纳入公租房、廉租房等保障性住房供应体系，实现

---

❶ 刘佳燕. 我国城市规划工作中的社会规划策略研究 [C]// 和谐城市规划——2007 中国城市规划年会论文集. 中国城市规划学会. 中国城市规划学会，2007：8.

住有所居；②从调整城市布局入手，分散城市用地压力，并在中心城区保留一些方便流动人口生活的空间资源和服务设施；③对棚户区和"城中村"进行适宜性改造。棚户区和城中村为 70% 以上的流动人口的生存和发展提供了便利，起到了弥补政府不能提供足够廉租房的功能，对其改造应有计划、有步骤，建设可支付健康住宅，实现流动人口家庭生活社区化；④加大流动人口密集地区的公共服务配置，如基础教育机构、职业培训机构、医疗卫生机构以及便捷优惠的公交系统，提供促进其发展的必要生活保障；⑤回应社会安全可以通过以紧凑理念控制土地使用，有效促进社会交往和社会融合，通过改善场所的可达性、可监视性，实现地域归属感等提高场所的安全性。

应该说明的是，农村流动人口顺利转移和实现市民化有产业前置性问题和若干保障性政策问题必须解决：①产业前置性问题包括两个方面，一是经济转型时期如何发展劳动密集型经济，以扩大非农产业的就业岗位。二是如何形成精密型规模农业，使农业得到持续发展；②保障性政策包括住房、教育服务、医疗卫生等方面，以廉租房政策为例，国家通过信用手段，贷款建设廉租房，供以农民工为主体的未来市民居住，城市规划仅提供建设用地，但事实上并非政府仅仅建设廉租房那么简单，为了确保今天国家的贷款不会变为明天银行的烂账和城市的贫民窟，跟进的教育战略和廉租房配套公共服务配置，尤其是教育设施用地的提供至关重要，前者是推动人类历史罕见的国家工程，后者是推动流动人口市民化的微观举措，这些问题仅靠城市规划是不能解决的，需要全社会的密切配合。

6.4.3 城市社会规划编制方法

1. 城市社会规划预测方法

城市社会规划解决"为什么人"和"为多少人"配置公共服务设施问题，前文社会规划研究内容解决了前一个问题，后一个问题则是城市社会规划编制方法的关键。

（1）传统预测逻辑

城市基础设施和公共服务设施是根据需要使用服务设施的人口来进行配备的。在目前的规划实践过程中，普遍采用的方法是根据经验判断，估算一个统一的系数，将流动人口折算为等同于当地户籍人口的所谓有效城市人口，从而根据相关标准来推算其对城市基础设施的需求。

$$P = P' + KX$$

式中：P 为规划期城市总人口规模；P' 为规划期城市常住户籍人口；K 为城市流动人口折算成标准人口的比例值；X 为规划期城市流动人口。其中 K 值的确定是关键，目前存在两种情况：①大城市流动人口的数量占总人口的比重较小（如南京为 1 ∶ 5），K 值的确定一般根据流动人口停留时间的长短来确定；②适用于我国东南沿海发达地区的中小城市，这些城市的流动人口比重很大，因而对城市基础设施和公共服务设施的需求也很大。在已有的规划实践中，一般也是采用折算法，确定的 K 值都比较大，如东莞常平镇采用 0.6，麻涌镇为 0.9。

虽然上述方法考虑到了流动人口的需求，但是在一定程度上依旧存在缺陷：①忽视了不同类型流动人口对城市基础设施的不同需求。一般地，收入水平高的外来经商人员对城市设施的需求显著地高于收入水平极低的外来务工人员；②流动人口对不同城市基础设施的需求也不相同，因而在城市规划和建设的实践过程中，笼统地采用一个统一的折算系数来预测并建设城市基础设施，很可能会同时产生某些城市基础设施不足而另外一些却过剩的结构性矛盾；③规划的数量既基于 K 值的确定，也以流动人口的基数作为计算的基础 ❶。而在现实生活中，由于统计上的困难，很难掌握真正意义上的流动人口数量，尤其是在北京、上海等特大城市，对于流动人口的估计更加难以把握，统计预测的结果常低于实际情况。

（2）当前预测困境

将流动人口分为上述两类，显然稍显不足，但足以说明一个问题，即目前规划实践中依据上述公式考量流动人口是不合理的，即 K 值的简单化明显过于笼统。而不同地区，流动人口的情况如此的复杂，以至于研究者也没有提出怎样修正 K 值。然而，假设能够通盘考虑流动人口的具体情况及其对公共基础设施的实际需求和使用状况，如将公式修正为：城市交通需求的有效人口 = 户籍人口 + 经商人口 + 分散居住务工人员 ×A+ 集中居住务工人员 ×B 是否就达到公平、合理、有效的目标了呢？结论是否定的，暂且不说要使 K 精确化过程有多复杂，而且不得不先考虑这一切的来源的合理性，即规划所依据的流动人口的需求的合理性和稳定性。

2. 城市社会规划基本步骤

城市社会规划具体包括以下步骤：①确定规划的影响群体。基于充分的社会调查研究基础之上明确突出的社会问题和矛盾；②评估影响群体的利益损益情况；③制定相应的税收政策或财政补贴措施以均衡社会收益；④建立规划目标与行动领域之间的对应关系，制定详尽的行动计划，包括评估潜在的投资者、建设者、参与者，制定行动准则与引导措施，为顺利推进与实施规划提供保障；⑤对规划实施过程进行监测、评估、反馈与调整；⑥提出社会规划的制度建议 ❷。

---

❶ 黄靖，刘盛和 . 城市基础设施如何适应不同类型流动人口的需求分析 [J]. 武汉理工大学学报（交通科学与工程版），2005（2）：284—287.

❷ 彭阳 . 中国城市规划中的社会规划初探 [D]. 华中科技大学，2006.

本章小结

　　流动人口产生受社会、经济环境的影响，是历史的必然，也是时代的需求。由于社会经济制度等多方面存在缺陷，给流动人口带来了一系列不公平的结果，包括对公共基础设施的利用、权力无法得到满足。社会学理论和规划学理论是城市社会规划的理论来源，城市社会规划的核心价值观是公平，目标则是促进流动人口市民化、摆脱政治边缘人的困境。应该强调的是城市规划并不能解决所有问题，只能在擅长的空间领域关注流动人口的基础设施、公共服务设施以及住房等方面的需求，通过一系列途径切实应对和力所能及地解决，而积极有效的城市社会规划是形成具有回应性的城市规划的基础。

7

保障性住房与低收入群体
的利益保障

安居才能乐业，住房保障是国家职责所在，是低收入群体利益保障的核心和基础。

7.1 我国城市住房问题与社会分层

7.1.1 城市住房问题与利益博弈

1. 房价持续上涨的社会隐忧

自 1998 年房地产改革以来，我国住房制度从单位分配、完全公有转向商品化和住房私有，在这一过程中，人们享受到了商品房带来的舒适与经济利益。自 2004 年起住房价格开始无序上涨，住房问题成为社会矛盾的焦点之一。

（1）居住权被剥夺

以社会政策学的立场看，社会权（Social Rights）为人权不可分割的一部分，是公民自国家获取社会保障的基本权利。在国家与市民社会二元分立的前提下，基本权利的主要功能在于防止国家公权力对公民权利的侵犯，并形成以防御权为核心的基本权利体系。社会领域公民应该享受生存权、健康权、居住权、劳动权、受教育权和资产形成权等六项基本权利，住房问题涉及其中的居住权与资产形成权两大权利 ❶，并得到《宪法》的明确保护 ❷。党的十七大报告在加快推进以改善民生为重点的

---

❶ 唐钧 . 中国住房保障问题：社会政策的视角 [J]. 中共中央党校学报，2010（1）：47-50.

❷ 《宪法》规定，中华人民共和国公民的住宅不受侵犯；国家依照法律规定保护公民的私有财产权和继承权。

社会建设部分，关于居住权强调了"住有所居"。受高房价的影响，低收入群体无法购买商品房而使得居住权被剥夺，从而不能参与城镇化发展的利益分配。

（2）城镇化成本提高

对于城镇化成本的构成尚未达成共识，一般而言，城镇化经济成本分为宏观城镇化经济成本和微观城镇化经济成本。宏观城镇化经济成本是以城市整体作为研究对象，分析在一定时期内，城镇化水平每提高1个百分点所花费的经济成本❶，包括为解决新增城镇化人口所支付的经济投资和为已经城镇化的地区或人口改善生活、生产环境而支付的经济投资。微观城镇化经济成本以个人为研究对象，分析在一定时期内将一个农村居民转化为城市居民所花费的经济成本，包括在城镇化过程中为农村居民顺利转变为城市居民政府所提供的一系列基础设施成本、教育成本以及农村居民进入城市并转化为真正意义上的城市居民个人所支付的生活成本、住房成本和社保成本等。新进入城市居民个人是承担城镇化经济成本的主体，而住房成本是城镇化经济成本的主要组成部分。根据叶裕民教授的研究发现，微观城镇化经济成本承受能力方面，公共成本是政府完全有能力承受和支付的，而个人承担的成本较重。以成都为例，仅住房成本一项就相当于农村居民年人均纯收入的14.5倍，不仅远远超过了4~6倍合理房价收入比的取值范围，也超出农业转移人口的正常承受能力。

2. 房价持续上涨的利益博弈

我国出现一、二线城市的房地产市场不断上涨和三、四线空城空房并存的结构性失衡现象，这其中的利益相关主体呈现不同的行为特征。

（1）高房价背后的政府

作为政策制定者的中央政府，一直将房地产业当作重点，对于高房价的调控处于两难的境地：①担心崩盘会引发金融危机。因为房子滞销或价格过低，那么第一损失的是开发商，第二损失的是银行，如果呆账坏账全部压到银行头上，将会引发金融危机；②抑制房地产投资但并无意抑制房价。即抑制投资、减少供给，但并不会导致房价下降，这是中央政府选择的万全之策。

作为政策执行者的地方政府，房地产业是增加地方财政收入、提升政绩的快速途径。自2000年前后兴起的城市经营理论，为地方政府加快大批量土地的"招拍挂"形式的出让提供了理论依据，重新规划市区，以建开发区、大学城等名义圈地，为更大规模的房产开发开辟战场。同时受分税制的影响，中央政府和地方政府的博弈过程中，只有土地出让金的收益可以大部分留在地方，增加实际财政收入，因此土地财政成为地方政府行政逻辑的制度推手，导致民用建设用地土地出让金激增，增

---

❶ 章轲. 北京社科院：推动农民市民化关键在住房成本 [N]. 北青网，2014-06-11.

加了住房成本，抬高了住房价格。因此房价上涨的过程中，地方政府起到了推波助澜的作用。

（2）高房价中的开发商

我国城市土地的国有性质使政府在一级市场中获得了垄断的地位，开发商作为一级市场中的购买者，在限购政策颁布实施之前与政府有着共同的利益链条，而在接连颁布限购政策和房贷政策，甚至试点房产税之后，开发商中批判政府政策的呼声越来越高。对于房地产业而言，成本主要是前期土地出让费用，而不是开发过程中的资本投入，通常开发商的开发周期为 2~3 年，因此在 1 年前通过高价拍得的土地在 1 年后，由于政策的改变而不能卖出期望价格的情况下，开发商纷纷对政策提出质疑。同时，我国的民间财富集中在少数人手里，为适应这部分富裕阶层的需要，房地产市场偏向档次高的住宅，获利较高，而普通的低档住宅由于获利较低，建设得很少，这与我国财富分配中贫富悬殊有关。

（3）二手房市场的中介

房地产中介在房地产红火的时期分得了一杯羹。在政府政策层出不穷的时候，消费者人心惶惶，中介对二手房价的推动作用使得房价在上涨预期中不断上扬。二手房市场中的售房者本身期待房价上涨，以使自身资本上升，购房者则是整个市场中的刚需族，而中介在两者之间的斡旋，往往会对房价快速上涨的事实加以渲染和散布，这种氛围会与市场产生叠加效应：买方变得麻木，买涨不买跌的心理更易于接受畸高的房价；而卖方的心理预期则会被迅速拉高，要求涨价的心情更为迫切。交易双方成为房价上涨的推动者，而中介本身则赢得了高额的利润。其中部分企业违规操作，一些开发商、中介机构，通过 P2P 的平台推出了首付贷等场外配资的业务，使本来一些没有条件购买二套房的人，通过首付贷、过桥贷等可以入市或者提前入市，助推了市场的同时也助长了投资行为和投机行为，增加了金融风险。

（4）房地产市场中的投机者

房地产不同于其他商品，不仅有消费使用价值，还有投资价值。房地产市场的火热与其稳定性强、回报率高的特性和缺少税收等制度限制有关，同时也与我国其他投资品市场的不成熟相关：①对普通百姓而言，存款是最基本的投资理财方式，存在的问题是增值收益低；②股票可以说是回报率较高的投资工具之一，但目前国内股票市场并不规范的情况下风险极大，类似的还有艺术品等的投资；③基金和债券投资增值收益略高于储蓄，在国内同样存在风险；④保险被人们更多理解为一种事前的准备和事后的补救手段，很少将其视作投资行为。由于没有其他可替代的、风险与收益不会过高、市场成熟稳定的投资品，投资者将资金投注到房地产市场，从而炒热市场，造成房地产价格的不断上涨。

7.1.2　城市社会分层与空间分异

社会分层现象自古就有，并存在于任何社会。同时社会分层与居住空间分异相伴相生。

1. 社会分层理论

（1）国际研究

美国社会学家塔尔科特·帕森斯（Talcott Parsons）将社会分层（Social Stratification）定义为，从社会角度的某些重要方面，把组成一定的社会体系的人类个体及他们在待遇上的相对优劣分成等级。传统马克思主义阶级理论遵循一元分层标准，认为阶级通过生产资料的占有形式来划分，以是否占有生产资料这一单一形式来划分阶级。德国社会学家马克斯·韦伯（Max Weber）认为社会分层的依据是经济、声誉、权力三个角度，采用"三位一体"的多元方式来综合考察社会分层现象，被称为传统韦伯主义。之后关于社会分层理论又衍生出了许多新的划分观点：以美国社会学家埃里克·欧林·赖特（E.O.Wright）为代表的新马克思主义通过生产资料资产、组织资产、技术/资格证书资产三类资产来划分阶层；以英国社会学家戈德索普（J.Goldthrope）为代表的新韦伯主义认为阶层划分指标为职业分类与市场状态，把各类职业合并成几个阶层；其他的分层方式还有以沃特、科尔曼等学者为代表的社会声望分层模式，以布劳和邓肯、特雷曼为代表的职业地位分层模式，以布迪厄为代表的文化资源分层模式，以吉尔伯特、卡夫为代表的综合社会地位连续统一体分层模式等。

（2）国内研究

改革开放前的阶层划分主要依据苏联的理论模式，一般分为四种：①两个阶级一个阶层，指工人阶级、农民阶级和知识分子阶层；②两个阶级三个阶层，指在工人阶级以及农民阶级内部或之间存在着知识分子、个体劳动者、私营企业者三个阶层；③三个阶级两个阶层，指工人阶级、农民阶级、小资产阶级和知识分子阶层、管理者阶层；④四个阶级，是指工人阶级、农民阶级、个体劳动者阶级与逐渐形成的私人企业家阶级。

改革开放后我国学者的观点各有不同，大多基于目的的角度，主要有十阶层理论、四个利益集团、社会断裂理论、倒丁字型社会结构理论、阶层关系双重再生模式理论、七阶层理论、十一阶层理论等，其中前四种是最为流行的社会分层理论：①十阶层理论。由陆学艺研究员提出，他认为改革开放以来我国的社会结构发生了历史性的巨大变迁，形成了由国家与社会管理阶层、经理人员阶层、私营企业主阶层、专业技术人员阶层、办事人员阶层、个体工商户阶层、商业服务人员阶层、产业工人阶层、农业劳动者阶层、城市失业半失业人员阶层 10 个阶层构成的社会阶层结构 [1]；

---

[1] 陆学艺.中国社会结构的变化及发展趋势 [J].云南民族大学学报，2006（9）：28-35.

②四个利益集团理论。由李强、沈原和孙立平共同提出，他们根据改革开放以来人们利益获得和受损的情况分为特殊获利者群体、普通获利者群体、利益相对受损者群体以及社会底层群体四个利益群体或者利益集团，认为改革导致利益机构发生变化，而利益结构的变化必然使得利益群体中有一部分人的利益受到损害，一部分群体获得利益；③社会断裂理论。由孙立平教授提出，他认为在改革开放的过程中，市场经济体制迅速替代了再分配体制成为主导机制，这种急剧的转型导致了很多阶层被淘汰或抛弃，形成弱势群体并被排除在结构之外，即一个社会的不同部分几乎是处在不同的时代中，最先进的部分与整个社会失去了联系，构成断裂的社会，断裂社会最弱势的部分则是城市的下岗职工 ❶；④倒丁字型社会结构理论。由李强教授提出，他采用"国际标准职业社会经济地位指数"分析全国就业人口情况，发现了处于很低社会经济地位的群体，他们的 ISEI 分数很低，人口众多，所占比例大，分析图谱就像倒过来的"丁"字的一横所以用"倒丁字"来描述这种现象 ❷。

2. 居住空间分异

（1）居住空间分异的背景

随着我国社会的不断发展，社会分层状态也呈现出了一定的变化趋势，最为明显的就是贫富阶层的不断分化，居民人均家庭收入的基尼系数不断攀升，直指世界贫富差距最大的国家之列。其原因与不同时代的各种社会经济现象息息相关，时代的机遇造就了一批财富集中者，如 1980 年代前期许多人靠"投机"发家致富、1980年代后期部分人通过"钻制度的空子"来获得利益、1990 年代初期部分人依靠技术知识获得利益、21 世纪初期部分人通过利润丰厚的房地产交易和开发煤炭矿产资源获得丰厚利益等。有利益的获得方必然有利益的损失方，在城市主要是以农民工、下岗工人为代表，在乡村则以贫弱的农民农妇为代表，他们是中国社会物质贫困、精神孱弱者的最主要构成群体。

（2）居住空间分异的现实

城市的物质空间和社会空间具有一致性，表现为社会阶层结构通过主动和被动性的选择促使物质空间的同质性。城市居住空间分异是社会经济关系分化推动作用与物质环境对社会经济分化的影响、限制和时空整合的结果 ❸。居住分异的实质是社会阶层的分化：①社会阶层在经济收入、社会地位等方面的空间表征结果；②居住空间分异也通过区域化过程，促进、强化社会阶层在亚文化层次上的再分化 ❹。社会分层以及贫富差距巨大的现实演化为空间分异，大城市的分异现象越来越严

❶ 孙立平. 断裂：20 世纪 90 年代以来的中国社会 [M]. 北京：社会科学文献出版社，2003：2-3.

❷ 李强."丁字型"社会结构与"结构紧张"[J]. 民政部政策研究中心，2007.12.

❸ 段进. 城市空间发展论 [M]. 南京：江苏科学技术出版社，1999：8.

❹ 王侠. 大城市低收入居住空间发展研究——以南京市为例 [D]. 东南大学，2004.

重，出现新贵空间、封闭社区、中产阶层社区、"城中村"等类型。同质社区有助于相同背景的群体提高认同度，在人际交往、社会生活、消费行为等方面形成一致的价值取向，但也会出现由于居住空间分异的扩大导致基础设施、公共产品空间供给与资源分配上的不平等，对社会公平和稳定、阶层互动等方面产生消极影响。

7.1.3 低收入群体界定及其特征

1. 低收入群体界定与外延

基于收入水平的结构性特征判断存在低收入群体，而针对社会住房保障提供标准而言，又出现夹心层的概念。

（1）低收入群体界定

低收入群体是一个动态概念，指在一定地域和时段范围内，平均收入水平处于低端的一定区间的人群。我国低收入群体的认定主要有以下三种形式：①通过收入水平界定。这种方式以收入排序为标准，从而界定低收入群体的规模以及与其他群体的收入差距❶；②分地区和城市分别制定最低工资标准，并以此作为评判标准，或者直接将总体平均收入的 1/2 或 1/3 定为低收入线；③先确定一个保障个体最基本生活需要的收入水平线，即贫困线，低于这一贫困线的就属于低收入群体❷。魏利华（2006）将城镇低收入人群分为下岗且尚未再就业的工人、体制外的非正式就业者、进城农民工、早期退休的职工四类❸。低收入群体是社会中的被淘汰者，是在市场竞争中、在社会财富和权力分配的过程中被不公平地受到排斥而处于边缘地位的群体，在我国大约有 1.4 亿~1.8 亿人，约占总人口的 11%~14%。

（2）夹心层的概念

"夹心层"（sandwich class）起源于香港和新加坡，是游离在保障与市场之外的无能力购房群体的代名词，主要包括两个部分人群：①不符合廉租房准入条件，又买不起经济适用房的城市低收入住房困难家庭；②不符合经济适用房申购条件，又买不起商品房的中低收入住房困难家庭。由于许多城市住房供需紧张，结构性矛盾难以在短期内缓解以及房价的飞速上涨，许多地方都不同程度地存在着这样的夹心层，如初级公务员、大学毕业生等，城市原住居民中也存在较大的夹心层群体，比上不足比下有余的身份造成其住房难的尴尬境地❹。城市化快速发展的社会中，夹心层往往是城市发展最为核心、最具活力的中坚力量之一，其对生活品质包括教育、

---

❶ 国家统计局. 主要统计指标解释城镇低收入群体是指最低收入户和低收入户，其比例约占城镇居民家庭的 20%. [EB /OL]. http：// www.stats.gov.cn/tjsj/ndsj/2010/indexch.htm

❷ 按照国家统计局的划分，我国城镇居民家庭分为最低收入户、低收入户、中等偏下收入户、中等收入户、中等偏上收入户、高收入户和最高收入户七个类别。

❸ 魏利华，李志刚. 中国城市低收入阶层的住房困境及其改善模式 [J]. 上海住宅，2006（5）：74-80.

❹ 周亮. "夹心层"住房保障机制的研究 [J]. 经济研究导刊，2010（3）：140-141.

住房、医疗等需求能否得到有效满足对于社会稳定和经济发展有重要影响。

2. 低收入群体特征

（1）收支特征

根据近些年的统计数据发现，低收入群体的城镇居民家庭用于食品、交通和通信、医疗保健以及教育的支出占其总支出的很大一部分，约占 70% 左右，居住消费占 10% 左右。收入越低，各类刚性需求在居民家庭支出中所占的比例也越大。在扣除食品、衣着、居住、家庭设备及用品、交通通信、文教娱乐、医疗保健等各类刚性需求之后，家庭每年可用购房的收入余额较少，困难户家庭甚至可能出现入不敷出的情况。

（2）居住特征

整体来看，城市低收入家庭居住相对分散，一般生活在三类区域：①工业区配套的居住区。主要居住原有的国有企业职工，多属于危旧房区，生活质量较低；②未改造的老城区。老城区居民大量的底层化主要是历史沿袭，同时在旧城改造过程中，一般采用异地安置或原地安置两种方式，原地安置需要缴纳一定的差额款，使得贫困居民一般选择异地安置，从而出现城市贫民郊区化的趋势；③"城中村"和城市边缘地带。农民工一般以业缘、血缘、地缘为纽带在城郊聚居，因量大面广甚至形成环城城市贫困带。现实生活中低收入群体居住水平处于社会平均水平以下，在未来的一定时间内凭借个人无法改变住房状态，而社会救助是改变弱势群体住房状况必须、唯一和可行的办法。❶

7.2 我国城市住房保障制度特征

7.2.1 我国住房保障制度基本概念与逻辑架构

从理论上讲，每一个公民在其一生中应该有一次机会得到政府以成本价供应的住宅，同时这套房子还应该有机会成为公民的私人财产，这是政府满足公民居住权和资产形成权基本的社会政策理念和逻辑起点❷。

1. 城镇住房保障制度概念与内涵

（1）住房保障制度的概念

住房保障制度利用了国家和社会的力量，通过国民收入再分配的形式，为中低收入家庭提供适当住房，以此确保居民的基本居住权利。住房保障制度是一个涵盖很多内容的概念：①广义上，住房保障制度是国家和社会为了实现"住有所居"的

❶ 于哲. 对于居住弱势群体的保障性住房和住宅产业化的构建机制 [J]. 城市建设理论研究，2012（6）.
❷ 唐钧. 中国住房保障问题：社会政策的视角 [J]. 中共中央党校学报，2010（1）：47-50.

目标，给需要住房的居民提供所需的物质帮助而按照法律规定推行的一系列措施。其针对的对象是所有需要帮助的居民；②狭义上，住房保障制度是指以政府为核心的公共部门依据法律政策规定，以公共财政为依托，综合利用国家和社会力量对公民特别是住房弱势群体进行扶持和救助，保障公民的基本居住水平的社会制度。

（2）住房保障制度的内涵

孟子《梁惠王章句上》有"居者有其屋"之说，即凡是需要居住的人都应当获得其住所。随着社会的发展，居者有其屋逐渐演变为住有所居，即从人人有住房演变成人人有居住。住房保障制度包括四要素：①保障主体是以政府为核心的公共部门；②保障对象是满足一定条件的社会群体；③实施依据是现行的法律法规制度；④保障措施是制定和实施相关的住房政策，对住房者或者其中的弱势群体进行扶持和救助。住房保障制度具有福利保障性、公平性、适度性、非营利性、渐进性、低标准的特征。

2. 住房保障制度逻辑架构

市场经济条件下，我国住房保障制度实行分类供应模式（图7-2-1），采取住房融资促进（资金）和住房保障体系（实体）两种形式。

（1）住房融资促进

我国住房融资促进主要包括四种类型，少量存在旧房换保障和土地换保障：①住房公积金。是指国家机关、国有企业、城镇集体企业、外商投资企业、城镇私营企业及其他城镇企业、事业单位及其在职职工缴存的长期住房储金，是住房分配货币化的一种形式，实行专户存储，归职工个人所有，具有强制性、互助性、保障性；

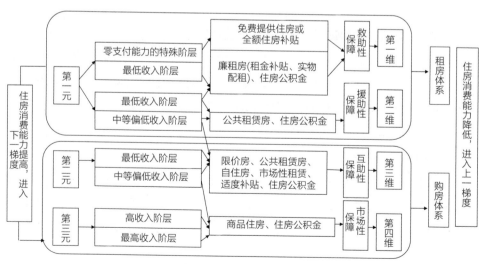

图 7-2-1　我国住房保障制度模式

图片来源：郭世坤，张腾. 我国住房保障体系构建研究——基于"三元到四维"的视角 [J].
广东社会科学，2010（6）：5-11.

②购房补贴。是国家为职工解决住房问题而给予的补贴资助，即将单位原有用于建房、购房的资金转化为购房补贴，分次（如按月）或一次性地发给职工，再由职工到住房市场上通过购买或租赁等方式解决个人住房问题；③租房补贴。是国家或企业为减轻居民或职工住房负担提供的一定金额的租房补助资金；④职工住房贷款优惠。是从利率、首付金额、还款时限等方面给予的贷款优惠。

（2）住房保障体系

我国的保障性住房体系始于 1995 年，保障性住房的概念随时间不断推移，现阶段保障性住房是指政府在对中低收入家庭实行分类保障过程中所提供的限定供应对象、建设标准、销售价格或租金标准，具有社会保障性质的住房。目前的保障性住房实现形式包括分为两类五种，即商品房市场中以低于市场价格出售给特定对象的经济适用房、限价房和自住房以及非商品房市场的为低收入群体建设的廉租房和公租房。

商品房市场类保障性住房包括：①经济适用房。是具有社会保障性质的商品住宅，由政府组织房地产开发企业或者集资建房单位建造，以微利的原则向城镇中低收入群体出售，具有经济性和适用性特点，售价约相当于市场价格的 50%~80%，以中小户型为主，中套住房面积控制在 80m² 左右，小套住房面积控制在 60m² 左右，可以满足绝大多数中低收入家庭的住房需求；②限价房。2007 年国务院下发的《关于解决城市低收入家庭住房困难的若干文件》（国发 [2007]24 号）第一次提出，又称限房价、限地价的"两限"商品房，适用于具有一定房产消费能力的人群，房屋建筑面积控制在 90m² 以下。限价房是限制高房价的一种临时性举措，并不是经济适用房，按照"以房价定地价"的思路，采用政府组织监管、市场化运作的模式，因没有被列入"硬性任务"，在多数二三线城市受到"冷遇"，该政策被指失败❶；③自住房。2013 年 10 月北京市住建委、发改委、财政局、国土局、规划委发布《关于加快中低价位自住型改善性商品住房建设的意见》（京建发 [2013]510 号）第一次提出自住房概念。自住房以 90m² 以下为主，最大套型建筑面积不得超过 140m²，销售均价原则上按照比同地段、同品质的商品住房价格低 30% 左右的水平确定。名下无房或仅有一套住房的北京户籍家庭以及符合购房条件且名下无房的非京籍家庭可以购买自住房。《北京市住房保障条例》（草案修改稿）提出政府与符合条件的家庭共同建设合作型保障房，由政府提供建设用地，居民家庭承担房屋建设费用，可以理解为自住房概念的延伸和法定化。

非商品房市场类保障性住房包括：①廉租住房。简称廉租房，是指政府为实施

---

❶ 2008 年 3 月北京市政府颁布《北京市限价商品住房管理办法》（京政发 [2008]8 号），时隔六年至 2014 年 7 月，《北京市城镇基本住房保障条例（草案）》提出在解决现有的约 10 万户轮候家庭后，本市将不再建设经适房和限价房，由"配售型保障房"取代，从此退出保障房系列。

其社会保障性的职能，向城镇低收入家庭提供的租金相对较低的保障性住房，也称实物配租。廉租房建设以一居室、两居室为主，建筑面积原则上按一居室 35m²，两居室 45m²，三居室 55m²。廉租房的适用对象是城镇中最低收入群体；②公共租赁房。简称公租房，是指政府或者政府委托的机构向中低收入的住房家庭按市场价提供的住房，政府对承租家庭按月支付相应标准的租房补贴，使用对象包括已经通过经济适用房、限价房资格审核，尚在轮候的家庭以及其他住房困难家庭等。作为新兴的保障性住房，公租房因具有覆盖人群广泛、补贴对象和补贴标准灵活、操作透明度较高、适于建立退出机制等特点，逐渐成为我国保障性住房的重要组成部分。

3. 相关研究

（1）国外研究

针对低收入群体的住房保障，涉及的城市规划核心是保障性住房的空间选址。国外学者对于低收入人群居住空间的研究源于 1968 年美国教授 Kain 的空间不匹配假说（Spatial Mismatch Hypothesis），起初关注的是工作岗位的郊区化和居住隔离化导致被迫居住在内城（旧城区）的低收入人口失业率较高、收入相对较低和工作出行时间偏长现象。该理论提出后，Stoll（2000）、Sjoquist（2001）等学者从不同角度对其进行研究和论证。该理论认为土地分区政策和价格歧视政策导致居住隔离，产业转移带动工作机会转移，集中居住在市中心旧房子的低收入阶层由于工作出行距离的增加而逐渐丧失找工作的意愿，导致贫困情况加剧。针对这种情况，美国对其住房政策、土地分区政策、经济空间发展政策以及就业增长政策做出了调整，如使工作机会更接近市中心、将低收入人群迁移至工作岗位发生地以及帮助低收入人群缩短工作出行时间等 ❶。

针对由于集中建造公屋而产生居住与就业失配以及贫困聚居的现象，美国及欧洲先后提出"混合居住"理论（Mixed Income Housing）。美国房屋与城市发展部（HUD）在 1979 年修订其公共住房政策，公共住房建设经历由集中到分散、由整体开发到开发配建的转变，力求实现公共住房与普通住房的融合以及社区文化多元化，缓解由此带来的社会问题，这一做法在欧洲地区也得到广泛流行：英国政府要求，新的住宅项目中，低收入居民住房要占总量的 15%~50%；德国要求新建住宅 20% 要用于建造福利住房；法国规定建设廉租住房的比例占住房总面积的 15%~20%。

（2）国内研究

对于空间失配现象中所关心的低收入整体由于工作可达性（Job Accessibility）下降可能面临的失业风险增加的问题，我国学者孟繁瑜和房文斌（2007）针对北京居民年龄构成、职业和收入都有明显差距的三个社区进行调查，发现现有的城市规

❶ 李纯斌，吴静 . "空间失配" 假设及对中国城市问题研究的启示 [J]. 城市问题，2006（2）：16–21.

划以及房地产项目选址存在未能考虑潜在消费者的就业空间位置问题，虽然作者研究的出发点是普通商品房选址与其购买者工作地点之间的关系，但由于目前新建廉租房选址主要集中在城乡结合地区，而且廉租房的受益群体自主选择权利和流动性更差，所以一旦面对保障性住房选址问题造成的就业与居住严重空间失配现象，也无力改变现状，只能承受由此带来的诸多问题。与美国空间失配理论提出背景类似，张高攀（2006）认为贫困聚居现象是在人民群众居住水平普遍提高的同时，在城市特定范围里的特定人群因为客观或主观的因素，其居住软件和硬件质量呈现极度低下水平的一种居住现象。可以看到，虽然都是市场自发定价行为导致的贫困人口聚居现象，但是我国与西方的情况大不相同：我国贫困人口大部分居住在远离市中心的面积较小的房子中，而大部分就业岗位是在城市中心区，由于大部分大中城市仍是单中心城市，中心区公共服务设施密度和质量远远高于郊区，所以如果只关心房屋建设而忽略人本身的生存和就业需要，廉租房很可能不会给保障对象带来便利而是更多的社会问题。

混合居住理论在我国也得到应用，田野、栗德祥、毕向阳（2006）对重庆市一处既包含有商品房社区也有农转非拆迁安置户的典型混合居住小区进行调查，借助鲍格达斯社会距离量表，研究同质社区与混合社区的社会距离平均值以及低收入阶层与其他居民之间的社会距离，结论表明两种社区的平均社会距离水平相近，但是低收入阶层在不同类型社区内都存在自我孤立现象，同时在混合社区中的低收入阶层自我孤立感要小一些，由此得出结论，即在重庆市的这个案例中混合居住具有一定的优点和可行性 ❶。2007 年 8 月国务院出台的《关于解决城市低收入家庭住房困难的若干意见》（国发 [2001]24 号）提出新建廉租住房套型建筑面积控制在 $50m^2$ 以内以及在经济适用住房和普通商品住房小区中配建的规定，就是力图避免人为造成低收入阶层聚居的现象发生。多数城市根据上述政策制定了在经济适用房小区配套建设的指导意见或计划，但并不强制要求在普通商品房小区中配建。

关于住房保障政策执行过程中的央地关系研究方面，中央政府与地方政府被认为是委托人与代理人的关系，中央政府与地方政府的博弈行为贯穿改革过程。陈杰（2003）认为中国住房制度改革可以分为两类：一类是"自上而下"由中央政府发动的"强制性"制度变迁，另一类是"自下而上"由地方政府提出的"诱致性"制度变迁 ❷。中央政府与地方政府利益差别造成房改目标的冲突：①中央政府强调保障性住房的社会功能，由于远离房地产利益集团，因而较少受到利益集团的游说和影响，以保障弱势群体的住房权利和社会稳定为政策目标；②地方政府则处于中央政策调

---

❶ 田野，栗德祥，毕向阳 . 不同阶层居民混合居住及其可行性分析 [J]. 建筑学报，2006（4）：36-39.

❷ 陈杰 . 中国住房事业 2003-2012：回顾与反思 [N]. 东方早报·国际评论版，2012-9-24（D10）.

控指令和本地发展经济、增加财政的矛盾中，偏向于维护自身土地批租利益，因而其与房地产利益团体关系紧密，以促进经济发展为最终决策标准。

综上所述，西方学者针对政府出资兴建的提供给低收入人群的住房选址问题的研究源于聚居在城市中心区旧房子中的低收入人群中普遍存在的高失业率现象，即"空间失配理论"，而我国的研究集中于贫困人口聚居导致的各种社会问题以及居住与就业位置的失配两方面。由此可见，这种由于政府利用公共财政集中的廉租住房建设，不能只满足于建成质量合格的房屋，而是要与城市规划相结合，尤其是针对低收入群体搬迁之后可能带来的收益应可以补偿对它们来说高昂的搬迁成本，如果这个问题不能解决就会造成新建廉租房闲置或者生活情况进一步恶化形成贫民窟的问题。

7.2.2 我国住房保障制度历史演进与运行特征

住房保障制度发展至今，经历了从完全保障性向部分福利性、从配给制到非配给制、从非商品化到商品化和社会化、从由财政政策为主到财政政策和金融中长期综合运用方向的各种转变。

1. 住房保障制度历史演进

我国住房保障制度大致经历了六个阶段。

（1）以公有住房为主体的住房福利性实物分配阶段（1949~1977年）

1949年新中国成立，政府颁布了《公房公产统一管理的决定》，推行公房公产统一管理制度。1956年政府发布《关于目前城市私有房产基本情况及进行社会主义改造的意见》，通过采用国家租用、公私合营等方式对原有的私人住房进行赎买，采用土地收归国有等形式将城市土地确立为公有制主体，从而建立了房地产的社会主义公有制。与此同时，受马克思主义社会保障理论、国际环境以及苏联范式的影响，实行了完全福利化的住房政策，将一部分本应用于消费（包括住房消费）的资金集中起来用于国家建设，分配制度具有"低工资、低租金、加补贴、实物配给制"的特征❶，工资只是以货币形式对劳动力再生产费用的部分补偿，其余代之以相对低水平的实物配给，住房分配亦在其中。为保证足够的公房分配，1961年《关于加速城市私人出租房屋社会主义改造工作的联合通知》、1963年《关于对华侨出租房屋进行社会主义改造问题的报告》、1964年《关于私有出租房屋社会主义改造问题的报告》、《关于对港澳同胞出租房屋进行社会主义改造问题的报告》及1965年《关于私房改造中处理典当房屋问题的意见》等各类政策性文件对各类私房改造提出了具体意见。

---

❶ 褚超孚.城镇住房保障模式研究[M].北京：经济科学出版社，2005：88-89.

计划经济体制下职工福利住房制度虽然是有利于公平分配，保证每家每户有房住，一定程度上缓解了新中国成立初期城市住房紧张的问题，但是排斥市场机制对住房的投资、分配、流通和消费的调节作用，不符合按劳分配原则，而且单位投资住房标准较低、舒适度差、建设缓慢，致使近三十年时间城市居民住房条件长期徘徊在较低水平。据统计，改革开放前30年建设住房投资总计549.79亿元，30年人均住房投资不足300元，年人均住房投资不足10元。到1978年城市人均居住面积从1949年的4.5m²下降至3.6m²**❶**。

（2）"三三制"住房制度改革的探索和试点阶段（1978~1984年）

1978年9月中央召开的城市住宅建设会议，试图拓宽解决住房问题的思路**❷**。1979年原国家城市建设总局、国务院侨务办公室制定了《关于用侨汇购买和建设住宅的暂行办法》成为我国住房商品化的初始政策。同年国务院选择西安、柳州、梧州、南宁和西安五个城市进行新建住房向职工出售的试点，即由政府统一建房，以土建成本价向居民出售**❸**。1980年4月邓小平发表《关于建筑业的地位和住宅政策问题的谈话》，提出多维度解决住房问题的思路**❹**，明确了我国今后住房制度改革和住房政策的方向。同年6月中共中央、国务院批转了《全国基本建设工作会议汇报提纲》，正式宣布实行住宅商品化的政策，并在全国各地逐步推进住房制度改革的试点工作，但因房屋租售比不合理、地方不正之风等因素干扰，试点工作不久即被终止**❺**。1982年在总结成本价出售试点的基础之上，有关部门提出了国家、单位、个人三者合理负责的售房原则，选择了郑州、常州、四平、沙市四个城市作为新建住房"三三制"**❻**试点城市，住房的无偿分配改为补贴出售，并在全国稳步推开**❼**，由于单位和政府的财政补贴量加大，一些补贴售房的计划破产。

（3）"提租补贴"住房制度改革全面起步阶段（1985~1993年）

随着城镇住房制度改革的全面推进，出现住房保障的过渡形式：

1）鼓励职工以优惠价格和优惠税收政策，采取分期付款或申请贷款方式购买住房

1985年全国住房租金改革领导小组成立，1986年3月原国家城乡建设环境保护

---

❶ 成思危.中国城镇住房制度改革——目标模式与实施难点[M].北京：民主与建设出版社，1999：106.

❷ 1978年9月邓小平同志提出，解决住房问题能不能路子宽些，譬如允许私人建房或者私建公助，分期付款，把私人手中的钱动员出来，国家解决材料，这方面潜力不小。（转引自侯淅珉.中国城镇住房制度改革理论与实践的发展.房改的初步探讨，1999年内部发行）

❸ 郑君君.城镇居民住宅消费的影响因素与发展趋势：重庆个案研究[D].重庆大学，2008.

❹ 国务院住房制度改革领导小组办公室编.城镇住房制度改革[M].北京：改革出版社，1994：扉页.

❺ 龙雯.公共住房保障中的政府责任研究[D].湖南大学，2012.

❻ "三三制"即是政府、职工所在单位和职工个人分别负担三分之一，房屋售价在150~200元/m²之间，以建筑成本价为标准。

❼ 王世联.中国城镇住房保障制度思想变迁研究（1949-2005）[D].复旦大学，2006

部发布了《关于城镇公房补贴出售试点问题的通知》要求公有住宅出售原则上实行成本价，制止随意贱价出售旧房，从而使出售旧公房暂时告一段落。1986 年烟台市提出提租发券、空转起步的提租改革方案，经过一年零四个月的准备，国务院正式批准从 1987 年的 8 月 1 日实行。1988 年 1 月国务院召开了第一次全国住房制度改革工作会议，颁布了我国第一个关于房改的政策性文件《关于全国城镇分期分批推行住房制度改革的实施方案》（国发 [1988]11 号），标志着住房制度改革进入了整体方案设计和全面实施阶段。据此文件精神，中国建设银行和工商银行等专业银行相继在总行、管理行、经办行成立了房地产信贷部，开展房地产集资、筹资、融资活动。1991 年 6 月国务院发布《国务院关于继续积极稳妥地进行城镇住房制度改革的通知》（国发 [1991]30 号）正式提出了住房商品化、分配货币化、租金市场化的改革方向。同年 10 月国务院召开了第二次全国住房制度改革工作会议，12 月国务院住房体制改革领导小组发布的《关于全面推进城镇住房制度改革的意见》提出，1992~1993年在全国范围内全面推进城镇住房制度改革，标志着城镇住房制度改革已从探索和试点阶段进入到全面推进和综合配套改革的新阶段 ❶。1993 年 11 月党的十四届三中全会发布了《中共中央关于建立社会主义市场经济体制若干问题的决定》在住房保障制度上规定了改革方向。

2）全面推行住房公积金制度

住房公积金制度是 1991 年上海借鉴新加坡经验率先创建的，1992 年 2 月国务院正式批复了上海市的住房制度改革方案，同年 5 月《上海市住房制度改革实施方案》正式出台实施，上海市公积金管理中心委托中国建设银行上海市分行发放了第一笔住房公积金贷款，从而实现了住房公积金贷款从无到有的突破。住房公积金制度是住房融资体制的创新，开辟了一个全新、稳定的、以个人融资为基础的住房资金筹集渠道，增强了职工进入住房市场和自我住房保障的能力，极大地解决了政府财政对住房保障支持能力不足的问题。

（4）住房实物分配向住房市场化改革的过渡阶段（1994~1998 年）

1994 年 7 月国务院下发的《关于深化城镇住房制度改革的决定》（国发 [1994]43号文）提出建立以中低收入家庭为对象、具有社会保障性质的经济适用住房供应体系和以高收入家庭为对象的商品房供应体系，以经济适用住房为主的保障性住房建设正式开始。1994 年 12 月建设部、国务院住房体制改革领导小组、财政部联合发布了《城镇经济适用住房建设管理办法》（建房 [1994]761 号）指出，经济适用住房是以中低收入家庭住房困难户为供应对象，并按国家住房建设标准（不含别墅、高级公寓、外销住宅）建设的普通住宅。1995 年 2 月国务院办公厅转发了国务院住房制度改革

---

❶ 刘兵 . 中国房地产市场发展研究 [D]. 西南财经大学，2006.

领导小组的《关于国家安居工程实施方案的通知》（国办发 [1995]6 号），正式启动"安居工程"，同年 3 月建设部下发了《实施国家安居工程的意见》（建房 [1995]110 号），安居工程成为国家推动房改、加快住宅建设步伐、进一步解决城镇低收入家庭住房问题的建设工程。1996 年国务院召开了第四次全国房改工作会议，重点总结推广住房公积金的经验，到 1997 年住房公积金制度已在全国大中城市普遍建立。❶

1998 年 5 月中国人民银行颁布的《个人住房贷款管理办法》（银发 [1998]190 号）和 6 月中央国家机关住房资金管理中心发布的《中央国家机关个人住房组合贷款管理暂行规定》（国家机关房资字 [1998]7 号）为个人购房提供了金融保障。同年 6 月召开了全国城镇住房制度改革工作会议，7 月国务院颁布了《关于进一步深化城镇住房制度改革加快住房建设的通知》（国发 [1998]23 号），终止了福利分房时代，逐步推行住房分配货币化，终结了我国已经实行了几十年的住房实物福利分配体制❷。同年 7 月建设部、国家计委、国土资源部发布了《关于大力发展经济适用住房的若干意见》（建房 [1998]154 号），规定了发展经济适用住房的计划、目的和原则，9 月国家计委、建设部、国土资源部、中国人民银行下发《关于进一步加快经济适用住房（安居工程）建设有关问题的通知》（计投资 [1998]1424 号），旨在加快经济适用住房（安居工程）建设❸。

（5）住房市场化全面推行阶段（1999~2004 年）

为了加强对住房公积金的管理，1999 年 4 月国务院颁布了《住房公积金管理条例》（2002 年 3 月重新修订），住房公积金制度开始进入法制化、规范化发展的阶段。同年 4 月建设部发布《城镇廉租住房管理办法》（建设部令 [1999]70 号），对廉租房的房源、租金标准、建设和申请程序等作出明确规定。2001 年 3 月《国民经济和社会发展"十五"规划纲要》提出建立廉租住房供应保障体系，尽快建立健全适合中国国情的最低收入家庭住房保障体系。2002 年 11 月国家计委、建设部出台《经济适用房价格管理办法》（计价格 [2002]2503 号）规定经济适用住房的价格应以保本微利为原则，其租金标准在综合考虑建设、管理成本和不高于 3% 利润的基础上进行确定。

2003 年 1 月全国首次房地产工作会议首次提出房地产业对国民经济的支柱产业作用，同年 8 月国务院发布了《关于促进房地产市场持续健康发展的通知》（国发 [2003]18 号），对《关于进一步深化城镇住房制度改革加快住房建设的通知》（国发 [1998]23 号）提出的建立和完善以经济适用住房为主的多层次城镇住房供应体系进行修正，改为多数家庭购买或承租普通商品住房，明确经济适用房是具有保障性质的政策性商品住房。12 月五部门发布《城镇最低收入家庭廉租住房管理办法》（建设部令 [2003]120

❶ 王世联 . 中国城镇住房保障制度思想变迁研究（1949–2005）[D]. 复旦大学，2006.

❷ 陈杰 . 中国住房事业 2003–2012：回顾与反思 [N]. 东方早报·国际评论版，2012–9–24（D10）.

❸ 中国地产网 . 1998 年房地产大记事 [EB/OL]. http：//news.dichan.sina.com.cn/2009/09/30/70142.html.

号）提出规范管理廉租住房。2004 年国土资源部、监察部联合下发《关于继续开展经营性土地使用权招标拍卖挂牌出让情况执法监察工作的通知》（国土资发 [2004]71 号文）规定，当年 8 月 31 日之后国有土地使用权必须以公开招标拍卖挂牌出让方式进行交易，标志着住房领域市场主导体制的构建基本完成。国家政策的导向使得随后几年，大多数家庭的住房被推向了市场，实现了我国住房市场化的根本转变，但住房供应体系过度市场化也导致了一段时间内保障性住房的缺位。

（6）房地产调控阶段（2005 年～迄今）

1）国家加大房地产调控力度

面对城镇住房的全面市场化，主要大城市的房价迅速持续上涨，随之而来的一系列经济风险和社会矛盾使得 2005 年国内的房地产调控政策全面展开。2005 年 3 月国务院分别发布"国八条"，即《国务院关于切实稳定住房价格的通知》（国办发 [2005]8 号），奠定了通过土地、利率和税收手段调控房地产市场的基调。5 月国务院转发七部委出台的《关于做好稳定住房价格工作的意见》（国办发 [2005]26 号）提出稳定房价的八条措施，6 月三部委出台《关于加强房地产税收管理的通知》（国税发 [2005]89 号）限制期房转卖。10 月国家税务总局下发《关于实施房地产税收一体化管理若干问题的通知》（国税发 [2005]15 号）强调要对 20% 个人所得税进行一体化征收。2006 年 5 月国务院又出台了稳定房价，整顿房地产秩序的六项措施（国六条）。随后，我国不断出台各种调控措施，进一步紧缩银根、地根，但稳定房价的目标并未达到，以北京、上海、深圳等城市为代表，全国房价总体继续上涨。

2010 年 4 月国务院发布《关于坚决遏制部分城市房价过快上涨的通知》（国发 [2010]10 号）（新国十条）提出严格限制各种名目的炒房和投机性购房，成为全国各地限购令出台的最初依据。随即北京出台有"京十二条"之称的《北京市人民政府贯彻落实国务院关于坚决遏制部分城市房价过快上涨文件的通知》成为全国首个家庭购房套数"限购令"。同年 9 月为了巩固和强化房地产市场宏观调控措施，住房城乡建设部、国土资源部、监察部等部门出台措施（新国十条升级版）遏制部分城市房价过快上涨，对政策落实不到位、工作不得力的地方官员进行约谈直至追究责任，促使地方政府官员在"钱途"与"仕途"中做出抉择。中央政府如此重视，但地方政府公然"爽约"，主要原因是限购令动了地方政府的"奶酪"，地方政府当然不愿自残臂膀、斩断自己的后路，也在一定程度上说明了地方政府对于限购令能否真正起到抑制房价、调控楼市的作用所持的一种不确定的心态，也预示着限购令本身存在着诸多问题。

2）廉租房、公租房得到空前重视

2005 年保障性住房重新得到重视，成为房地产业重点。8 月国务院颁布了《关于解决城市低收入家庭住房困难若干意见》（国发 [2007]24 号），要求进一步健全城市廉租住房制度。2008 年底为应对国际金融危机冲击，国家实施扩大内需、促进经济平稳较快增长的十项措施，其中第一项就是加快保障性安居工程建设，廉租房建设被置于保障性住房政策的中心地位，《城镇廉租住房租金管理办法》（发改价格 [2005]405 号）、《城镇最低收入家庭廉租住房申请、审核及退出管理办法》（建住房 [2005]122 号）、《城镇廉租住房工作规范化管理实施办法》（建住房 [2006]204 号）、《廉租住房保障办法》（建设部令 [2007]162 号）、《中央预算内投资对中西部财政困难地区新建廉租住房项目的支持办法》（发改投资 [2007]3676 号）、《廉租住房保障资金管理办法》（财综 [2007]64 号）、《中央廉租住房保障专项补助资金实施办法》（财综 [2007]57 号）、《廉租住房建设贷款管理办法》（银发 [2008]355 号）、《关于加强廉租住房管理有关问题的通知》（建保 [2010]62 号）、《关于促进房地产市场平稳健康发展的通知》（国办发 [2010]4 号）、《关于加快发展公共租赁住房的指导意见》（建保 [2010]87 号）、《关于多渠道筹措资金确保公共租赁住房项目资本金足额到位的通知》（财综 [2011]47 号）、《中央补助廉租住房保障专项资金管理办法（已废止）》（财综 [2012]42 号）等法规和政策文件密集出台。

2010 年 1 月国务院下发的《关于坚决遏制部分城市房价过快上涨的通知》（国发 [2010]10 号）和 2011 年 1 月国务院办公厅发布的《关于进一步做好房地产市场调控工作有关问题的通知》（国办发 [2011]1 号）要求努力增加公共租赁住房供应。2013 年 3 月住房城乡建设部下发的《关于公共租赁住房和廉租住房并轨运行的通知》（建保 [2013]178 号）规定，从 2014 年起各地公共租赁住房和廉租住房并轨运行。2014 年 3 月财政部下发《关于做好公共租赁住房和廉租住房并轨运行有关财政工作的通知》（财综 [2014]11 号），同年 4 月住房城乡建设部下发《关于并轨后公共租赁住房有关运行管理工作的意见》（建保 [2014]91 号）。2015 年 12 月财政部和国家税务总局发布《关于公共租赁住房税收优惠政策的通知》（财税 [2015]139 号），规定对公共租赁住房建设期间用地及公共租赁住房建成后占地免征城镇土地使用税，对公共租赁住房经营管理单位免征建设、管理公共租赁住房涉及的印花税。

2. 住房保障制度运行问题

我国目前实行的按劳分配和按生产要素分配相结合的分配制度，社会再分配的调节力度不断缩小，同时住房商品化制度本身也过度强调住房的商品属性而忽视社会保障属性，虽然近些年住房保障制度不断完善，但保障性住房政策在运行过程中仍然存在一系列问题。

（1）单项运行特征

不同类型的保障性住房运行差异较大，也存在诸多的现实问题：①经济适用住房。总体呈现供应比例持续减少、价格超出居民支付能力、分配不公、管理失当等特征。经济适用住房政策目的原本是以有限产权方式、封闭式运作来保障低收入家庭获得住房，但是价格超出了低收入家庭的支付能力，一些中等收入家庭甚至是中高收入家庭加入到经济适用住房市场，使得低收入家庭本应获得的政策福利被剥夺。目标群体的利益得不到保障，加之管理过程中出现炒卖房号、超规格建设等原因导致经济适用房政策推行受冷，建设量在 2011 年以后持续下降，甚至被一些城市明令取消；②廉租房。1998 年 7 月《国务院关于进一步深化城镇住房制度改革加快住房建设的通知》中首次提出最低收入家庭租赁由政府或单位提供的廉租住房，期间发展缓慢，2007 年 8 月《国务院关于解决城市低收入家庭住房困难的若干意见》提出住房保障理念由"居者有屋"逐渐过渡到"住有所居"，廉租房的供应有所改观，但仍存在管理机构不健全、建设资金匮乏、保障范围不大和退出机制执行不力等问题；③公共租赁住房。公共租赁住房政策在我国还处于起步阶段，2009 年政府工作报告中首度提出积极发展公共租赁住房，供应对象是住房困难的"夹心层"群体。国内各地开始推行，随后呈现递增态势，尤其在特大城市受宠，如北京市规定"十二五"期间基本保障原则是保障性住房占全市新建住房套数的 60% 和公共租赁住房占保障性住房的 60%❶。由于《公共租赁住房管理办法》规定供应对象标准、租金标准由直辖市和市、县级人民政府住房保障主管部门根据本地区实际情况确定，导致全国各城市标准差异较大，有些地方政策宽松，有些地方政策相对严格。

（2）共性存在问题

房地产作为支柱产业对于拉动城市经济发展具有十分重要的意义，许多城市政府尤其关心房地产业的发展，保障性住房这类不能够直接为财政创收的项目是不受重视的，但受保障性住房政策的自上而下计划指令性制约，虽然保障性住房规模数量不断扩大，但也存在两个难以回避的问题：

1）结构性问题

结构性体现在三个方面：①国家保障性住房整体性空间结构失衡。由于国家计划与地方需求不匹配，导致保障性住房出现沿海特大城市供不应求、内陆二三线城市供过于求态势；②城市保障性住房内部结构性失配。由于政府计划与居民需求不匹配，出现大城市非商品性保障住房过热，小城市过冷现象。出现廉租住房建设规模小、管理分配机制不当，较少的房源供给形成了轮候排序，甚至摇号等不得已的运作方式，说明过渡性的廉租住房保障政策已经无法满足目前迫切的住房需求，而且农民工住房、城镇最低收入和中低收入之间的夹心层家庭的住房保障还基本处于空白状态；③保障性住房政策结构失调。我国在住房保障方面主要以公积金制度、经济适用住房制度和廉租住房制度为主，其他财政、金融、税收上的系统配套支持

---

❶ 住房城乡建设部政策研究中心，中冶置业集团有限公司联合课题组 . 求索公共租赁住房之路 [M]. 北京：中国建筑工业出版社，2001：22.

严重不足。如公共财政支出中，只有廉租住房制度明确规定需以公共财政资金为主，其他涉及住房保障的支出并未纳入财政预算内。财政支持力度不大导致保障性住房建设过程面临资金不足问题，资金匮乏使得保障性住房项目建设缓慢、房屋质量低劣甚至无力筹建等情况，直接影响到中低收入居民的切身利益。

2）质量性问题

保障性住房选址过偏（空间质量）和质量较差是全国城市保障性住房的共性问题。在目前的制度安排下，经济适用房由政府提供土地及税费减免、开发商建造并赚取不超过 3% 的利润，而廉租房土地和建设资金均由政府提供。地方政府提供土地尽管不是直接的投资，但是也直接减少了地方政府土地出让金的收入，因此会想方设法减小保障性住房用地的机会成本，将这些项目安排在地价便宜的偏远地块，使得市政基础设施不完善、公共服务设施不到位。同时受成本制约和建设过程中监管不到位影响，保障性住房小区规划设计标准极低，建筑设计普遍存在户型不合理、房屋质量差的问题❶。区位劣势以及基础设施建设和公共服务设施的不健全使得保障性住房并不能完全发挥出保障的作用，增加了低收入家庭的生活成本。同时，由于规划不合理、房屋质量差以及缺乏后续的物业管理和运营机制，也使得保障性住房片区易演化成城市"贫民窟"。

（3）学术之争

由于住房保障制度运行过程中存在的问题，学术上主要存在保障形式、调控房价、布局形式三个方面的争议。

1）保障形式之争

围绕公共租赁房、经济适用房和限价房大致存在四种意见：①大力发展经济适用房。因为经济适用房和限价房因为资金回收快，投资商较公共租赁房更有兴趣❷；②房价比较高的一线城市应该发展公共租赁房，而房价不高的中小城市则应以经济适用房和限价房为主，即住房保障应分类指导，因地制宜，在大城市不涉及产权，在中小城市涉及产权；③针对大量的中低收入群体应实行低成本、零首付、长还款周期、小户型以及先使用、后获得产权的政策设计❸，即住宅供给模式向"低价格、大规模"转变；④中产阶层住宅过滤。即家庭根据住宅质量和收入水平的变化来选择住宅，依靠中产阶级的"过滤"房屋作为廉租房的房源。

2）调控房价之争

控制房价之说是主流观点，但也存在放开房价的建议，认为对于中西部二三线城市和中小城市，房价还不是很高，对于广大工薪阶层来说，通过政府的支持，

❶ 杨靖，张嵩，汪冬宁.保障性住房的选址策略研究 [J]. 城市规划，2009（12）：53-58.
❷ 尚秀琳.3000亿元投入能否融化住房保障制度坚冰 [J]. 南方论刊，2011（1）：20-21.
❸ 赵燕菁.把流动性转化为国民福利 [J]. 瞭望，2007（25）：40-42.

如贴息、降低贷款利率等政府补贴，大多数人能够自己解决住房问题，因此控制房价是必要的，现在出台的政策非常有效。而对于京沪等一线城市，即使出台更多的控制房价的政策，房价也很难下降，因为市场需求量大，即使房价出现有限的下降，哪怕再降 20%，大众还是买不起，因此这些城市不能指望依靠市场解决问题，大部分人只能通过住房保障来解决，即通过公共租赁房解决住房保障问题。

3）布局形式之争

我国目前采取的主要是集中建设保障性住房的策略，反向观点认为，人为地将低收入群体聚集到一起居住极不理智，群体性事件、社会治安的成本都会增加，因此多建保障性住房可能是一个政治陷阱，而且保障性住房建设时会刻意追求低造价，所以质量得不到保证，而在分配给低收入家庭入住后，因为经济能力较弱，难以配备专业的物业管理机构进行管理，导致房屋及设施设备很容易损坏乃至衰败，于是这些保障性住房最后沦为贫民区的可能性很大，因此应该采取分散布局。

7.3 国内外保障性住房经验借鉴

7.3.1 英国的公共住房政策

英国是世界上最早开始工业化改革的国家之一，也是住房问题产生最早和政府干预最早的国家之一，到目前为止英国仍然是世界上公共住房比例最高的国家。

1. 英国公共住房政策历史沿革

（1）第一阶段（1919 年之前）

英国政府很早即对公共住房予以关注，1848 年通过了《公共健康法案》（the Public Health Act），从国家的长远利益出发限制土地所有者的权利，制定住房发展在布局、设计和建筑方面的最低标准。1851 年颁布了《劳动阶级公寓法》（Laboring Classes' Lodging Houses Act），授权地方机构为低收入阶层建设住房[1]。1890 年颁布的《工人阶级住房法》将早期一些公共卫生法案的合并，授权地方政府建设工人住房，以满足社会需求。1909 年颁布《住房和城镇规划法》规定在 10 年内中止地方政府出售城市更新地区的住房，授权地方政府制定城镇规划方案。1915 年颁布《房租和抵押贷款利率增加（战时限制）法》，规定按 1914 年 8 月的标准固定房租和抵押贷款利率[2]。

（2）第二阶段（1919~1979 年）

1919 年英国政府颁发"艾迪逊法案"（Addison Act of 1919），提出地方政府建设

[1] 罗应光，向春玲等. 住有所居：中国保障性住房建设的理论与实践 [M]. 北京：中共中央党校出版社，2011.

[2] 田东海. 住房政策：国际经验借鉴和我国实现选择 [M]. 北京：清华大学出版社，1998.

供出租的廉价住房来解决当时的住房问题，要求每个地方政府负责分析当地的住房需求，并提交应对方案。1940 年代开始政府采取了集中建设公共住房的政策，1940年代后期到 1950 年代政府建设的房屋分别占建设总量的 77.6% 和 64.3%。1964 年英国成立住房公司（Housing Corporation），完善了政府主导的住房保障体系。在这段时期英国颁布了大量与住房相关的法律法规（表 7-3-1），确保住房政策的有效实施。

1919~1979 年英国的主要住房法规 表 7-3-1

年代	法规名称	主要内容
1919 年	《住房和城镇规划法》（《阿迪逊法》）	导入财政部补贴，用于地方政府建设住房，该地方负债率固定为 1 便士。财政部负债亏损，该法于 1921 年终止
	《住房（补充权力）法》	将财政部补贴的对象扩大为建造工人阶级住房的私营企业
1923 年	《房租和抵押贷款利率增加（战时限制）法》	继续对房租和贷款利率进行控制，但允许有限提高
	《住房法》（《张伯伦法》）	导入固定财务补贴并取消地方捐税，补贴为 20 年内每年每套住房 6 英镑，目的主要在于刺激私营企业，该法于 1929 年终止
	《房租和抵押贷款利率增加限制法》	导入原承租户退租后房租管制自动取消的办法
1924 年	《住房（金融）法》（《威特利法》）	导入强制捐税的较高补贴新方案，该法于 1993 年终止
1930 年	《住房法》（《格林伍德法》）	提出改进贫民窟拆迁方式，为拆除重建后回迁的居民提供按人头计算的新补贴；允许地方政府实施租金折扣计划
1933 年	《住房（金融）法》	除了拆除贫民窟新建住房外，一律取消其他新建住房补贴；所有地方政府应制订贫民窟重建五年计划
	《房租和抵押贷款利率限制（修正）法》	扩大房租管制的取消范围
1935 年	《住房法》	提出帮助过度拥挤住户的补贴，要求地方政府分设公共住房账目，设立住房财政账目（HRA），汇集房租和补贴
1936 年	《住房法》	合并以前法案条款
1938 年	《住房法》	导入每户 5.10 英镑用于贫民窟拆除和过度拥挤住户补贴
1939 年	《房租和抵押贷款利率限制法》	重新导入除最高价值住房以外所有住房的全面房租管制
1946 年	《住房（金融和其他）法》	提高补贴和地方税基金捐款（PFC）的标准
1949 年	《住房法》	取消公共住房只供应"工人阶级"的法律限制
1952 年	《住房法》	提高补贴
1954 年	《住房维修和租金法》	再次启动贫民窟拆迁计划，并鼓励对私有住房的改善，导入住房改善的"12 条标准"
1956 年	《住房补贴法》	减少对普遍住房需求的补贴，地方税基金捐款成为非强制性的

续表

年代	法规名称	主要内容
1957 年	《住房法》	合并法案
	《租金法》	提出原租户退租后房租管制自动解除的措施
1958 年	《住房（金融）法》	有关金融条款的合并法
1959 年	《住房购买和住房法》	扩大住房改善补贴系统，鼓励地方政府发放抵押贷款
1961 年	《住房法》	再次导入对普遍住房需求的补贴，但有两种补贴率：当 HRA 之处超过地方存量住房税估计值的 2 倍时，补贴率为每年每套住房 24 英镑；反之，若低于 2 倍，则补贴率为 8 英镑
1964 年	《住房法》	扩大住房改善补贴，建立国家住房公司
1965 年	《租金法》	导入"公平租金"的规定
1967 年	《住房补贴法》	导入新的住房补贴系统，更有利于地方政府
1968 年	《租金法》	合并相关条款
1971 年	《住房法》	增加了改善地区的补贴比例
1972 年	《住房金融法》	导入公共住房公平租金方案，采用新的亏损补贴系统取代当时的补贴方法，允许住房财政账目有盈余，导入强制租金折扣计划
1974 年	《住房法》	导入"住房行动区"的概念，并扩大了住房公司的作用
	《租金法》	对修缮后住房的租户提供使用保证
1975 年	《住房租金和补贴法》	取消公共住房公平租金计划，保留租金折扣计划，以新的临时补贴方法取代 1972 年《住房金融法》中的相应条款
1977 年	《住房(无家可归者)法》	明确地方政府有义务为某些特殊需要群体中的无家可归者提供住房

资料来源：田东海.住房政策：国际经验借鉴和中国现实选择.北京：清华大学出版社，1998.

（3）第三阶段（1980~2003 年）

1980 年修订后的《住房法》提出了住房购买所有权应当给予居民，以此提高住房的自有率。随后英国政府又颁发了《住宅与建筑法》（1984 年）、《住房协会法》（1985 年）、《住宅与规划法》（1986 年）、《地方政府和住房法》（1989 年）等一系列法律，通过立法的方式使英国居民的住房权益得到明确。这个时期英国的住房体系也开始发生根本的变化，私有企业开始逐渐占据住房建设的主导地位。20 世纪末英国自有住房比例从 1981 年的 56% 上升到 67%，房价收入比控制在 1：2.93 至 1：3.16 之间 ❶。

---

❶ 肖淞元.美国、英国、新加坡住房保障制度的产生、演变及启示 [J]. 中国房地产，2012（09）：76–79.

（4）第四阶段（2004 年 ~ 迄今）

私有企业逐渐成为住房建设的绝对主力，2004 年私有企业承建了该年 90% 的住房建设量，英格兰一个地区的自有住房比例就达到 71%，公房比例仅为 18%。2004年底英国政府颁布了新《住房法》，以确保所有低收入家庭能入住公共住房。

2. 英国公共住房政策特点

（1）政府适当干预

英国中央政府在公共住房的建设过程中占据着重要的地位，通过制定一系列契合实际并行之有效的法律政策来保障公共住房的建设和管理，地方政府执行政策发挥了关键性作用，两级政府的相互配合极大地促进了公共住房政策在英国的推行。英国公共住房也经历了从政府直接建设到由政府补贴开发商建房的市场化过程，政府从开始的完全干预逐步过渡到如今的把握方向、适当干预，这一系列角色的转变也体现了英国政府在推行公共住房政策的不同时期的对应策略。

（2）立法推进公共住房

法律法规是有效保障公共住房政策高效推行的重要因素。自 1848 年英国政府通过《公共健康法案》以来，该国的住房法律法规随着时代的变化以及公共住房制度发展的具体情况进行了不断地创新与修缮，住房政策不断向更好的方向发展。其中1919 年的《住房和城镇规划法》（《阿迪逊法》）开启了住房补贴的先河，1920 年的《房租和抵押贷款利率增加（战时限制）法》对房租租金和贷款利率进行控制，1933年的《住房（金融）法》缩小了补贴范围，只对拆除和重建贫民窟的项目进行补贴，并要求各地方政府制定了贫民窟五年重建计划，1959 年的《住房购买和住房法》鼓励政府发放抵押贷款，1964 年的《住房法》建立了国家住房公司等，之后《住房法》不断被修缮，以适应不同历史时期的形势变化。

（3）组建建房社团

英国的住房社团（Building Society）即住房合作社，是英国的理查德·凯特雷（Richard Ketley）于 1775 年首次建立的建房社团，之后英国又出现了许多类似的非营利性互利机构，将储蓄存款投资于以私人自住住宅为担保的长期贷款，资金大部分来自个人储蓄❶，主要目的是利用其资产为居民作贷款抵押，以帮助居民获得资金，进而用于获取住房。政府对住房公社提供优惠政策，个人在住房公社存钱可以获得比市场上一般银行更高的利息，公社将居民的储蓄汇集在一起用于放贷，居民在购买房屋时向住房公社贷款，形成良性循环。

（4）土地规划制度辅助公共住房建设

与住房制度密切相关的就是土地制度，英国政府在推动公共住房建设的过程

---

❶ 王洪春. 住房社会保障研究 [M]. 合肥：合肥工业大学出版社，2009：109.

中非常重视土地的规划利用，制定了许多有效的法律法规来规范土地市场供给，确保了公共住房政策的实行。1974年英国政府制定了《镇乡村规划法》(Town and Country Planning Act)，该法案的制定目的是解决英国20世纪前半叶由各种城市问题带来的乡村发展困难，确立英国乡村地区规划制度，该法案一直沿用至今。《镇乡村规划法》规定乡村土地开发国有化管理、赋予地方政府乡村土地开发规划管理权、政府征收土地开发费、中央财政对地方政府的开发行为给予支持等 ❶。之后英国政府又制定了《国家公园和进入乡村法》(National Parks and Access to the Countryside Act 1949)、《乡村法》(1968)等一系列法律，对乡村土地的开发使用和规范管理起到积极的作用。

（5）稳定的公共财政投入

英国在扶持非营利组织兴建的普通住宅和低收入者的租金补贴的同时，一般根据财政能力和住房发展的不同阶段，不断调整公共财政对保障住房的补贴额度，但一般都保持在占GDP的20%以上，占政府公共财政支出的5%左右。

7.3.2 日本的公共住房政策

1. 日本保障性住房基本类型

日本的保障性住房基本类型有三种：①公营住宅。公营住宅是指由地方政府在国家的补助下建造的、由地方住宅供给公社经营并专门出租给住房困难的低收入者的一种住宅，即"廉租房"。由东京都政府管理的叫都营住宅，由区政府管理的叫区营住宅，由市政府管理的叫县营住宅。公营住宅的主要建设主体是地方公共团体，他们接受国家不同程度的资助。《公营住宅法》规定了由地方建设的被列入住房建设五年计划的公营住宅，其建筑费用的一半由国家支付 ❷。公营住宅的福利对象主要是低收入者和无家可归者，并由地方团体为主体直接面对。与其他发达国家不同，日本的城市中低收入者住房保障并不倾向于首次置业的单身者，而主要面向已有伴侣的同居者，即以家庭为主要保障对象。公营住宅的主要供给方式是出租，租金由建造费用扣减国库补助金额后确定；②住宅公团。住宅公团是专门针对大城市住房困难的市民，其建设者是致力于公共住宅建设的公共团体、政府授权的特殊法人。公团利用政府资金建设住宅，政策倾向仍然是同居或即将同居的亲属，申请者必须达到一定的低收入门槛、采取公开抽签的方式获得住房。住宅公团建设的住宅以国家为主体面对中低收入者；③住宅金融公库。住宅金融公库是政府建立的住宅金融集资公库，向居民自建或者购买住房提供长期稳定低息贷款，利息率比市场利息率要

---

❶ 王洪春. 住房社会保障研究 [M]. 合肥：合肥工业大学出版社，2009：114.

❷ 罗应光，向春玲等. 住有所居：中国保障性住房建设的理论与实践 [M]. 北京：中共中央党校出版社，2011.

低 1 到 2 个百分点。住宅金融公库的建立有助于鼓励居民自建住房或者购买住房，以提升住房的自有率。

2. 日本公共住房政策历史沿革

第二次世界大战后日本经济萧条、住房短缺，为了满足居民对房屋的迫切需求，日本政府于 1950 年出台《住房金融公库法》、1951 年出台《公营住宅法》、1955 年出台《日本住宅公团法》等，通过建立健全住房保障的法规，日本住宅政策逐步走向正轨，不同程度地满足了居民的住房需要。1960 年代后日本经济加速发展，出现了人口快速城市化趋势，大量房地产开发商建造了劣质房屋供外来居民租用，居住问题成为日本当时一大城市问题。为此 1966 年颁布了日本首部完整的住房法规《城市住房计划法》，明确制定和实施住房建设五年计划作为改善住房状况的关键措施 ❶。此后还制定了很多相关的法律法规，如《地方住宅供给公社法》、《住房地区改良法》、《地价公布法》、《日本住房公团法》等，有效地规范了保障性住房的建设，促进了住房产业的健康发展。以政府为背景的住宅公团、公营住宅和金融公库在对中低收入家庭的住房保障发挥了重要作用，由中央和地方政府组织建设的住宅占日本全国居民住宅总量的 10%❷。

3. 日本公共住房政策特点

为解决低收入家庭住房问题，日本在住房保障方面一般采用立法、财政、金融和税收等多种手段和措施给予支持：①以低息贷款促进企业从事民间住宅建设。1980 年日本累计约有 220 多万家大企业兴建了 40 多处面积超过 16 万 m^2 以上的住宅区。为促进企业建住宅，1985 年 10 月日本银行将利率从 8.88% 降为 7.38%，全国银行同期住宅信用贷款 7789 亿日元 ❸；②政府以低税和免税优惠促进私人住宅的兴建与购置。政府曾推出一种 50 万日元以内免税利息的"住宅零存整取邮政储蓄"，并在不动产取得税、固定资产税等方面对住宅用地实行优惠，不动产取得税一般用地为 4%，住宅用地只 3%，固定资产税率对住宅用地面积在 $200m^2$ 以上的减半，$200m^2$ 以下的只缴纳 1/4，税收优惠对住房开发起到了积极作用；③发挥地方群众团体的作用，吸收社会资金发展住宅建设。1980 年代日本通过各种形式建房，面积 50 万 m^2 以上的就有 143 处。国家并不包办住宅开发，主要以民间团体吸收社会资金进行建设，规模不大，利于市政管理和因地制宜地组织施工；④组织公团进行住宅开发。日本政府在积极进行普通居民住宅建设与经营的同时，组织公团进行住宅开发管理，以满足低收入群体的住房需求。公团利用政府财政投融资资金建设

---

❶ 姚玲珍 . 中国公共住房政策模式研究 [M]. 上海：上海财经大学出版社，2003：183.

❷ 罗应光，向春玲等 . 住有所居：中国保障性住房建设的理论与实践 [M]. 北京：中共中央党校出版社，2011.

❸ 中国建设信息编辑部 . 国外的住房保障制度 [J]. 中国建设信息，2009（23）：48–51.

住宅，但需要按照法定程序依法提出住宅征地申请，经有关机构审批后方可建设；⑤综合运用财政金融政策。日本政府设立了独特的住宅金融公库模式，通过金融公库向需要购买或者自建住房的居民提供长期、低息的住宅贷款，为解决居民的住房问题并稳定金融市场的利率和资金起到了很大的作用。

7.3.3　新加坡的公共住房政策

新加坡长期坚持住房以政府分配为主、市场出售为辅的原则，90% 以上的房屋由政府出资建造，既解决了大部分国民的住房问题，也有效地平抑了房价。

1. 新加坡公共住房政策历史沿革

住房在新加坡被视为社会福利，从英国殖民时期到新加坡成立自治政府直至当前，住房政策不断演进。

（1）殖民时期（1958 年前）

英国殖民统治时期新加坡政府就已经开始公共住房建设，1936 年成立改造信托基金会（Singapore Improvement Trust，即 SIT），公共住房建设以此为开端。1955 年为了给退休以及不能继续工作的人提供资金上的保障，新加坡政府颁布了《中央公积金法》（Central Provident Fund Act），创设了公积金制度。

（2）自治时期（1959 年 ~ 迄今）

1959 年新加坡脱离英国殖民统治，新加坡开始自治。当时新加坡的居住状况十分糟糕，市区仅有 9% 的居民居住在标准的公共住房里，40% 的居民居住在贫民窟和棚户区内，成为潜在的社会不稳定因素。立国初期新加坡政府提出了"居者有其屋"的口号❶，1960 年颁布《新加坡建屋与发展法令》，同时成立了建屋发展局（Housing and Development Board，即 HDB）并制订了"五年建屋计划"，以廉租屋的形式向居民提供了大量的政府组屋。1964 年政府提出了"居者有其屋计划"（Home ownership Scheme），决定对无力购房的居民建造和提供公共组屋，住房政策开始从出租廉租屋向出售廉租屋过渡。1968 年为了解决居民无法支付购买住房的首付资金问题，政府通过了《中央公积金法（修正案）》，允许国民利用公积金储蓄来购买组屋，这一政策使得更多人开始有能力购买住房，有力推动了"居者有其屋"计划的实施。

1974 年政府组建了国营房屋与城市开发公司（HUDC），负责建设大型的五居室套房（亦称"HUDC 套房"）提供给中等收入家庭，该类住房价格高于建屋发展局开发的住房价格，但是低于市场价格；1981 年政府发布《中央公积金法（修正案）》

❶ 郭伟伟 . 居者有其屋——独具特色的新加坡住房保障制度及启示 [J]. 当代世界与社会主义，2008（6）：162-167.

要求强制执行住房保护保险计划。1987 年政府推出了"特准住房产业计划",允许那些原来不能利用公积金购买公共住房的家庭购买公共住房,并允许除了自己居住外,还可以用于出租 ❶。

1961~1995 年,建屋发展局(Housing and Development Board,即 HDB)执行了 7 个"建屋发展五年计划",共建造组屋超过 70 万个单元。根据 2000 年新加坡人口普查资料显示,高达 88% 的家庭居住在公共组屋内,其中 94% 的家庭拥有公共组屋的产权,另有 12% 的住房由私人开发商向高收入阶层提供。这说明 20 世纪 60 年代以来的新加坡公共住房建设计划不仅成功地解决了低收入阶层的住房问题,更惠及了其他社会阶层等更为广泛的社会群体。

2. 新加坡公共住房政策特点

新加坡住房保障制度包括住房公积金制度、分级提供住房补贴制度和公有住房的合理配售制度,具有如下特点:①政府直接参与。新加坡实行住房的普惠政策,解决住房问题被列为一项基本国策,政府直接参与到组屋的建设和管理中,为推进公共组屋的建设制定了详细的发展目标;②完善的立法促使政策高效推行。新加坡政府颁布了一系列法律法规来保证公共住房政策的实行,这些政策有效地保证住房政策的推行,能够确保组屋建设资金筹集、土地获得、房屋分配和流转等方面在法律规定的框架内运作;③科学制定住宅发展规划。新加坡在公共住房的建设选址以及总体规划布局方面都有科学的规划。新加坡国土面积约为 714.3km²,人口密度大,在组屋规划选址中有意避开了市中心,选择在城市边缘地带的公共交通线路附近,结合规划的新市镇集中建设,这种做法有效地疏散了居民,减小了中心区人口密度,降低了地价成本和拆迁成本,而且方便居民外出,最大程度上减小了区位因素带来的出行成本增加。新市镇设施齐全、环境优美、管理有序,基本实现职住平衡。组屋户型设计充分满足居民需求,结构合理、选择多样,从一房到五房以及公寓式共六类户型,居住使用面积从 30~140m² 不等,为居民生活提供了极大的方便;④住房公积金制度促使资金有效利用。1955 年新加坡颁布《中央公积金法》,建立了住房公积金制度,实行强制性储蓄计划,初期是为了养老保险的需要,但后期成为公共住房建设投资和住房消费信贷的主要来源。1968 年新加坡政府为了解决中低收入家庭的住房问题,同意将公积金存款作为购房首付使用,不足之处由每月缴纳的公积金分期支付,同时住房公积金是公房建设的资金来源,这种强制性的制度使得公房建设资金能够有效滚动利用。

❶ 姚玲珍. 中国公共住房政策模式研究 [M]. 上海:上海财经大学出版社,2003:138.

7.4 住房保障规划产生与发展

传统城市规划通过居住用地的合理布局保证居民住房的建设用地供给，通过住房建设规划解决低收入群体住房保障的空间需求，随后逐步被系统性更强的住房保障规划所替代。

7.4.1 住房建设规划缘起与实践

住房建设规划并非法定规划，是法定城市总体规划、近期建设规划、控制性详细规划中居住用地规划的细化，是住房建设的专项规划。

1. 住房建设规划缘起与概念

（1）住房建设规划缘起

2000 年后我国房价上涨过快，住房供应结构不合理问题突出，房地产市场秩序出现混乱。为进一步加强房地产市场引导和调控，国务院办公厅转发了建设部、发改委、监察部、财政部、国土资源部、人民银行、税务总局、统计局、银监会九部门联合制定的《关于调整住房供应结构稳定住房价格的意见》（国办发 [2006]37 号），明确提出各城市要制定和实施住房建设规划，弥补法定城市规划在解决低收入群体住房保障问题的模糊缺欠。要求确定住房建设目标，规定住房供应结构比例，新审批、开工的商品住房建设，套型建筑面积 90m² 以下的住房面积所占比重必须达到开发建设总面积的 70% 以上，重点发展满足当地居民自住需求的中低价位、中小套型普通商品住房以及加快城镇廉租住房制度建设的内容。

（2）住房建设规划概念

住房建设规划是就城市的住房现状情况，按照城市总体规划、土地利用规划、近期建设规划等要求，确定在一定的规划年限内普通商品住房、保障性住房等住房供应体系的建设目标、空间布局、相关的土地供应规模与开发强度、住房供应体系的结构构成、不同类型住宅的具体要求以及住房保障政策的具体实施。

2. 住房建设规划实践与探索

（1）住房建设规划编制

住房建设规划编制主要包括规划目标、规划原则和规划内容三个方面。

1）住房建设规划目标

在对该城市的现有住房情况进行充分调研基础上，结合当地的经济发展情况以及财政支持情况的前提下设定规划目标，不同城市侧重点存在差异。如北京市住房建设规划确定了到 2010 年城市人均住房面积达到 30m²、2020 年达到 35m² 的量化目标，深圳市则提出"让常住人口户均拥有或租住一套住房，完全解决双困家庭的住房问题"的口号性目标。

2）住房建设规划原则

大多数城市均采用以下规划原则：①便于居民出行原则。单中心城市保障性住房应选择在交通生活便利、基础设施完善、公共服务设施良好的与市中心距离较近的地区。多核心结构城市可引导居住用地合理分布，在城市中均匀规划建设保障性住房❶；②发展以公共交通为主的居住模式原则。从为中低收入人群提供便利交通出行条件、降低生活成本的角度，按 TOD（即"以公共交通为导向的发展"）模式沿公共交通走廊集中安排保障性住房，提高出行效率和土地利用效率❷；③与新城区共同发展并加强与产业用地的联系原则。将保障性住房建设纳入新区发展总体规划，预留相应比例的土地作为工业用地，实现适度的职住混合❸；④配建标准的适宜性原则。保障性住房建设面积及其他建设标准应该在保证满足目标群体需求的基础上将居住成本控制在中低收入家庭可支付范围内，并根据不同类型家庭分类设计出满足其需求的户型。

3）规划内容

住宅建设规划一般包含两部分内容：①空间规划。主要包括将各类住宅项目落实到空间布局上，选择交通相对便利、配套设施相对完善的区域安排住宅建设项目。重点安排近两年中低价位、中小套型普通商品住房、经济适用住房和廉租住房建设，严格执行"两个 70%"的要求，落实住宅套型结构比例规定；②政策规划。由于规划的重点在于如何通过住房建设规划中的相关政策，达到多渠道解决城市低收入家庭住房困难的问题，因此各地住房建设规划普遍强调政策引导，制定落实规划的相关政策措施，尤其在规划审批、施工图审查、开工许可等环节落实规划内容。

（2）住房建设规划实践

各地公布的住房建设规划文本，均是在近期建设规划的引导下，制定住房实施计划，将住房建设规划确定的住房年度供应总量、套型结构比例要求目标分解到每一个年度和区域。如青岛市强调住房建设规划与城市总体规划、分区规划、土地利用总体规划、年度住房开发计划、拆迁计划的有机衔接。杭州市结合已完成的《杭州市居住区发展规划》和商品住宅用地供应计划、经济适用住房和拆迁安置房的用

❶ 李建，卢伟，陈飞．城市中心区保障性住房规划布局研究——以大连市石门山经济适用住房项目为例 [J]．规划师，2011（27）：104–108.

❷ 杨晓东，黄丽平．保障性住房选址问题及对策研究 [J]．工程管理学报，2012（8）：106–107.

❸ 郑思齐，张英杰．保障性住房的空间选址：理论基础、国际经验与中国现实 [J]．现代城市研究，2010（9）：21–22.

地分布和建设计划等相关规划，通过调整、充实，完善了住房建设规划的内容。上海、重庆等城市强调规划效能监察，配套了土地供应等措施保障规划落实。天津、重庆等城市结合本地行政区划的实际，统筹考虑中心城区与外围组团地区、都市区与远郊区县的住房发展，既提出了总的住房建设目标，又分区域提出了具体的住房建设要求。上海市在规划成果上要求尽可能地细化、深化，力求实现规划期内不同类型商品住房项目的落地，并反映在规划图件上 ❶。

7.4.2　住房保障规划的实践与探索

由于住房保障是系统性工程，住房建设规划的内容可以通过城市总体规划、控制性详细规划的强制性条文加以体现，建设程序可以通过近期建设规划进行分解，因此住房建设规划从 2010 年后逐渐被操作性更强的《保障性住房建设规划》和综合性更高的《住房保障规划》所替代，成为国民经济和社会发展的专项规划。

1. 住房保障规划编制

全国各地《保障性住房建设规划》和《住房保障规划》的编制基本遵循住房城乡建设部、发改委、财政部、国土资源部、农业部、林业局联合发布的《关于做好住房保障规划编制工作的通知》（建保 [2010]91 号）要求执行。

（1）编制内容

1）规划编制总则

住房保障规划包括以下几个方面：①规划期限。保障性住房建设规划（包括各类棚户区改造、政策性住房建设）的规划期限为 3 年，住房保障规划的规划期限为 5 年，与国民经济发展计划相一致，两个规划实现有机衔接；②规划内容。除廉租住房、经济适用住房保障规划外，还包括公共租赁住房、限价商品住房、城市和国有工矿棚户区改造、国有林区棚户区和国有林场危旧房改造、国有垦区危房改造、中央下放地方煤矿棚户区改造（只包括东北三省、中西部地区中央下放地方煤矿棚户区，含河北、新疆生产建设兵团和江苏徐矿集团）等内容；③规划层级。规划分国家、省、市（地、州、盟）、县四级，逐级汇总编制。省级以下（含省级）住房保障部门会同有关部门编制廉租住房保障、经济适用住房、公共租赁住房、限价商品住房、城市和国有工矿棚户区改造等方面的规划。省级以下（含省级）发展改革、农垦、林业部门分别会同有关部门编制中央下放地方煤矿棚户区、国有垦区危房、国有林区棚户区和国有林场危旧房改造规划，送同级住房保障部门汇总；④规划范围。各级规划的编制范围按行政区划确定。

---

❶ 彭雄亮 . 和谐社会下的 "住房建设规划" 问题及优化研究 [D]. 华中科技大学，2007.

2）文件构成

文本涵盖三部分内容。

第一部分是规划正文。涵盖五个方面：①规划编制依据、范围和期限；②总体目标和年度目标。分年度明确各类项目保障户数，以及各类建设项目计划投资、土地需求、开工和竣工等数量；③空间布局指引。按照行政区划分年度明确区域各类住房规划建设数量，依据城市总体规划、土地利用总体规划、住房建设规划要求，结合城市基础设施配套状况和发展趋势，做好各类保障性住房项目的空间布局；④配套政策措施。包括落实规定的资金渠道和税费政策，确保各项资金落实到位。落实土地供应计划，依法保障项目及时落地。强化工程质量监管，规范住房保障管理，提高管理服务水平。健全管理机构和实施机构，落实工作经费；⑤规划组织实施。明确部门职责分工，建立健全推进实施机制，保证规划实施。

第二部分是主要指标和相关图件。主要指标要体现在前一个五年计划期间住房保障情况、规划期住房保障目标任务和住房保障规划实施预测。

第三部分是规划编制说明。包括三个方面：①前一个五年计划期间住房保障情况，总结、评估历史时期住房保障工作，查找突出问题和主要矛盾；②规划期内住房保障面临的基本形势。依据住房状况调查和相关统计资料，做好各类住房保障对象数量和状况分析、政府保障能力分析，明确规划定位，提出解决思路、指导思想和基本原则；③规划实施预测。依据规划期间住宅供应数量和空间布局，对住房保障规划实施效果进行分析、预测，稳定居民住房消费预期。

（2）编制要求

住房保障规划编制具体要求如下：①深入调查研究，广泛征求意见。各级规划编制单位要会同有关部门采取抽样调查、普查等方式摸清当地住房现状、住房保障对象底数和各类棚户区改造对象底数。围绕居民住房方面存在的突出问题，开展全局性、战略性重大问题研究，对规划重点内容和关键指标，进行专题研究。需要从实际出发，采取实地调研、部门访谈、专家座谈等方式，广泛征求社会各界的意见，增强工作透明度和公众参与度。各级住房保障规划一经批准即向社会公布，接受公众监督；②规范编制程序，明确时限要求。编制工作按照前期调研、专题研究、文本编制、论证与征求意见、成果形成五个阶段进行。实行规划逐级上报、逐级审查制度，上级规划编制部门要会同有关部门对下级规划进行审查，加强对规划编制工作的监督指导。省级保障性住房建设规划由住房城乡建设部、发改委、财政部、国土资源部、农业部、林业局联合审查。各级保障性住房建设规划要向社会公布。住房城乡建设部负责建立住房保障规划数据汇总系统；③加强组织领导，做好协调配合。住房保障规划是各地国民经济和社会发展规划的重要内容，是指导规划期内住房保障事业改革和发展的重要文件。因此要尽量吸收各地区、各部门已有的工作成果和各类统计数据，实现资源共享，加快规划编制。

2. 住房保障规划的各地实践

从主要城市住房保障规划可以发现，编制主体、保障目标、保障标准和配套政策均存在差异（表7-4-1），反映城市面临的问题、发展的基础、社会的需求和保障的能力不同，因此在国家总体框架基础上，因地制宜制定和实施住房保障规划是地方制度创新的基础。

主要城市住房保障规划主要内容统计一览表　　　　表7-4-1

城市	规划名称、编制或解释单位	规划期末保障目标	保障标准	配套政策
北京市	《北京市"十二五"时期住房保障规划》；住建委、发改委编制	建立"低端有保障、中端有支持、高端有市场"的基本住房制度，收购各类保障性住房100万套，建设多元化的住房租赁体系，推进首都功能核心区人口疏解和房屋保护性修缮工程，完成城市和国有工矿棚户区改造任务，加大农村抗震节能房屋改造建设力度，多措并举改善群众住房条件，对符合保障条件的住房困难家庭努力做到"应保尽保"	（1）用地供应：住宅供地的50%以上用于保障性住房建设；（2）规划布局：坚持"大分散、小集中"的布局模式，集中建设与配建相结合，在重点新城、重点功能区、产业园区等地区加大保障性住房用地供应力度；（3）设计标准：执行民用建筑节能75%的设计标准；（4）租金定价和租金补贴：市场定价、分档补贴、租补分离	（1）坚持多主体建设，多方式筹集房源，多渠道筹集资金，切实增加公共租赁住房供应比例和规模；（2）按照"三级审核、两次公示"审核体系和"公开摇号、顺序选房"分配模式，组织审核分配工作，确保公开、公平、公正。严格后期管理，建立完善退出机制
上海市	《上海市住房发展"十二五"规划》（沪府发[2012]10号）；未注明解释单位	扩大廉租住房覆盖面，做到"应保尽保"的同时，进一步加强政策聚焦，不断加大共有产权保障房（经济适用住房）、公共租赁住房和动迁安置房（限价商品房）的建设和供应力度，向中低收入住房困难家庭和青年职工、引进人才、来沪务工人员等群体提供更多实用、实惠的保障性住房	（1）选址布局：依托轨道交通和比较完善的市政和商业服务设施落实规划选址；（2）建设标准：新建住宅全面实行建筑节能65%标准	（1）优先确保保障性住房建设用地供应；稳妥推进定区域、定对象、限房价、限交易的特定限价商品房建设和供应；有序实施特定区域"先租后售"保障性住房政策，以促进产城融合、提升区域功能，解决青年人才的阶段性住房困难，满足合理的住房需求；（2）研究和完善公共租赁住房建设用地出让、租赁、作价入股等有偿使用办法，支持专业运营机构利用国有企业"退二进三"土地、农村存量集体建设用地和其他可利用的零星土地建设公共租赁住房，有效降低公共租赁住房建设成本

续表

城市	规划名称、编制或解释单位	规划期末保障目标	保障标准	配套政策
广州市	《广州市住房建设规划（2010—2012）》；广州市国土资源和房屋管理局、规划局负责解释	健全广州特色多层次住房梯级供应和消费体系，满足不同层次居民家庭的住房需求。年度供应量不低于住房建设用地供应总量的70%。新审批、新开工的商品住房建设，套型建筑面积90m²以下住房（含限价商品住房、经济适用住房、经济租赁住房、廉租住房）面积所占比重达到开发建设总面积的70%以上	选址布局：选址一般为中心城区，其中优先考虑旧城区和紧邻旧城区的城市新发展区域。优先考虑公共基础设施规划和建设较为完善的地区，并充分利用"三旧"改造的土地。充分考虑公共交通（含轨道交通）的便捷程度，将交通的低成本和可达性作为用地选址的重要因素	（1）探索采取购、租和盘活存量住房资源用于住房保障的方式，拓展政府保障性住房来源；（2）保证中小套型普通商品住房和经济适用住房、经济租赁住房、政府限价房、廉租住房的土地供应；（3）保证全市年度土地出让净收益不低于10%的资金、住房公积金增值收益在扣除管理费用和贷款风险准备金后的全部余额和财政预算资金用于廉租住房建设
深圳市	《深圳市住房保障发展规划（2011—2015）》（深府办[2011]46号）；深圳市住建局负责解释	通过实物与货币相结合的方式实现户籍无房家庭全部得到住房保障，并逐步将住房保障重点转移至经济社会所需人才。保障性住房与商品住房套数的比率由25%提高到35%。到2050年，力争实现保障性住房套数占全市住房总套数的50%，建立"双轨并行"的住房供应体系	（1）建筑面积：人均住房基准建筑面积不低于18m²，使用面积系数不低于70%，100%实现一次性装修；（2）布局要求：保障性住房居住区在公交车站点500m半径覆盖范围内或地铁800米半径覆盖范围内，区域公交线网密度不低于3km/km²，区域人均公交车辆拥有率不小于10标车/万人	建立健全较为完善的住房保障政策制度体系：以《深圳市保障性住房条例》为核心的住房保障发展与管理法规制度体系；以政府为主导、专家领衔、社会参与的保障性住房建设技术支撑政策体系；以住宅产业化、部品化为导向的设备与产品标准体系；以安全性、耐久性和适用性为基础的质量保证体系；以保障性住房出售、出租、回收回购等为主要环节的价格体系；以轮候、分配、退出、货币补贴、物业管理为内容的住房保障服务管理体系；以项目审批联动机制、重大项目审批制度和项目建设协调机制为基础的行政审批体系；以明晰责任分工、强化责任监督为目的的自上而下的监察追究体系
成都市	《成都市2010—2012年保障性住房建设规划》；成都市房产管理局颁布	通过实施廉租住房、经济适用住房、公共租赁住房和限价商品住房等保障形式，健全成都市分层次、多形式、梯度化的住房保障体系	（1）单套面积：廉租住房控制在50m²以内，经济适用住房和公共租赁住房控制在60m²以内，限价商品住房控制在90m²以内；（2）租赁补贴：低保家庭人均24m²以内每m²补贴14元；低收入家庭，人均16~19m²，每m²补贴11元；人均20~22m²，每m²补贴10元；人均23~24m²，每m²补贴9元	（1）廉租住房、经济适用住房和公共租赁住房建设一律免收城市基础设施配套费等各种行政事业型收费和政府性基金。廉租住房、经济适用住房建设用地实行行政划拨方式供应用地指标单列，保证供应；（2）全面普查、建立低收入住房困难家庭实名制档案的基础上，建立住房保障对象动态管理机制。对符合条件困难家庭基本情况和需求意愿进行非区域、分结构分析，提高保障资源配置效率

本章小结

我国最初的住房政策设计过度强调住房的商品功能，忽略了住房的社会保障功能，随着房地产业快速发展和房价不断上涨，在支持地方财政收入的同时也使得城镇化成本提高，流动人口、低收入群体的居住权被剥夺。社会分层是客观存在的，普通居民的住房主要由政府通过住房社会政策来解决，而低收入群体的住房只能由保障性住房来承担。虽然我国现行住房保障性政策在运行的过程中不断调整，但仍存在结构性问题，供给和需求之间缺乏对接的手段和方法。国外居民住房的政府干预由来已久，应借鉴英国的住房保障立法、日本的住房政策多样化以及新加坡强有力的政府干预和介入等经验，系统性地解决低收入群体的住房问题。住房保障规划是城市专项规划，需要与法定规划有效结合才能真正发挥作用。

参考文献

[1] Garrett Hardin. "The Tragedy of the Commons". Science 162, no. 3859（1968）: 1243–1248.

[2] Hall, P. Urban and Regional Planning.London and New York : Routledge, 1992.

[3] 蔡克光. 城市规划的公共政策属性及其在编制中的体现 [J]. 城市问题，2010（12）：18–22.

[4] 陈庆云，鄞益奋，曾军荣，等. 公共管理理念的跨越：从政府本位到社会本位 [J]. 中国行政管理，2005（4）：18–22.

[5] 仇保兴. 中国城市化进程中的城市规划变革 [M]. 上海：同济大学出版社，2005：268.

[6] 冯健，刘玉. 中国城市规划公共政策展望 [J]. 城市规划，2008（4）：33–40+81.

[7] 高柏. 金融秩序与国内经济社会 [J]. 社会学研究，2009（2）：2–16.

[8] 高兴武. 公共政策评估：体系与过程 [J]. 中国行政管理，2008（2）：58–62.

[9] 关于新型城镇化发展战略的建议 [N]. 光明日报，2013–11–04.

[10] 何流. 城市规划的公共政策属性解析 [J]. 城市规划学刊，2007（6）：36–42.

[11] 黄建伟. 理解公共政策学——概念界定五部曲 [J]. 高等农业教育，2006（5）：59–63.

[12] 霍海燕，吴勇. 公共政策本质初探 [J]. 华北水利水电学院学报（社科版），2007（4）：80–82.

[13] 李学文，卢新海，张蔚文. 地方政府与预算外收入：中国经济增长模式问题 [M]. 世界经济，2012（8）：134–160.

[14] 林立伟，沈山. 中国城市规划评估研究进展与展望 [J]. 上海城市规划，2009（6）：14–17.

[15] 陆学艺. 当代中国社会阶层研究报告 [M]. 北京：社会科学文献出版社，2002.

[16] 吕伟，王伟同. 发展失衡、公共服务与政府责任 [J]. 中国社会科学，2008（4）：52–64.

[17] 尼格尔·泰勒 .1945 年后西方城市规划理论的流变 [M]. 李白玉，陈贞，译. 北京：中国建筑工业出版社，2007：108–116.

[18] 欧阳鹏. 公共政策视角下城市规划评估模式与方法初探 [J]. 城市规划，2008（12）：22–28.

[19] 全国城市规划职业制度管理委员会. 科学发展观与城市规划 [M]，北京：中国计划出版社，2007.

[20] 孙施文. 规划的本质意义及其困境 [J]. 城市规划汇刊，1999（2）：6-9.

[21] 孙施文. 现代城市规划理论 [M]. 北京：中国建筑工业出版社，2007：403-424.

[22] 唐孝炎，王如松，宋豫秦. 我国典型城市生态问题的现状与对策 [J]，国土资源，2005（5）：4-9.

[23] 陶然，王瑞民，史晨. "反公地悲剧"：中国土地利用与开发困局及其突破 [J]. 二十一世纪，2014（6）.

[24] 王春光. 农村进城务工人员"半城镇化"问题研究 [J]. 社会学研究，2006（4）：47-52.

[25] 王登嵘. 建立以社区为核心的规划公众参与体系 [J]. 规划师，2006（5）：68-72.

[26] 王红扬. 论中国规划师的职业道德建设 [J]. 规划师，2005（12）：58-61.

[27] 王卫城，施源，吴浩军，等. 中国特色城市规划理论的生成路径研究 [J]. 规划师，2011（10）：87-89，96.

[28] 温铁军. 三农问题与制度变迁 [J]. 读书，1999（12）：3-11.

[29] 翁媛媛. 中国经济增长的可持续性研究 [D]. 上海交通大学，2011.

[30] 吴志强，李德华. 城市规划原理（第四版）[M]. 北京：中国建筑工业出版社，2010：255.

[31] 谢飞燕. 论当代中国社会阶层分化及其影响 [D]. 大连海事大学，2012.

[32] 邢谷锐. 浅谈城市规划的公共政策特征演变 [J]. 城市建设理论研究（电子版），2013（15）.

[33] 徐匡迪. 中国特色新型城镇化发展战略研究（综合卷）[M]. 北京：中国建筑工业出版社，2013.

[34] 徐善登，李庆钧. 市民参与城市规划的主要障碍及对策——基于苏州、扬州的调查数据分析 [J]. 国际城市规划，2009（3）：91-95.

[35] 杨继绳. 中国当代社会阶层分析 [M]. 南昌：江西高校出版社，2011：63.

[36] 殷洁，张京祥，罗小龙，等. 转型期的中国城市发展与地方政府企业化 [C]// 城市规划面对面——2005 城市规划年会论文集（上）. 2005：18-23.

[37] 约瑟夫·E. 斯蒂格利茨（Joseph E.Stiglitz）. 对我们生活的误测：为什么 GDP 增长不等于社会进步 [M]. 北京：新华出版社，2011.

[38] 张磊，缪媛. 引入公共政策过程的城市设计方法 [J]. 城市发展研究，2012（6）：65-70.

[39] 张庭伟. 城市规划的基本原理是常识 [J]. 城市规划学刊，2008（5）：1-9.

[40] 张宇. 多元利益的均衡和协调：和谐语境中公共政策的新取向 [J]. 贵州社会科学，2007，208（4）：60-65.

[41] 赵兴钢，林琳. 控制性详细规划的公共政策属性研究 [J]. 山西建筑，2011（15）：

238–239.

[42] 赵燕菁. 重新研判"土地财政"[N]. 第一财经日报，2013-5-13

[43] 赵燕菁. 城市的制度原型 [J]. 城市规划，2009（10）：9–18.

[44] 赵燕菁. 制度经济学视角下的城市规划（上）[J]. 城市规划，2005（6）：40–47.

[45] 朱东风. 城市规划思想发展及技术方法走向研究 [J]. 国外城市规划，2004（2）：57–60.

[46] 邹德慈. 中国特色城镇化发展战略研究（第一卷）. 城镇化发展的空间规划与合理布局研究 [M]. 北京：中国建筑工业出版社，2013.

[47] 包头市建设局. 关于城市建设投资比例的初步调查 [J]. 城市规划，1977（1）：34–37.

[48] 曹传新. 我国城市规划编制机构现状特征及发展的若干问题 [J]. 规划师，2002（3）：17–20.

[49] 曹休宁. 基于产业集群的工业园区发展研究 [J]. 经济地理，2004（4）：440–443.

[50] 曹怡. 分析、规制与变革——论城乡规划法治化 [D]. 西南政法大学，2008.

[51] 曾庆宝，施源. 长路思远 步步求索——深圳城市规划 30 年回顾与展望 [J]. 北京规划建设，2009（1）：90–92.

[52] 陈秉钊，吴志强，唐子来. 建筑与城市 [J]. 建筑学报，1998（10）：4–7.

[53] 陈小君. 我国《土地管理法》修订：历史、原则与制度——以该法第四次修订中的土地权利制度为重点 [J]. 政治与法律，2012（5）：2–13.

[54] 陈云. 当前基本建设工作中几个重要问题 [J]. 红旗，1959（5）.

[55] "城乡规划"教材选编小组. 城乡规划（第二版）[M]. 北京：中国建筑工业出版社，2013.

[56] 褚大建. 把长江三角洲建设成为国家性大都市带的思考 [J]. 城市规划汇刊，2003（1）：59–63.

[57] 崔功豪. 改革——中国城市规划教育迫在眉睫 [J]. 城市规划，1996（6）：6–7.

[58] 董鉴泓. 第一个五年计划中关于城市建设工作的若干问题 [J]. 城市与区域规划研究，2013（1）：184–193.

[59] 董卫. 城市制度、城市更新与单位社会——市场经济以及当代中国城市制度的变迁 [J]，建筑学报，1996（12）：39–43.

[60] 董志凯. 从建设工业城市到提高城市竞争力——新中国城建理念的演进（1949—2001）[J]. 中国经济史研究，2003（1）：25–35.

[61] 董志凯. 从历史经验看提高城市竞争力——新中国城建方针的变迁（1949—2001）[J]. 中共宁波市委党校学报，2002（4）：6–13.

[62] 董志凯. 新中国六十年城市建设方针的演变 [J]. 中国城市经济，2009（10）：

城市规划公共政策原理

84–90+92+94–95.

[63] 杜辉.机构改革与编研中心创建 [J].规划师，2007（1）：46–48.

[64] 顾朝林.长江三角洲连绵区发展战略研究 [J].城市研究，2000（1）：20–24.

[65] 顾朝林.中国城镇体系——历史、现状、展望 [M].北京：商务印书馆，1992：171.

[66] 官大雨.国家审批要求下的城市总体规划编制——中规院近时期承担国家审批城市总体规划"审批意见"的解读 [J].城市规划，2010（6）：36–45.

[67] 圭文.继往开来 乘胜前进——三十五年城市规划回顾与展望 [J].城市规划，1984（5）：3–6.

[68] 国家建设局长孙敬文.适应工业建设需要加强城市建设工作 [N].人民日报，1954–8–12.

[69] 何树平，戚义明.中国特色新型城镇化道路的发展演变及内涵要求 [J].党的文献，2014（3）：104–112.

[70] 湖南省建筑研究所农村房屋建设调查组.湖南农村房屋建设调查 [J].建筑学报，1976（2）：8–12.

[71] 黄鹭新，谢鹏飞，荆锋，等.中国城市规划三十年（1978—2008）纵览 [J].国际城市规划，2009（1）：1–8.

[72] 江之力.一个历史的教训——两个时期的建筑科学工作杂忆 [J].建筑学报，1980（6）：1–3.

[73] 景建彬.城市规划各阶段中的区域规划研究 [J].山西建筑，2010（15）：24–25.

[74] 莱德霖.梁思成建筑教育思想的形成及特色 [J].引自梁思成1945年发表在内政部专刊（公共工程专刊）《市镇的体系秩序》建筑学报，1996（6）：26–29.

[75] 李东泉，李慧.基于公共政策理念的城市规划制度建设 [J].城市发展研究，2008（4）：64–68.

[76] 李伟国.城市规划学导论 [M].杭州：浙江大学出版社，2008.

[77] 林桂平.如何表述我国对外开放的新格局 [J].历史学习，2002（6）：22–23.

[78] 马海涛.分税制改革20周年：动因、成就及新问题 [J].中国财政，2014（15）：40–43.

[79] 马武定.城市规划设计的特点与城市规划教育 [J].城市规划，1990（3）：61–62.

[80] 马武定.改革——中国城市规划教育迫在眉睫 [J].城市规划，1996（6）：13–14.

[81] 马武定.制度变迁与规划是的职业道德 [J].城市规划学刊，2006（1）：45–48.

[82] 南京大学地理系.城市规划训练班工作总结 [J].城市规划，1977（1）：31–33.

[83] 宁敏越.国外大都市区规划评述 [J].世界地理研究，2003（1）：36–43.

[84] 沛旋，刘据茂沈，沈兰茜.人民公社的规划问题 [J].建筑学报，1958（9）：9–14.

[85] 彭海东 . 城市规划的公共政策特征 [J]. 城市规划，2007（8）：47–51.

[86] 齐康，夏宗玕 . 城镇化与城镇体系 [J]. 建筑学报，1985（2）：15–22.

[87] 人民日报社论 . 贯彻重点建设城市的方针 [N]. 人民日报，1954–8–11.

[88] 任致远 . 论我国城市总体规划的历史使命——兼议 21 世纪初城市总体规划的改革 [J]. 规划师，2000（4）：84–88.

[89] 任致远 . 中国城市规划六十年 [J]. 规划师，2009（9）：5–9.

[90] 沙市市城建局 . 我们是怎样坚持规划和实现规划的 [J]. 城市规划，1978（S1）：16–17.

[91] 石楠 . 城市规划政策与政策性规划 [D]. 北京大学，2005.

[92] 宋岩 . 我国城市规划实施政策框架研究 [D]. 哈尔滨工业大学，2006.

[93] 孙立平 . 社会转型：发展社会学的新议题 [J]. 中国社会科学文摘，2005（3）：6–11.

[94] 谭纵波 .《物权法》语境下的城市规划 [J]. 国际城市规划，2009 增刊：312–318.

[95] 唐凯 . 当今中国的城市规划 [C]// 城市环境与形象 . 中国城市规划协会编 . 北京：中国建筑工业出版社，2001：348.

[96] 汪德华 . 改革——中国城市规划教育迫在眉睫 [J]. 城市规划，1996（6）：11.

[97] 王凯 . 我国城市规划五十年指导思想的变迁及影响 [J]. 规划师，1999（4）：23–26.

[98] 王文克 . 反浪费、反保守 大力改进城市规划和修建管理工作 [J]. 建筑学报，1958（4）：1–7.

[99] 王文彤，杨保军 . 总体规划批什么 [J]. 城市规划，2010（1）：61–63.

[100] 王兴平，石峰，赵立元 . 中国近现代产业空间规划设计史 [M]. 北京：中国建筑工业出版社，2014：107.

[101] 魏立华，刘玉亭 . 城市规划的公共政策属性 [J]. 南方建筑，2008（4）：41–43.

[102] 魏立华 . 城市规划向公共政策转型应澄清的若干问题 [J]. 城市规划学刊，2007（6）：42–46.

[103] 吴良镛 . 积极推进城市设计 提高城市环境品质 [J]. 建筑学报，1998（3）：5.

[104] 吴良镛 . 明日之人居 [M]. 北京：清华大学出版社，2013.

[105] 吴万齐 . 开创区域规划工作的新局面 [J]. 建筑学报，1983（5）：1–1.

[106] 吴友仁 . 拟定城市人口发展规模的一种方法——劳动比例法 [J]. 城市规划，1977（2）：29–33.

[107] 肖云 . 制度变革中的城市基础设施建设：理论分析与模式创新 [D]. 复旦大学，2003：10.

[108] 谢国权 . 城市经营与城市政府职能的转变 [J]. 前沿，2004（2）：87–89.

[109] 新疆喀什市建设局 . 搞好城市规划管理工作的几点体会 [J]. 城市规划，1977（2）：

44-45.

[110] 熊国平，缪敏.对新一轮城市总体规划编制的探索——以江阴为例 [J].规划师，2007（5）：54-57.

[111] 薛钟灵.住宅政策与住宅设计——比较欧洲与中国城市住宅政策与设计之关系 [J].建筑学报，1985（11）：27-31.

[112] 杨保军，张菁，董珂.空间规划体系下城市总体规划作用再认识 [J].城市规划，2016（3）：9-14.

[113] 杨保军.城市规划 30 年回顾与展望 [J].城市规划学刊，2010（1）：14-23.

[114] 叶嘉安.改革——中国城市规划教育迫在眉睫 [J].城市规划，1996（6）：9-10.

[115] 迎接我国城市规划工作的第二个春天——全国城市规划工作会议在京召开 [J].城市规划，1980（6）：3-5.

[116] 于洪俊，宁敏越.城市地理概论 [M].安徽：安徽科学技术出版社，1983：314-324.

[117] 俞美香.真理标准问题讨论及其对马克思主义中国化的作用和意义研究 [D].安徽师范大学，2014.

[118] 张传玖.守望大地 20 年：《土地管理法》成长备忘录 [J].中国土地，2006（6）：4-8.

[119] 张少康.新常态下规划编制单位应找准新定位 [J].城市规划，2016（1）：82-84.

[120] 张绍梁.城市规划人口计算的探讨 [J].建筑学报，1962（11）：12-13.

[121] 赵晨，申明锐，张京祥."苏联规划"在中国：历史回溯与启示 [J].城市规划学刊，2013（2）：107-116.

[122] 赵凌云.1949—2008 年间中国传统计划经济体制产生、演变与转变的内生逻辑 [J].中国经济史研究，2009（3）：24-33.

[123] 赵其国，黄国勤.论广西生态安全 [J].生态学报，2014（18）：5125-5141.

[124] 赵万民，赵民，毛其智.关于"城乡规划学"作为一级学科建设的学术思考 [J].城市规划，2010（6）：46-52+54.

[125] 赵锡清.我国城市规划工作三十年简记（1949—1982）[J].城市规划，1984（1）：42-48.

[126] 赵燕菁.高速发展与空间演进——深圳城市结构的选择及其评价 [J].城市规划，2004（5）：32-42.

[127] 郑国.城市发展与规划 [M].北京：中国人民大学出版社，2008.

[128] 中共中央文献研究室.邓小平年谱（1975—1997）[M].北京：中央文献出版社，2004：288.

[129] 周大鸣.以政治为中心的城市规划——从中国城市发展史看中国的城市规划理念 [C]// 都市、帝国与先知.上海：上海三联书店，2006：88-100.

[130] 周干峙. 城市规划的新形势和新任务 [J]. 城市规划，1994（1）：11-14+62.

[131] 周一星. 城市地理学 [M]. 北京：商务印书馆，2002：134.

[132] 周一星. 中国城市化道路宏观研究 [M]. 哈尔滨：黑龙江人民出版社，1991.

[133] 宗传宏. 大都市带：中国城市化的方向 [J]. 城市问题，2001（3）：55-58.

[134] 邹德慈. 发展中的城市规划 [J]. 城市规划，2010（1）：24-28.

[135] 邹德慈. 进一步发挥城市规划的重要作用 [J]. 城市规划，1992（1）：5-8.

[136] 彼得·卡尔索普. 未来美国大都市：生态·社区·美国梦 [M]. 中国建筑工业出版社.2009：43.

[137] 康妮·小泽. 生态城市前沿：美国波特兰成长的挑战和经验 [M]. 南京：东南大学出版社.2010.

[138] A Blowers.Planning for A Sustainable Environment：A Report by the Town and Country Planning Association[J]. Earthscan，1993.

[139] APA.Growing Smart Legislative Guidebook.2002.

[140] Brooks M P.Social Policy in Cities：Toward A Theory of Urban Social Planning：[doctoral dissertation][J]. Chapel Hill：University of North Carolina，1970.

[141] Commission on Building Districts and Restrictions，1916.

[142] Daniel H Burnham E H B.Plan of Chicago[M].Princeton Architectural Press，1993.

[143] Daniel J.Fiorino. Making Environmental Policy[M]，Berkeley：University of California Press，1995.

[144] Department of Commerce.A Standard State Zoning Enabling Act.1920：6-7.

[145] Fogelsong R E.1986.Planning the Capitalist City：The Colonial Era to he 1920s[M]. Princeton：Princeton University Press.

[146] GBC：Greater Baltimore Committee.http：//www.gbc.org/page/history/.

[147] Kevin Ward.Rercading Urban Regime Theory：a Sympathctic Critique [J].Geoforum，1996（4）：435.

[148] Marion Young，I.1990：Justice and the Politics of Difference[M]，Princeton，NJ: Princeton University Press.

[149] McCarthy L. Brownfield Redevelopment：A Resource Guide for Toledo and Other Ohio Governments，Developers，and Communities[M]. Toledo：Urban Affairs Center of the University of Toledo，2001.

[150] Peeter Hell. 美国城市规划八十年回顾 [J]. 洪强，译. 国外城市规划，1991（1）.

[151] Perlman R，Gurin A.Community Organization and Social Planning[M]. New York：John Wiley & Sons，Lnc，1972.

[152] Petra Todorovich，Dan Schned，Robert Lane.High-Speed Rail：International

Lessons for U.S[M]. Policy Makers，Lincoln Institute of Land Policy，2011.

[153] Robert L W J.The Plan of Chicago：Its Fiftieth Anniversary[J].Journal of the American Institute of Planners，1960（26）.

[154] Robert Steuteville.We Can't Let NIMBYs Sink Reform. New Urb.News，Jun. 2008：2.

[155] Smith C S.The Plan of Chicago[M].The University of Chicago Press Chicago & London，2006.

[156] Sutcliffe A.Towards the Planned City：Germany，Britain，the United States and France，1780—1914[M]. Oxford：Basil Blackwell Publisher，1981.

[157] 曹康 . 西方现代城市规划简史 [M]. 南京：东南大学出版社，2010：96-97.

[158] 陈雪明 . 美国城市规划的历史沿革和未来发展趋势 [J]. 国外城市规划，2003（4）：31-36.

[159] 仇保兴 . 城市经营、管治和城市规划的变革 [J]. 城市规划，2004（2）：8-22.

[160] 丁成日 . 芝加哥大都市区规划：方案规划的成功案例 [J]. 国外城市规划，2005（4）：26-33.

[161] 董宏伟，王磊 . 美国新城市主义指导下的公交导向发展：批判与反思 [J]. 国际城市规划，2008（2）：67-72.

[162] 国际城市（县）管理协会 & 美国规划协会 . 地方政府规划实践（第三版）[M]. 北京：中国建筑工业出版社，2006：244-245.

[163] 何丹 . 城市政体模型及其对中国城市发展研究中的启示 [J]. 城市规划，2003（11）：13-18.

[164] 李强 . 自由主义 [M]. 长春：吉林出版社，2007.

[165] 刘欣葵 . 美国的城市规划决策 [J]. 北京规划建设，1998（6）：10-12.

[166] 路易·哈茨 . 美国自由主义的传统：诠释美国革命后的政治思想 [M]. 北京：中国社会科学出版社，2006.

[167] 彭海东 . 城市规划的公共政策特征 [J]. 规划师，2007（8）：47-51.

[168] 钱满素 . 美国自由主义的历史变迁 [M]. 上海：生活·读书·新知三联书店，2006.

[169] 清华大学 . 国外城市规划法编制比较研究报告 [R].2007.

[170] 孙施文 . 美国的城市规划体系 [J]. 城市规划，1999（7）：43-46+52.

[171] 滕夙宏 . 新城市主义与宜居性住区研究 [D]. 天津大学，2007.

[172] 汪劲柏 . 美国城市规划专业演化的相关逻辑及其借鉴 [J]. 城市规划，2010（7）：62-69.

[173] 王丹, 王士君 . 美国 "新城市主义" 与 "精明增长" 发展观解读 [J]. 国际城市规划，2007（2）：61-66.

[174] 王郁 . 国际视野下的城市规划管理制度——基于治理理论的比较研究 [M]. 北京：
中国建筑工业出版社，2009.

[175] 威廉·洛尔，张纯 . 从地方到全球：美国社区规划 100 年 [J]. 国际城市规划，
2011（2）：85-98

[176] 吴之凌，吕维娟 . 解读 1909 年《芝加哥规划》[J]. 国际城市规划，2008（5）：
107-114.

[177] 约翰 . 利维 . 现代城市规划（第五版）[M]. 北京：中国人民大学出版社，2003.

[178] 约翰·弗里德曼，李晓慧，张庭伟 . 规划理论的用途 [J]. 国际城市规划，2009（6）：
6-14.

[179] 张京祥 . 西方城市规划思想史纲 [M]. 南京：东南大学出版社，2005：219.

[180] 张庭伟，冯辉，彭志权 . 城市滨水区设计与开发 [M]. 上海：同济大学出版社，
2002.

[181] 张庭伟 . 城市发展决策及规划实施问题 [J]. 城市规划汇刊，2000（3）：10-
13+17.

[182] 张庭伟 . 从美国城市规划的变革看我国城市规划的变革 [J]. 城市规划汇刊，
1996（3）：1-7.

[183] 张庭伟 . 当前美国规划师面临的挑战——也谈中国规划与国际接轨 [J]. 规划师，
2001（1）：10-11.

[184] 张庭伟 . 构筑 21 世纪的城市规划法规——介绍当代美国"精明地增长的城市规
划立法指南"[J]. 城市规划，2003（3）：49-52.

[185] 张庭伟 . 美国规划机构的设置模式：分析和借鉴 [J]. 规划师，1998（3）：9-11.

[186] 张庭伟 . 实现小康后的住宅发展问题——从美国 60 年来住房政策的演变看中国
的住房发展 [J]. 城市规划，2001（4）：55-60.

[187] 张庭伟 . 梳理城市规划理论——城市规划作为一级学科的理论问题 [J]. 城市规
划，2012（4）：9-15.

[188] 张庭伟 . 新自由主义·城市经营·城市管治·城市竞争力 [J]. 城市规划，2004（5）：
43-50.

[189] 邹兵 ."新城市主义"与美国社区设计的新动向 [J]. 国外城市规划，2000（2）：
36-38.

[190] 迪特马尔·赖因博恩 .19 世纪与 20 世纪的城市规划 [M]. 北京：中国建筑工业出
版社，2009.

[191]《联共（布）党决议案汇编》（上卷）（俄文六版）.1941：294.

[192] APA.Growing Smart Legislative Guidebook.2002：103.

[193] E. 克莱顿，Th. 理查森，郓洁 . 苏联的城市规划 [J]. 国外社会科学，1990（2）：

46–48.

[194] Hall P.Urban and Regional Planning，4th Ed.London and New York：Routledge，2002：42.

[195] Jean Pierre Gaudin. "The Franch Garden City".in Stephen V.Ward[J]. The Garden City：Past，Before and After.pp.28–48.

[196] Ministry of Housing and Local Government.Report of the Public Participation in Planning（Skefington Report），1969.

[197] 曾刚，王琛 . 巴黎地区的发展与规划 [J]. 国外城市规划，2004（5）：44–49.

[198] 陈柳钦 . 低碳城市发展的国外实践 [J]. 环境经济，2010（9）：31–37.

[199] 成媛媛 . 德国城市规划体系及规划中的公众参与 [J]. 江苏城市规划，2006（8）：45–46.

[200] 恩格斯 . 论住宅问题 [M]. 中共中央马克思恩格斯列宁斯大林编译局 . 北京：人民出版社，2007.

[201] 冯春萍 . 俄罗斯城市发展及其在区域经济中的作用 [J]. 世界地理研究，2014（6）：59–68.

[202] 高际香 . 俄罗斯城市化与城市发展 [J]. 俄罗斯东欧中亚研究，2014（1）：38–45.

[203] 吕富珣 . 十八世纪的两座名城——圣彼得堡与华盛顿 [J]. 国际城市规划，1995（1）：34–40.

[204] 高健译 . 迈向市场经济的俄罗斯城市房地产业 [J]. 中外房地产导报，1995（12）：33–34.

[205] 高毅存 . 英国早期的城市规划法与民主参与 [J]. 北京规划建设，2004（5）：83–84.

[206] 韩林飞,霍小平 . 转轨时期俄罗斯城市规划管理体制 [J]. 国外城市规划,1999(4)：19–21.

[207] 韩林飞，张圣海，高萌 . 回顾与反思：20 世纪 50 年代苏联城市规划对北京城市规划的影响 [J]. 北京规划建设，2009（5）：15–20.

[208] 郝娟 . 英国城市规划法规体系 [J]. 城市规划汇刊 . 1994（4）：59–63.

[209] 纪晓岚 . 俄罗斯城市建设点滴 [J]. 城市开发，1994（5）：46–47.

[210] 金正熙 . 朝鲜城市的恢复与建设 [J]. 建筑学报，1958（1）：31–35.

[211] 李晨鸣 . 区位与规划：浅析城市发展的要素——以莫斯科为例 [J]. 行政管理，2011（1）：1–5.

[212] 梁思成 . 苏联专家帮助我们端正了建筑设计的思想 [N]. 人民日报，1952–12–22.

[213] 林徽因 . 如跂斯翼 如矢斯棘—林徽因建筑文集 [M]. 上海：东方出版社，2014.

[214] 刘健 .20 世纪法国城市规划立法及其启发 [J]. 国际城市规划，2004（5）：16–21.

[215] 刘健．巴黎地区区域规划研究 [J]．北京规划建设，2002（1）：67–71.

[216] 吕富珣．莫斯科城市规划理念的变迁 [J]．国外城市规划，2000（4）：13–16.

[217] 米歇尔·萨维．法国区域规划 50 年 [J]．罗震东，周扬，甄峰，译，国际城市规划，2009（4）：3–13.

[218] 苏腾，曹珊．英国城乡规划法的历史演变 [J]．北京规划建设，2008（2）：86–90.

[219] 孙施文．英国城市规划近年来的发展动态 [J]．国外城市规划，2005（6）：11–15.

[220] 唐子来．英国的城市规划体系 [J]．城市规划，1999（8）：37–41+63.

[221] 王郁．国际视野下的城市规划管理制度——基于治理理论的比较研究 [M]．北京：中国建筑工业出版社．2009.

[222] 吴维佳，郭磊贤．德国城市历史保护——思想沿革、关键问题与保护实践 [J]．北京规划建设，2013（3）：6–11.

[223] 吴维佳．德国城市规划核心法的发展、框架与组织 [J]．国外城市规划，2000（1）：7–10.

[224] 吴维佳．跨越柏林墙——2010 年前的柏林城市建设 [J]．世界建筑，1999（10）：18–23.

[225] 吴晓松等．20 世纪以来英格兰城市规划体系的发展演变 [J]．国际城市规划，2009（5）：45–50.

[226] 谢鹏飞．伦敦新城规划建设的经验教训和对北京的启示 [J]．经济地理，2010（1）：47–52.

[227] 虞蔚．波兰城市发展计划与预测 [J]．国外城市规划，1987（3）：44–48.

[228] 张锦芳．风姿各异的朝鲜城市建设 [J]．瞭望，1983（3）：32–33.

[229] 张锦秋．俄罗斯城市文化环境一瞥 [J]．建筑学报，2001（10）：60–64.

[230] 张庭伟．当前美国规划师面临的挑战——也谈中国规划与国际接轨 [J]．规划师，2001（1）：10–11.

[231] 张庭伟．美国规划机构的设置模式：分析和借鉴 [J]．规划师，1998（3）：9–11.

[232] 卓健，刘玉民．法国城市规划的地方分权 [J]．国际城市规划，2004（5）：7–15.

[233] 鲍海君，等．论失地农民社会保障体系建设 [J]．管理世界，2002（10）：37–42.

[234] 曹龙兵．南通市区失地农民社会保障机制研究 [D]．苏州大学，2010.

[235] 常凯．完善我国土地征收补偿制度研究 [J]．商界论坛，2013（3）：143–144.

[236] 陈平．土地征用法律制度的完善 [J]．安徽大学学报，2004（3）：76–82.

[237] 程丽君．失地农民权益的法律保障 [D]．南昌大学，2009.

[238] 褚霞霞．论我国现行农地制度的弊端及再改革的方向 [J]．农村经济与科技，2008，19（1）：62–63.

[239] 崔砺金，马克强．土地换社保：终生补偿安置护佑浙江失地农民 [J]．半月谈，

2003（8）.

[240] 崔智敏 . 土地流转中的失地农民问题及其对策 [J]. 特区经济，2007（5）：173-174.

[241] 杜冰 . 解决失地农民问题的理性思考 [J]. 沈阳建筑大学学报（社会科学版），
  2007，9（1）：56-59.

[242] 费孝通 . 乡土中国 [M]. 上海：上海人民出版社，2007.

[243] 甘保华，任中平 . 我国失地农民权益的流失与保障 [J]. 内蒙古农业大学学报（社
  会科学版），2009（5）：58-59.

[244] 高娜 . 健全我国土地征用制度的基本思路及对策研究 [D]. 东北师范大学，2005.

[245] 高勇 . 失去土地的农民如何生活——关于失地农民问题的理论探讨 [N]. 人民日
  报，2004-02-02.

[246] 郭晓莉 . 完善我国农地征用制度研究 [D]. 华中科技大学，2008.

[247] 韩志新 . 可持续生计视角下的失地农民创业研究 [D]. 天津大学，2009.

[248] 郝秀凤 . 论我国土地征用补偿法律制度 [D]. 苏州大学，2006.

[249] 何书中 . 论集体土地征收补偿范围 [D]. 苏州大学，2014.

[250] 宏观经济研究院"经济体制改革动态跟踪与改革建议"课题组 . 我国征地制度
  特点、问题及改革建议 [J]. 宏观经济管理，2010（9）：24-26.

[251] 胡崇仪 . 制度视野下的中国失地农民问题研究 [D]. 华东师范大学，2006.

[252] 胡同泽，文晓波 . 城市化中农地征用制度的残缺与创新研究 [J]. 重庆建筑大学
  学报，2006（3）：24-28.

[253] 黄道 . 试论参与型征地批准程序的建构 [J]. 成都行政学院学报，2012（1）：43-47.

[254] 黄宏 . 发达国家的土地征用补偿制度及对我国的借鉴意义 [J]. 社会观点，2013（6）.

[255] 黄静 . 当代中国城市化进程中失地农民社会保障问题研究 [D]. 复旦大学，2009.

[256] 黄太洋 . 中部地区工业化进程中失地农民问题研究 [D]. 南昌大学，2006.

[257] 姜莹莹 . 紧急状态下我国行政征用制度研究 [D]. 同济大学，2005.

[258] 井柏年 . 行政补偿范围研究 [D]. 郑州大学，2006.

[259] 邹艳丽，韩柯子 . 土地流转制度和失地农民利益分析 [J]. 管理观察，2010（28）：
  44-45.

[260] 邝新亮 . 我国征地补偿机制研究 [D]. 中国海洋大学，2009.

[261] 李成玲 . 对城市规划中的房屋征收与损失补偿的规制思考 [J]. 上海政法学院学
  报：法治论丛，2011（5）：12-16.

[262] 李芳尚 . 保障失地农民利益问题研究 [J]. 社会主义论坛，2007（2）：39-40.

[263] 李建建 . 我国征地制度改革与农地征购市场的构建 [J]. 当代经济研究，2002（10）：
  51-55+73.

[264] 李晶 . 城市化进程中征地补偿机制研究 [D]. 西南财经大学，2007.

[265] 李腊云．我国失地农民权益保障研究 [D]. 湖南大学，2005.

[266] 李倩．失地农民权益保护的法律问题研究 [D]. 哈尔滨工程大学，2008.

[267] 李永友．个体特征、制度性因素与失地农民市民化——基于浙江省富阳等地调查数据的市政考察 [J]. 管理世界，2011（1）：62-70.

[268] 李占峰，王萌．农村集体土地征用的规范化思考 [J]. 天津法学，2011（3）：55-59.

[269] 廖小军．论中国农民与土地的关系及解决当前失地农民问题的对策 [D]. 福建师范大学，2005.

[270] 廖小军．中国失地农民研究 [M]. 北京：社会科学文献出版社，2005.

[271] 刘宝亮．征地莫断了农民生路 [N]. 中国经济导报，2004-02-27.

[272] 刘海云，刘吉云．失地农民安置模式选择研究 [J]. 商业研究，2009（10）：11-15.

[273] 刘海云．城市化进程中失地农民问题研究 [D]. 河北农业大学，2006.

[274] 刘海云．征地补偿制度实施中存在问题的调查——河北高碑店市周围 50 户失地农户的调查 [J]. 经济问题，2005（8）：54-56.

[275] 刘民培，姚建忠．论失地农民的社会保障问题 [J]. 广西民族师范学院学报，2007，24（1）：52-54.

[276] 刘沙．消费者购买决策中的心理场及作用机制研究 [D]. 山东大学，2010.

[277] 刘晓霞．我国城镇化进程中的失地农民问题研究 [D]. 东北师范大学，2009.

[278] 刘新．城乡结合部土地征用问题研究 [D]. 天津商业大学，2007.

[279] 刘宗劲．征地制度的研究：对中国城市化进程的追问 [M]. 北京：中国财政经济出版社，2008.

[280] 卢玉玲，李松柏．土地征用中多方主体的角色分析 [J]. 农业网络信息，2011（8）：104-106.

[281] 罗杰文．土地征用制度研究 [D]. 四川师范大学，2006.

[282] 骆东奇，罗光莲．城市化过程中土地征用风险表征及对策 [J]. 地域研究与开发，2006（4）：103-106.

[283] 毛雅萍．太仓失地农民利益补偿机制研究 [D]. 同济大学，2006.

[284] 穆鑫．失地农民保障问题研究 [D]. 苏州大学，2011.

[285] 欧阳小炜．失地农民社会保障体系的构建研究 [D]. 南昌大学，2007.

[286] 潘光辉．失地农民社会保障和就业问题研究 [M]. 广州：暨南大学出版社，2009：29.

[287] 庞文．失地农民的权益保护研究 [J]. 安徽农业科学，2012（23）：11852-11854.

[288] 彭聪．失地农民的法律问题研究 [D]. 上海大学，2007.

[289] 慎先进，董伟．完善我国农村土地征收法律制度的思考 [J]. 三峡大学学报（人文社会科学版），2006（2）：74-77.

[290] 孙博伟 . 行政补偿法律制度研究 [D]. 东北大学，2012.

[291] 孙善龙 . 关于土地征收的法律问题研究 [D]. 贵州大学，2010.

[292] 王定祥、李伶俐 . 城镇化、农地非农化与失地农民利益保护研究——一个整体性视角和政策组合 [J]. 中国软科学，2006（10）：20-31.

[293] 王克稳 . 改革我国拆迁补偿制度的立法建议 [J]. 行政法学研究，2008（3）：3-8.

[294] 王丽萍 . 从城市土地制度改革看现行城市规划 [J]. 城市问题，1995（1）：8-10.

[295] 王顺喜 . 我国失地农民现状分析及政策建议 [J]. 中国软科学，2009（4）：1-9.

[296] 吴瑞君 . 城市化过程中征地农民社会保障安置的难点及对策思考 [J]. 人口学刊，2004（3）：22-25.

[297] 徐鼎亚等 . 论失地农民利益保障机制的构建 [J]. 社会科学论坛，2006（12）：27-31.

[298] 杨傲多 . 民进中央建议出台失地农民社会保险条例 [N]. 法制日报，2009-03-09.

[299] 杨宏山 . 公共政策视野下的城市规划及其利益博弈 [J]. 广东行政学院学报，2009（4）13-16.

[300] 杨涛，施国庆 . 我国失地农民问题研究综述 [J]. 南京社会科学，2006（7）：102-109.

[301] 于广思 . 改革势在必行对当前我国土地征用制度的思考 [J]. 中国土地，2001（9）：12-14.

[302] 张红，于楠，谭峻 . 对完善中国现行征地制度的思考 [J]. 中国土地科学，2005（1）：38-43.

[303] 张伟 . 失地农民安置问题研究——以南通市崇川区为例 [D]. 东南大学，2010.

[304] 张文府 . 中国土地征收制度研究 [D]. 复旦大学，2006.

[305] 张文宏等 . 城乡居民的社会支持网 [J]. 社会科学研究，1999（3）：14-19.

[306] 章光日，顾朝林 . 快速城市化进程中的被动城市化问题研究 . 城市规划，2006（5）48-54.

[307] 周诚 . 论我国土地产权构成 [J]. 中国土地科学，1997（3）：1-6.

[308] 周其仁 . 农村产权制度的新一轮改革 [EB/OL].（2011-1-29）中国农经信息网 .

[309] 黄宗智 . 中国农村的过密化与现代化、规范认识危机及出路 [M]. 上海：上海社会科学院出版社，1992.

[310] 陈共 . 财政学（第七版）[M]. 北京：中国人民大学出版社，2012：31.

[311] 程功 . 现代公平体系构建的研究 [J]. 湖南工业职业技术学院学报，2007（3）：74-75.

[312] 丁元竹 . 社会规划需要注意十大关系 [J]. 瞭望新闻周刊，2005（38）：11-13.

[313] 黄靖，刘盛和 . 城市基础设施如何适应不同类型流动人口的需求分析 [J]. 武汉

理工大学学报（交通科学与工程版），2005（2）：284-287.

[314] 金经元 . 社会、人和城市规划的理性思维 [M]. 北京：中国城市出版社，1993：78.

[315] 李冠杰 . 宁波市城镇流动人口服务研究 [D]. 同济大学，2008.

[316] 李迎成，赵虎 . 理性包容：新型城镇化背景下中国城市规划价值的再探讨——基于经济学"次优理论"的视角 [J]. 城市规划，2013（8）：30.

[317] 刘佳燕 . 构建我国城市规划中的社会规划研究框架 [J]. 北京规划建设，2008（5）：94-101.

[318] 刘佳燕 . 国外城市社会规划的发展回顾及启示 [J]. 国外城市规划，2006（2）：51-55.

[319] 刘佳燕 . 国外新城规划中的社会规划研究初探 [J]. 国外城市规划，2005（3）：69-72.

[320] 刘佳燕 . 论"社会性"之重返空间规划 [C]// 规划 50 年——2006 中国城市规划年会论文集（中册）. 中国城市规划学会，2006：8.

[321] 刘佳燕 . 社会多元化与政府转型情境下的规划模式转变——浅析多伦多新型社会规划 [J]. 城市问题，2006（6）：90-94.

[322] 刘佳燕 . 我国城市规划工作中的社会规划策略研究 [C]// 和谐城市规划——2007 中国城市规划年会论文集 . 中国城市规划学会，2007：8.

[323] 刘佳燕 . 转型背景下城市规划中的社会规划定位研究 [J]. 北京规划建设，2008（4）：101-105.

[324] 刘亚歌 . 城市流动人口服务式管理研究 [D]. 扬州大学，2014.

[325] 鲁奇，吴佩林，等 . 北京流动人口特征与经济发展关系的区域差异 [J]. 地理学报，2005（9）：851-862.

[326] 罗吉，等 . 中国城市规划中的社会规划初探 [J]. 华中科技大学学报（城市科学版），2009（9）：86-89.

[327] 彭阳 . 我国城市规划中的社会规划初探 [D]. 华中科技大学，2006.

[328] 彭宅文，乔利滨 . 农民工社会保障的困境与出路——政策分析的视角 [J]. 甘肃社会科学，2005（6）：173-177.

[329] 石华灵 . 制度转型与中国社会分层的变化 [D]. 河南大学，2006.

[330] 世界银行 .1994 年世界银行发展报告：为发展提供基础设施 [M]. 北京：中国财政经济出版社，1994：13.

[331] 孙卫 . 流动人口增长与首都发展相协调问题研究——一个城市规划的视角 [J]. 北京行政学院学报，2009（3）：61-66.

[332] 谭桂娟，卫小将 . 社会排斥视野中的中国农村富余劳动力转移 [J]. 科技情报开发与经济，2006（17）：127-129.

[333] 王超恩，张林. 新生代农民工居住边缘化问题研究 [J]. 农业经济，2010（10）：74-76.

[334] 王丽娟. 城市公共服务设施的空间公平研究——以重庆市主城区为例 [D]. 重庆大学，2014.

[335] 吴晓，吴明伟. 物质性手段：作为我国流动人口聚居区一种整合思路的探析 [J]. 城市规划汇刊，2002（2）：17-20+38-79.

[336] 薛德升，蔡静珊，李志刚. 广州市城中村农民工医疗行为及其空间特征——以新凤凰村为例 [J]. 地理研究，2009（5）：1341-1351.

[337] 严栋柱，等. 基于犯罪预防的城市规划研究与启示 [J]. 犯罪研究，2009（5）:7-14.

[338] 扬晚. 打工子弟学校走向何方 [J]. 政府法制，2011（25）：20-21.

[339] 于英. 武汉市流动人口聚居区空间分布研究 [D]. 湖北大学，2007.

[340] 约翰. 弗里德曼. 社会规划:我国新的职业身份 ?[J]. 刘佳燕，译. 国际城市规划，2008（1）：93-98.

[341] 约翰·弗里德曼，陈芳. 走向可持续的邻里社会规划在中国的作用——以浙江省宁波市为例 [J]. 国际城市规划，2009（1）：16-24.

[342] 张庭伟. 20 世纪规划理论指导下的 21 世纪城市建设 [J]. 城市规划学刊，2011（3）：1-7.

[343] 张庭伟. 中国规划走向世界——从物质建设规划到社会发展规划 [J]. 城市规划汇刊，1997（1）：5-9.

[344] 张晓波. 对城市轨道交通投融资模式的认识与实践 [D]. 重庆大学，2005.

[345] 赵燕菁. 公共产品价格理论的重建 [J]. 厦门大学学报（哲学社会科学版），2010（1）：86-89.

[346] 周春山，高军波. 转型期中国城市公共服务设施供给模式及其形成机制研究 [J]. 地理科学，2011（3）：272-279.

[347] 周福安. 社会公平是现代市场经济体制的根本特征 [J]. 东方企业文化，2007(11)：118-119.

[348] 邹广文. 不妨"公平优先，兼顾效率" [J]. 人民论坛，2013（1）：5.

[349] 邹湘江. 基于"六普"数据的我国人口流动与分布分析 [J]. 人口与经济，2011(6)：23-27.

[350] Congress and the Nation. 1945-1964 A Review of Government and the Politics，Housing. Congressional Quarterly，Inc，1965：187-196.

[351] 中国指数研究院. 保障房专题研究:历史、现状、趋势、策略 [R]. 中国指数研究院，2011.

[352] 陈杰. 中国住房事业 2003—2012：回顾与反思 [N]. 东方早报·国际评论版，

2012-9-24（D10）.

[353] 陈小敏.住房保障体系的建立与完善 [D]. 东北财经大学，2006.

[354] 成思危.中国城镇住房制度改革——目标模式与实施难点 [M]. 北京：民主与建设出版社，1999：106.

[355] 褚超孚.城镇住房保障模式研究 [M]. 北京：经济科学出版社，2005：88-89.

[356] 杜文.我国城镇住房保障制度研究 [D]. 四川大学，2006.

[357] 段进.城市空间发展论 [M]. 南京：江苏科学技术出版社，1999.

[358] 符启林，程益群.国外住房保障法律制度之比较研究 [J]. 南方论刊，2010（9）：35-39.

[359] 郭伟伟.居者有其屋——独具特色的新加坡住房保障制度及启示 [J]. 当代世界与社会主义，2008（6）：162-167.

[360] 郭玉坤.中国城镇住房保障制度研究 [D]. 西南财经大学，2006.

[361] 国务院住房制度改革领导小组办公室.城镇住房制度改革 [M]. 北京：改革出版社，1994.

[362] 黄逸宇.美国住房保障制度的经验和启示 [J]. 中华建设，2010（12）：76-77.

[363] 焦怡雪.城市居住弱势群体住房保障的规划问题研究 [R]. 北京大学，2007.

[364] 李纯斌，吴静."空间失配"假设及对中国城市问题研究的启示 [J]. 城市问题，2006（2）：16-21.

[365] 李建，卢伟，陈飞.城市中心区保障性住房规划布局研究——以大连市石门山经济适用住房项目为例 [J]. 规划师，2011（27）：104-108.

[366] 李强."丁字型"社会结构与"结构紧张" [R]. 民政部政策研究中心，2007.

[367] 龙雯.公共住房保障中的政府责任研究 [D]. 湖南大学，2012.

[368] 陆学艺.中国社会结构的变化及发展趋势 [J]. 云南民族大学学报，2006（9）：28-35.

[369] 罗应光，向春玲，等.住有所居：中国保障性住房建设的理论与实践 [M]. 北京：中共中央党校出版社，2011.

[370] 马建平.中国保障性住房制度建设研究 [D]. 吉林大学，2011.

[371] 茅于轼.房地产市场扭曲的宏观原因 [J]. 中国西部，2009（12）：14.

[372] 欧阳东.让穷人有房住——城镇最低收入家庭住房保障探析 [J]. 城乡建设，2004（7）：46-48+5.

[373] 石晓冬，廖正昕.面向宜居城市的北京住房建设规划 [J]. 北京规划建设，2011(6)：43-47.

[374] 孙立平.断裂：20世纪90年代以来的中国社会 [M]. 北京：社会科学文献出版社，2003：2-3.

[375] 孙立平 . 利益关系形成社会变迁 [J]. 社会，2008（3）：7-14.

[376] 唐钧 . 社会政策视野下的城市住房问题 [J]. 中国发展观察，2007（10）：11-12.

[377] 唐钧 . 中国住房保障问题：社会政策的视角 [J]. 中共中央党校学报，2010（1）：47-50.

[378] 王洪春 . 住房社会保障研究 [M]. 合肥：合肥工业大学出版社，2009.

[379] 王世联 . 中国城镇住房保障制度思想变迁研究（1949—2005）[D]. 复旦大学，2006.

[380] 王侠 . 大城市低收入居住空间发展研究——以南京市为例 [D]. 东南大学，2004.

[381] 卫欣，刘碧寒 . 国外住房保障制度比较研究 [J]. 城市问题，2008（4）：92-96.

[382] 魏利华，李志刚 . 中国城市低收入阶层的住房困境及其改善模式 [J]. 上海住宅，2006（5）：74-80.

[383] 肖淞元 . 美国、英国、新加坡住房保障制度的产生、演变及启示 [J]. 中国房地产，2012（09）：76-79.

[384] 杨靖，张嵩，汪冬宁 . 保障性住房的选址策略研究 [J]. 城市规划，2009（12）：53-58.

[385] 姚玲珍 . 中国公共住房政策模式研究 [M]. 上海：上海财经大学出版社，2003.

[386] 张鹏 . 城市大型经济适用居住区规划选址问题研究 [D]. 西安建筑科技大学，2006.

[387] 张文忠 . 城市居民住宅区位选择的因子分析 [J]. 地理科学进展，2003（3）：268-275.

[388] 章轲 . 北京社科院：推动农民市民化关键在住房成本 [N]. 北青网，2014-06-11.

[389] 赵燕菁，吴伟科 . 住宅供给模式与社会财富分配 [J]. 城市发展研究，2007（5）：1-8.

[390] 赵燕菁 . 化解社会失衡的住房政策 [J]. 瞭望周刊，2007（36）.

[391] 郑君君 . 城镇居民住宅消费的影响因素与发展趋势：重庆个案研究 [D]. 重庆大学，2008.

[392] 郑思齐，张英杰 . 保障性住房的空间选址：理论基础、国际经验与中国现实 [J]. 现代城市研究 .2010（9）：21-22.

[393] 中国建设信息编辑部 . 国外的住房保障制度 [J]. 中国建设信息，2009（23）：48-51.

[394] 钟芸 . 我国城镇廉租住房退出机制的研究 [D]. 西南大学，2009.

[395] 周亮 . "夹心层"住房保障机制的研究 [J]. 经济研究导刊，2010（3）：140-141.

[396] 住房和城乡建设部和中冶集团课题组 . 求索公共租赁住房之路 [M]. 北京：中国建筑工业出版社，2001.